BIM 建模与应用技术

鲁丽华　孙海霞　主编

中国建筑工业出版社

图书在版编目（CIP）数据

BIM 建模与应用技术/鲁丽华，孙海霞主编. —北京：中国建筑工业出版社，2018.5
ISBN 978-7-112-22068-7

Ⅰ.①B… Ⅱ.①鲁…②孙… Ⅲ.①建筑设计-计算机辅助设计-应用软件-高等学校-教材 Ⅳ.①TU201.4

中国版本图书馆 CIP 数据核字（2018）第 070367 号

本书以工程实例为背景介绍建模的基本方法，建模工作注意事项以及使用高效率的建模工具软件。本书主要包括两部分内容，第一部分首先介绍什么是BIM，BIM 的发展及应用；其次，介绍 BIM 建模的各类软件，对 BIM 常用软件类型和特点进行了阐述。第二部分是 BIM 的应用，主要包括，建筑建模基础，结构建模基础，给水排水、暖通空调、电气建模基础。着重提高学习者和应试者 BIM 建模的实际操作能力。本书适合大土木类的不同专业或专业方向的学生使用。本书协调各个专业间的联系，不同专业的学生可以有重点地学习本专业的建模工程，也可以学习和参考相关专业的建模工程。

责任编辑：石枫华 王 磊
责任设计：李志立
责任校对：焦 乐

BIM 建模与应用技术
鲁丽华 孙海霞 主编
*
中国建筑工业出版社出版、发行（北京海淀三里河路 9 号）
各地新华书店、建筑书店经销
北京科地亚盟排版公司制版
大厂回族自治县正兴印务有限公司印刷
*
开本：787×1092 毫米 1/16 印张：15 字数：368 千字
2018 年 6 月第一版 2018 年10月第二次印刷
定价：**52.00** 元
ISBN 978-7-112-22068-7
（31902）

前　　言

本书介绍了 BIM 基础知识；BIM 建模软件和建模环境；建筑建模时各个功能区面板命令的使用方法；不同项目环境下各个系统族命令的使用；内建模型（含内建体量）、面模型等；Revit 在建筑设计、结构设计和机电设计中的应用；系统地剖析了建模流程和命令使用，为读者梳理了知识点，帮助读者建立系统的知识点框架体系。

本书可作为高等学校建筑学，建筑设备与环境，土木工程，道路桥梁与渡河工程及城市地下与空间等等专业的本科生教材；也可供土建类专业研究生及从事交通规划、设计、建设和管理等工程领域的有关科技人员参考；也可以作为 BIM 考级参考书。

本书由沈阳工业大学鲁丽华担任主编，负责全书框架的设计。第 1 章至第 3 章由沈阳工业大学朱天伟老师编写，第 4 章第由辽宁新发展集团吴欲晓编写，第 5 章（5.1～5.3 节）由沈阳工业大学孙海霞老师编写，第 5 章（5.4 和 5.5 节）由辽宁新发展集团周涌波编写，第 6 章由沈阳工业大学孙成才编写。全书由鲁丽华、孙海霞负责统稿。感谢辽宁新发展集团的大力支持。本书的编写过程中，车雪、吴姝蒙等硕士研究生，刘天乐、尹林、刘琳、唐泽宇等本科生参与了文字排版等工作，在此表示感谢。

目　　录

第 1 章　绪论 ………… 1
1.1　BIM 基础知识 ………… 1
1.2　BIM 相关标准 ………… 3
1.3　建筑施工图识读与绘制 ………… 4
1.4　新型建筑设计平台中 BIM 的应用 ………… 5
1.5　BIM 一级考试 ………… 5
第 2 章　BIM 建模软件及建模环境 ………… 6
2.1　BIM 建模软件、硬件环境配置 ………… 6
2.2　参数化设计的概念与方法 ………… 9
2.3　BIM 建模流程 ………… 11
2.4　BIM 建模软件 Revit ………… 13
第 3 章　Revit 建模基础知识 ………… 15
3.1　Revit 基本术语 ………… 15
3.2　Revit 界面介绍 ………… 18
3.3　Revit 基本命令 ………… 28
3.4　Revit 项目设置 ………… 39
第 4 章　Revit 建筑建模基础 ………… 47
4.1　建筑场地与轴网标高创建 ………… 47
4.2　建筑柱与墙的绘制 ………… 59
4.3　楼板、天花板、屋顶 ………… 67
4.4　建筑常规幕墙 ………… 82
4.5　建筑洞口工具 ………… 93
4.6　楼梯、扶手、坡道 ………… 98
4.7　建筑门窗构件 ………… 107
第 5 章　Revit 结构建模基础 ………… 115
5.1　Revit Structure 环境设置 ………… 115
5.2　结构柱 ………… 124

5.3　结构框架梁 …………………………………………………………………… 144
5.4　结构墙 ………………………………………………………………………… 160
5.5　结构楼板 ……………………………………………………………………… 168
5.6　基础 …………………………………………………………………………… 175
第 6 章　Revit 机电设计应用 ……………………………………………………… 184
6.1　建筑给水排水系统设计 …………………………………………………… 184
6.2　暖通空调系统设计 ………………………………………………………… 207
6.3　电气系统设计 ……………………………………………………………… 219
参考文献 ……………………………………………………………………………… 231

第1章 绪　论

1.1 BIM基础知识

1.1.1 BIM基本概念

BIM是Building Information Modeling的缩写。可以说BIM就是运用三维数字化技术配合智能化工具将建筑工程全生命周期中各个阶段的数据信息进行整合、集成、分析，最终将这些数据以3D可视化模型及数字报表的方式展现给项目中参与各方，进行工作的指导，进度、成本等分析，最终提高项目整体的品质。

可以说BIM是有别于传统CAD模式下的工作模式与协同管理模式。例如碰撞检查、自动算量、施工模拟、可视化建模等等。BIM技术可以将传统人工估算、经验估算、信息孤岛、信息传送带断裂、各自为政的粗放型设计、施工与管理模式，向着各方协同、自动化算量、打破传统信息传递壁垒等方向，迈向建筑行业的精细化、高效率、协同统一的技术变革。

整个建筑行业对于BIM技术的认可度确实非常之高，其3D建模技术摆脱传统三维注重效果表现的方法，把建筑中构件信息纳入建筑模型之中，且这些数据全部都是真实的，相当于在项目建设之前，在电脑中提前演示一遍，让项目各方能够对整体进行全面的了解，查找问题、排除困难、提高各阶段的实施效率，最终降低项目成本、缩短工期、提供整体品质。同时，BIM技术所建立的3D可视化模型已经超越了传统三维模型在维度上的限制，可以拓展成为4D、5D、6D甚至是nD。让模型具有更多的数据含义，大大提高模型的使用度与应用范围。让项目中所有参与方能够在统一的模型中进行数据共享、调取、修改，实现协同管理。

1.1.2 BIM特征

1. 可视化

所见即所得。在BIM建筑信息模型中，由于整个过程都是可视化的，所以，可视化的效果不仅可以用作效果图的展示及报表的生成，更重要的是项目设计、建造、运营过程中的沟通、讨论、决策都在可视化的状态下进行。模拟三维的立体事物可使项目在设计、建造、运营等整个建设过程可视化，方便进行更好的沟通，讨论与决策。

2. 协调性

各专业项目信息出现“不兼容”现象。如管道与结构冲突，各个房间出现冷热不均，预留的洞口没留或尺寸不对等情况。使用有效BIM协调流程进行协调综合，减少不合理变更方案或者问题变更方案。基于BIM的三维设计软件在项目紧张的管线综合设计周期里，提供清晰，高效率的与各系统专业有效沟通的平台，更好地满足工程需求，提高设计品质。

3. 模拟性

利用四维施工模拟相关软件，根据施工组织安排进度计划，在已经搭建好的模拟的基础上加上时间维度，分专业制作可视化进度计划，即四维施工模拟。一方面可以知道现场施工进度，另一方面为建筑、管理单位提供非常直观的可视化进度控制管理依据。四维模拟可以使建筑的建造顺序清晰，工程量明确，把 BIM 模型跟工期关联起来，直观地体现施工的界面、顺序，从而使各专业施工之间的施工协调变得清晰明了，通过四维施工模拟与施工组织方案的结合，能够使设备材料进场，劳动力分配，机械排班等各项工作的安排变得最为有效、经济。在施工过程中，还可将 BIM 与数码设备相结合，实现数字化的监控模式，更有效的管理施工现场，监控施工质量，使工程项目的远程管理成为可能，项目各参与方的负责人能在第一时间了解现场的实际情况。

4. 优化性

现代建筑的复杂程度大多超过参与人员本身的能力极限，BIM 及与其配套的各种优化工具提供了对复杂项目进行优化的可能。

5. 可出图性

建筑设计图＋经过碰撞检查和设计修改＝综合施工图，如综合管线图，综合结构留洞图，碰撞检测错误报告和建议改进方案等使用的施工图纸。

6. 造价精确性

利用 Revit，Takla，MagiCAD 等已经搭建完成的模型，直接统计生成主要材料的工程量，辅助工程管理和工程造价的概预算，有效得提高工作效率。BIM 技术的运用可以提高施工预算的准确性，对预制加工提供支持，有效地提高设备参数的准确性和施工协调管理水平。充分利用 BIM 的共享平台，可以真正实现信息互动和高效管理。

7. 造价可控性

通过 BIM 技术可以非常准确的深化钢筋、现浇混凝土。并且所有深化、优化后的图纸都可以从 BIM 模型中自动生成。就像在钢结构或预制深化中一样，使用比如 BVBS 以及 Celsa 等格式的文件将钢筋弯曲加工和数控机床很好地结合起来。

1.1.3 BIM 发展

电子信息科技的进步与发展给人们生活工作带来了很大便利，BIM 技术也必须结合先进的通信技术和计算机技术，不断优化更新，预计未来会有以下五大发展趋势。

（1）移动终端的应用。随着互联网和移动智能终端的普及，人们现在可以在任何地点和任何时间来获取信息。而在建筑领域，设计者可以通过移动设备对现场施工进行指导、修改与完善。

（2）数据的暴露。现在可以把监控器和传感器放置在建筑物内，针对建筑内的温度、空气质量、湿度等各项指标与实况进行监测。再汇总上供热、供水等其他信息，提供给工程师，工程师就可以根据反馈的信息全面了解建筑物的现状，从而有助于其建筑方案的设计。

（3）云端科技，即无限计算，不管是耗能，还是结构分析，云计算强大的计算能力都能够对这些信息进行快速准确的分析与处理。甚至，我们在渲染和分析过程中可以达到实时计算，为设计者各个方案的比较提供数据，从而选择出更加科学合理的设计方案。

(4) 可更替式建模。可以根据不同用户的需求构建不同的建筑模型，而且用户可以根据自己的喜好及要求对建筑模型进行改进优化，这样就可以保证一次性满足客户的需求，避免了二次修改带来的不便。

(5) 协作式项目交付。通过协作将设计师、工程师、承包商、业主的合作变成扁平化的管理方式，汇聚所有参建方参与其中，保证了设计师，承包商和业主之间的实时合作，协调工作进度和保证工程质量。它改变了传统的设计方式，也改变了整个项目的执行方法。

装配式建筑的核心是“集成”，信息化是“集成”的主线。对装配式建筑来说，通过BIM技术可以有效实现装配式建筑全生命周期的管理和控制，包括设计方案优化、构配件深化设计、构件生产运输、施工现场装配模拟、建筑使用中运营维护等等，提高装配式建筑设计、生产及施工的效率，促进装配式建筑进一步推广，实现建筑工业化。

1.2 BIM相关标准

1.2.1 发达国家的BIM标准

国际ISO组织做了一些标准，从前期的IFC到IDM再到IFD都是非常重要的标准，国际上最高的标准组织也异常重视这几方面的标准制定。BIM技术源自美国，美国的一些地方政府也制定了很多的应用指南，对正确的应用BIM起到了很好的作用。与此同时，英国也在美国的标准上做了具体的应用指南，像欧洲的挪威、芬兰、澳大利亚等国家都制订了相关的标准和应用指南。这些发达国家政府非常重视BIM的应用，从政府的技术到学术组织的角度出发来制定BIM标准和指南。美国的地方组织也制定了相关的BIM标准。例如，2006美国总承包商协会发布《承包商BIM使用指南》；2008年美国建筑师学会颁布了BIM合同条款E202-2008“Building Information Modeling (BIM) Protocol Exhibit”；2009年美国洛杉矶大学制定了面向DBB工程模式的BIM实施标准《LACCD Building Information Modeling Standards For Design-Bid Build Projects》。此外，英国在2009年发布了“AEC (UK) BIM Standard”；2010年进一步发布了基于Revit平台的BIM实施标准——“AEC (UK) BIM Standard for Autodesk Revit”；2011年又发布了基于Bentley平台的BIM实施标准——“AEC (UK) BIM Standard for Bentley Building”。挪威也于2009年发布了BIM Manual 1.1，并于2011年发布了BIM Manual 1.2。一些亚洲国家，例如新加坡在2012年发布了《Singapore BIM Guide》。韩国方面，韩国国土海洋部在2010年1月颁布了《建筑领域BIM应用指南》；2010年3月，韩国虚拟建造研究院制定了《BIM应用设计指南——三维建筑设计指南》；2010年12月，韩国调达厅颁布了《韩国设施产业BIM应用基本指南书——建筑BIM指南》。

1.2.2 国内BIM标准

我国也针对BIM标准化进行了一些基础性的研究工作。2007年，中国建筑标准设计研究院提出了《建筑对象数字化定义》JG/T 198—2007标准[7]，其非等效采用了国际上的IFC标准《工业基础类IFC平台规范》，只是对IFC进行了一定简化。2008年，由中国建筑科学研究院、中国标准化研究院等单位共同起草了《工业基础类平台规范》GB/T 25507—2010[8]，等同采用 IFC（ISO/PAS 16739—2005），在技术内容上与其完全保持一致，仅为了将其转化为国家标准，并根据我国国家标准的制定要求，在编写格式上作了一些改动。2010 年清华大学软件学院 BIM 课题组提出了中国建筑信息模型标准框架（China Building Information Model Standard，简称 CBIMS），框架中技术规范主要包括三个方面的内容：数据格式标准 IFC、信息分类及数据字典 IFD 和流程规则 IDM，BIM 标准框架主要应包括标准规范、使用指南和标准资源三大部分[9]。国内对 BIM 技术的研究刚刚起步，“十一五”期间部分高校和科研院所已开始研究和应用 BIM 技术，特别是数据标准化的研究。部分大型设计院已开始尝试在实际工程项目中使用 BIM 技术，如上海现代建筑设计（集团）有限公司、中国建筑设计研究院、广东省建筑设计研究院、机械工业第六设计院有限公司等。典型工程包括世博文化中心、世博国家电力馆、杭州奥体中心等。在国内，基于 IFC 的信息模型在国内的开发应用才刚刚起步。中国建筑科学研究院开发完成了 PKPM 软件的 IFC 接口，并在十五期间完成了建筑业信息化关键技术研究与示范项目——《基于 IFC 标准的集成化建筑设计支撑平台研究》；上海现代设计（集团）有限公司开发了基于 IFC 标准开发建筑软件结构设计转换系统以及建筑 CAD 数据资源共享应用系统。此外，还有一些中小软件企业也进行了基于 IFC 的软件开发工作，例如：北京子路时代高科技有限公司开发了基于 Internet 的建筑结构协同设计系统，其数据交互格式就采用了 IFC 标准。

1.3 建筑施工图识读与绘制

建筑施工图关注更多的是建筑的平面功能、平面定位、立面效果以及建筑的外在艺术表现。在建筑施工图识图能力培养过程中，以前采用 KT 板和保温挤塑板等轻质材料制作建筑模型，在制作实体模型过程中进行建筑施工图识图能力培养。在 BIM 技术出现后，对比之下，制作实体模型相对耗时、耗力、耗材，同时需要实训场地比较大，也存在识图培养效率不够高的问题，利用 BIM 技术建立建筑信息模型，不需额外的设备材料，利用机房就可以实施。

BIM 技术的实施由建筑图纸到三维模型的转化，可以很好地提升和强化施工图识图能力。项目作为载体，根据施工图纸制作模型，选用 Revit 软件制作建筑模型。深入利用 BIM 建筑平、立、剖及详图中表达的系列信息，结合 BIM 模型三维视图，可以更有效、更形象的对建筑施工图深入识图与绘制。

结构施工图用平法表达后，原来的三维构件转化成的平面表示，需要读图人员再由平面通过思维转化为想象中的三维图，把结构图中用的钢筋平法表达的信息转化成思维中的钢筋下料模型，一定程度上降低了施工效率和提升了施工错误率。而 BIM 技术出现后，可以利用该技术把平法表达的钢筋信息快速转化成实体可见的三维图：广联达软件对结构构件的 GBIM-5D 数据模型的三维呈现，建立起的钢筋三维结构模型清晰明了，能直观掌握钢筋的节点构造要求，同时便于钢筋工程量的对量和核算，能指导钢筋下料的截断加工，指导钢筋施工的排放和绑扎，是结构施工图识图的重要辅助手段。

所以，利用 BIM 技术建立各个角度可见的建筑、结构三维模型，提升了施工图识图、绘图的效率和正确率，可以弥补传统方法的不足。

1.4　新型建筑设计平台中BIM的应用

新型建筑工业化建筑设计具有标准化、模块化、重复化的特点，形成的数据量大而且重复，在传统技术下需要大量的人力物力来记录整合，并且容易出现错误。而BIM模型在建模时可以利用数据共享平台进行数据共享，也可以与各种设计软件结合来设计构件，制订标准和规则，有利于实现标准化。

工厂化的目的之一是提高构件的精度，靠传统技术记录和生产难免会产生错误和误差，而BIM模型中采集的信息会完整地展示给制造人员或者能够完整地导入BIM技术其他系统，使得用BIM技术进行设计和制造、提高构件的设计精度和制造精度得以实现，有利于实现构件部品的工厂化。

新型建筑工业化需要实现施工安装装配化，需要大量的人力来记录构件信息，如搭接位置和搭接顺序等，运用BIM技术会确保信息的完整和正确。在BIM模型中每一构件的信息都会显示出来，3D模型会准确显示出构件应在的位置和搭接顺序，确保施工安装能够顺利完成。使用BIM技术有利于实现施工安装装配化。

新型建筑工业化要实现构部件的工厂化生产及施工现场装配，工厂中生产出的部件，在设计尺寸上能不能满足一个特定住宅项目的需要是工程项目能否顺利施工的关键。运用BIM技术在建模和其他阶段不断完善各构件的物理信息和技术信息，这些信息自动传递到虚拟施工软件中进行过程模拟，找出错误点并进行修改。运用BIM技术还能对建设项目进行真正的全寿命周期管理，将所有的信息都显示在BIM模型中，每一个环节都不会出现信息遗漏，直到建筑物报废拆除。运用BIM有利于实现生产经营信息化。

从目前的建筑业产业组织流程来看，从建筑设计到施工安装，再到运营管理都是相互分离的，这种不连续的过程，使得建筑产业上下游之间的信息得不到有效的传递，阻碍了新型建筑工业化的发展。将每个阶段进行集成化管理，必将大大促进新型建筑工业化的发展。BIM技术作为集成了工程建设项目所有相关信息的工程数据模型，可以同步提供关于新型建筑工业化建设项目技术、质量、进度、成本、工程量等施工过程中所需要的各种信息并能使设计、制造、施工三个阶段进行模数和技术标准整合。

1.5　BIM一级考试

新型建筑工业化建筑设计具有标准化、模块化、重复化的特点，形成的数据量大而且重复，在传统技术下需要大量的人力物力来记录整合，并且容易出现错误。而BIM模型在建模时可以利用数据共享平台进行数据共享，也可以与各种设计软件结合来设计构件，制订标准和规则，有利于实现标准化。

第 2 章　BIM 建模软件及建模环境

2.1　BIM 建模软件、硬件环境配置

2.1.1　BIM 建模软件

目前常用 BIM 软件数量已有几十个，甚至上百之多。但对这些软件，却很难给予一个科学的、系统的、精确的分类。

1. BIM 核心建模软件

（1）Autodesk 公司的 Revit 建筑、结构和机电系列，是完整的、针对特定专业的建筑设计和文档系统，支持所有阶段的设计和施工图纸。它在国内民用建筑市场上因为此前 AutoCAD 的天然优势，已占用很大市场份额。

（2）Bentley 公司的建筑、结构和设备系列。Bentley 系列产品在工业设计（石油、化工、电力、医药等）和市政基础设施（道路、桥梁、水利等）领域，具有无可争辩的优势。

（3）Graphisoft 公司的 ArchiCAD 软件。ArchiCAD 作为一款最早的、具有一定市场影响力的 BIM 核心建模软件，最为国内同行熟悉。但其定位过于单一（仅限于建筑学专业），与国内“多专业一体化”的体制严重不匹配，故很难实现市场占有率的大突破。

（4）Dassault 公司的 CATIA 产品以及 Gery Technology 公司的 Digital Project 产品。其中 CATIA 是全球最高端的机械设计制造软件，在航空、航天、汽车等领域占据垄断地位，且其建模能力、表现能力和信息管理能力，均比传统建筑类软件更具明显优势，但其与工程建设行业尚未能顺畅对接，属其不足之处。Digital Project 则是在 CATIA 基础上开发的一个专门面向工程建设行业的应用软件（即二次开发软件）。其本质还是 CATIA，就跟天正的本质是 AutoCAD 一样。

因此在软件选用上建议如下：单纯民用建筑（多专业）设计，可用 Autodesk Revit；工业或市政基础设施设计，可用 Bentley；建筑师事务所，可选择 ArchiCAD、Revit 或 Bentley；所设计项目严重异形、购置预算又比较充裕的，可选用 Digital Project 或 CATIA；充分顾及项目业主和项目组关联成员的相关要求。这也是在确定 BIM 技术路线时需要考虑的要素。

2. BIM 方案设计软件

BIM 方案设计软件用在设计初期，其主要功能是把业主设计任务书里面基于数字的项目要求转化成基于几何形体的建筑方案，此方案用于业主和设计师之间的沟通和方案研究论证。BIM 方案设计软件可以帮助设计师验证设计方案和业主设计任务书中的项目要求相匹配。BIM 方案设计软件的成果可以转换到 BIM 核心建模软件里面进行设计深化，并继续验证满足业主要求的情况。目前主要的 BIM 方案软件有 Onuma Planning System 和 Affinity 等。

3. 和 BIM 接口的几何造型软件

设计初期阶段的形体、体量研究或者遇到复杂建筑造型的情况，使用几何造型软件会比直接使用 BIM 核心建模软件更方便、效率更高，甚至可以实现 BIM 核心建模软件无法实现的功能。几何造型软件的成果可以作为 BIM 核心建模软件的输入。目前常用几何造型软件有 SketchUp、Rhino 和 FormZ 等。

4. BIM 可持续（绿色）分析软件

可持续或者绿色分析软件可以使用 BIM 模型的信息对项目进行日照、风环境、热工、景观可视度、噪音等方面的分析，主要软件有国外的 Echotect、IES、Green Building Studio 以及国内的 PKPM 等。

5. BIM 机电分析软件

水暖电等设备和电气分析软件国内产品有鸿业、博超等，国外产品有 Design Master、IES Virtual Environment、Trane Trace 等。

6. BIM 结构分析软件

结构分析软件是目前与 BIM 核心建模软件配合度较高的产品，基本上可实现双向信息交换，即：结构分析软件可使用 BIM 核心建模软件的信息进行结构分析，分析结果对于结构的调整，又可反馈到 BIM 核心建模软件中去，自动更新 BIM 模型。国外结构分析软件有 ETABS、STAAD、Robot 等以及国内的 PKPM，均可与 BIM 核心建模软件配合使用。

7. BIM 可视化软件

有了 BIM 模型以后，对可视化软件的使用至少有如下好处：可视化建模的工作量减少了；模型的精度和与设计（实物）的吻合度提高了；可以在项目的不同阶段以及各种变化情况下快速产生可视化效果。常用的可视化软件包括 3ds Max、Artlantis、AccuRender 和 Lightscape 等。

8. BIM 模型检查软件

BIM 模型检查软件既可以用来检查模型本身的质量和完整性，例如空间之间有没有重叠？空间有没有被适当的构件围闭？构件之间有没有冲突等；也可以用来检查设计是不是符合业主的要求，是否符合规范的要求等。目前具有市场影响的 BIM 模型检查软件是 Solibri Model Checker。

9. BIM 深化设计软件

Tekla Structures（Xsteel）作为目前最具影响力的基于 BIM 技术的钢结构深化设计软件，可使用 BIM 核心建模软件提交的数据，对钢结构进行面向加工、安装的详细设计，即生成钢结构施工图（加工图、深化图、详图）、材料表、数控机床加工代码等。

10. BIM 模型综合碰撞检查软件

模型综合碰撞检查软件基本功能包括集成各种三维软件（包括 BIM 软件、三维工厂设计软件、三维机械设计软件等）创建的模型，并进行 3D 协调、4D 计划、可视化、动态模拟等，其实也属于一种项目评估、审核软件。常见模型综合碰撞检查软件有 Autodesk Navisworks、Bentley Projectwise Navigator 和 Solibri Model Checker 等。

11. BIM 造价管理软件

造价管理软件利用 BIM 模型提供的信息进行工程量统计和造价分析。它可根据工程施工计划动态提供造价管理需要的数据，亦即所谓 BIM 技术的 5D 应用。国外 BIM 造价管理软件有 Innovaya 和 Solibri，鲁班则是国内 BIM 造价管理软件的代表。

12. BIM 运营管理软件

我们把 BIM 形象地比喻为建设项目的 DNA，根据美国国家 BIM 标准委员会的资料，一个建筑物生命周期 75%的成本发生在运营阶段（使用阶段），而建设阶段（设计、施工）的成本只占项目生命周期成本的 25%。BIM 模型为建筑物的运营管理阶段服务是 BIM 应用重要的推动力和工作目标，在这方面美国运营管理软件 ArchiBUS 是最有市场影响的软件之一。

13. BIM 发布审核软件

最常用的 BIM 成果发布审核软件包括 Autodesk Design Review、Adobe PDF 和 Adobe 3D PDF，正如这类软件本身的名称所描述的那样，发布审核软件把 BIM 的成果发布成静态的、轻型的、包含大部分智能信息的、不能编辑修改但可以标注审核意见的、更多人可以访问的格式如 DWF、PDF、3D PDF 等，供项目其他参与方进行审核或者利用。

2.1.2 BIM 硬件环境配置

硬件和软件是一个完整的计算机系统互相依存的两大部分。当我们确定了使用的 BIM 软件之后，需要考虑的就是应该如何配置硬件。BIM 基于三维的工作方式，对硬件的计算能力和图形处理能力提出了很高的要求。就最基本的项目建模来说，BIM 建模软件相比较传统二维 CAD 软件，在计算机配置方面，需要着重考虑 CPU、内存和显卡的配置。

1. CPU

即中央处理器，是计算机的核心，推荐拥有二级或三级搞速缓冲存储器的 CPU。采用 64 位 CPU 和 64 位操作系统对提升运行速度有一定的作用，大部分软件目前也都推出了 64 位版本。多核系统可以提高 CPU 的运行效率，在同时运行多个程序时速度更快，即使软件本身并不支持多线程工作，采用多核也能在一定程度上优化其工作表现。

2. 内存

是与 CPU 沟通的桥梁，关系着一台电脑的运行速度。越大越复杂的项目会越占内存，一般所需内存的大小应最少是项目内存的 20 倍。由于目前大部分用 BIM 的项目都比较大，一般推荐采用 8G 或 8G 以上的内存。

3. 显卡

对模型表现和模型处理来说很重要，越高端的显卡，三维效果越逼真，图面切换越流畅。应避免集成式显卡，集成式显卡要占用系统内存来运行，而独立显卡有自己的显存，显示效果和运行性能也更好些。一般显存容量不应小于 512M。

4. 硬盘

硬盘的转速对系统也有影响，一般来说是越快越好，但其对软件工作表现的提升作用没有前三者明显。

关于各个软件对硬件的要求，软件厂商都会有推荐的硬件配置要求，但从项目应用 BIM 的角度出发，需要考虑的不仅仅是单个软件产品的配置要求，还需要考虑项目的大小，复杂程度，BIM 的应用目标，团队应用程度，工作方式等。对于一个项目团队，可以根据每个成员的工作内容，配备不同的硬件，形成阶梯式配置。比如，单专业的建模可以考虑较低的配置，而对于到专业模型的整合就需要较高的配置，某些大数据量的模拟分析可能所需要的配置就会更高。若采用网络协同工作模式，则还需设置中央储运处服务器。

2.2　参数化设计的概念与方法

2.2.1　参数化 BIM 的实际应用

BIM 技术在我国设计行业的实践起步较晚，欧洲许多世界知名建筑师、建筑设计公司早已经将这一 BIM 软件技术使用到建筑设计与建筑表现。如国外弗兰克·盖里（Frank Owen Gehry）的公司，就曾用先进的模拟软件进行整体环境设计和模型制作，不断优化与改进模型后，得出一个数字模型，然后施工图数据就从中而来。譬如弗兰克·盖里 1997 年设计的位于西班牙工业城毕尔巴鄂的古根海姆（GuggenheimMuseum，Bilbao，Spain）美术馆。这个美术馆整个结构技术参数和图纸绘制，就是在这种计算机的辅助下建立模型完成的，获得了很高评价。这个博物馆的外观钛金属板，是利用 CNC 刨槽机铣出来泡沫板、EPS 板模型（是一种经加热预发后在模具中加热成型的白色物体），形成复合曲面的造型形态和独特效果。起初，他们在设计时，先制作出纸模型，然后使用 3Ddigitizer（即三维空间数字化仪），将曲面的坐标输入计算机，用 CATIA 软件制作建筑信息模型（BIM）。

2.2.2　参数化 BIM 的应用：建筑施工中的实施步骤

完成数据采集，构建技术框架处理和解决问题，必须先从数据、基础信息、背景资料进行分析、评价。要经过实地考察勘测、百度地图等方式，收集和采集建筑施工的具体数据、信息，以此来构建 BIM 技术框架，经过计算处理，实现数据接口和数据的交互、IFC 文件导入和导出、开发多用户访问系统等指令，然后，采用 AutoCAD、CATIA、3ds MAX 等相关软件创建 BIM 模型。BIM 不仅关乎三维数据，还意味着创建包括二维数据源文档、电子表格和其他内容在内的整体信息资源。这一阶段是基础的，也是最为关键的，这为参数化 BIM 技术的实施提供了计算基础。

调整系统结构，实现主要功能任何一个技术的系统功能，必须能够实现和体现出它的最有价值的实际作用。对于 BIM 管理系统来说，其主要实现的功能有：软件工程管理系统和项目综合管理系统。其中软件管理系统采用 C/S 构架，项目综合管理系统采用 B/S 构架，两者之间通过数据管理和模型参数实现无缝的双相连接。通常，建筑施工 BIM 系统中以 AutoCAD 为开发平台，建立 3D 集合模型，同时完成 IFC 文件结构定义，建立项目组织浏览表。这一阶段是关键的，也是最重要的，必须体现 BIM 技术的系统功能和实际作用。

进行分析对比，在该系统中建立动态系统，系统资源动态管理可以自动计算节点或者工程量，完成人力、物力、财力、机械设备、环境变化等的实时查询和统计分析，自动实现工程量动态管理。实时监控各种参数的变化，出现异常可及时提醒与修复。另外，施工质量安全管理将施工方和监理单位的工程质检进行安全数据存储，并且将数据安全统计信息显示打印出来。施工现场管理可以实现自定义 4D 属性设置，对现场设施信息进行统计，完成动态现场管理。此功能非常便捷、有效地为工程施工管理服务。

注重安全冲突，建立分析系统一般安全冲突多是软件冲突，是无可避免的，因此施工过程要进行过程模拟，测试、实现单位周期内的正序或逆序施工模拟，且具备三维漫游和真实模型现实功能，来预防和解决计算机上常见的安全风险。(1) 建筑物的安全性能是人们对建筑业提出的最基本要求。基于建筑功能安全与冲突分析，实现结构变革，转化机制体系，在施工期间，如果改变结构或体系，应进行动力学分析、计算，且进行安全性能评估，这样才能保障建筑物与人的安全。(2) 施工过程中出现的进度资源冲突，应按照计划进行对比，分析其中原因，针对出错点实现进度偏差报警功能，确保进度的合理开展。(3) 场地出现碰撞冲突时，可通过碰撞检验分析算法，实现构件、设施和结构等的分析、检验，要不断细化应用流程，对各种工序和参数的模拟计算实现方案的优选，实现工程数据集成和过程可视化模拟后，交付设计成果。BIM 把所有技术细节用可视化的方式呈现，把所有建筑材料用预算技术以无法比拟的精确列表进行实时报告，这对整个行业来说都是革命性的变革，是必然的趋势。

另外，BIM 技术在建筑施工中有必要制定精细化项目可视化管理“八化管理”：材料加工工厂化、装修管理创新化、施工工艺精细化、质量保障数据化、现场施工流程化、精细管理可视化、安全文明常态化、维保服务温馨化。

2.2.3 参数化 BIM 的应用：建筑节能设计中的体现

1. 协同设计应用

BIM 技术能创建基于建筑实际情况的信息模型，该模型中包含关于建筑各个阶段的所有信息。不仅可以准确读取水泵规格、用水量等基本信息，还可直接读取跨专业信息。在对水泵电量实施修改的过程中，该模型可以同步完成负荷计算。充分利用 BIM 信息模型，所有专业都可在模型中执行所需操作，大幅减少了工作流程的复杂程度，使节能设计更具联动型。此外，在实际应用时，全部设计工作都是在模型这一基础上完成的，所以如有一方修改设计方案，其他人员都能够及时发现，进而展开讨论研究，有效提升设计效率。

2. 参数化设计

在 BIM 模型上，明细表、三维与二维视图、Revit 软件等均能以数据信息的形式表达，如对 Revit 软件参数化实施修改，则该软件附带引擎可相应的对明细表、视图以及平面等多种信息进行修改，同时还可以更新修改数据，保证模型处在稳定的状态之中。参数化设计阶段中引用 BIM 技术，可以起到良好的辅助效果。比如在针对建筑排水进行设计时，水力计算过程需要由该领域专业人员借助计算机软件进行，而如果应用 BIM 技术，则可在短时间之内获取有关卫生器具等设施的所有信息，若设定了排水管道的水力特性，还可对管道直径等信息进行针对性的修改，有效提升了设计准确性与效率。

3. 可视化设计

以往的建筑设计方法是利用 CAD 数据信息平台，对于此设计平台，设计人员不仅要对平面图、剖面图以及立体图进行汇编，还要对建筑的整体图形实施复原，不断调整结构、梁高位置等基本信息。对结构相对复杂、工期紧张的建筑而言，利用 CAD 数据信息平台，信息传输阶段极易出现失真，对设计后续工作造成不利影响。现代化建筑中的给水排水设计工作，大多应用BIM技术，借助其强大的信息模型，可以快速地获取相关信息，有效避免信息在传输过程中发生的失真现象，进而提高数据信息的实时性与完整性。此外，建筑给水排水设计模型与其他项目设计模型存在一定差别，给水排水模型是建立在土建模型上的，在设计过程中需对局部模型实施针对性的修改，这会对建筑楼层设计造成一定影响，所以一般会将建筑楼层作为参考进行后续设计，虽然这样可以避免局部模型修改对楼层设计带来的影响，但会使各设计项目之间的平衡被打乱，不利于建筑整体设计。在应用BIM技术之后，给水排水设计需进行的一系列修改均可在模型中完成，确保建筑设计整体性，使得设计工作更加简便，提高可操作性。

4. 模型安装设计

在BIM建筑设计模型中合理融入模型暗转设计模块，可实现建筑工程的全过程指导。对于建筑施工而言，为确保施工质量与进度，应将时间维度引入到模型中去，同时按照施工方案编制进度表，此后可以借助模型进行超前可视化。根据建筑工程的实际情况，编制一个完善的进度计划，可以更好地掌握建筑给水排水等设计工作，统筹规划建筑全局设计，从而达到简化工作流程的效果，有效减少设计变更的发生几率，提高节能设计效率。

2.3　BIM建模流程

2.3.1　制定实施计划

1. 确定模型创建精度

BIM模型的精细程度是根据美国建筑师学会（AIA-American Institute of Architects）使用的模型详细等级（LOD-Level of Detail）来定义模型中构件的精度，BIM构件的详细等级共分如下5级：100：概念性；200：近似几何（方案、初设及扩初）；300：精确几何（施工图及深化施工图）；400：加工制造；500：建成竣工。

2. 制定项目实施目标

即本次项目实施BIM的最终目的是什么，打算用于什么方面？指导施工；达到符合BIM模型等级标准的碰撞检测与管线综合；工程算量；可视化；四维施工建造模拟；五维施工建造模拟。

3. 划定项目拆分原则

按楼层拆分；按构件拆分；按区域拆分。整个项目可划分为三个部分：地库、裙房、塔楼（两幢）。考虑到项目规模较为庞大，基于控制数据量的考虑，建筑、结构、机电三个专业的模型将分别创建。即最终将会产生九个模型，分别是：建筑专业的地库、裙房、塔楼模型；结构专业的地库、裙房、塔楼模型；机电专业的地库、裙房、塔楼模型。

4. 配备人员分工

一般对于BIM团队人员的任务分配可有两种选择。一是在人员充足的情况下根据项目分配工作，二是在人员不足的情况根据现有人员配备分配工作。分配工作时应尽可能考虑完善的专业、工种和岗位配备。包括：土建、机电、算量（造价）、可视化、内装、管理、园林、景观、市政（道路、桥梁）、规划、钢构以及可能存在的深化设计人员。

5. 选定协作方式

根据不同项目规模和复杂难易程度来决定各个相同专业和不同专业模型之间的协作方式。小型项目：一个土建模型＋一个机电模型；中等项目：一个建筑模型＋一个结构模型＋一个机电模型；大型项目：多个建筑模型＋多个结构模型＋多个机电模型（或机电三专业拆分模型）；超大型项目：多个建筑模型＋多个结构模型＋多个暖通模型＋多个给水排水模型＋多个电气模型。

6. 定制项目样板

分别创建各专业的项目样板。其中，机电样板尤为复杂，需要机电三专业，即水、暖、电的工程师须事先分别统计出各自专业在本项目中的管线系统种类与数量以及这些系统管线分布在哪几种类型的图纸中，然后按照这些统计好的信息先创建机电各专业对应的视图种类和架构；然后创建机电各专业的管线系统，其中暖通与给水排水专业可以在风管系统和管道系统中分别进行创建，而电气专业则需要对桥架及相关构件分别命名创建；接着设置机电各专业的视图属性与视图样板，最后在过滤器中设置机电各专业的管线系统可见性与着色，完成整个机电样板文件的全部相关准备工作。

7. 创建工作集

首先由一人创建建筑的项目样板文件，在该文件中将根据设计院提交的施工图创建相应的轴网与标高，然后基于此创建工作集并添加建筑专业模型的两位人员到工作集合中并生成中心文件。接着再由一人创建结构的项目样板文件，在该文件中将首先链接刚才建筑所创建的带有轴网、标高的项目样板文件（中心文件），然后通过“复制/监视”功能创建属于结构专业模型的轴网和标高并开设相关工作集，生成结构的中心文件。最后再由一人创建机电专业项目样板文件，在该文件中将链接之前创建的带有轴网、标高的建筑中心文件，然后也通过“复制/监视”功能创建属于机电专业模型的轴网和标高并开设相关工作集，生成机电的中心文件。根据项目规模大小，工作集的数量和创建的人数也应相应调整。

2.3.2 具体实施过程

1. 模型创建规则

创建范围：分别确定建筑、结构和机电三个专业各自的模型具体创建范围，其中建筑与结构两个专业的模型将采取不重复的原则来分别创建。即结构模型中创建了结构柱、剪力墙、结构楼板，那么建筑模型在创建时将不再重复创建这些模型。扣减原则：土建构件之间须避免交错重叠，以确保算量准确。譬如，墙体不穿过柱子和梁，楼板不穿过柱子、墙和梁等等。专业交叠：土建构件与机电构件之间可能会存在一定的重叠创建，譬如卫生洁具，机电管线穿越墙体开洞等等。因此需要在实施过程中明确重叠的构件由哪个专业来负责创建，避免重复工作和混乱。一般以合理为原则来进行创建，譬如卫生洁具应由机电专业来创建；而墙体开洞则应该由建筑或结构专业来操作，机电专业只负责向土建专业提供开洞的数据信息。其他各专业如有交叠构件也以此类推来进行分工创建。

2. 实施细节

作为底图参照的 DWG 文件应事先处理好，并单层保存链接至 Revit 中，不宜不做处理，全部链接进来；DWG 文件链接进入 Revit 时，应勾选“仅当前视图”选项，以严格控制 DWG 文件在模型中的显示；建筑与结构专业应事先统计各自专业的构件，并由一人进行分类和类型预创建。譬如，建筑专业应事先统计出门有几种类型，然后在门的类别下预先将这几种门的类型预制好，再同步至中心文件里。这样协同作业的其他人就不会重复去创建这些门的类型，而可以直接使用预制好的门类型。其他诸如：墙、柱、梁、窗等相关构件也应按此原则预先进行统计和预制类型；设置视图范围，尤其是机电专业模型若最终要用于工程算量，则在创建时应根据算量软件，譬如广联达的建模标准来创建；土建专业建模中，考虑到某些构件数量及种类繁多，譬如墙体。因此可以在平面视图中以填色的方式来加以区分不同类型或者材质的墙体。但在三维视图中不要填色，仍按灰度模式来显示墙体，以免在管线综合时影响机电管线的显示和观察。因此对于墙体之类的构件，可以创建一个色标来统计和展示其所对应的墙体类型；机电专业各系统管线必须要事先做好色标，通过不同色彩来表达不同系统的管线。平面视图中应以带色彩的线条来表达各系统管线，三维视图中应以实体填色的方式来表达各系统的管线，以便将来在管线综合中可以比较清晰的来观察和展现；关于设计院提交的设计变更或者升版图纸的事宜，BIM 团队在创建模型的时候必须要订立一个规则：就是先依据设计院所提交的某一版施工图来集中建模，先生成第一版的 BIM 模型，暂时忽略在此期间设计院提交的零星变更或升版图纸。待第一版的模型建完之后，保存一个备份再根据设计院提交的设计变更或者升版图纸进行修改和调整，生成第二版、第三版或后面几版的 BIM 模型。这样一来，既可以保证模型创建进度，又可以免受设计院频繁且略带不负责任的设计变更和图纸修改，从而保证施工单位 BIM 工作的节奏不被打乱，能够顺利推进。同时多版模型的存在也为今后备案查询、检查以往的问题或信息提供了很好的依据。当然，如果在人员充足的情况下，施工单位能够在短时间内完成模型创建，从而在设计院自己发现问题之前把原有的设计问题都找出来并整理成文提交给甲方，那就更好了。这可以极大的提升施工单位 BIM 团队所发挥的作用，同时彰显施工单位的技术能力，为今后的项目施工能够顺利实施和推进提供良好的前提铺垫。

2.4　BIM 建模软件 Revit

新型建筑工业化建筑设计具有标准化、模块化、重复化的特点，形成的数据量大而且重复，在传统技术下需要大量的人力物力来记录整合，并且容易出现错误。而 BIM 模型在建模时可以利用数据共享平台进行数据共享，也可以与各种设计软件结合来设计构件，制订标准和规则，有利于实现标准化。

工厂化的目的之一是提高构件的精度，靠传统技术记录和生产难免会产生错误和误差，而 BIM 模型中采集的信息会完整地展示给制造人员或者能够完整地导入 BIM 技术其他系统，使得用 BIM 技术进行设计和制造、提高构件的设计精度和制造精度得以实现，有利于实现构件部品的工厂化。

新型建筑工业化需要实现施工安装装配化，需要大量的人力来记录构件信息，如搭接位置和搭接顺序等，运用 BIM 技术会确保信息的完整和正确。在 BIM 模型中每一构件的信息都会显示出来，3D 模型会准确显示出构件应在的位置和搭接顺序，确保施工安装能够顺利完成。使用 BIM 技术有利于实现施工安装装配化。

新型建筑工业化要实现构部件的工厂化生产及施工现场装配，工厂中生产出的部件，在设计尺寸上能不能满足一个特定住宅项目的需要是工程项目能否顺利施工的关键。运用BIM 技术在建模和其他阶段不断完善各构件的物理信息和技术信息，这些信息自动传递到虚拟施工软件中进行过程模拟，找出错误点并进行修改。运用 BIM 技术还能对建设项目进行真正的全寿命周期管理，将所有的信息都显示在 BIM 模型中，每一个环节都不会出现信息遗漏，直到建筑物报废拆除。运用 BIM 有利于实现生产经营信息化。

从目前的建筑业产业组织流程来看，从建筑设计到施工安装，再到运营管理都是相互分离的，这种不连续的过程，使得建筑产业上下游之间的信息得不到有效的传递，阻碍了新型建筑工业化的发展。将每个阶段进行集成化管理，必将大大促进新型建筑工业化的发展。BIM 技术作为集成了工程建设项目所有相关信息的工程数据模型，可以同步提供关于新型建筑工业化建设项目技术、质量、进度、成本、工程量等施工过程中所需要的各种信息并能使设计、制造、施工三个阶段进行模数和技术标准整合。

第 3 章　Revit 建模基础知识

3.1　Revit 基本术语

3.1.1　样板

当我们打开 Revit 准备建模的时候，首先面临的就是项目样板的选择。点击项目下的新建按钮，就会弹出项目样板的选择框。

Revit 共包含了构造样板，建筑样板，结构样板，机械样板以及无这五种样板。项目样板使用文件扩展名为 rte，如图 3-1 所示。

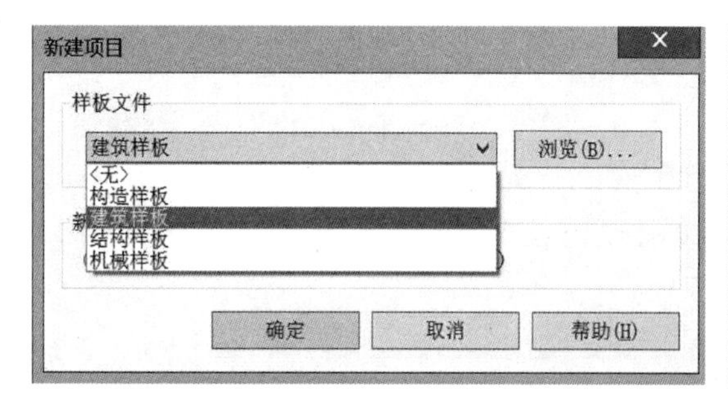

图 3-1

项目样板包括视图样板，已载入的族，已定义的设置（如单位，填充样式，线样式，线宽，视图比例等）和几何图形。如果把一个 Revit 项目比作一张图纸，那么样板文件就是制图规范，样板文件中规定了这个 Revit 项目中各个图元的表现形式。

3.1.2　项目

在 Revit 中，项目是单个建筑信息模型的设计信息数据库，包含了建筑的所有设计信息，从几何图形到构造数据。这些信息包括用于设计模型的构件、项目视图和设计图纸。通过使用单个项目文件，Revit 可以轻松地修改设计，还可以使修改反映在所有关联区域（平面视图、立面视图、剖面视图、明细表等）中，如图 3-2 所示。

3.1.3　组

当需要创建重复布局或需要许多建筑项目实体时，对图元进行分组非常有用。项目或族中的图元成组后，可多次放置在项目或族中。

保存 Revit 的组为单独的文件，只能保存为 rvt 格式，需要用到组时可使用插入选项卡下的作为组载入命令，如图 3-3 所示。

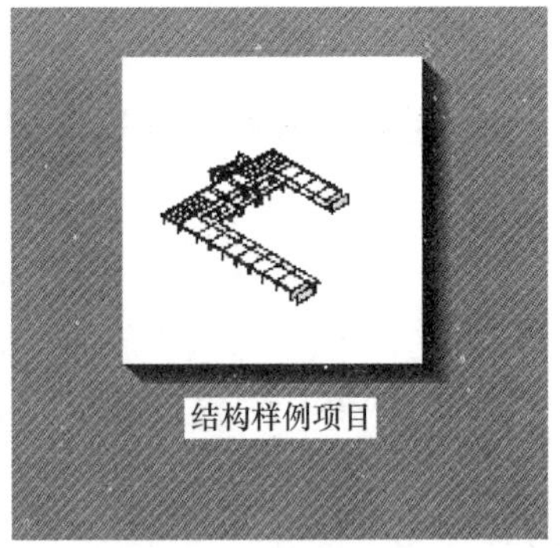

图 3-2

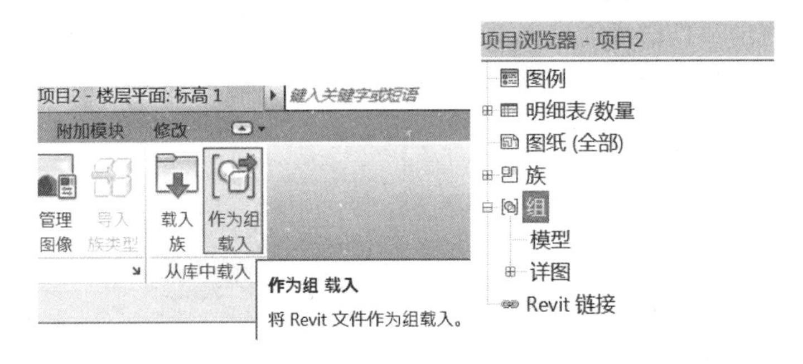

图 3-3

3.1.4 族

族是一个包含通用属性集和相关图形表示的图元组。所有添加到 Revit 项目中的图元（构成建筑模型的结构构件，墙，屋顶，窗，详图索引，标记等等）都是使用族创建的。

1. 族与组的区别

族是自己编辑的构件，Revit 模型是由族构成的，里面的墙柱管线等等，包括标注都是族。

组相当于 CAD 里面阵列的结果，只不过是在 Revit 里面组可以有自己的可调整的数据信息，多个组也可以成组，起到便于调整的作用。

2. Revit 包含的三种族

（1）可载入族：使用族样板 rft 在项目外创建的 rfa 文件，可以载入到项目中，具有高度可自定义的特征，因此可载入族是用户最经常创建和修改的族，如图 3-4 所示。

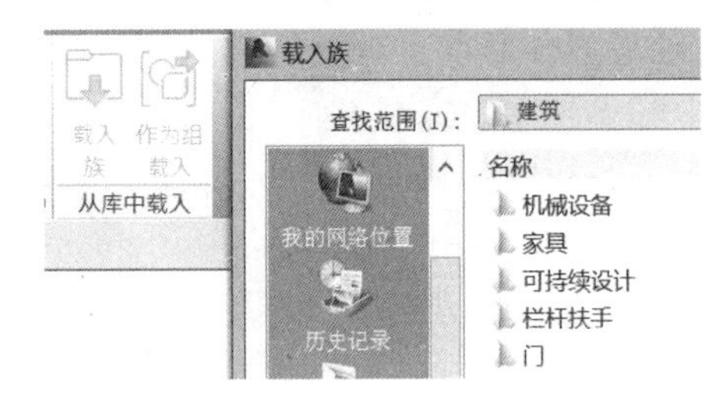

图 3-4

（2）系统族：系统族是在 Revit 中预定义的族，包含基本建筑构件，如墙、窗和门。例如基本墙系统族包含定义内墙、外墙、基础墙、常规墙和隔断墙样式的墙类型。可以复制和修改现有系统族，但不能创建新系统族。

（3）内建族：内建族可以是特定项目中的模型构件，也可以是注释构件。只能在当前项目中创建内建族，因此它们仅可用于该项目特定的对象，例如自定义墙的处理。创建内建族时，可以选择类别，且使用的类别将决定构件在项目中的外观和显示控制，如图 3-5 所示。

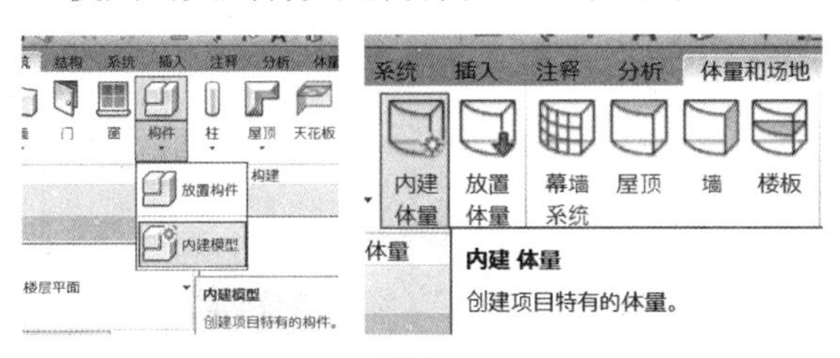

图 3-5

3.1.5 图元

在创建项目时，可以向设计中添加参数化建筑图元。Revit 按照类别、族和类型对图元进行分类，如图 3-6 所示。

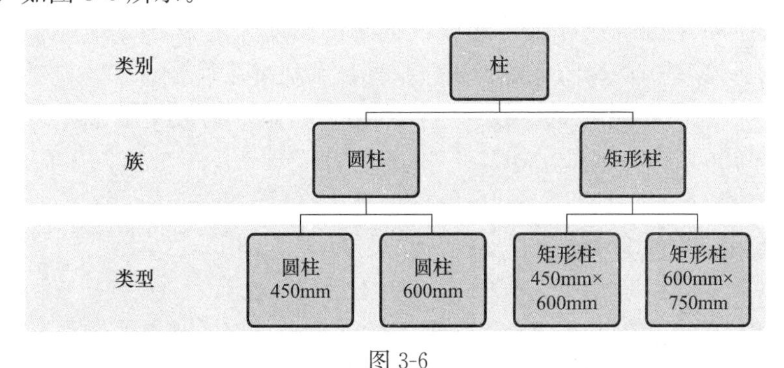

图 3-6

1. 主体图元

包括墙，楼板，屋顶和顶棚，楼梯，场地，坡道等。主体图元在参数定制方面，用户自定制程度较低。

2. 构件图元

包括窗，门和家具，植物等。构件图元与主体图元之间是相互依附的关系。例如门窗安装在墙体上，删除墙，那么其门窗也会被删除。构件图元会有对应的族样板，用户可以按照需求选择对应的族样板来定制构件。

3. 注释图元

包括尺寸标注，文字注释，标记和符号等。注释图元的样式可以由用户定制，来满足不同的需求。如要编辑注释符号族，只需展开项目浏览器中注释符号子目录即可。

注释图元与其标记对象之间实时关联，例如材质标记会在墙层材质发生变化后自动更新。

4. 基准图元

包括标高，轴网，参照平面。基准图元为用户创建三维模型提供了定位辅助的参照。标高不仅可以用来定义楼层高度，还可以用来调整楼板的具体位置。

5. 视图专有图元

只显示在放置这些图元的视图中。它们可帮助对模型进行描述或归档。例如尺寸标注是视图专有图元，如图 3-7 所示。

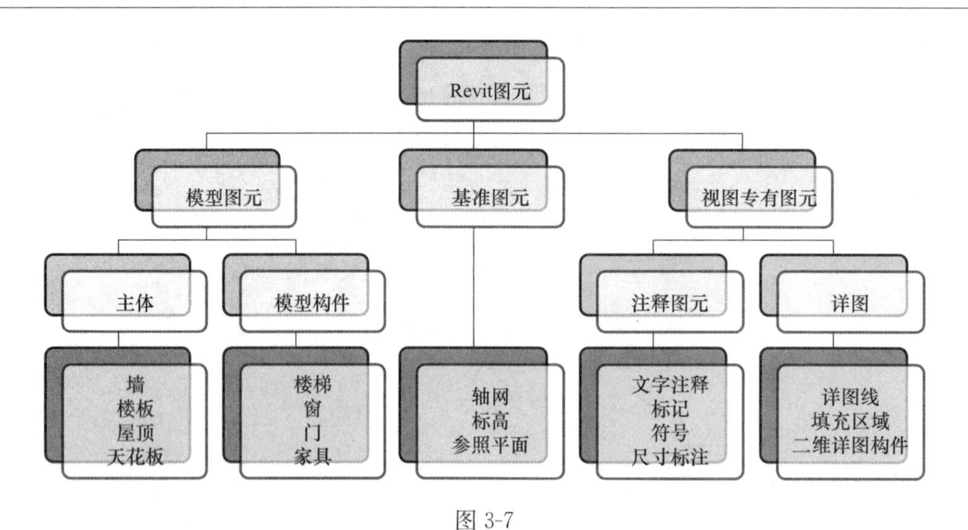

图 3-7

6. 类别和类型

类别是一组用于对建筑设计进行建模或记录的图元。例如，模型图元的类别包括家具，门窗，卫浴设备等。注释图元的类别包括标记和文字注释等。

类型用于表示同一族的不同参数（属性）值。如某个窗族“双扇平开-带贴面 . raf”包含“900mm×1200mm”“1200mm×1200mm”“1800mm×900mm”三个不同类型。

3.2 Revit 界面介绍

在开始学习具体的软件命令之前，先熟悉软件界面，以及基本的操作流程。

Revit 的界面和欧特克公司其他产品的界面非常相似，例如，Autodesk Autocad/Autodesk Inventor 和 Autodesk 3ds Max，这些软件的界面都有个明显的特点，它们都是基于“功能区”的概念。这个功能区也可以看成是“固定式工具栏”，位于屏幕的上方，其中排列了多个选项卡，相关的命令按钮和工具条存放于特定的选项卡。在软件操作过程中，功能区选项卡所显示的内容，会随着选择内容的不同而随时变化，如图 3-8 所示。

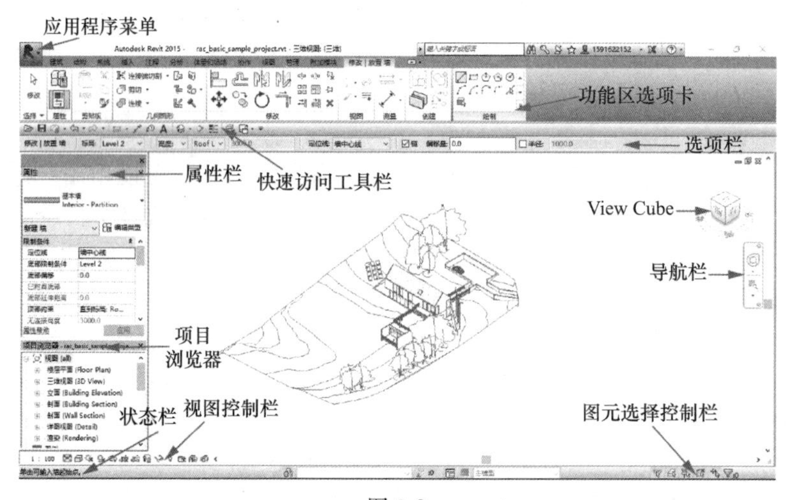

图 3-8

3.2.1　应用程序菜单

程序菜单提供了基本的文件操作命令，包括新建文件、保存文件、导出文件、发布文件，以及全局设置。用于启动应用程序菜单的按钮在软件界面的左上角，图标为“R”，单击这个图标，即可展开应用程序菜单下拉列表，如图 3-9 所示。

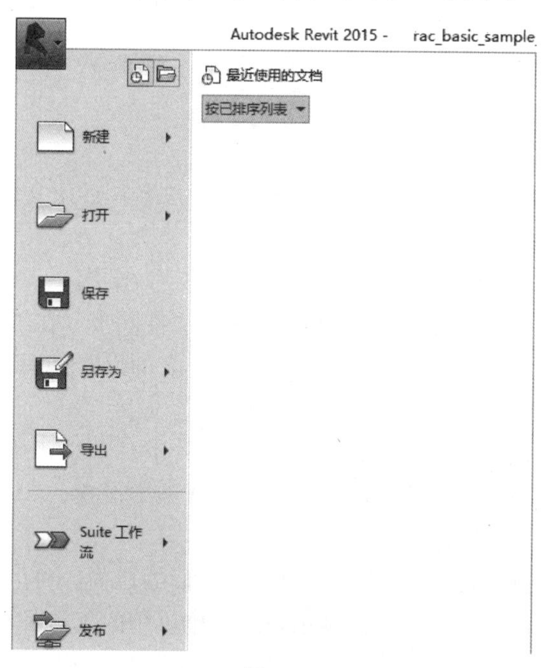

图 3-9

1. 新建项目文件

单击“R”按钮，打开应用程序菜单，将光标移至“新建”按钮上，在展开的“新建”侧拉列表中，单击“项目”按钮，在弹出的“新建项目”对话框中，选择“建筑样板”，单击“确定”按钮，如图 3-10 所示。

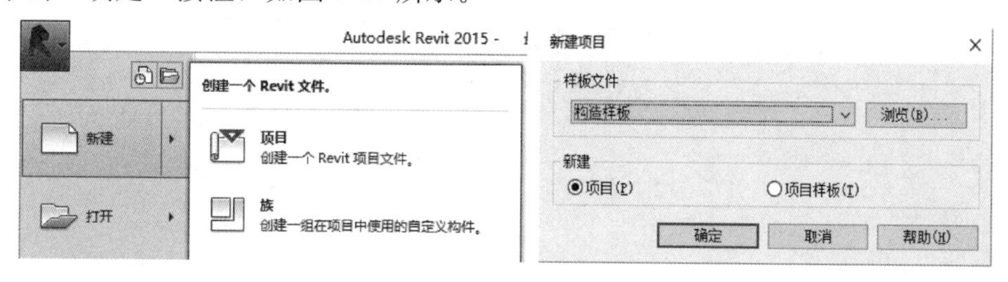

图 3-10

2. 打开族文件

单击“R”按钮，打开应用程序菜单，将光标移动到“打开”按钮上，在展开的“打开”侧拉列表中，单击“族”按钮，在弹出的“打开”对话框中，选择需要打开的族文件，单击“打开”按钮，如图 3-11 所示。

3. “选项”设置

单击“R”按钮，在展开的下拉列表中单击右下角“选项”按钮，弹出“选项”对话框，该对话框包括常规、用户界面、图形、文件位置、渲染、检查拼写、Steering Wheels、

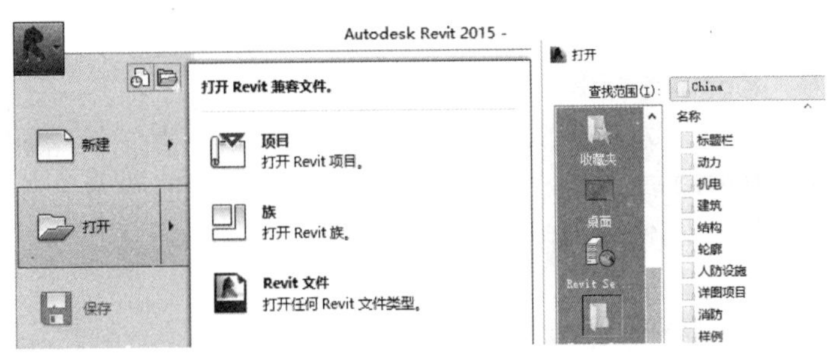

图 3-11

View Cube、宏九个选项卡。

(1)“常规”选项卡：主要用于对系统通知、用户名、日志文件清理、工作共享更新频率、视图选项参数设置。

保存提醒间隔：软件提醒保存最近对打开文件的更改频率；

“与中心文件同步”提醒间隔：软件提醒与中心文件同步（在工作共享时）的频率；

用户名：与软件的特定任务关联的标识符，用户名的设置是团队在进行协同工作时必不可少的步骤；

日志文件清理：系统日志清理间隔设置；

工作共享更新频率：软件更新工作共享显示模式频率设置；

视图选项：对视图默认的规程进行设置。

(2)“用户界面”选项卡：主要用于修改用户界面的行为。可以通过选择或清除建筑、结构、系统、体量和场地的复选框，控制用户界面中可用的工具和功能。也可以设置“最近使用的文件”界面是否显示，以及对快捷键进行设置等，如图 3-12 所示。

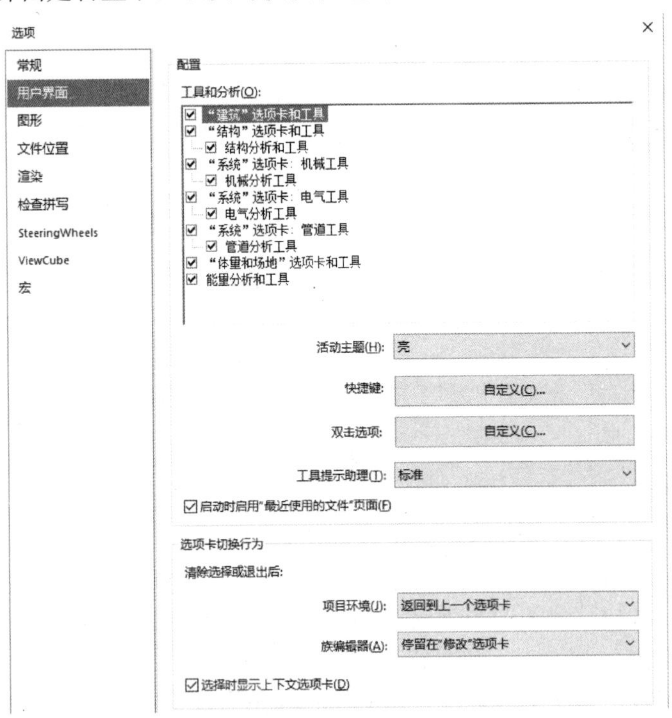

图 3-12

自定义快捷键：可通过快捷键自定义功能，为Revit工具添加自定义快捷键，形成操作习惯，以提高工作效率，如图3-13所示。

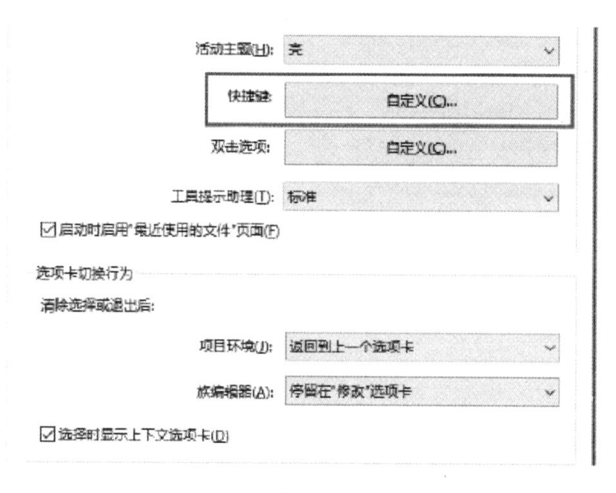

图3-13

通过单击“快捷键”对话框中的“导出”按钮，可以将自定义的快捷键“KeyboardShortcuts.xml”作为文件另存。当更换电脑或新安装软件需重设快捷键时，可单击“导入”按钮把快捷键文件导入软件（提示：导入快捷键会弹出“提醒”对话框，选择覆盖即可）。

（3）“图形”选项卡：用于控制图形和文字在绘图区域中的显示。

反转背景色：勾选“反转背景色”复选框，界面将显示黑色背景。取消勾选“反转背景色”复选框，Revit界面将显示白色背景。单击“选择”“预先选择”“警告”后的颜色值即可为选择、预先选择、警告指定新的颜色；

调整临时尺寸标注文字外观：在选择某一构件时，Revit会自动捕捉其余周边相关图元或参照，并显示为临时尺寸，该项用于设置临时尺寸的字体大小和背景是否透明。

（4）“文件位置”选项卡：主要用于添加项目样板文件，改变用户文件默认位置，可以通过“↑E”，“↓E”，“+”，“−”按钮对样板文件进行上下移动或添加删除。也可通过单击“族样板文件默认路径”后的“浏览”按钮，在打开的“浏览文件夹”对话框中选择文件位置，单击“打开”按钮，改变用户文件默认路径。

（5）“Steering Wheels”选项卡：主要用于对Steering Wheels视图导航工具进行设置，如图3-14所示。

文字可见性：对控制盘文字消息、工具提示、光标文字可见性进行设置。

控制盘外观：设置大、小控制盘的尺寸和不透明度。

环视工具行为：勾选“反转垂直轴”复选框，向上拖曳光标，目标视点升高；向下拖曳光标，目标视点降低。

漫游工具：勾选“将平行移动地平面”复选框可将移动角度约束到地平面，视图与地平面平行移动时，可随意四处查看。取消选择该选项，漫游角度不受约束。

速度系数：用于控制移动速度。

缩放工具：勾选“单击一次鼠标放大一个增量”复选框，允许用户通过单次单击缩放视图。

动态观察工具：勾选“保持场景正立”复选框，视图的边将垂直于地平面。

图 3-14

3.2.2 快速访问工具栏

快速访问工具栏包含一组常用的工具，用户可根据实际命令使用频率，对该工具栏进定义编辑，如图 3-15 所示。

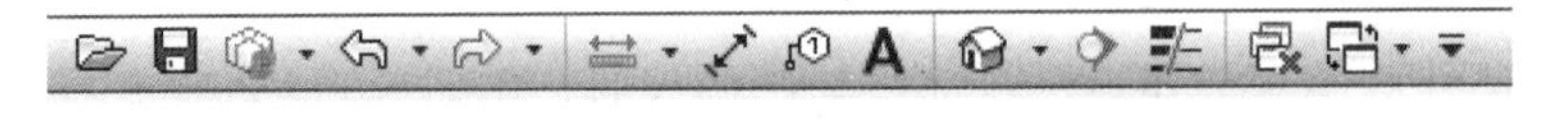

图 3-15

3.2.3 功能区选项卡

选项卡在组织中是最高级的形式，其中包含了已经成组的多种多样的功能，在功能区默认有 11 个选项卡。其中系统选项卡包含机械、电气和管道，用户可在“选项”对话框中，勾选要使用工具和分析子项，来控制相关选项卡的可见性，如图 3-16 所示。

1. 建筑选项卡

包含了创建建筑模型所需的大部分工具，由构建面板、楼梯坡道面板、模型面板、房间和面积面板、洞口面板、基准面板和工作平面面板组成，如图 3-17 所示。

当激活“建筑”选项卡的时候，其他选项卡不被激活，看不到其他选项卡中包含的面板，只有当单击其他选项卡的时候才会被激活。

(1) 在放置“工作平面”面板，使用“ ”工具可以在平面视图中绘制参照平面，为设计提供基准辅助。参照平面是基于工作平面的图元，存在于平面空间，在二维视图中可见，在三维视图中不可见。为了使用方便可命名参照平面，选择要设置名称的参照平面，在属性选项板“名称”里输入名字。

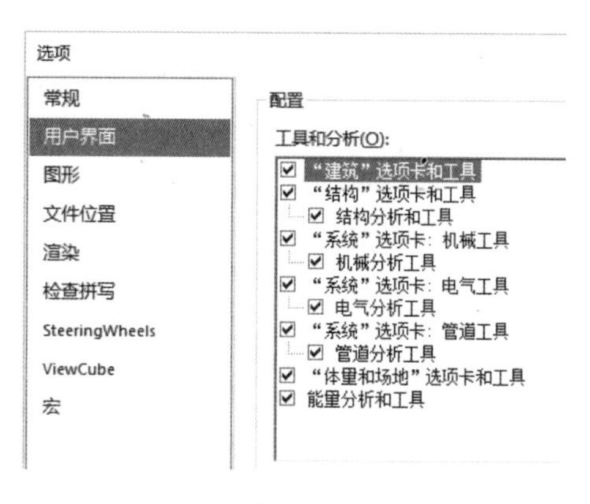

图 3-16

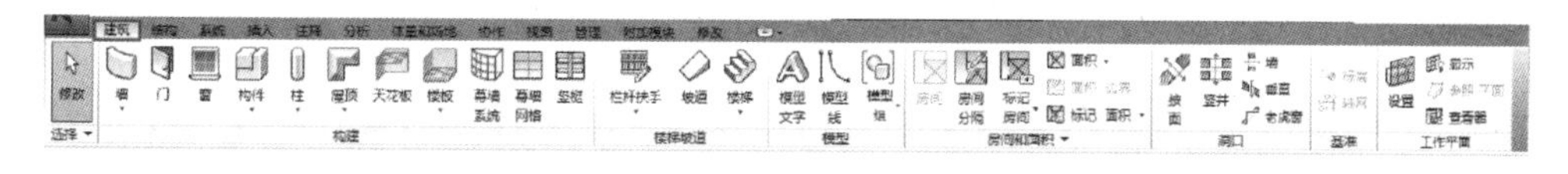

图 3-17

（2）Revit 里的每个面板都可以变为自由面板。例如，将光标放置在“楼梯坡道”面板的标题位置按住鼠标左键向绘图区域拖动，“楼梯坡道”面板将脱离功能区域。在屏幕适当位置松开鼠标，该面板将成为自由面板。此时，切换至其他选项卡，“楼梯坡道”面板仍然会显示在放置位置。将光标移动到“楼梯坡道”面板上时，自由面板会显示两侧边框，如图 3-18 所示。单击右上角的“ ”按钮可以使浮动面板返回到功能区，也可以拖曳左侧“ ”按钮或标题位置到所需位置释放鼠标。

（3）面板标题旁的箭头表示该面板可以展开。例如，单击“房间和面积”面板标题旁的“ ”按钮，展开扩展面板，其隐含的工具会显示出来。单击扩展面板左下方“ ”按钮，扩展面板被锁定，始终保持展开状态。再次单击该按钮取消锁定，此时单击面板以外的区域时，展开的面板会自动关闭，如图 3-19 所示。

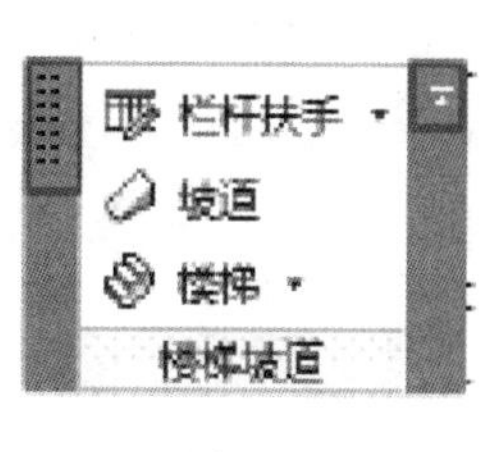

图 3-18

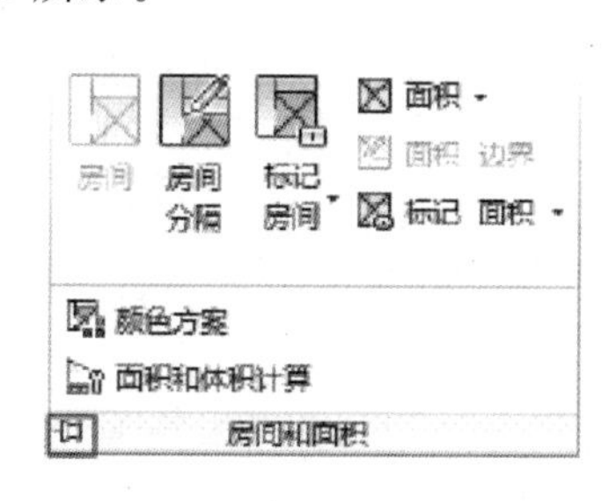

图 3-19

（4）在选项卡名称所在行的空白区域，单击鼠标右键，勾选“显示面板标题”复选框，显示面板标题，如图 3-20 所示。

图 3-20

（5）按键提示提供了一种通过键盘来访问应用程序菜单、快速访问工具栏和功能区的方式，按“Alt”键显示按键提示，如图 3-21 所示。继续访问“建筑”选项卡，按键盘“A”显示“建筑”选项卡所有命令的快捷方式，单击键盘 Esc，隐藏按键提示。

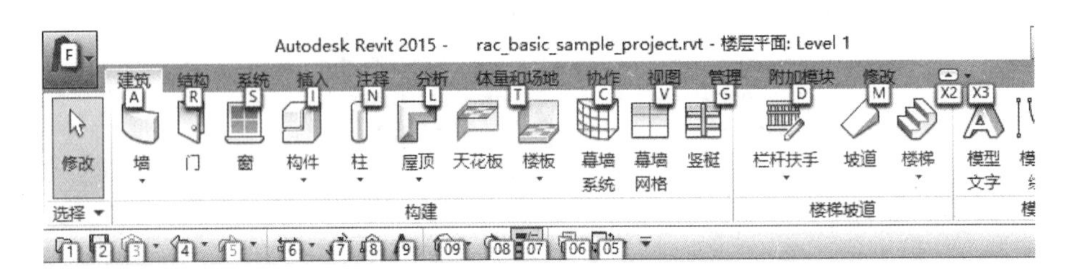

图 3-21

功能区有 3 种显示模式，即最小化为面板按钮、最小化为面板标题、最小化为选项卡。单击功能区最右侧“ ”按钮，可在以上各种状态中进行切换。

2. 其他选项卡

（1）“结构”选项卡：包含了创建结构模型所需的大部分工具。

（2）“系统”选项卡：包含了创建机电、管道、给水排水所需的大部分工具。

（3）“插入”选项卡：通常用来链接外部的文件，例如，链接二维、三维的图像或者其他的 Revit 项目文件。从族文件中载入内容，可以使用“载入族”命令。“载入族”是通用的命令，在大多数编辑命令的上下文选项卡中都可以找到，如图 3-22 所示。

图 3-22

（4）“注释”选项卡：包含了很多必要的工具，这些工具可以实现注释、标记、尺寸标注或者其他的用于记录项目信息图形化的工具，如图 3-23 所示。

图 3-23

（5）“分析”选项卡：用于编辑能量分析的设置以及运行能量模拟，如 Green Building Studio，要求有 Autodesk 速博账户来访问在线的分析引擎。

（6）“体量和场地”选项卡：用于建模和修改概念体量族和场地图元的工具，如添加地形表面、建筑红线等图元。

（7）“协作”选项卡：用于团队中管理项目或者与其他的团队合作使用链接文件。

（8）“视图”选项卡：视图选项卡中的工具用于创建本项目中所需要的视图、图纸和明细表等，如图 3-24 所示。

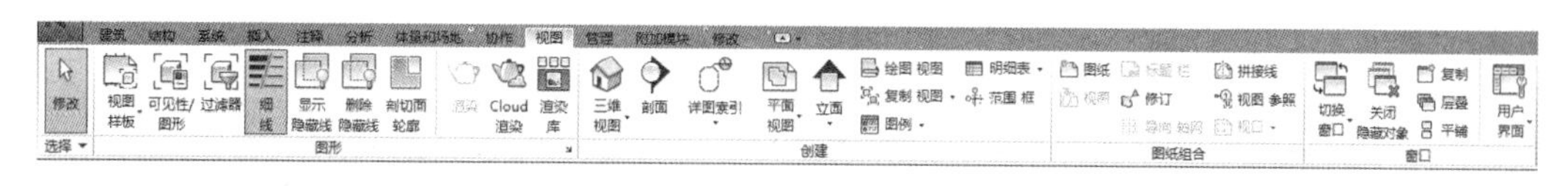

图 3-24

（9）“管理”选项卡：用于访问项目标准以及其他的一些设置，其中包含了设计选项和阶段化的工具，还有一些查询、警告、按 ID 进行选择等工具，可以帮助我们更好地运行项目。其中最重要的设置之一是“对象样式”，可以管理全局的可见性、投影、剪切以及显示的颜色和线宽。

（10）“修改”选项卡：用于编辑现有的图元、数据和系统的工具，包含了操作图元时需要使用的工具。例如，剪切、拆分、移动、复制和旋转等工具，如图 3-25 所示。

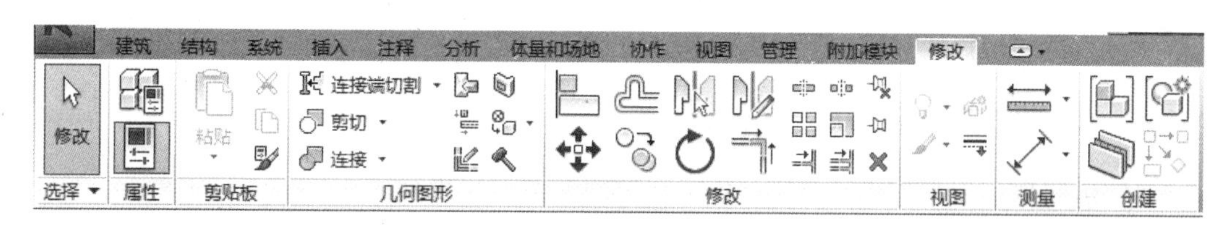

图 3-25

3.2.4 上下文选项卡

除了在功能区默认的 11 个选项卡以外，还有一个选项卡是上下文选项卡。上下文选项卡是在选择特定图元或者创建图元命令执行时才会出现的选项卡，包含绘制或者修改图元的各种命令。退出该工具或清除选择时，该选项卡将关闭。打开样例文件的“上下文选项卡”，切换到南立面视图。例如当项目需要添加或者修改墙时，系统切换到“修改/墙”上下文选项卡，在“修改/墙”上下文选项卡，放置的是关于修改墙体的基本命令，如图 3-26 所示。

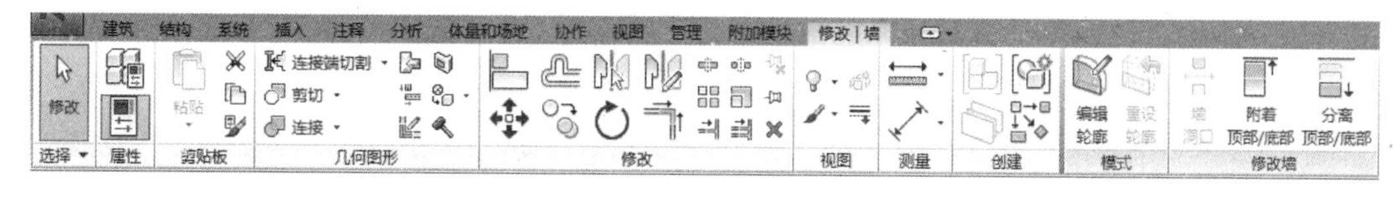

图 3-26

3.2.5 选项栏、状态栏

1. 选项栏

选项栏位于功能区下方，其内容因当前工具或所选图元而异。在选项栏里设置参数时，下一次会直接采用默认参数。

单击“建筑”选项卡，“构建”面板，“墙”按钮，如图 3-27 所示。在选项栏中可设置墙体竖向定位面、墙体到达高度、水平定位线、勾选链复选框、设置偏移量以及半径等，其中“链”是指可以连续绘制，偏移量和半径不可以同时设置数值。在展开“定位线”下拉列表中，可选择墙体的定位线。

图 3-27

图 3-28

在选项栏上，单击鼠标右键，选择“固定在底部”选项，如图 3-28 所示。可将选项栏固定在 Revit 窗口的底部（状态栏上方）。

2. 状态栏

状态栏在应用程序窗口底部显示。使用某一工具时，状态栏左侧会提供一些技巧或提示，告诉用户做些什么。高亮显示图元或构件时，状态栏会显示族和类型的名称。状态栏默认显示的是“单击可进行选择；按 Tab 键并单击可选择其他项目；按 Ctrl 键并单击可将新项目添加到选择集；按 Shift 键并单击可取消选择”。

3.2.6 属性选项板与项目浏览器

属性选项板与项目浏览器是 Revit 中常用的面板，在进行图元操作时必不可少。

1. 属性选项板

“属性”选项板主要用于查看和修改用来定义 Revit 中图元属性的参数，“属性”选项板由类型选择器、属性过滤器、编辑类型和实例属性 4 部分组成，如图 3-29 所示。

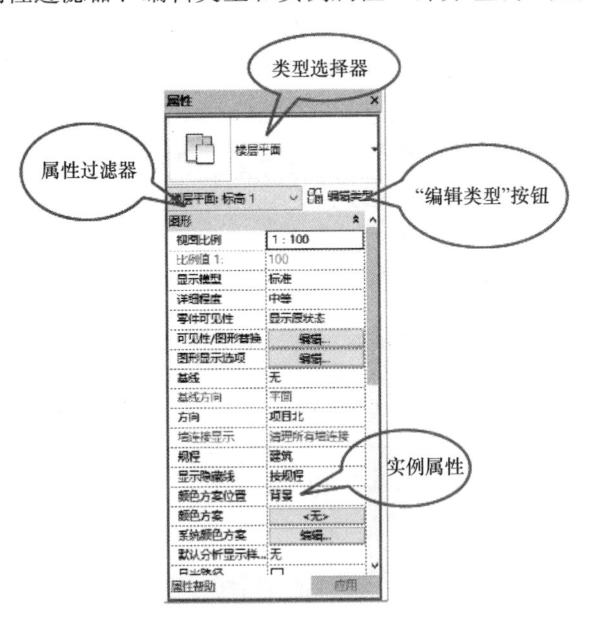

图 3-29

类型选择器：标识当前选择的族类型，并提供一个可从中选择其他类型的下拉列表。在类型选择器上单击鼠标右键，然后单击“添加到快速访问工具栏”选项，将类型选择器添加到快速访问工具栏上。也可以单击“添加到功能区修改选项卡”选项，将类型选择器添加到“修改”选项卡，如图 3-30 所示。

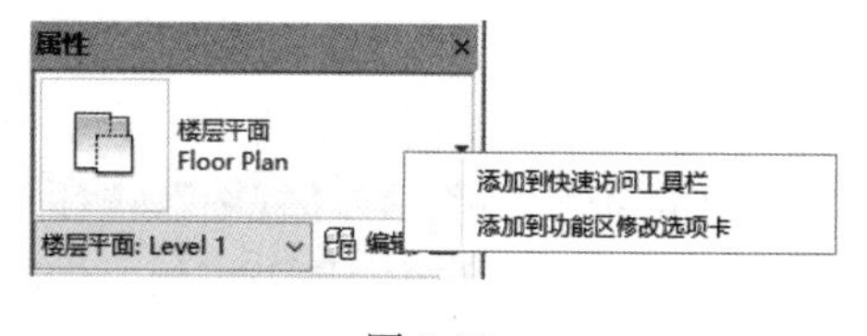

图 3-30

属性过滤器：在类型选择器的下方，用来标识将要放置的图元类别，或者标识绘图区域中所选图元的类别和数量。

编辑类型：同一组类型属性由一个族中的所有图元共用，而且特定族类型的所有实例的每个属性都具有相同的值。在选中单个图元或者一类图元时，单击“编辑类型”按钮，打开“类型属性”对话框即可来查看和修改选定图元或视图的类型属性。修改类型属性的值会影响该族类型，当前和将来的所有实例。

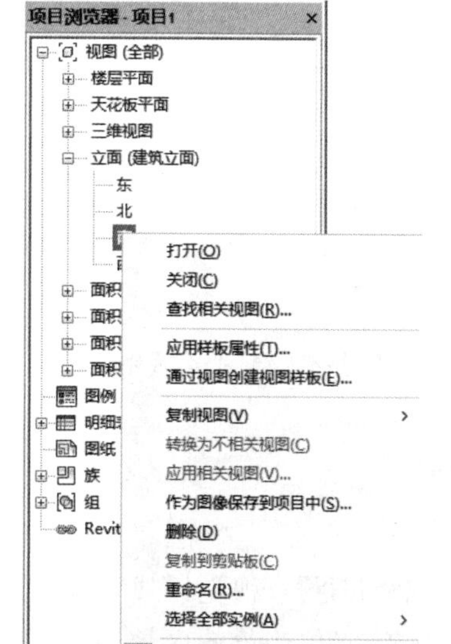

图 3-31

实例属性：标识项目当前视图属性或所选图元的实例参数，修改实例属性的值只影响选择集内的图元或者将要放置的图元。

2. 项目浏览器

项目浏览器用于组织和管理当前项目中包括的所有信息，包括项目中所有视图、明细表、图纸、族、组、链接的 Revit 模型等项目资源，如图 3-31 所示。

项目浏览器呈树状结构，各层级可展开和折叠。使用项目浏览器，双击对应的视图名称，可以在各视图中进行切换。在项目浏览器中，单击“立面”前的“⊞”按钮，展开立面视图列表，然后双击“南”，切换到南立面视图。在打开多个窗口后，可单击视图右上角的“⊞”按钮，关闭当前打开的视图窗口，Revit 将显示上次打开的视图。连续单击视图窗口控制栏中的“×”按钮，直到最后一个视图窗口关闭时，Revit 将关闭项目。

3.2.7 View Cube 与导航栏

1. View Cube

View Cube 默认显示在三维视图窗口的右上角。View Cube 立方体的各顶点、边、面和指南针的指示方向，代表三维视图中不同的视点方向，单击立方体或指南针的各部位可以切换视图的各方向。按住 View Cube 或指南针上任意位置并拖动鼠标，可以旋转视图，如图 3-32 所示。在“视图”选项卡，“窗口”面板，“用户界面”下拉列表中，可以设置 View Cube 在三维视图中是否显示，如图 3-33 所示。

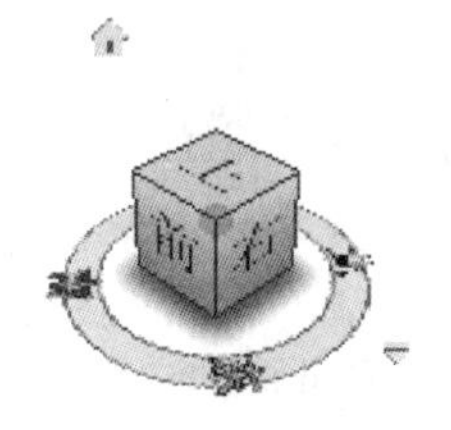

图 3-32

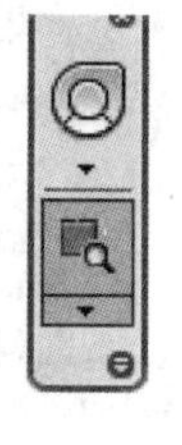

图 3-33

2. 导航栏

导航栏用于访问导航工具，包括 View Cube 和 Steering Wheels，导航栏在绘图区域沿窗口的一侧显示。在“视图”选项卡，“窗口”面板，“用户界面”下拉列表中，可以设置导航栏在三维视图中是否显示。标准导航栏，如图 3-34 所示。单击导航栏上的“”按钮可以启动 Steering Wheels，Steering wheels 是控制盘的集合，通过这些控制盘，可以在专门的导航工具之间快速切换，如图 3-35 所示。

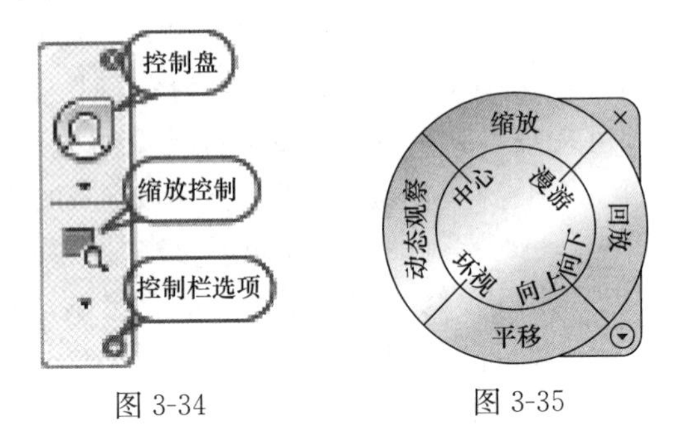

图 3-34　　图 3-35

3.2.8　视图控制栏

视图控制栏位于 Revit 窗口底部、状态栏上方，可以快速访问影响绘图区域的功能，如图 3-36 所示。

1 : 100

图 3-36

视图控制栏上的命令从左至右分别是：比例 1∶100，详细程度，视觉样式，打开/关闭日光路径，打开/关闭阴影，显示/隐藏渲染对话框（仅当绘图区域显示三维视图时才可用），裁剪视图，显示/隐藏裁剪区域，解锁/锁定的三维视图，临时隐藏隔离，显示隐藏的图元，临时视图属性，隐藏分析模型，高亮显示位移集（仅当绘图区域显示三维视图时才可用）。

3.3　Revit 基本命令

启动 Revit 时，默认情况下将显示“最近使用的文件”窗口，在该界面中，Revit 会分别按时间顺序依次列出最近使用的项目文件和最近使用的族文件缩略图和名称，如图 3-37 所示。

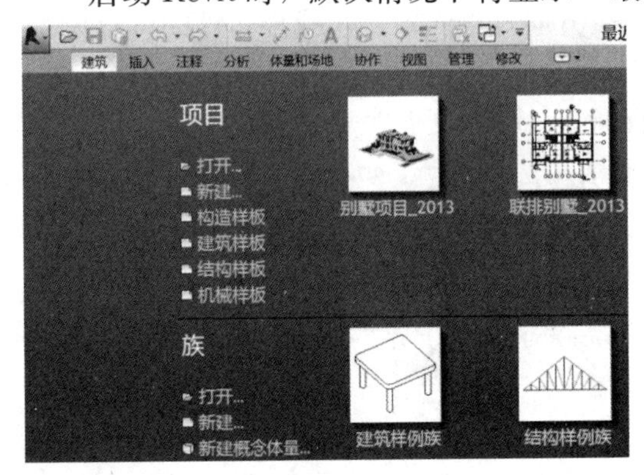

图 3-37

Revit 中提供了若干样板，用于不同规程，例如：建筑、装饰、给水排水、电气、消防、暖通、道路、桥梁、隧道、水利、电力、铁路等各个专业，也可以用于各种建筑项目类型，当然也可以创建自定义样板，以满足特定的需要。

Revit 支持以下格式：

RTE 格式：Revit 的项目样板文件格式，包含项目单位、提示样式、文字样式、线形、线宽、线样式、导入/导出设置内容。

RVT 格式：Revit 生成的项目文件格式，通常基于项目样板文件（RTE 文件）创建项目文件，编辑完成后，保存为 RVT 文件，作为设计所用的项目文件。

RFT 格式：创建 Revit 可载入族的样板文件格式，创建不同类别的族要选择不同的族样板文件。

RFA 格式：Revit 可载入族的文件格式，用户可以根据项目需要创建自己的常用族文件，以便随时在项目中调用。

为了实现多软件环境的协同工作，Revit 提供了导入、链接、导出工具，可以支持 DWF、CAD、FBX 等多种文件格式。

3.3.1 项目打开、新建和保存

在 Revit 软件运用中，打开、新建和保存是一个项目最基本的操作。

1. 打开项目文件、族文件

（1）打开项目文件。在“最近使用的文件”窗口中，单击“项目”下的“打开”按钮，在弹出的“打开”对话框中，选择需要打开的项目文件，单击“打开”按钮。如图 3-38 所示。

在“最近使用的文件”窗口中，单击“缩略图”打开项目文件。

单击“”按钮，将光标移动到“打开”按钮上，在展开的“打开”侧拉列表中，单击“项目”按钮，在弹出的“打开”对话框中，选择需要打开的项目文件，单击“打开”按钮。

（2）打开族文件。在“最近使用的文件”窗口中，单击“族”下的“打开”按扭，在弹出的“打开”对话框中，选择需要打开的族文件，单击“打开”按钮。如图 3-39 所示。

图 3-38

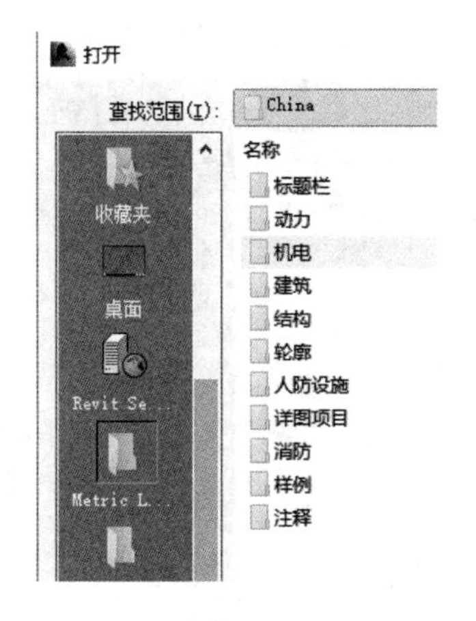

图 3-39

2. 新建项目文件、族文件

（1）新建项目文件。在“最近使用的文件”窗口中，单击“项目”下的“新建”按钮，在弹出的“新建项目”对话框中，选择需要的样板文件，单击“确定”按钮，如

图 3-40 所示。在系统默认的样板文件中，如果找不到所需要的文件，可在“新建项目”对话框中单击“浏览”按钮，在打开的“选择模板”对话框中，选择所需要的样板文件，单击“打开”按钮，如图 3-41 所示。

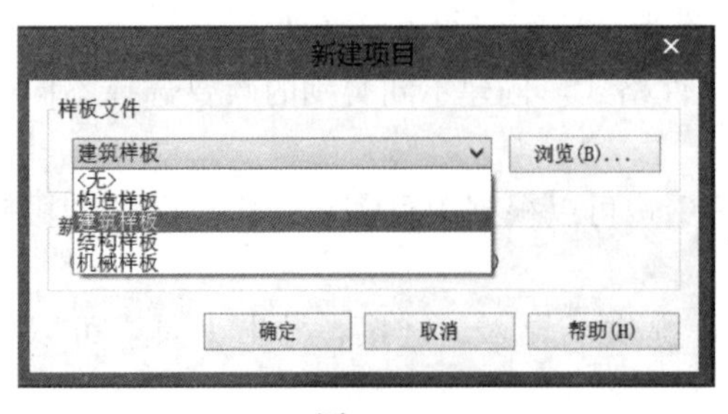

图 3-40

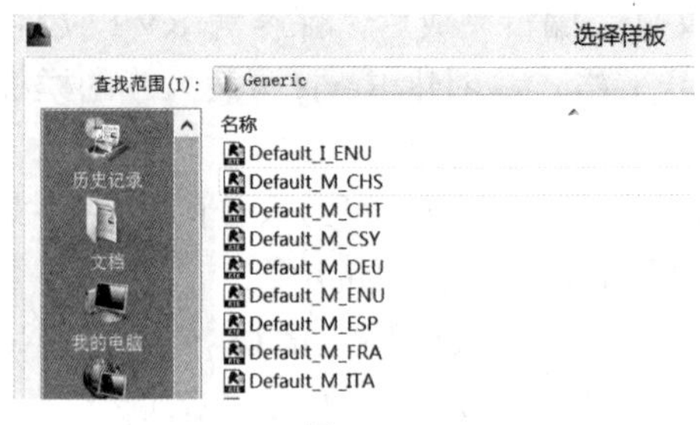

图 3-41

（2）新建族文件。在“最近使用的文件”窗口中，单击“族”下方的“新建”按钮，在弹出的“新建—选择样板文件”对话框中，选择需要的样板文件，如“公制常规模型”族样板。

在“最近使用的文件”窗口中，单击“族”下方的“新概念体量”按钮，选择“公制体量”选项，单击“打开”按钮，如图 3-42 所示。

单击“”按钮，将光标移动到“新建”按钮上，在展开的“新建”侧拉列表中，单击“族”按钮，在弹出的“新建—选择样板文件”对话框中，选择需要打开的样板文件，单击“打开”按钮。

3. 保存项目文件、族文件

（1）保存项目文件。单击“”按钮，单击“保存”按钮（或者 Ctrl+S），或单击“快速访问工具栏”上的“”按钮，在打开的“另存为”对话框中命名文件，选择需要保存的文件类型，单击“保存”按钮，项目可以保存为“项目文件（rvt 格式）”，也可以保存为“样板文件（rte 格式）”，如图 3-43 所示。

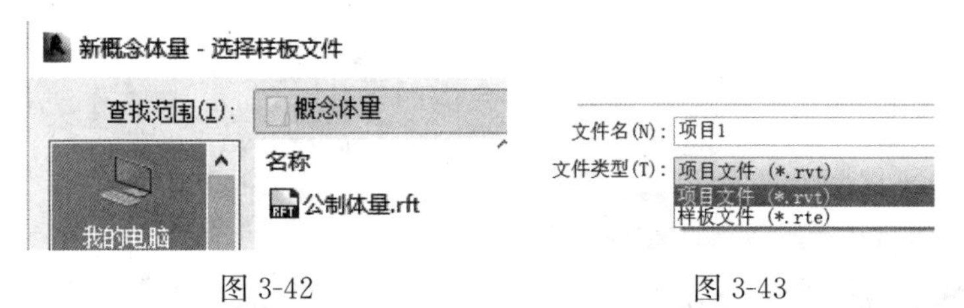

图 3-42 图 3-43

（2）保存族文件。单击“”按钮，单击“保存”按钮（或者 Ctrl+S），或单击“快速访问工具栏”上的“”按钮，在打开的“另存为”对话框中命名文件，选择需要保存的文件类型，单击“保存”按钮，族文件只能保存为“rfa”格式的文件。

3.3.2 视图窗口

Revit 窗口中的绘图区域显示当前项目的视图以及图纸和明细表。每次打开项目视图时，默认情况下此视图窗口会显示在绘图区域中其他打开视图窗口的上面，其他视图窗口仍处于打开的状态，但是这些视图窗口在当前视图窗口的下面。使用“视图”选项卡。“窗口”面板中的工具可排列项目视图，如图 3-44 所示。

3.3.3　修改面板

修改面板中提供了用于编辑现有图元、数据和系统的工具，包含了操作图元时需要使用的工具。例如：剪切、拆分、移动、复制、旋转等常用的修改工具，如图 3-45 所示。

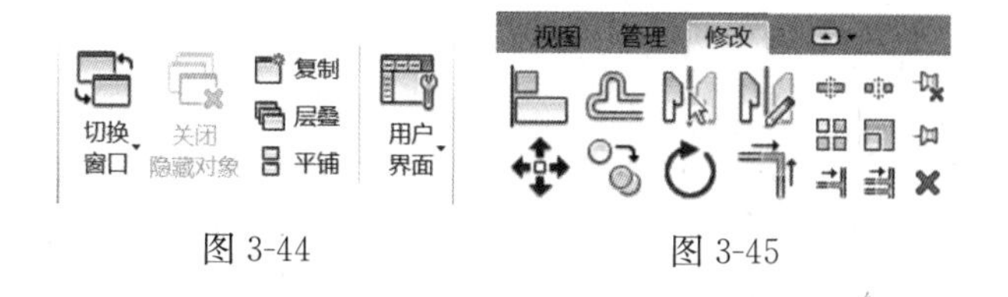

图 3-44　　　　图 3-45

1. 对齐工具

对齐工具的快捷键为“AL”，可以将一个或多个图元与选定的图元对齐。可以锁定对齐，确保其他模型修改时不会影响对齐。

将窗户底部对齐到墙体底部：单机“修改选项卡”，“修改”面板，“”按钮，在状态栏中会出现使用对齐工具的提示信息“选择要对齐的线或点参照”，配合键盘“Tab 键”选择墙体底部，在墙体底部会出现蓝色虚线，状态栏中提示“选择要对齐的实体（它将同参照一起移动到对齐状态）”，单击窗户的底部，将窗户底部对齐到墙体底部，此时会出现锁形标记，单机锁形标记将门与墙体进行锁定，如图 3-46 所示。继续对齐第二个窗户：再次单击墙体底部，单击窗户底部，按 Esc 两次退出对齐命令。将窗顶部对齐到参照平面上：单击“”按钮，在选项栏上，勾选“多重对齐”复选框（也可以在按住 Ctrl 键的同时选择多个图元进行对齐），选择参照平面，依次单击窗顶部。

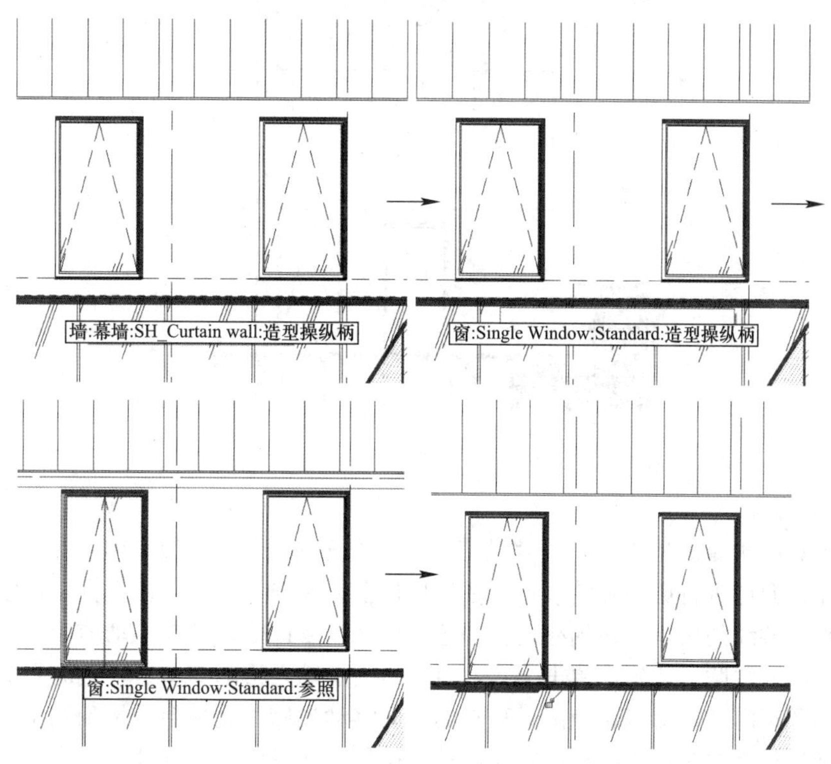

图 3-46

将模型线左侧的端点对齐到轴网上，单击“修改”选项卡，“修改”面板，“⊫”按钮，单击模型线左侧的端点，再次单击轴网线，如图 3-47 所示，按 Esc 再次退出对齐命令。

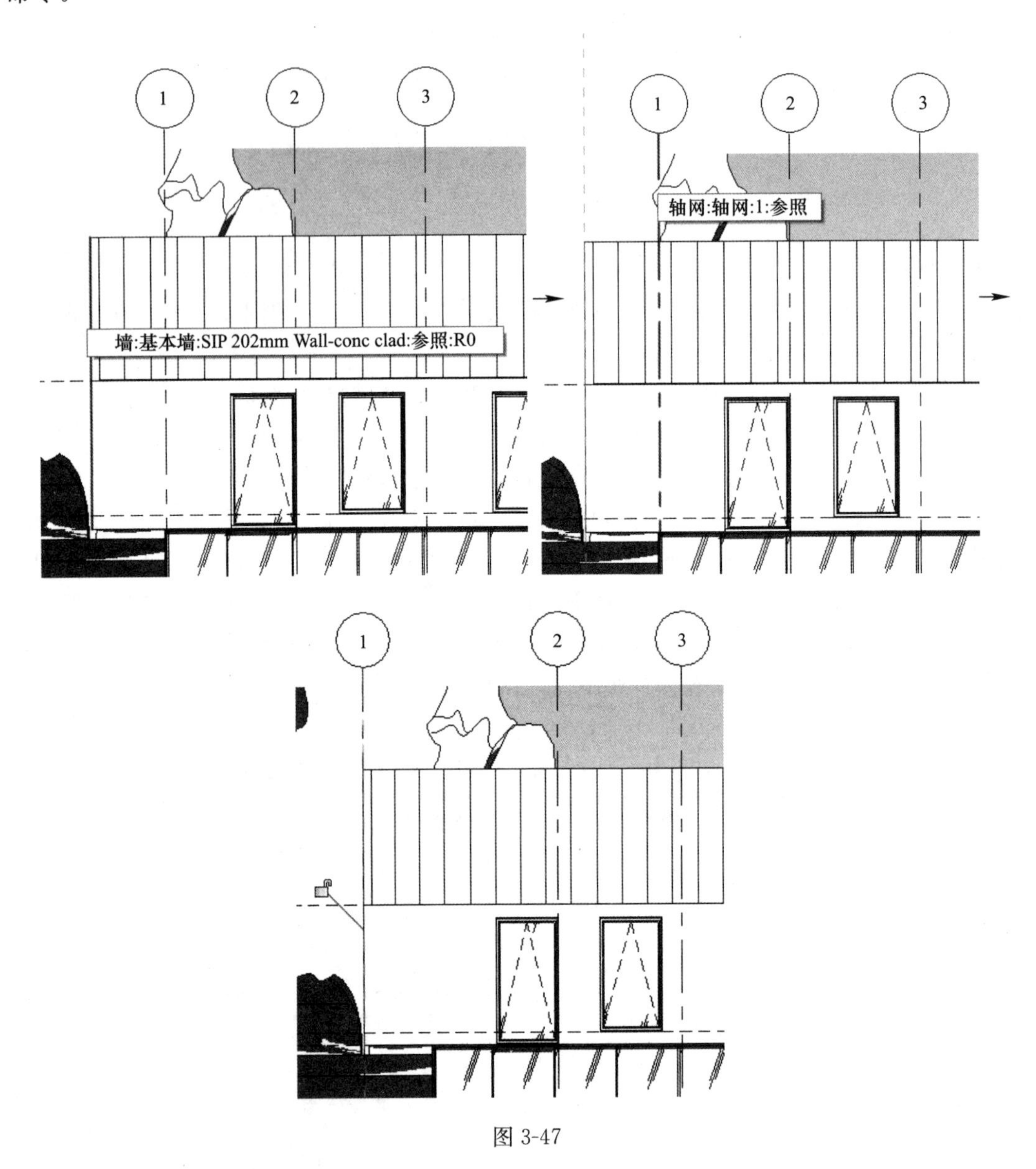

图 3-47

2. 移动工具

移动工具的快捷键为“MV”。移动工具的工作方式类似于拖曳，但是在选项栏上提供了其他功能，允许进行更精确的放置。在选项栏上，勾选“约束”复选框，可限制图元沿着与其垂直或共线的矢量方向的移动。勾选“分开”复选框，可在移动前中断所选图元和其他图元之间的关联。首先，单击一次，目的是为了输入移动的动点，此时页面上将会显示该图元的预览图像，沿着希望图元移动的方向移动光标，光标会捕捉到捕捉点，此时会显示尺寸标注作为参考，再次单击以完成移动操作，如果要更精确地进行移动，输入图元要移动的距离值，按 Enter 键或空格键。

3. 偏移工具

偏移工具的快捷键为“OF”。将选定的图元（例如线、墙或梁），复制或移动到其长度的垂直方向上的指定距离处，可以偏移单个图元或属于同一个族的一连串图元。可以通过拖曳选定图元或输入值来指定偏移距离。

单击“修改”选项卡，“修改”面板，“”按钮，在选项栏上，选择“图形方式”，勾选“复制”，单击玻璃幕墙的底部墙体，再次单击玻璃幕墙选择偏移的起点，在参照平面上单击鼠标左键确定偏移的终点，如图 3-48 所示。

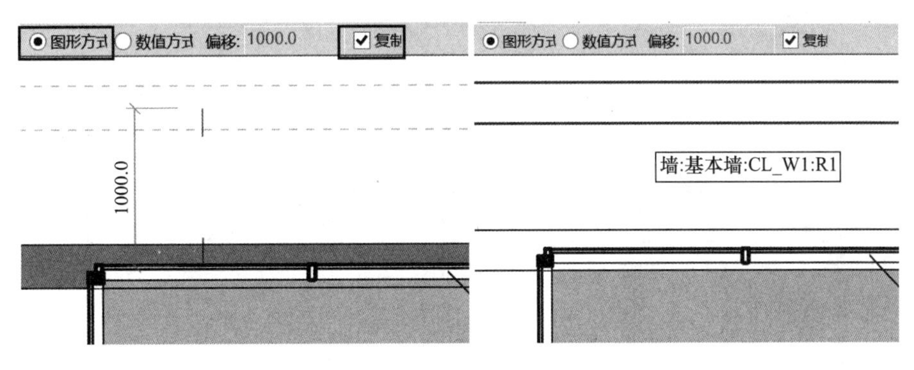

图 3-48

单击“修改”选项卡，“修改”面板，“”按钮，在选项栏上，指定偏移距离的方式为“”数值方式，勾选“复制”，在偏移框中输入“500”。将光标放置在墙体内侧，配合键盘“Tab”键选择玻璃幕墙的整条链，单击鼠标左键，如图 3-49 所示，按 Esc 退出对齐命令。

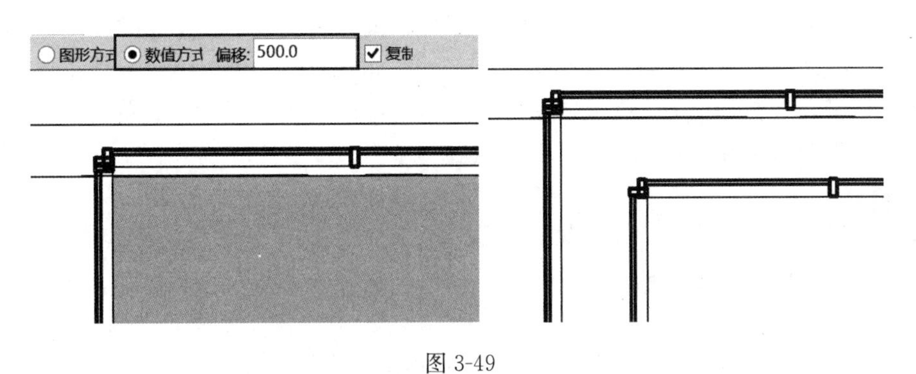

图 3-49

4. 复制工具

复制工具的快捷键为“CO”，也可以按住 Ctrl 键，拖曳键盘左键进行复制，复制工具可复制一个或多个选定图元。复制工具与“复制到剪贴板”工具不同，复制某个选定图元并立即放置该图元时可使用复制工具。在放置副本之前切换视图时，可使用“复制到剪切板”工具。选择要复制的图元，单击“修改|〈图元〉”选项卡，“修改”面板，“”按钮；或单击“修改”选项卡，“修改”面板，“”按钮，选择要复制的图元，然后按Enter键或空格键。

例如：将家具进行复制练习，选择想要复制的家具图元，在“修改|〈柱〉”上下文选项卡，单击“修改”面板，“”按钮。在选项栏上，勾选“约束”和“多个”。复制复选框，单击“轴线 2”作为复制的起点，向右移动鼠标，单击“轴线 3”作为复制的终点。因为已经勾选“多个”复选框，所以可以继续向右复制，如图 3-50 所示。单击“修改”选项卡，“修改”面板，“”按钮，选择柱，然后按 Enter 键或空格键。在选项栏上取消勾选“约束”复选框，单击家具的中心位置作为复制起点，向右下方移动鼠标单击一点作为家具的复制终点，如图 3-51 所示，按 Esc 两次退出复制命令。

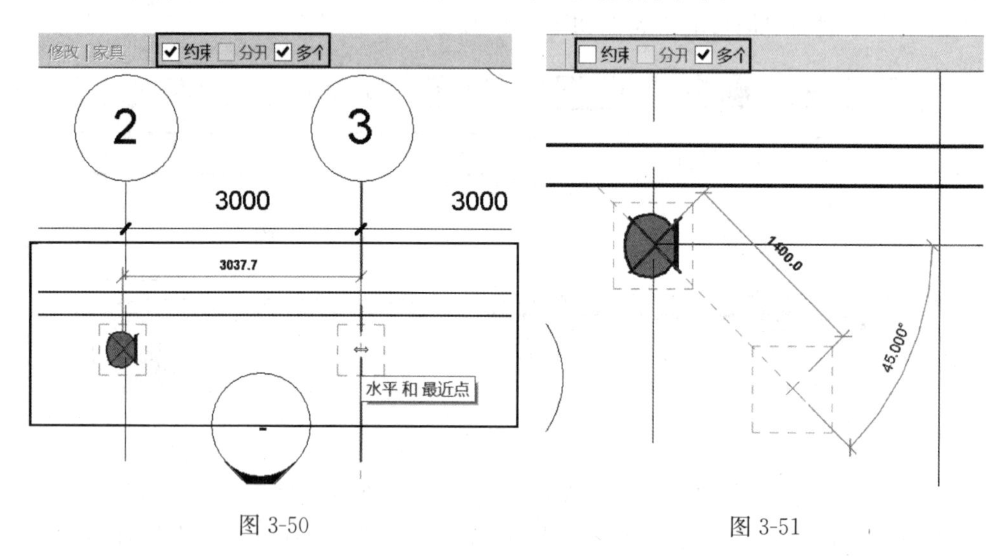

图 3-50　　图 3-51

5. 旋转工具

旋转工具的快捷方式为“RO”，使用旋转工具可使图元围绕轴旋转。在楼层平面视图、顶棚投影平面视图、立面视图和剖面视图中，图元会围绕垂直于这些视图的轴进行旋转。在三维视图中，该轴垂直于视图的工作平面。如果需要，可以拖动或单击旋转中心控件，按空格键，或在选项栏选择旋转中心，以重新定位旋转中心，然后单击鼠标指定第一条旋转线，再单击鼠标来指定第二条旋转线。

6. 镜像

镜像工具使用一条线作为镜像轴，对所选模型图元执行镜像（反转其位置），可以拾取镜像轴，也可以绘制临时轴。使用镜像工具可以翻转选定图元，或者生成图元的一个副本并反转其位置。选择要镜像的图元，单击“修改|〈图元〉”选项卡中的“修改”面板，单击“”或者“”按钮；或单击“修改”选项卡，“修改”面板，“”或“”按钮，选择要旋转的图元，然后按 Enter 键或空格键。

例如：将门进行镜像练习，选中想要镜像的门，单击“修改”面板，“”按钮，单击参照平面，如图 3-52 所示。或者单击“”按钮，选择门，然后按 Enter 键，根据需要在适当的位置绘制镜像轴。

7. 阵列工具

阵列工具的快捷方式为“AR”。阵列工具用于创建选定图元的线性阵列或半径阵列，使用阵列工具可以创建一个或多个图源的多个实例，并同时对这些实例执行操作。可以指定图元之间的距离，阵列中的实例可以是组的成员。阵列可以分为线性阵列和径向阵列两种。当在选择阵列工具后，在选项栏上会有移动到第二个和最后一个的选项。

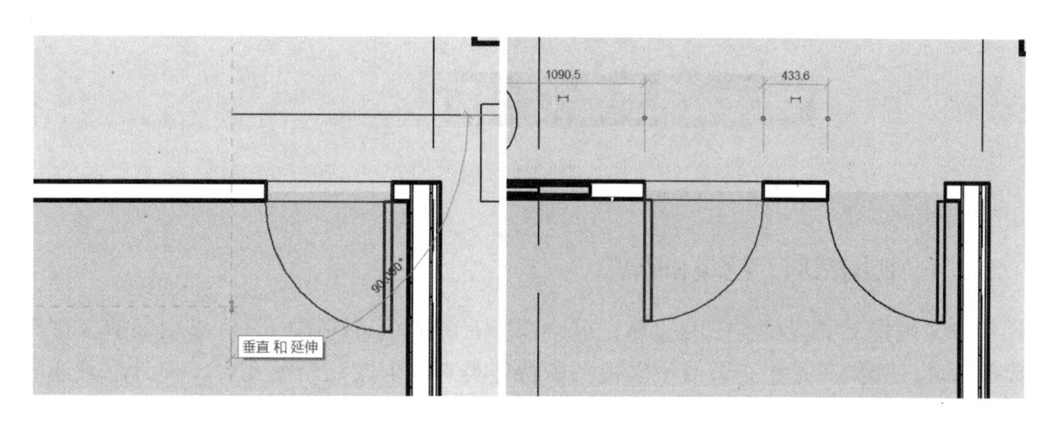

图 3-52

对图元—植物进行陈列：选择植物，在“修改/植物”上下文选项卡，单击“修改”面板，“”按钮，在选项栏上选择“线性”命令，勾选“成组并关联”复选框，项目数为“4”，勾选“第二个”复选框，勾选“约束”复选框，选择植物的端点，输入距离为“2000”，然后按 Enter 键，如图 3-53 所示。在数字框中可以根据绘图需要来改变图元的个数，Esc 结束操作。当再次选择植物时。植物是成组的，单击“成组”面板，“”按钮，可将它们解组。

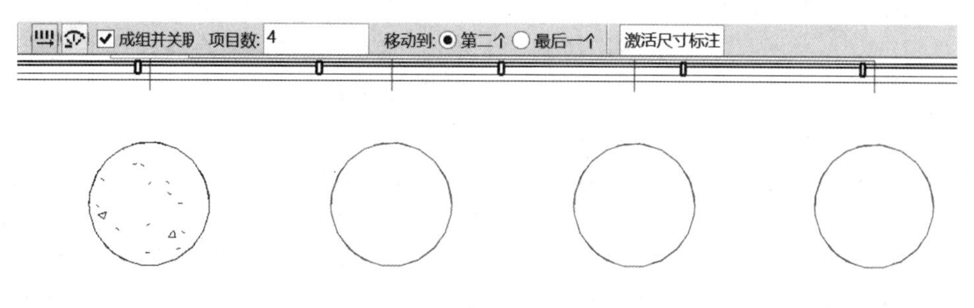

图 3-53

8. 缩放工具

缩放工具的快捷方式为“RE”，可以调整选定项的大小，通常是调整线性类图元（如墙体和草图线）的大小，缩放的方式有两种，分别为“图形方式”和“数值方式”。

例如：新建项目文件，使用墙工具绘制一段墙体。选中墙体，在“修改/墙”上下文选项卡，单击“修改”面板，“”按钮，在选项栏上，选择“图形方式”复选框，单击墙体上一点作为缩放起点，移动光标时会有缩放的预览图像出现，单击一点作为缩放终点，如图 3-54 所示。

9. 修剪/延伸

使用修剪和延伸工具，可以修剪或延伸一个或多个图元，到由相同的图元类型定义的边界上，也可以延伸不平行的图元已形成角，或者在它们相交时进行修剪以形成角。选择要修剪的图元时，光标位置指定要保留的图元部分。

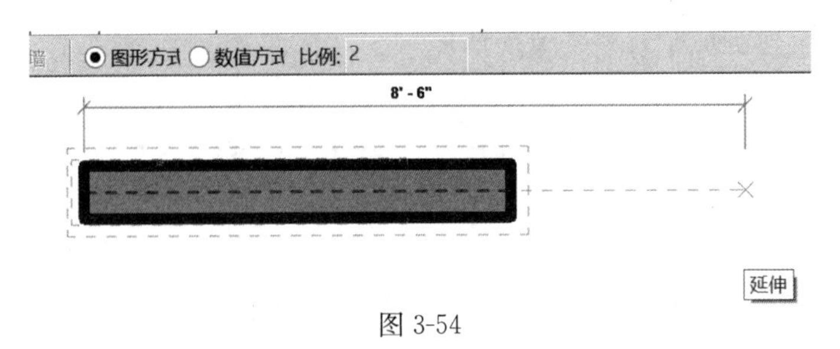

图 3-54

3.3.4 视图裁剪、隐藏和隔离

裁剪区域定义了项目视图的边界，可以在所有图形项目视图中显示模型裁剪区域和注释裁剪区域。如果只是想查看或编辑视图中特定类别的少数几个图元时，临时隐藏或隔离图元/图元类别会很方便。隐藏工具可在视图中隐藏所选图元，隔离工具可在视图中显示所选图元并隐藏所有其他图元，该工具只会影响绘图区域中的活动视图。当关闭项目时，除非该修改是永久性修改，否则图元的可见性将恢复到初始状态。

1. 视图裁剪

模型裁剪区域可用于裁剪位于模型裁剪边界上的模型图元、详图图元（例如：隔热层和详图线）、剖面框和范围框。位于模型裁剪边界上的其他相关视图的可见裁剪边界也会被剪裁。只要注释裁剪区域接触到注释图元的任意部分，注释裁剪区域就会完全裁剪注释图元，参照隐藏或裁剪模型图元的注释（例如：符号、标记、注释记号和尺寸标注）不会显示在视图中，即使这些注释在注释裁剪区域内部也是如此，透视三维视图不支持注释裁剪区域。

范围	
裁剪视图	☑
裁剪区域可见	☑
注释裁剪	☐
远剪裁	不剪裁
远剪裁偏移	21301.2
范围框	无

图 3-55

在视图控制栏上单击“”按钮或者在属性选项勾选“裁剪区域可见”“注释裁剪”复选框，可控制裁剪区域可见性，如图 3-55 所示。

可以通过使用控制柄或明确设置尺寸来根据需要调整裁剪区域的尺寸。使用拖曳控制柄调整裁剪区域的尺寸：选择裁剪区域，拖曳控制柄到所需位置。使用截断线控制柄调整裁剪区域的尺寸：当将光标放置在截断线控制柄附近时，X 表示将删除的视图部分，截断线控制柄可将视图截断为单独区域，如图 3-56 所示。

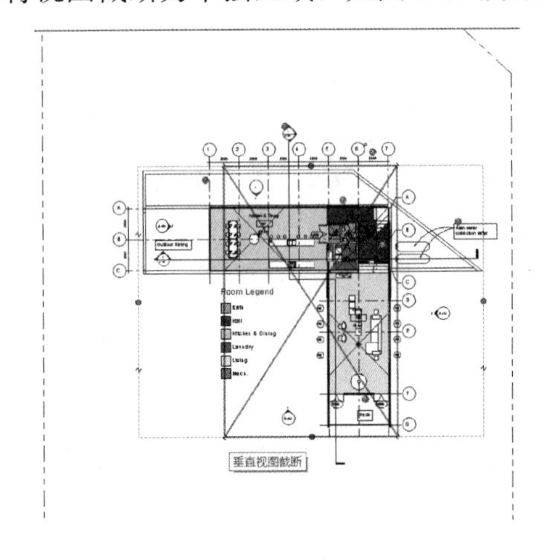

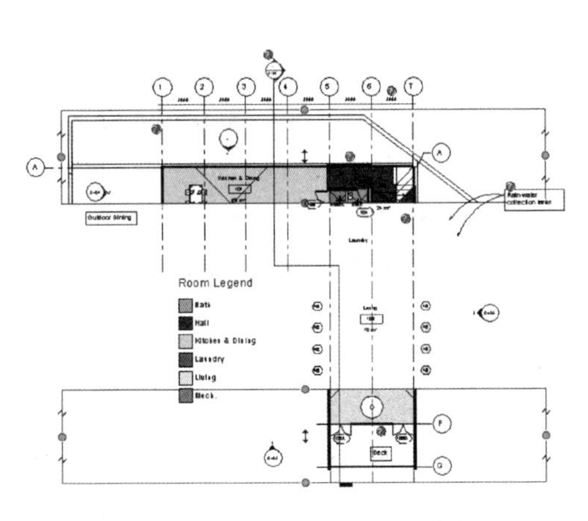

图 3-56

2. 隐藏和隔离

临时隐藏或隔离图元/图元类别：在绘图区域中，选择一个或多个图元，在视图控制栏上，单击“”按钮，然后选择下列选项之一：

① 隔离类别：选择屋顶，单击“隔离类别”按钮，只有屋顶在视图中可见，如图 3-57 所示。

图 3-57

② 隐藏类别：隐藏视图中的所有选定类别。选择屋顶，单击“隐藏类别”按钮，所有屋顶都会在视图中隐藏，如图 3-58 所示。

图 3-58

③ 隔离图元：仅隔离选定图元，选择屋顶，单击“隔离图元”按钮，只有被选择的屋顶会在视图中可见，如图 3-59 所示。

图 3-59

④ 隐藏图元：仅隐藏选定图元，选择屋顶，单击“隐藏类别”按钮，只有被选择的屋顶会在视图中隐藏，如图 3-60 所示。

图 3-60

临时隐藏/隔离图元或图元类别时，将显示带有边框的“临时隐藏/隔离”图标（）。在视图控制栏上，单击“”按钮，然后单击“重设临时隐藏/隔离”按钮，所有临时隐藏或隔离的图元将恢复到视图中，退出“临时隐藏/隔离”模式并保存修改。在视图控制栏上，单击“”按钮，然后单击“将隐藏/隔离应用到视图”按钮，重新恢复到原来的状态则在视图控制栏上，单击“”按钮。此时，“显示隐藏的图元”的图标和绘图区域将显示一个彩色边框，用于指示处于显示隐藏图元模式下，所有隐藏或隔离的图元都以彩色显示，而可见图元则显示为半色调。选择隐藏或隔离的图元，在图元上单击鼠标右键，展开取消在视图中隐藏的侧拉列表选择图元或类别。最后在视图控制栏上，单击“显示隐藏的图元”按钮。

3.4　Revit 项目设置

一般情况下，不同的项目有不同的项目信息和项目单位，项目信息和项目单位是根据项目的环境来进行设置的，不论是项目还是考试，都是根据要求来设置具体的信息。

3.4.1　项目信息和项目单位

1. 项目信息

如图 3-61 所示，新建打开性建筑样板，单击“管理”选项卡“设置”面板中“项目信息”按钮，Revit 会弹出“项目属性”对话框。在“项目属性”对话框中，可以看到项目信息是一个系统族，同时包含了“标识数据”选项卡、“能量分析”选项卡和“其他”选项卡。“其他”选项卡中包括项目发布日期、项目状态、客户姓名、项目地址、项目名称、项目编号和审定。

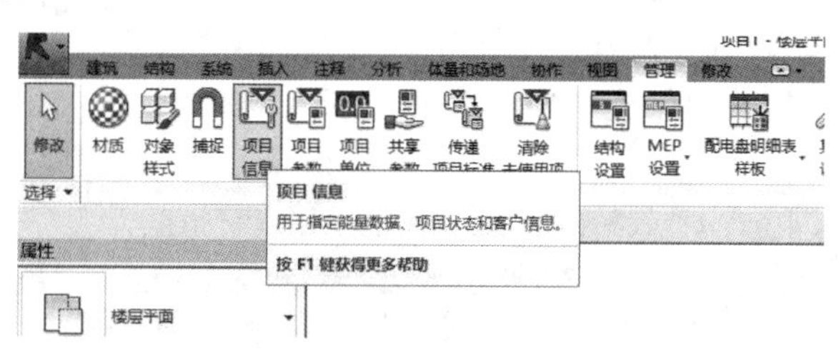

图 3-61

在“标识数据”选项卡里设置组织名称、组织描述、建筑名称以及作者。在“能量分析”选项卡中，可以设置“能量设置”。“能量设置”对话框中包含了“通用”选项卡、“详图模型”选项卡、“能量模型”选项卡。“通用”选项卡又包含建筑类型、位置、地平面，如图 3-62 所示。

能量设置

参数	值
通用	
建筑类型	办公室
位置	中国北京
地平面	标高 1
详图模型	
导出类别	房间
导出复杂性	简单的着色表面
包含热属性	☐
工程阶段	新构造
小间隙空间允差	304.8
建筑外围	使用功能参数
分析网格单元格尺寸	914.4
能量模型	
分析空间分辨率	457.2
分析表面分辨率	304.8
核心层偏移	3600.0
分割周长分区	☑
概念构造	编辑...

图 3-62

2. 项目单位

单击“管理”选项卡“设置”面板中“项目单位”按钮，弹出“项目单位”对话框，如图 3-63 所示。可以设置相应规程下每一个单位所对应的格式。

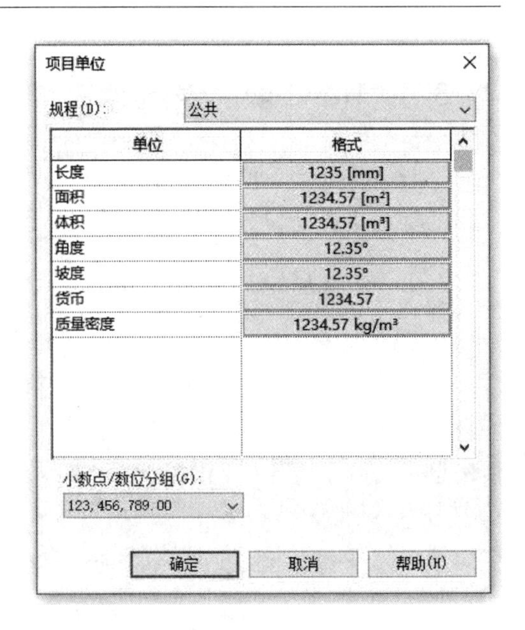

图 3-63

3.4.2 材质、对象样式

1. 材质

单击“管理”选项卡“设置”面板中的“材质”按钮。弹出“材质浏览器”对话框，如图 3-64 所示。

在“材质浏览器”对话框中，由 5 个部分组成，记号 1 处是搜索，可以搜索项目材质列表里的所有材质，例如输入：“水泥”两个字，材质列表里会出现水泥相关的材质，如图 3-65 所示。

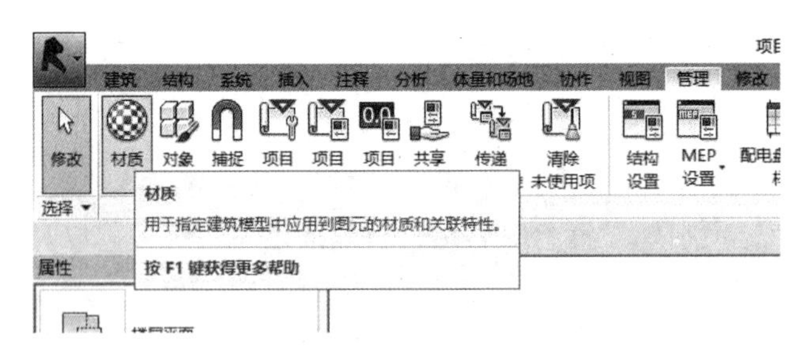

图 3-64

(1) 复制/新建材质。以创建一个“镀锌钢板”材质为例。通过上一步打开“材质浏览器”对话框之后，在项目材质列表里选择“不锈钢”材质，单击右键，在下拉列表中选择“重命名”选项，直接将其名称改成“镀锌钢板”。单击“确定”按钮，退出“材质浏览器”对话框，如图 3-66 所示。

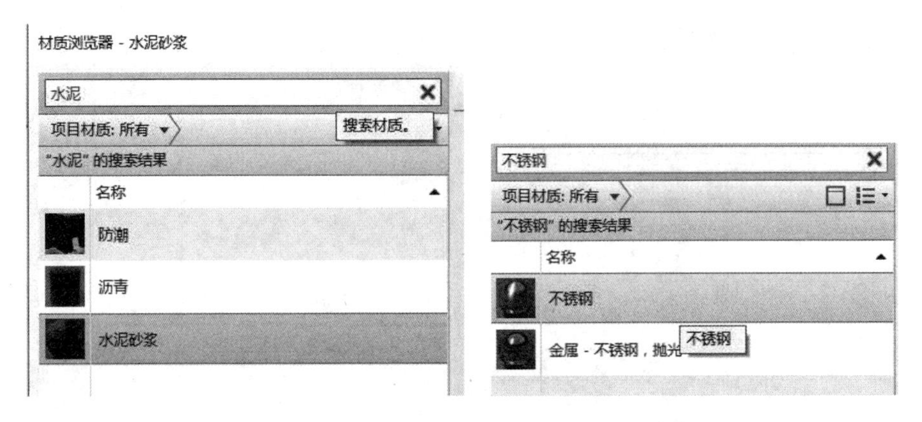

图 3-65　　图 3-66

（2）添加项目材质。打开“材质浏览器”对话框之后，选择AEC材质库里的“金属”选项，同时右边的材质库列表会显示金属的相关材质，选择“金属嵌板”材质，右边会出现隐藏的按钮，单击按钮，该材质会自动添加到项目材质列表中，如图3-67所示。

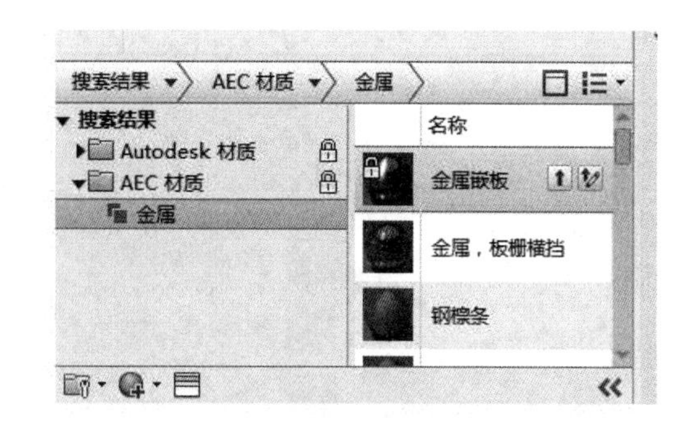

图3-67

（3）创建新材质库。根据（2）中的步骤，打开“材质浏览器”对话框之后，单击左下方按钮，选择“创建新库”选项，弹出“选择文件”对话框。浏览到桌面上，输入文件名为“我的材质.adskilb”。并确定库文件的后缀为.adsklib，单击“保存”按钮，Revit将创建新材质库如图3-68所示。

① 选择“我的材质”材质库，单击右键，在下拉列表中选择“创建类别”按钮，新类别将创建在该库的下面，如图3-69所示，修改类别名称为“我的金属”。

图3-68

图3-69

② 还可以选择“我的金属”类别，单击右键，在下拉列表中选择“创建类别”继续创建出更多的新类别，并且对其进行重命名。

③ 可以将项目材质列表里的“不锈钢”材质添加到“我的金属”类别里，选择“不锈钢”材质，单击右键，侧拉列表选择“添加到”选项，继续在侧拉列表选择“我的材质”，继续选择“我的金属”按钮，该“不锈钢”材质会自动添加到“我的金属”类别列表中，如图3-70所示。并且还可以对其进行重命名，单击“确定”按钮，退出“材质浏览器”对话框。

④ 同理，也可以将材质库列表的材质添加到“我的金属”类别里。

⑤ 在AEC材质库里选择“金属”按钮，选择“钢”材质，单击右键，再选择“添加到”选项，选择“我的材质”选项，继续选择“我的金属”选项，如图3-71所示，该材质会添加到“我的金属”类别里。单击“确定”按钮，退出“材质浏览器”对话框。

2. 对象样式

“对象样式”工具可为项目中不同类别和子类别的模型对象、注释对象和导入对象指定线宽、颜色线、线型图案。导出施工图，通过对项目中各种类别处理，在视图中显示的样式更好地满足甲方要求。

具体步骤如下：

（1）首先新建一个项目文件，单击“管理”选项卡“设置”面板中的“对象样式”按钮，弹出“对象样式”对话框。在“对象样式”对话框由模型对象、注释对象、分析模型

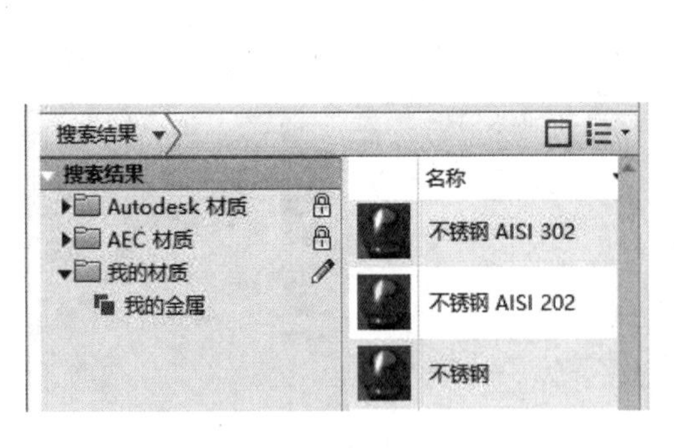

图 3-70

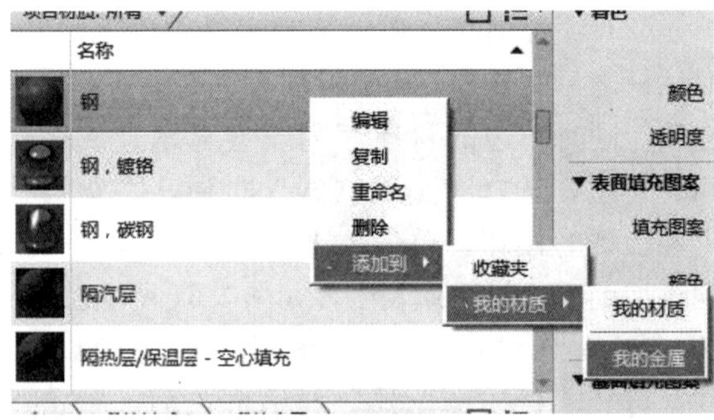

图 3-71

对象和导入对象 4 种选项卡组成。选项卡列表将显示各种类别与所对应的子类别的线宽、线颜色、线型图案和材质。

（2）创建对象样式的子类别：比如打开“对象样式”对话框单击“模型对象”，在“对象样式”对话框右下方“修改子类别”下，单击“新建”按钮，弹出“新建子类别”对话框。输入名称为“外墙勒脚”，单击黑色下拉列表按钮，展开下拉列表，选择子类别为“墙”。单击“确定”按钮，退出“创建子类别”对话框。“外墙勒脚”子类别将显示在墙类别里。再次单击“确定”按钮，退出“对象样式”对话框。

（3）修改对象样式：打开“对象样式”对话框，浏览至“墙”类别，单击“颜色”按钮，修改颜色为“红色”，不修改“线宽”“线型图案”和“不修改材质”。再浏览至“楼梯”类别，不修改“投影”线宽代号，修改“截面”线宽代号为 2，单击“颜色”按钮，修改颜色为“蓝色”“线型图案”和“材质”。

3.4.3 项目参数

项目参数用于指定可添加到项目中的图元类别并在明细表中使用的参数，注意项目参数不可以与其他项目或族共享，也不可以出现在标记中。

以第七期全国 BIM 技能等级考试一级试题第五题“独栋别墅”项目为例，设置门、窗属性，添加实例项目参数，名称为“编号”。

步骤如下：

（1）单击“管理”选项卡“设置”面板中“项目参数”按钮，弹出“项目参数”对话框，Revit 会给出一些项目参数供选择，单击右边的“添加”按钮，弹出“参数属性”对话框。

（2）如图 3-72 所示，确定参数类型为项目参数，在右边类别栏中，过滤器列表后面选择“建筑”，在下拉列表中勾选“窗”和“门”两个类别。在左边参数数据下输入名称为“编号”，设置参数类型为“文字”，确定勾选“实例”，单击“确定”按钮，退出“参数属性”对话框。

同时，在“项目参数”对话框里显示刚刚创建的项目参数“编号”，处于选中状态下，单击“确定”按钮，退出“项目参数”对话框，当选中项目中的门或窗时，属性选项板中实例属性将出现“编号”参数，如图 3-73 所示。

用明细表统计门窗数量时，项目参数会出现在明细表字段中，例如：创建门明细表，如图 3-74 所示，若统计门的“编号”，可以将它添加到右边的明细表字段中。

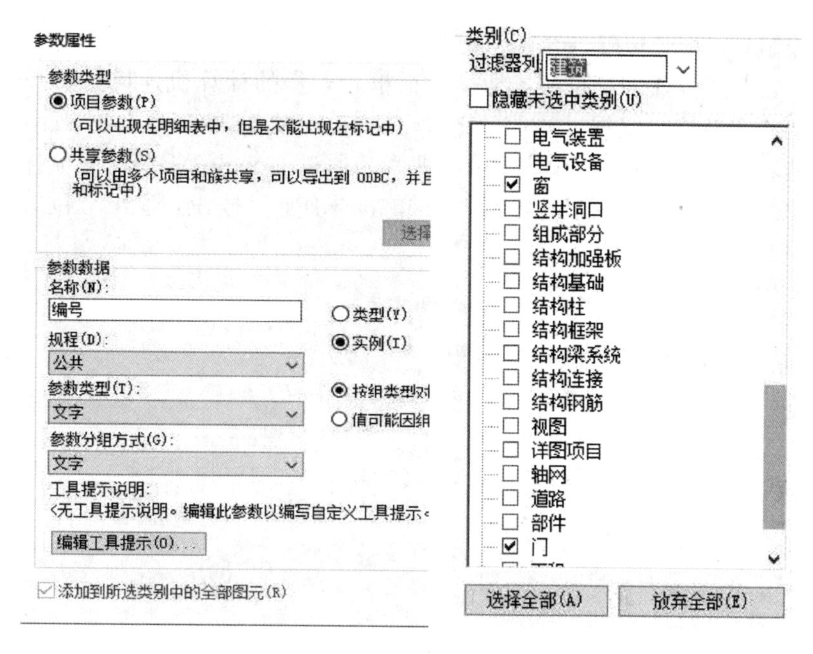

图 3-72

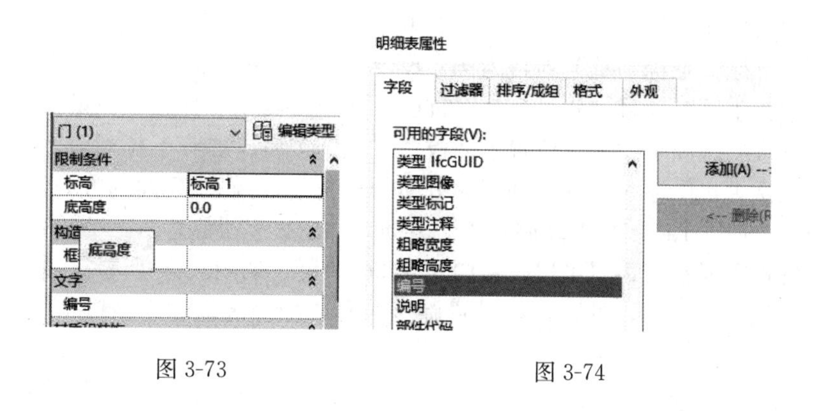

图 3-73　　　　　　　　　　　　　　图 3-74

3.4.4　项目地点、旋转正北

1. 项目地点

项目地点是用于指定项目的地理位置，可以用“Internet 映射服务”，通过搜索项目位置的街道地址或者项目的经纬度来直观显示项目位置。在为日光研究、漫游和渲染图像生成阴影时，该适用于整个项目范围的设置非常有用。

以第七期全国 BIM 技能等级考试一级试题第五题“独栋别墅”项目为例，设置项目地点为“中国上海”。

步骤如下：

打开“独栋别墅”项目文件，单击“管理”选项卡“项目位置”面板中的“地点”按钮。弹出“位置、气候和场地”对话框，如图 3-75 所示。

方法一：在“位置”选项卡下“定义位置依据（D）”下选择“默认城市列表”选项，在城市后面单击下拉列表符号，展开其下拉列表，从列表中选择“上海，中国”选项，单击“确定”按钮，退出“位置、气候和场地”对话框。

方法二：打开“位置、气候和场地”对话框，若您的计算机连接到 Internt，在“位置”选项卡下“定义位置依据（D）”下选择“Internt 映射服务”选项，如图 3-76 所示，输入项目地址名称为“上海，中国”，单击搜索。通过 Google Maps（谷歌地图）地图服务显示项目的位置，以及显示经度和维度。单击“确定”按钮，退出“位置、气候和场地”对话框。

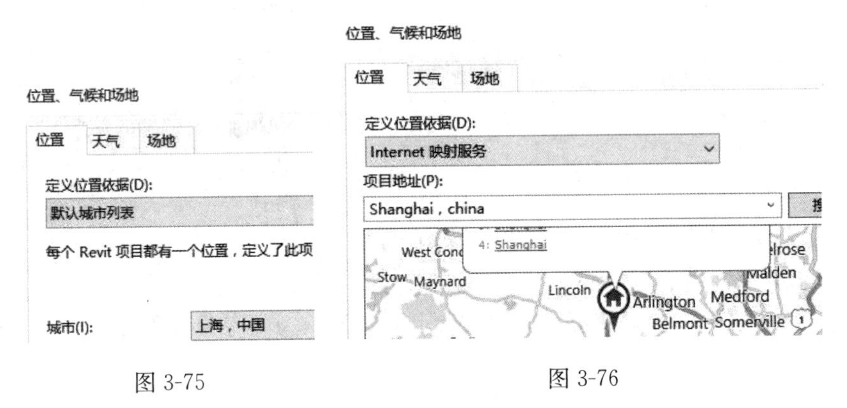

图 3-75　　图 3-76

2. 旋转正北

旋转正北可以相对于“正北”方向修改项目的角度。以第七期全国 BIM 技能等级考试一级试题第五题“独栋别墅”项目为例，设置首层平面图正北方向为“北偏东 30°”。

打开“独栋别墅”项目文件，切换至首层平面图，修改属性选项板里方向为“正北”。然后单击“管理”选项卡“项目位置”面板“位置”按钮。展开下拉列表，选择“旋转正北”选项，在选项栏中输入从项目到正北方向的角为 30°，修改后面的方向为“西”，按一次键盘“Enter 键”，Revit 会自动调整正北方向，如图 3-77 所示。

若不设置选项栏数值，也可以直接向东转 30°即可，如图 3-78 所示，单击选项栏旋转中心后面的“地点”按钮，可以重新设置旋转中心或配合键盘“空格键”，也可以重新设置旋转中心。

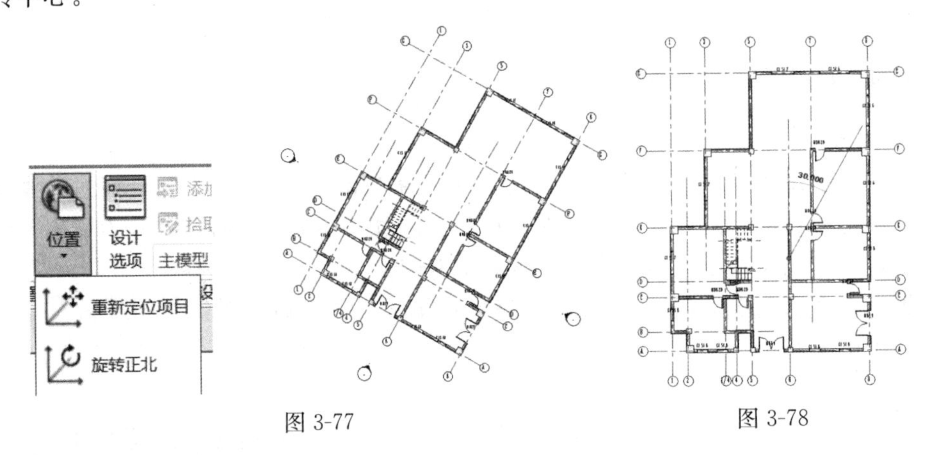

图 3-77　　图 3-78

3.4.5　项目基点、测量点

项目基点定义了项目坐标系的原点（0，0，0）。此外，项目基点还可用于在场地中确定建筑的位置，并在构造期间定位建筑的设计图元。参照项目坐标系的高程点坐标和高程点相对于此点显示。

打开视图中的项目基点和测量点的可见性，切换至场地平面图，单击“视图”选项卡“图形”面板中“可见性/图形”按钮，弹出“可见性/图形”对话框（快捷键 VV），在“可见性/图形”对话框的“模型类别”选项卡中，向下滚动到“场地”并将其展开。勾选“项目基点”和“测量点”，如图 3-79 所示。“项目基点”和“测量点”可以在任何一个楼层平面图中显示。

图 3-79

3.4.6　其他设置

其他设置用于定义项目的全局设置，可以使用这些设置来自定义项目的属性，例如，单位、线型、载入的标记、注释记号和对象样式。以第七期全国 BIM 技能等级考试一级试题第五题“独栋别墅项目为例”，本节主要讲解线样式、线宽、线型图案。

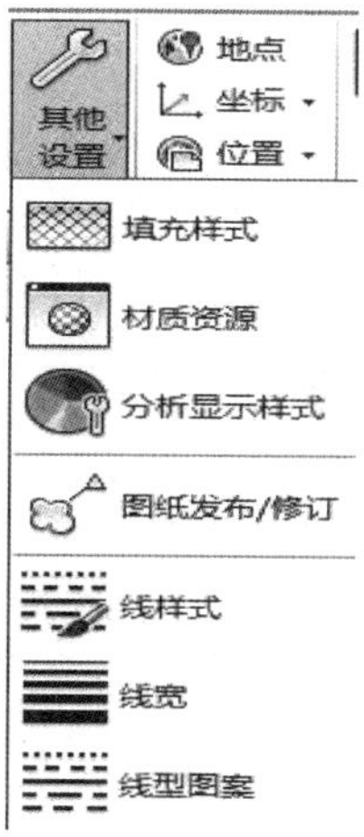

图 3-80

1. 创建线样式

单击“管理”选项卡“设置”面板“其他设置”按钮，展开下拉列表，如图 3-80 所示。

弹出“线样式”对话框，单击右下方修改子类别下“新建”按钮，弹出“新建子类别”对话框，输入名称为“模拟线”，单击“确定”按钮，退出“新建子类别”对话框。设置模拟线的颜色为“红色”，单击“确定”按钮，再次单击“确定”按钮，退出“线样式”对话框，如图 3-81 所示。

2. 线宽

用于创建或修改线宽，可以控制模型线，透视视图线或注释线的线宽。对于模型图元，线宽取决于视图比例。单击“管理”选项卡“设置”面板“其他设置”按钮，展开下拉列表，选择“线宽”选项。打开“线宽”对话框，线宽分为模型线宽、透视视图线宽。模型线宽共 16 种，每种都可以根据每一个视图制定大小。单击右边的“添加”按钮，打开“添加比例”对话框，单击下拉列表符号按钮，展开下拉列表，选择 1∶500，单击“确定”按钮，再次单击“确定”按钮，退出“线宽”对话框，如图 3-82 所示。

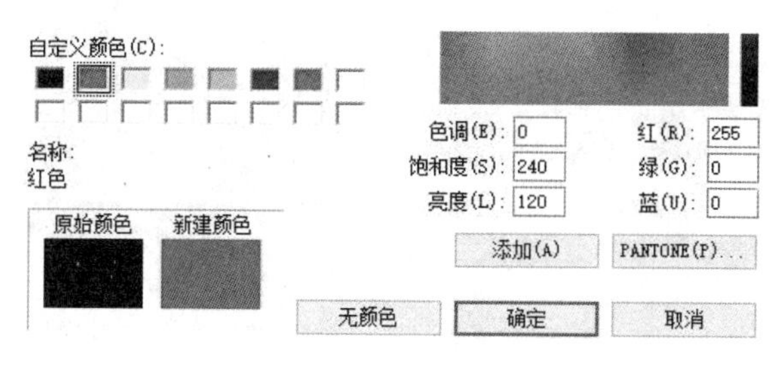

图 3-81

3. 线型图案

单击“管理”选项卡“设置”面板“其他设置”按钮，展开下拉列表，选择“线型图案”选项。打开“线型图案”对话框，在“线型图案”对话框中，将显示所有项目模型图元的线型图案，选择某一个线型图案，单击右边的“编辑”按钮，可以修改原名称和类型值。单击右边的“删除”按钮可以修改原名称和类型值。单击右边的“删除”按钮可以删除该线型图案，单击“重命名”按钮，可对该线型图案重命名，如图 3-83 所示。

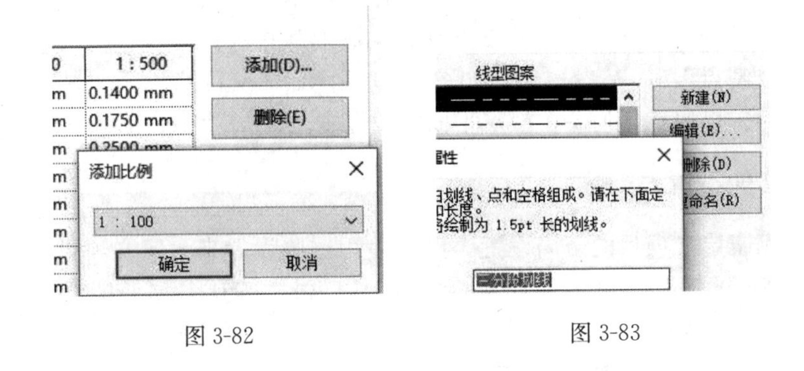

图 3-82　　　　图 3-83

第 4 章　Revit 建筑建模基础

4.1　建筑场地与轴网标高创建

地形表面的创建是场地设计的基础，Revit 提供了多种创建地形表面的方式，大多数情况使用放置点或导入的数据来定义地形表面。

4.1.1　创建地形表面

以“建筑样板”创建一个新项目文件，在“体量和场地”选项卡“场地建模”面板中使用“地形表面”工具，可以为项目创建地形表面模型，如图 4-1 所示。

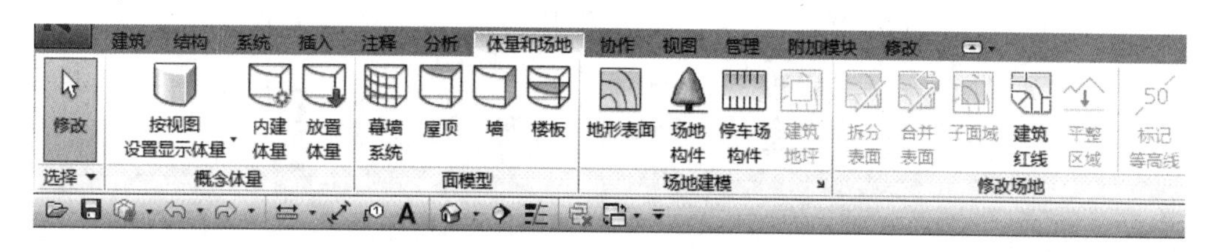

图 4-1

打开三维视图或场地平面视图，单击“(地形表面)”按钮。进入“修改编辑表面”上下文选项卡。在选项栏上，设置“高程”的值。用于放置点及其高程创建表面，如图 4-2 所示。

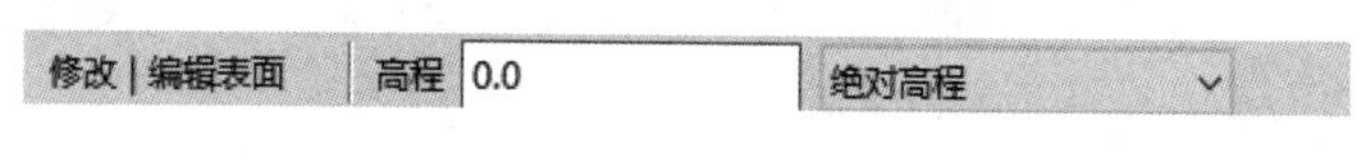

图 4-2

(1) 绝对高程。点显示在指定的高程处，可以将点放置在活动绘图区域中的任何位置。

(2) 相对于表面。通过该选项，可以将点放置在现有地形表面上的指定高程处，从而编辑现有地形表面。要使该选项的使用效果更明显，需要在着色的或者真实的三维视图中工作。

(3) 在“场地”平面视图绘图区域中单击放置点。如果需要，在放置其他点时可以修改选项栏上的高程。单击对勾“✔”按钮，退出“修改 | 编辑表面”上下文选项卡，保存该文件，如图 4-3 所示。

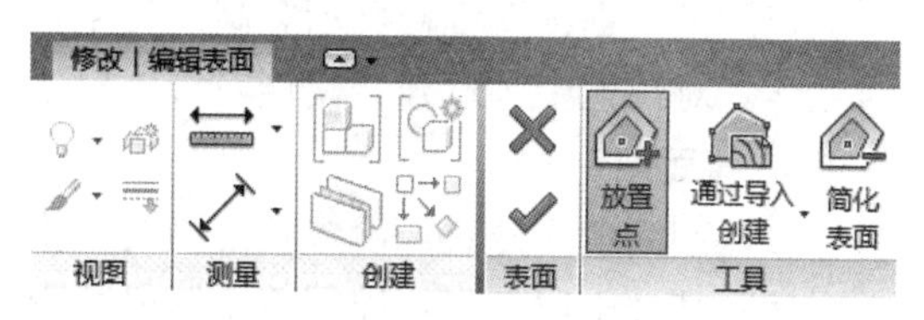

图 4-3

4.1.2 场地设置

在“体量和场地”选项卡“场地建模”面板上单击“对话框启动器 ↘”弹出“场地设置”对话框，如图 4-4 所示。

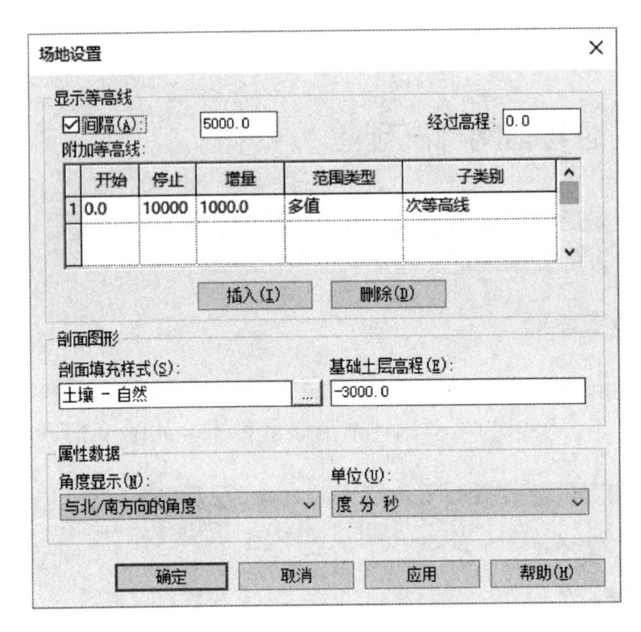

图 4-4

1. 显示等高线

显示等高线，如果清除该复选框，自定义等高线仍显示在绘图区域中。

2. 经过高程

等高线间隔可自定义设置参数值。例如，如果将等高线间隔设置为 500，则等高线将显示在 0、500、1000、1500、2000 的位置。如果将“经过高程”值设置为 100，则等高线将显示在 100、600、1100、1600 的位置。

3. 附加等高线

（1）开始：设置附加等高线开始显示的高程。

（2）停止：设置附加等高线不再显示的高程。

（3）增量：设置附加等高线的间隔。

（4）范围类型：选择“单一值”可以插入一条附加等高线，选择“多值”可以插入增量附加等高线。

（5）子类别：设置将显示等高线类型，从列表中选择一个值，要创建自定义线样式在对象样式对话框中，打开“模型对象”对话框，然后修改“地形”下的设置。

4. 剖面图形

（1）剖面填充样式：设置在剖面视图中显示的材质。

（2）基础土层高程：控制着土壤横断面的深度。该值控制项目中全部地形图元的土层深度。

5. 属性数据

（1）角度显示：指定建筑红线标记上角度值的显示方式，可以从“注释”>“标记”>“建筑”文件夹中载入建筑红线标记。

（2）单位：指定在显示建筑红线表格中的方向值的单位。

6. 查看土层厚度方式

切换至场地平面图。在地形模型中“视图”选项卡“创建”面板单击“剖面”按钮，创建一个平行于 Y 方向的剖面。切换至剖面视图，我们可以看到土层厚度。可以在“体量和场地”选项卡“场地建模”面板单击“对话框启动器 ↘”修改其基础土层高程，如图 4-5 所示。

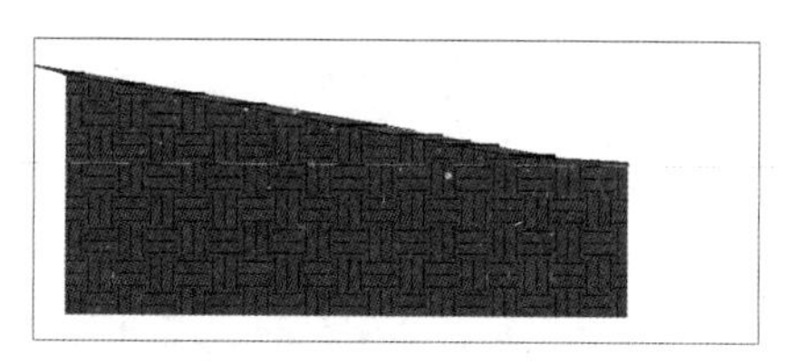

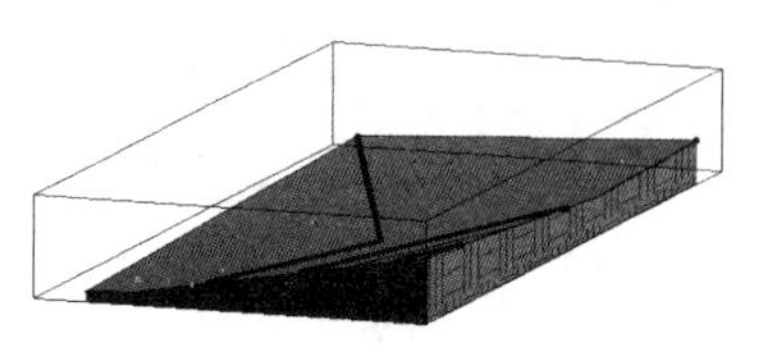

图 4-5

7. 标记等高线

切换至场地平面视图，在“体量和场地”选项卡，“修改场地”面板单击“标记等高线”按钮。在绘图区域地形表面绘制一条平行于 Y 轴的标记等高线，如图 4-6 所示。

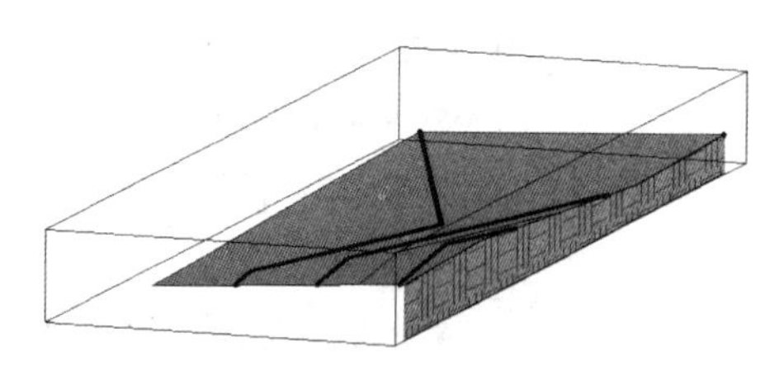

图 4-6

4.1.3　拆分表面、合并表面、子面域

1. 拆分表面

可以将一个地形表面拆分为两个不同的表面，然后分别编辑这两个表面。要将一个地形表面拆分为两个以上的表面，重复使用“拆分表面”工具根据需要进一步细分每个地形表面。

在拆分表面后，可以为这些表面指定不同的材质来表示公路、湖、广场或丘陵，也可以删除地形表面的一部分，如图 4-7 所示。

打开场地模型，调整至场地平面或三维视图。单击“体量和场地”选项卡“修改场地”面板“拆分表面”按钮。在绘图区域中，请选择要拆分的地形表面。Revit 将进入“修改 | 拆分表面”上下文选项卡草图模式。绘制拆分表面草图后，单击完成“✔”完成编辑模式，如图 4-8 所示。

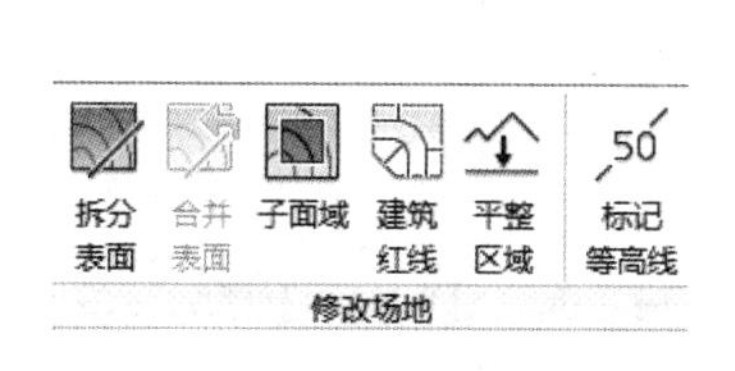

图 4-7

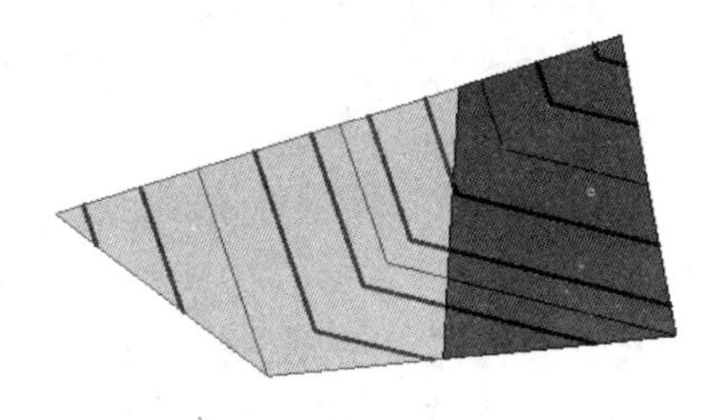

图 4-8

2. 合并表面

可以将两个单独的地形表面合并为一个表面。此工具对于重新连接拆分表面非常有用。要合并的表面必须重叠或共享公共边，如图 4-9 所示。

单击“体量和场地”选项卡“修改场地”面板“合并表面”按钮。选择一个要合并的地形表面。选择另一个被合并的地形表面。这两个表面将合并为一个。

3. 子面域

地形表面子面域是在现有地形表面中绘制的区域。例如，可以使用子面域在平整表面、道路或岛上绘制停车场。创建子面域不会生成单独的表面。它仅定义可应用不同属性集（例如材质）的表面区域，如图 4-10 所示。

图 4-9

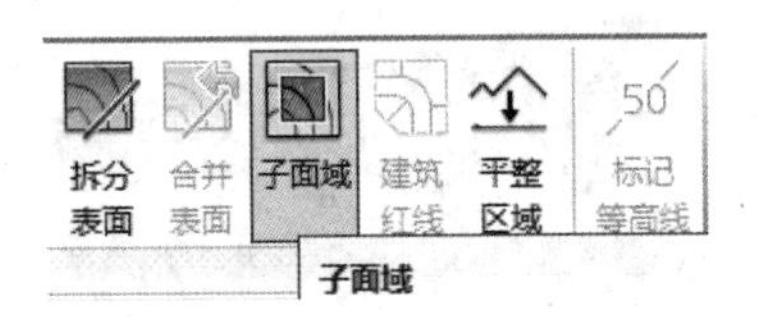

图 4-10

（1）创建子面域

① 打开一个显示地形表面的场地平面视图。

② 单击“体量和场地”选项卡“修改场地”面板“子面域”按钮。Revit 将进入“修改创建子面域边界”上下文选项卡。

③ 单击“（拾取线）”命令或使用其他绘制工具在地形表面上创建一个子面域如图 4-11 所示。

（2）修改子面域的边界

① 选择子面域。

② 单击“修改 | 地形”选项卡“模式”面板“编辑边界”按钮，如图 4-12 所示。

③ 单击“拾取线”或使用其他绘制工具修改地形表面上的子面域。

图 4-11

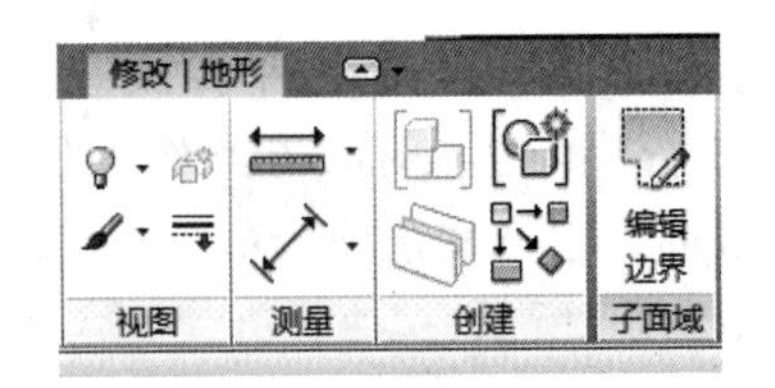

图 4-12

4.1.4 建筑红线

要创建建筑红线，可以使用 Revit 中的绘制工具，在“体量和场地”选项卡“修改场地”面板上有创建“建筑红线”的按钮可以用来创建建筑红线，如图 4-13 所示。

图 4-13

新建项目，切换至场地平面视图。单击“体量和场地”选项卡“修改场地”面板“建筑红线”按钮，弹出“创建建筑红线”对话框。在“创建建筑红线”对话框中，选择“通过绘制来创建”。单击“(拾取线)”工具或使用其他绘制工具来绘制线。或者通过输入距离和方向角来创建。在“创建建筑红线”对话框中，选择“通过输入距离和方向角来创建”弹出“建筑线”对话框。在“建筑红线”对话框中，单击“插入”，然后从测量数据中添加距离和方向角如图 4-14 所示。

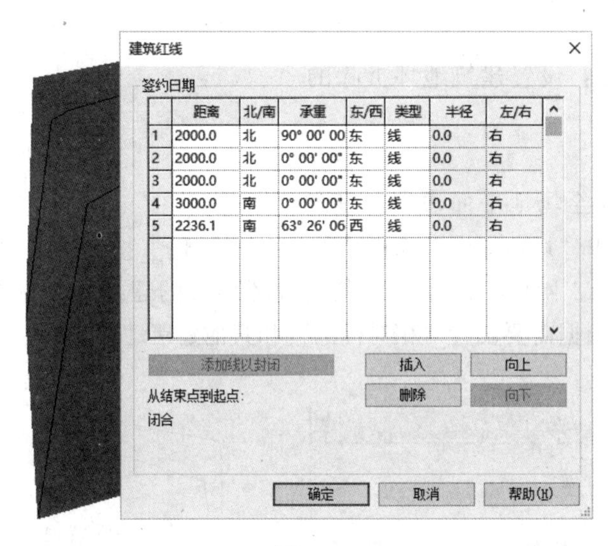

	距离	北/南	承重	东/西	类型	半径	左/右
1	2000.0	北	90° 00' 00	东	线	0.0	右
2	2000.0	北	0° 00' 00"	东	线	0.0	右
3	2000.0	北	0° 00' 00"	东	线	0.0	右
4	3000.0	南	0° 00' 00"	东	线	0.0	右
5	2236.1	南	63° 26' 06	西	线	0.0	右

图 4-14

将建筑红线描绘为弧。分别输入“距离”和“方向”的值，用于描绘弧上两点之间的线段。选择“弧”作为“类型”。输入一个值作为“半径”。如果弧出现在线段的左侧，请选择“左”作为“左/右”。如果弧出现在线段的右侧请选择“右”。

(1) 根据需要插入其余的线。

(2) 单击“向上”和“向下”可以修改建筑红线的顺序。

(3) 在绘图区域中，将建筑红线移动到确切位置，然后单击放置建筑红线。

4.1.5　建筑地坪

1. 建筑地坪的类型属性

(1) 厚度：显示建筑地坪的总厚度。

(2) 粗略比例填充样式：在粗略比例视图中设置建筑地坪填充样式。在值框中单击，打开“填充样式”对话框。

(3) 粗略比例填充颜色：在粗略比例视图中对建筑地坪的填充样式应用某种颜色，如

图 4-15 所示。

2. 建筑地坪的实例属性

(1) 标高：设置建筑地坪的标高，如图 4-16 所示。

(2) 相对标高：指定建筑地坪偏移标高的正负距离。

(3) 房间边界：用于定义房间的范围。

(4) 坡度：建筑地坪的坡度。

(5) 周长：建筑地坪的周长。

(6) 面积：建筑地坪的面积。

(7) 体积：建筑地坪的体积。

(8) 创建的阶段：设置建筑地坪创建的阶段。

(9) 拆除的阶段：设置建筑地坪拆除的阶段。

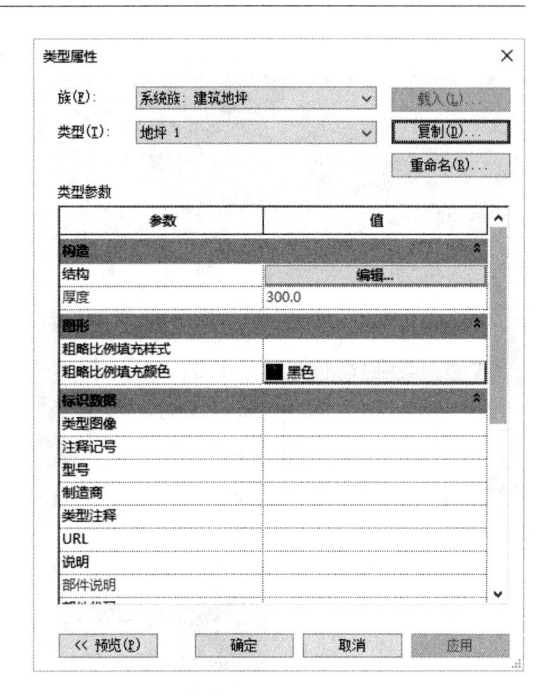

图 4-15

3. 创建建筑地坪

新建项目，切换至场地平面模型。单击“体量和场地”选项卡“场地建模”面板“(建筑地坪)”按钮进入“修改创建建筑地坪边界”上下文选项卡。使用绘制工具绘制闭合环形式的建筑地坪，如图 4-17 所示。在“属性”选项板中，根据需要设置“相对标高”和其他建筑地坪属性。

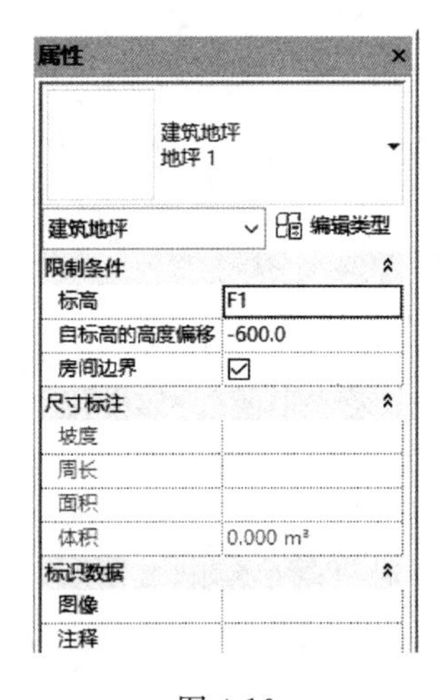

图 4-16

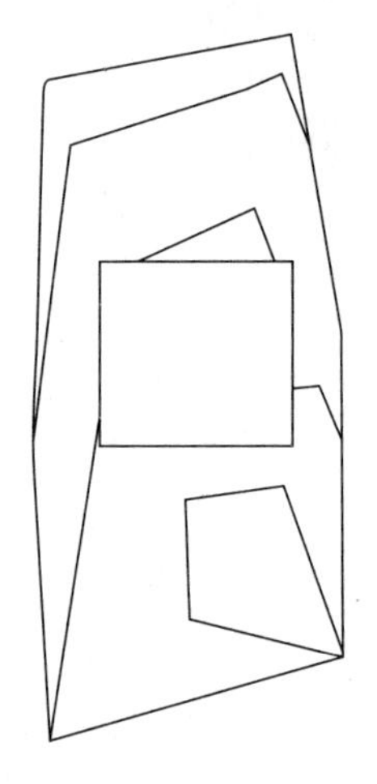

图 4-17

4. 修改建筑地坪

打开包含建筑地坪的场地平面视图。单击“修改 | 建筑地坪”选项卡“模式”面板“(编辑边界)”命令。单击“修改 | 建筑地坪>编辑边界”上下文选项卡“绘制”面板绘制工具，然后使用绘制工具进行必要的修改。要使建筑地坪倾斜，请使用坡度箭头。单击“”完成编辑，退出“修改建筑地坪>编辑边界”上下文选项卡。

5. 修改建筑地坪结构

（1）打开包含建筑地坪的场地平面。

（2）选择建筑地坪。

（3）单击“修改 | 建筑地坪”选项卡“属性”面板“类型属性”按钮。

（4）在“类型属性”对话框中，单击与“结构”对应的“编辑”按钮，弹出“编辑部件”对话框。

（5）在“编辑部件”对话框中，设置各层的功能。

每一层都必须具有指定的功能，这样一来，Revit 便可以准确地进行层匹配，各层可被指定下列功能：

结构：用于支撑建筑地坪的其余部分的层。

衬底：作为其他材质基础的材质。

保温层/空气层。提供隔热层并阻止空气流通的层。

面层 1：装饰层（例如，建筑地坪的顶部表面）。

面层 2：装饰层（例如，建筑地坪的底部表面）。

薄膜层：防止水蒸气渗透的零厚度薄膜。

注：“包络”复选框可以保留为取消选中状态。

（6）设置每一层的“材质”和“厚度”如图 4-18 所示。

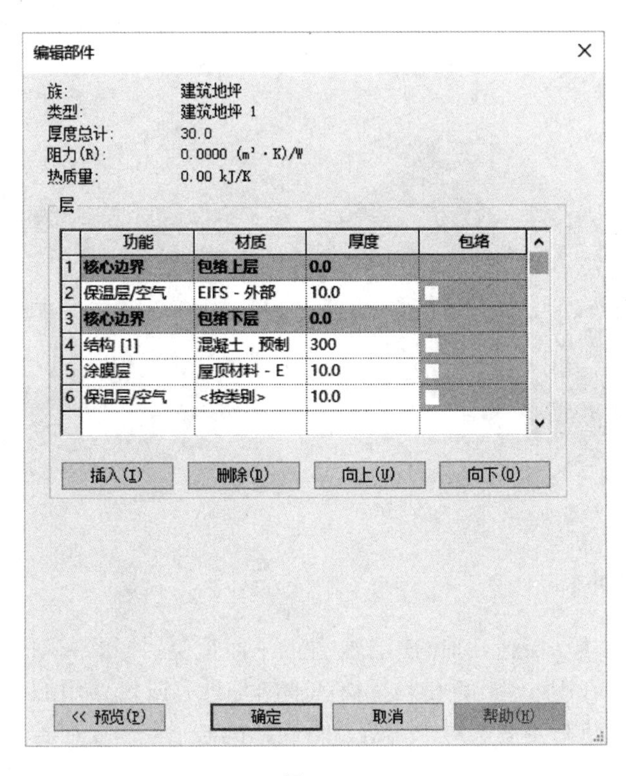

图 4-18

（7）单击“插入”来添加新的层，单击“向上”或“向下”来修改层的顺序。

（8）单击“确定”两次，退出编辑模式。

4.1.6 放置场地构件

场地构件：用于添加站点特定的图元，如树、汽车、停车场等。

可在场地平面中放置场地专用构件，如果未在项目中载入场地构件，则会出现一条消息，指出尚未载入相应的族。

1. 添加场地构件

（1）新建项目文件，切换至场地平面视图或三维视图。

（2）单击“体量和场地”选项卡“场地建模”面板“场地构件”按钮。

（3）从“类型选择器”中选择所需的构件。

（4）在绘图区域中单击以添加一个或多个构件。

（5）放置完构件，选中构件可以在属性栏里修改其类型属性和实例属性，修改类型属性时要复制其类型，避免同类型的全部改动，如图 4-19 所示。

2. 停车场构件

用于将停车位添加到地形表面中，要添加停车位，必须打开一个视图（建议：场地平面视图），其中显示地形表面。地形表面是停车位的主体。添加停车场构件：

（1）打开显示要修改的地形表面的视图。

（2）单击“体量和场地”选项卡“模型场地”面板“停车场构件”按钮。

（3）将光标放置在地形表面上，并单击鼠标来放置构件。可按需要放置更多的构件。可以阵列停车场构件，如图 4-20 所示。

图 4-19

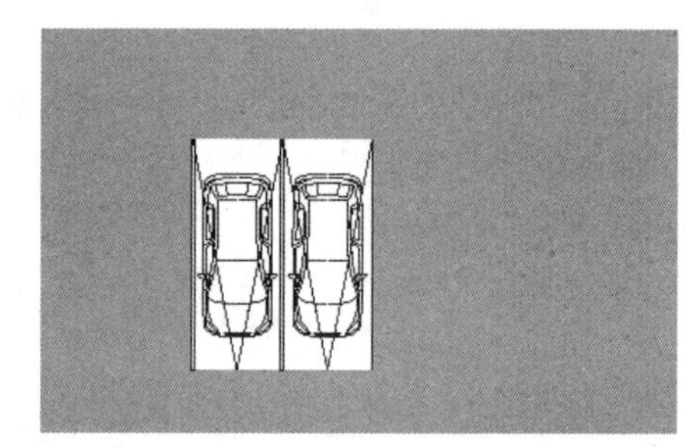

图 4-20

4.1.7 标高轴网

标高可用于定义楼层层高，轴网用于构件的平面定位。标高和轴网是建筑构件在空间定位时的重要参照，在 Revit 软件中，标高和轴网是具有限定作用的工作平面，其样式皆可通过相应的族样板进行定制。对于建筑、结构、机电三个专业而言，标高和轴网的统一是其相互之间协同工作的前提条件。

1. 添加标高

使用软件自带样板新建项目，展开项目浏览器下的立面子层级，双击任意一立面视图，如图 4-21 所示，样板已有标高 1、标高 2，它们的标高值是以米为单位的。

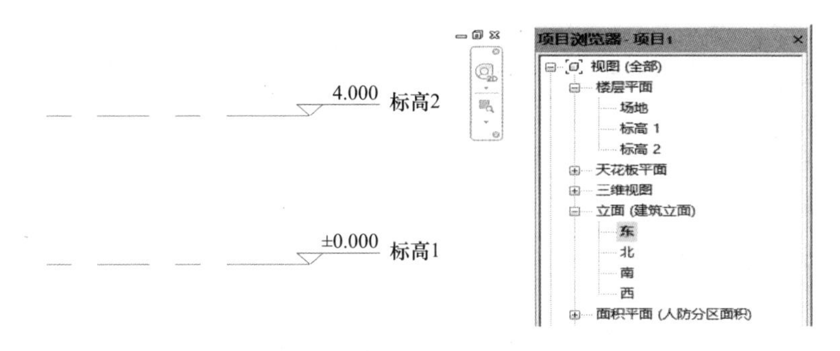

图 4-21

在属性栏单击类型选择器，选择对应的标头，室外地坪选择正负零标高，零标高以上选择上标头，零标高以下选择下标头，如图 4-22 所示。

打开类型属性对话框，修改类型属性。在限制条件中，基面是设置标高的起始计算位置为测量点或项目基点。图形中其他参数是用来设置标高的显示样式。符号参数是指标高标头应用的何种标记样式。端点 1 和端点 2 值用于设置标高两端标头信息的显隐，如图 4-23 所示。

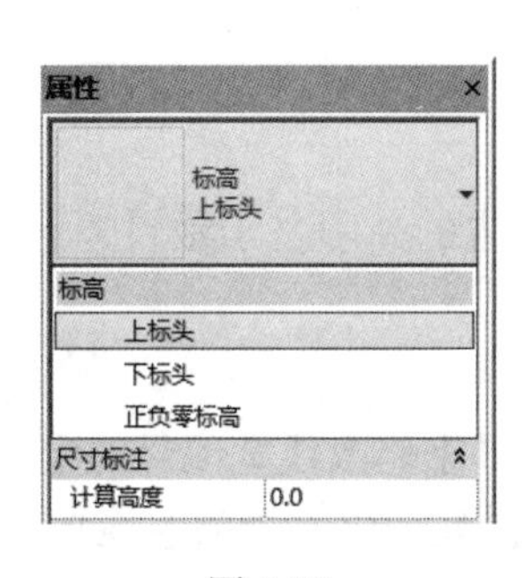

图 4-22

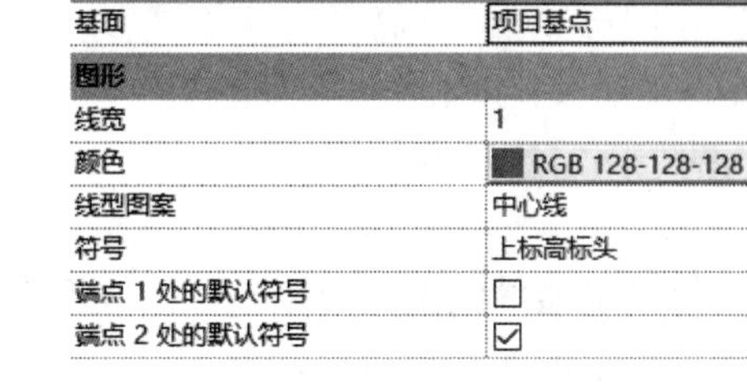

图 4-23

当指针靠近已有标高两端时，还会出现标头圈对齐参照线示意，若单击此处绘制，则随后完成的标高将与其参照的标高线保持两端对齐约束。

2. 复制、阵列标高

标高的创建还可以基于已有的标高，如通过复制、阵列，通常会在楼层数量较多时使用。但是相对于绘制或拾取的标高，复制阵列生成的标高，默认不创建任何视图。在直接绘制或拾取标高时，在选项栏中单击平面视图类型即可选中要创建的视图类型，这样对应的视图就会自动生成并归类到对应的子层级，如图 4-24 所示。

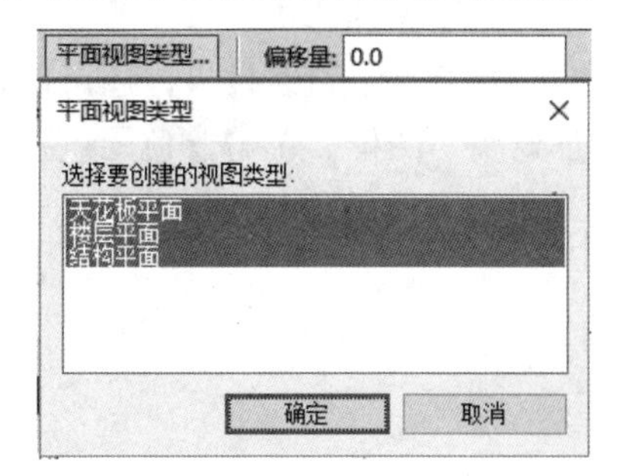

图 4-24

3. 修改标高

下图显示了在选中一个标高时的相关信息，隐藏编号可设置此标高右侧端点符号的显隐，功能和标高类型属性中“端点 1（2）处的默认符号”参数类似，但此处是实例属性，如图 4-25 所示。

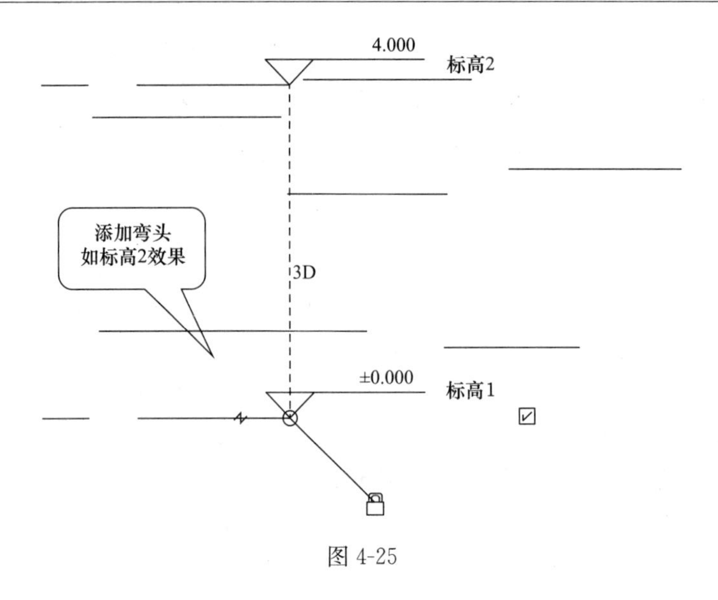

图 4-25

4. 标高属性

（1）表示方法

① 标高上标头：标头方向向上，例如 4.000 标高 2。

② 标高下标头：标头方向向下，例如 -4.600 标高 5。

③ 正负零标高：即±0.000 标高。

（2）限制条件。基面："项目基点"即在某一标高上报告的高程基于项目原点。"测量点"即报告的高程基于固定测量点。

（3）图形

① 线宽：设置标高类型的线宽。可以使用"线宽"工具来修改线宽编号的定义。

② 颜色：设置标高线的颜色。可以从 Revit 定义的颜色列表中选择颜色或自定义。

③ 线型图案：线型图案可以是实线、虚线和圆点的组合或自定义图案。

④ 符号：确定标高线的标头是否显示编号中的标高号（标高标头-圆圈）、显示标高号但不显示编号（标高标头-无编号）或不显示标高号（无）。

⑤ 端点 1 处的默认符号：默认情况下，在标高线的左端点放置编号。选择标高线时，标高编号旁边将显示复选框，取消选中该复选框以隐藏编号，再次选中它以显示编号。

⑥ 端点 2 处的默认符号：默认情况下，在标高线右端点放置编号。

（4）添加弯头

标高除了直线效果，还可以是折线效果，即单击选中标高，在右侧标高线上显示"添加弯头"图标。单击蓝色圆点拖动，可恢复原来位置，如图 4-26 所示。

图 4-26

（5）标高锁

标高端点锁定，拖动鼠标单击端点圆圈，更改标高长度时，相同长度的标高会一起更改；当解锁后，只更改当前移动的标高长度，如图 4-27 所示。

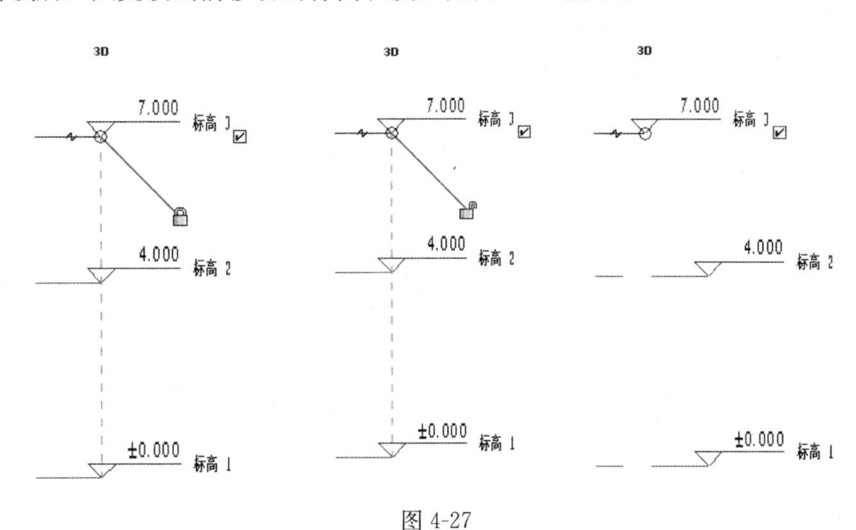

图 4-27

5. 绘制轴网

轴网需在平面视图绘制，在“项目浏览器”面板中打开标高平面视图。

切换到“建筑”选项卡，在“基准”面板中单击“轴网”按钮，进入“修改放置轴网”上下文选项卡中，单击“绘制”面板中的“直线”按钮。

在绘制区域左下角适当位置，单击并结合 Shift 键垂直向上移动光标，在合适位置再次单击完成第一条轴线的创建。

第二条轴线的绘制方法与标高绘制方式相似，将光标指向轴线端点时，Revit 会自动捕捉端点。当确定尺寸值后单击确定轴线端点，并配合鼠标滚轮向上移动视图，确定上方的轴线端点后再次单击，完成轴线的绘制。

6. 轴网属性

选择某个轴线后，单击“属性”面板中的“编辑类型”选项，打开“类型属性”对话框。

(1) 符号：用于轴线端点的符号。该符号可以在编号中显示轴网号（轴网标头-圆）、显示轴网号但不显示编号（轴网标头-无编号）、无轴网编号或轴网号（无）。

(2) 轴网中段：在轴线中显示的轴线中段的类型。选择“无”“连续”或“自定义”。

(3) 轴线中段宽度：如果“轴线中段”参数为“自定义”，则使用线宽来表示轴线中段的宽度。

(4) 轴线中段颜色：如果“轴线中段”参数为“自定义”，则使用线颜色来表示轴线中段的颜色。选择 Revit 中定义的颜色，或定义自己的颜色。

(5) 轴线中段填充图案：如果“轴线中段”参数为“自定义”，则使用填充图案来表示轴线中段的填充图案。线型图案可以为实线或虚线和圆点的组合。

(6) 轴线末端宽度：表示连续轴线的线宽，或者在“轴线中段”为“无”或“自定义”的情况下表示轴线末段的线宽。

(7) 轴线末段颜色：表示连续轴线的线颜色，或者在“轴线中段”为“无”或“自定义”的情况下表示轴线末段的线颜色。

(8) 轴线末段填充图案：表示连续轴线的线样式，或者在“轴线中段”为“无”或“自定义”的情况下表示轴线末段的线样式。

(9) 轴线末段长度：在“轴线中段”参数为“无”或“自定义”的情况下表示轴线末段的长度。

(10) 平面视图轴号端点 1（默认）：在平面视图中，在轴线的起点处显示编号的默认设置（也就是说，在绘制轴线时，编号在其起点处显示）。如果需要，可以显示或隐藏视图中各轴线的编号。

(11) 平面视图轴号端点 2（默认）：在平面视图中，在轴线的终点处显示编号的默认设置（也就是说，在绘制轴线时，编号在其终点处显示）。如果需要，可以显示或隐藏视图中各轴线的编号。

(12) 非平面视图符号（默认）在非平面视图的项目视图（例如，立面视图和剖面视图）中，轴线上显示编号的默认位置：“顶”“底”“两者”（顶和底）或“无”。如果需要，可以显示或隐藏视图中各轴线的编号。

4.1.8 标高轴网的 2D 与 3D 属性及其影响范围

1. 标高的 2D 与 3D 属性

对于只移动单根标高的端点，则先打开对齐锁定，再拖曳轴线端点。如果轴线状态为 3D，则所有平面视图里的标高端点同步联动，如图 4-28 所示点击切换为 2D，则只改变当前视图的标高端点位置。

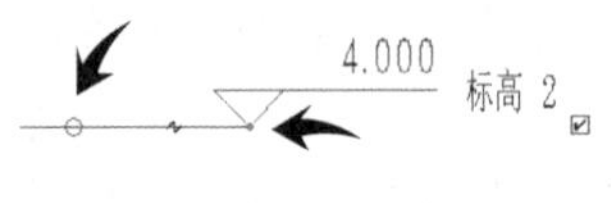

图 4-28

2. 轴网的 2D 与 3D 影响范围

在一个视图中调整完轴网线标头位置、轴号显示和轴号偏移等设置后，选择轴线再选择选项卡影响范围命令，在对话框中选择需要的平面或立面视图名称，可以将这些设置应用到其他视图。例如，二层做了轴网修改，而没有使用影响范围功能，其他层就不会有任何变化。

如果想要使所有的变化影响到标高层，选中一个修改的轴网，此时将会自动激活修改轴网选项卡。选择基准面板影响范围命令。打开影响范围视图对话框。选择需要影响的视图，单击确定按钮，所选视图轴网都会与其做相同的调整。

如果先绘制轴网再绘制标高，或者是在项目进行中新添加了某个标高，则有可能在新添加标高的平面视图中不可见。其原因是：在立面上，轴网在 3D 显示模式下需要和标高视图相交，即轴网的基准面与视图平面相交，则轴网在此标高的平面视图上可见。

3. 参照平面

(1) 添加参照平面

在建筑（结构或者系统）选项卡上，单击（参照平面），打开修改 | 放置参照平面选项卡，有两种绘制方式。

① 绘制一条线：在“绘制”面板上，单击（直线），在绘图区域中，通过拖曳光标来绘制参照平面，单击“修改”结束该线。

② 拾取现有线：在“绘制”面板中，单击（拾取线），如果需要，在选项栏上指定偏移量，选择“锁定”选项，以将参照平面锁定到该线，将光标移到放置参照平面时所要

参照的线附近，然后单击。

（2）参照平面的属性

① 墙闭合：指定义墙对门和窗进行包络所在的点，此参数仅在族编辑器中可用。

② 名称：指参照平面的名称，可以编辑参照平面的名称。

③ 范围框：指应用于参照平面的范围框。

④ 是参照：指在族的创建期间绘制的参照平面是否为项目的一个参照。

⑤ 定义原点：指光标停留在放置的对象上的位置。例如，放置矩形柱时，光标位于该柱形状的中心线上。

4.2　建筑柱与墙的绘制

4.2.1　建筑柱

可以在平面视图和三维视图中添加柱。柱的高度由“底部标高”和“顶部标高”属性以及偏移量定义。单击“建筑”选项卡下“构建”面板中的“柱”下拉列表—“柱：建筑”，如图 4-29 所示。

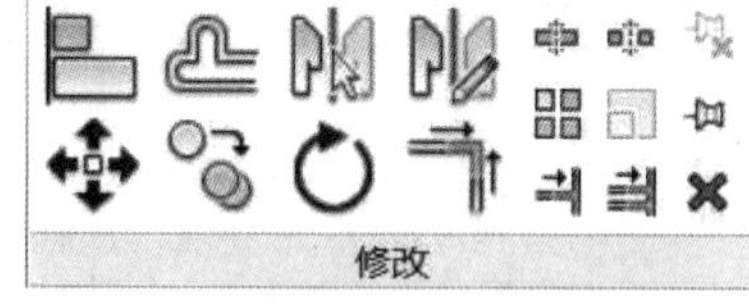

图 4-29

4.2.2　附着与分离

与其他构件相同，选择柱子，可从“属性”选项板对其类型、底部或顶部位置进行修改。同样，可以通过选择柱对其拖曳，以移动柱。柱不会自动附着到其顶部的屋顶、楼和天花板上，需要进行修改。

1. 附着柱

选择一根柱（或多根柱）时，可以将其附着到屋顶、楼板、天花板、参照平面、结构框架构件，以及其他参照标高，步骤如下。

在绘图区域中，选择一个或多个柱。单击“修改 | 柱”选项卡下“修改柱”面板中的“附着顶部/底部”工具，选项栏如图 4-30 所示。

修改 | 柱　附着柱: ◉ 顶 ○ 底　附着样式: 剪切柱　附着对正: 最小相交　从附着物偏移: 0.0

图 4-30

选择“顶”或“底”作为“附着柱”值，以指定要附着柱的哪一部分。选择“剪切柱”“剪切目标”或“不剪切”作为“附着样式”值。“目标”指的是柱要附着上的构件，如屋顶、楼板、天花板等。不同情况下的剪切示意图如图 4-31 所示。

2. 分离柱

在绘图区域中，选择一个或多个柱。单击“修改柱”选项卡下“修改柱”面板中的“分离顶部/底部”命令。单击要从中分离柱的目标。如果将柱的顶部和底部均与目标分离，单击选项栏上的“全部分离”。

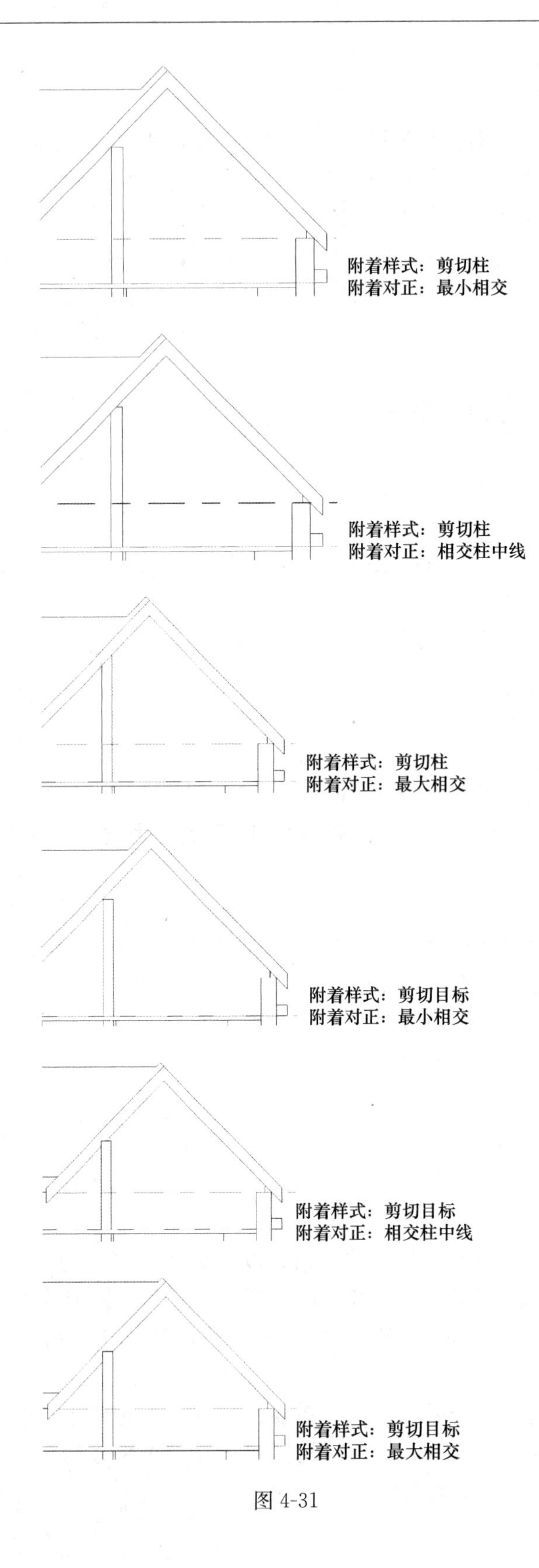
附着样式：剪切柱
附着对正：最小相交
附着样式：剪切柱
附着对正：相交柱中线
附着样式：剪切柱
附着对正：最大相交
附着样式：剪切目标
附着对正：最小相交
附着样式：剪切目标
附着对正：相交柱中线
附着样式：剪切目标
附着对正：最大相交

图 4-31

4.2.3　柱随轴网移动

在绘制结构柱或者建筑柱时，可以将垂直柱的当前位置或者斜柱的顶部和底部限制在某个轴网处这种状态下，当移动轴网时，柱或端点会保持各自在轴网位置的定向。

首先有效柱必须在轴网内，并且具有有效的柱定位轴线。其次选择要锁定到轴网的垂直柱。在“属性”选项板的“限制条件”下，选择“随轴网移动”，然后单击“应用”。

4.2.4　墙属性及编辑

通过单击“墙”按钮，选择所需的墙类型，在功能区中选择一个绘制工具，在绘图区域中绘制墙的线性范围，或者通过拾取现有线、边或面来定义墙的线性范围，并将该类型的实例放置在平面视图或三维视图中，可以将墙添加到建筑模型中。

1. 墙体的基本属性

(1) 在绘制墙体时，需要综合考虑墙体的高度、类型、定位线等基本属性的设置。

(2) 在“建筑”选项卡，“构建”面板，展开“墙”命令的下拉列表，显示创建墙体的基本命令，如图4-32所示。在平面视图中，“墙：饰条”和“墙：分隔缝”命令不可以使用。“墙”命令的快捷键是（WA）。单击“墙：建筑”按钮，在“修改放置墙”上下文选项卡，“绘制”面板可以选择绘制墙体的工具，如图4-33所示。可以使用“拾取面”工具（使用体量面或者常规模型来创建墙体），也可以使用其他的绘制工具，例如，“拾取线”的方式来创建墙体。“绘制”面板上绘制墙体的基本元素是“直线”和“起点-终点-半径弧”等工具。

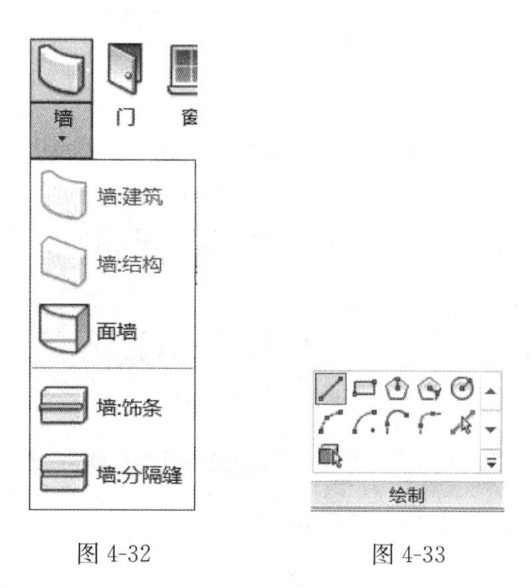

图4-32　　　　图4-33

(3) 选项栏显示“修改/放置墙”的相关设置，在选项栏可以设置墙体竖向定位面、水平定位线、勾选链复选框、设置偏移量以及半径等，其中偏移量和半径不可同时设置数值，如图4-34所示。

(4) 属性选项板可以设置墙体的定位线、底部限制条件、底部偏移、顶部约束等墙体的实例属性，如图4-35所示。

图 4-34

（5）在类型选择器中墙体的名称为“基本墙常规－200mm”．单击“编辑类型”按钮，打开“类型属性”对话框，可以看到基本墙属于系统族，在系统族中，只能修改已有类型得到新的类型。在类型下拉列表中 Revit 已经内置了多种墙体的类型，如图 4-36 所示。

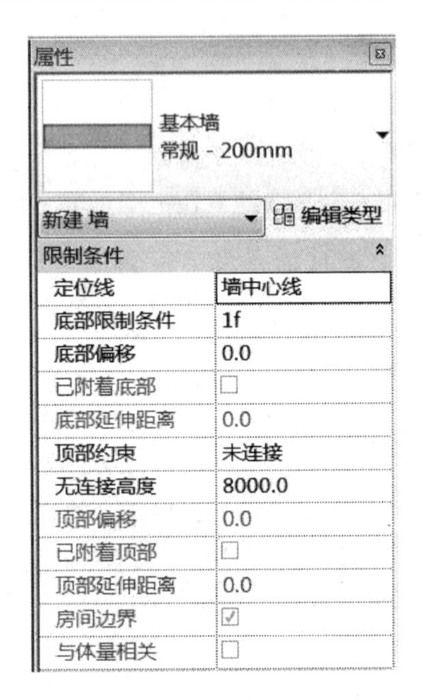

图 4-35

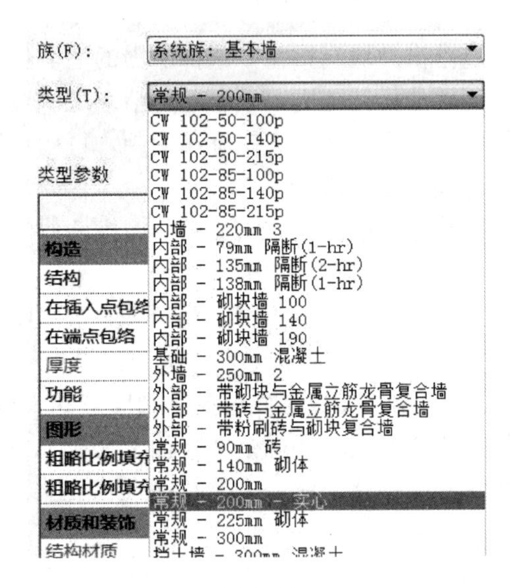

图 4-36

2. 包络

包络包括三个选项，分别为无、外部、内部，如图 4-37 所示。新建项目文件。按墙体快捷键“WA”进入墙体绘制状态，在类型选择器选择墙体的类型为“基本墙常规－200m”，在视图控制栏将详细程度切换为“精细”，视觉样式切换为“着色”。

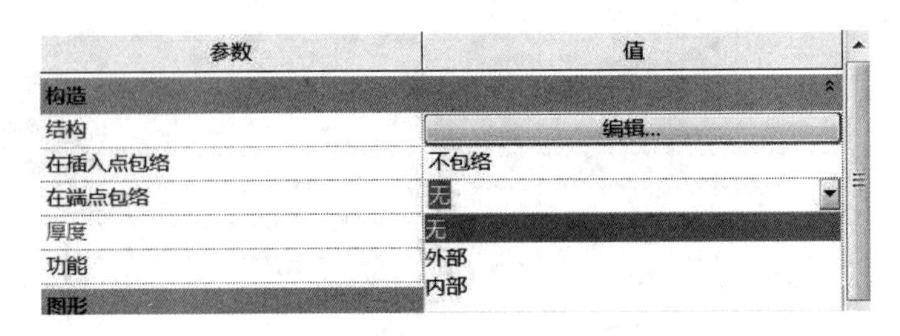

图 4-37

单击结构后的“编辑”按钮，在弹出的“编辑部件”对话框中添加内外层，分别为面层 1 [4]、面层 2 [5]。将面层 1 [4] 厚度设置为“50”，面层 2 [5] 厚度设置为“20”。单击面层 1 [4] 后面的材质隐藏按钮，打开“材质浏览器”对话框，选择材质“EIFS，外部隔热层”，单击鼠标右键复制一个新的类型，重命名“外部”，为面层 2 [5] 添加材质

“松散-石膏板”，单击“确定”按钮退出“材质浏览器”对话框返回到“编辑部件”对话框，如图 4-38 所示。

层

外部边

	功能	材质	厚度	包络	结构材质
1	面层 1 [4]	外部	50.0	☑	☐
2	核心边界	包络上层	0.0		
3	结构 [1]	<按类别>	200.0	☐	☑
4	核心边界	包络下层	0.0		
5	面层 2 [5]	松散-石膏板	20.0	☑	☐

内部边

图 4-38

4.2.5　墙饰条和分隔缝

墙饰条和分隔缝是依附于墙主体的带状模型，用于沿墙水平方向或垂直方向创建带状墙饰结构。使用墙饰条和分隔缝，可以很方便地创建如女儿墙压顶、室外散水、墙装饰线脚等。

1. 放置墙饰条

（1）新建项目文件“基本墙常规－200mm”，命名为“墙体 1”。在标高 1 平面视图绘制墙体，切换到三维视图，将视觉样式切换为“着色”模式，如图 4-39 所示。

（2）在“建筑”选项卡，单击“墙饰条”按钮，在菜单栏中显示两种放置墙饰条的方式：水平和垂直方式，如图 4-40 所示。

（3）单击“水平”按钮，单击墙上任意位置放置墙饰条。单击“放置”面板，“重新放置墙饰条”按钮，同一片墙体上就可以继续放置第二跟墙饰条，如图 4-41 所示。

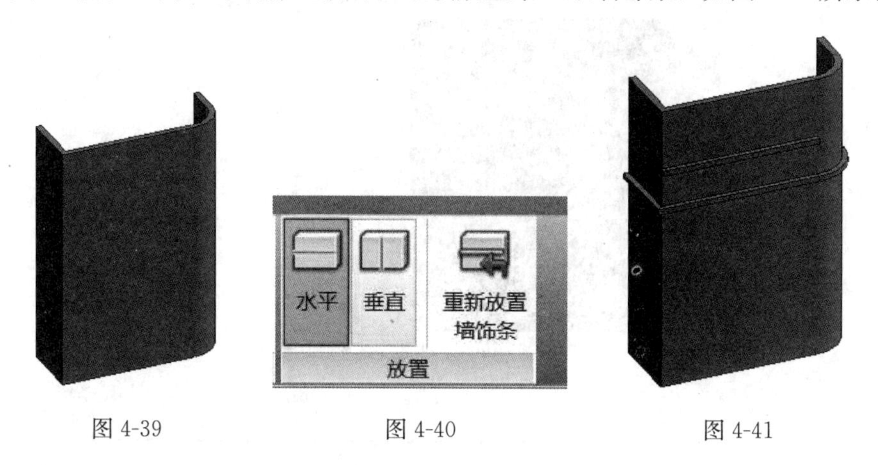

图 4-39　　图 4-40　　图 4-41

2. 墙饰条实例属性

（1）选中“墙饰条”，在属性选项板将墙的偏移设置为“300”，墙饰条会向外偏移 300mm，如图 4-42 所示。如果将与墙的偏移设置为负值，墙饰条会向墙体内侧偏移。

（2）选中“墙饰条”，在属性选项板确认标高为“标高 1”，相对标高的偏移设置为“5100”单击“注释”选项卡“高程点”按钮对墙饰条进行注释，墙饰条的下表面相对于

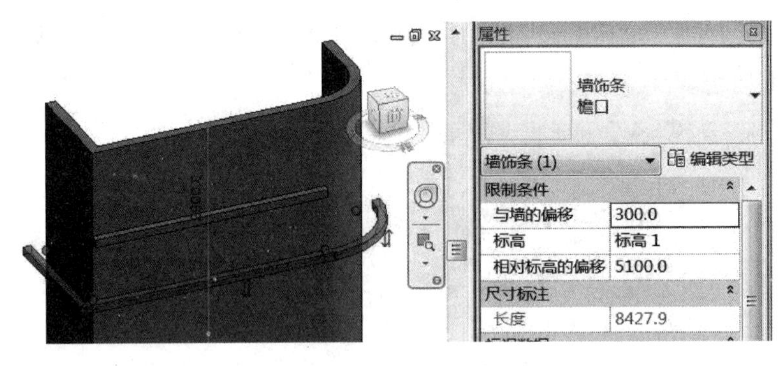

图 4-42

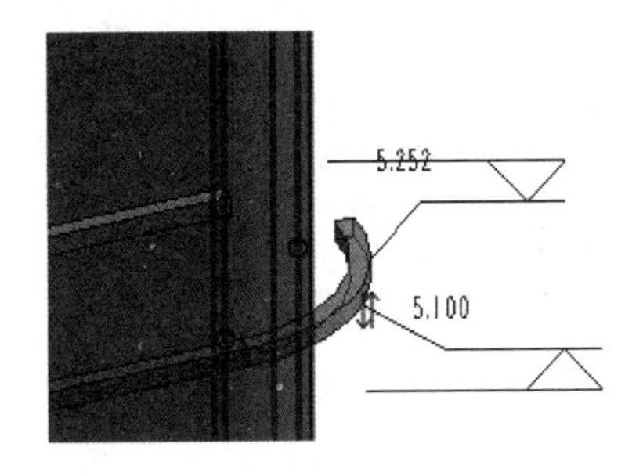

图 4-43

标高 1 向上偏移 5100mm 同时墙饰条的上表面与标高 1 的距离为 5252mm，如图 4-43 所示。

（3）选择“墙饰条”面板上的“修改转角”命令。当转角角度为正值，则端点移近墙；当转角角度为负值，则端点远离墙。单击“修改转角”按钮，在选项栏确认选择转角的角度为“90°”，如图 4-44 所示。

3. 墙饰条类型属性

选中墙饰条，打开“类型属性”对话框，墙饰条本身是系统族，类型是“檐口”，“剪切墙”的命令默认勾选，所以当给墙饰条一个负值时墙饰条会在墙体表面开一个槽。“默认收进”指插入对象距墙饰条的距离，如图 4-45 所示。

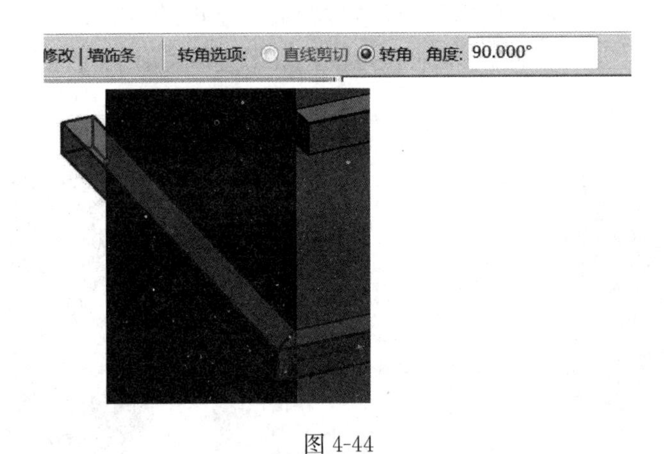

图 4-44

参数	值
限制条件	
剪切墙	☑
被插入对象剪切	☐
默认收进	0.0

图 4-45

（1）默认收进的值设置为“500”，单击“确定”按钮。单击“建筑”选项卡，“窗”按钮，在放有墙饰条的位置插入窗，墙饰条会在窗的两侧各退 500mm。当默认收进的值为“－100”时，墙饰条会在窗的两侧向内收进 100mm，如图 4-46 所示。

图 4-46

（2）选中墙饰条，单击“编辑类型”按钮，打开“类型属性”对话框，单击“复制”按钮，命名为“墙饰条 1”，单击轮廓后面的隐藏按钮，选择轮廓为“槽钢”。单击材质后隐藏按钮，打开“材质浏览器”，选择“玻璃纤维加强型石膏”，勾选“使用渲染外观”复选框，如图 4-47 所示，单击“确定”按钮，再次单击“确定”按钮。

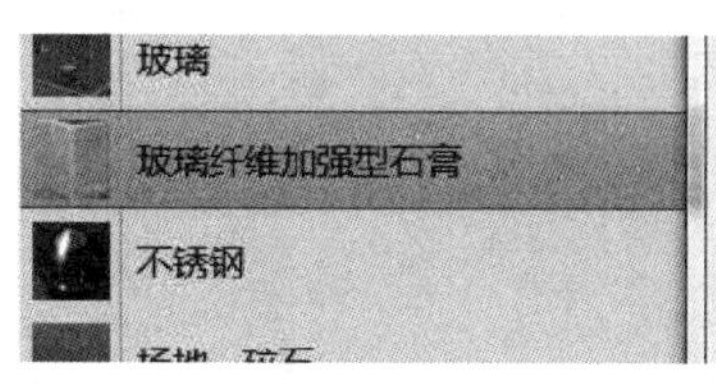

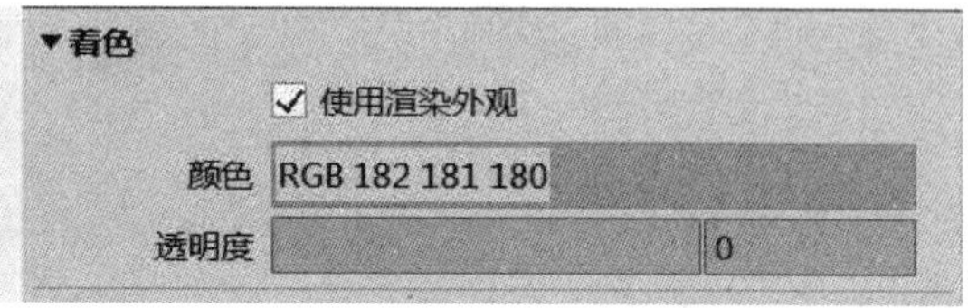

图 4-47

4.2.6　编辑墙轮廓、附着分离

编辑墙的立面轮廓有两种方式，一种方式是将墙的顶部或者底部附着到其他图元；另一种方式是直接编辑墙的轮廓，这种方式可以应用到基本墙、叠层墙及幕墙。

在 Revit 中可以把墙附着到另外一个图元。墙体可以被附着到屋顶、天花板、楼板、参照平面以及其他的墙体。

（1）在“修改/放置墙”上下文选项卡，“绘制”面板上选择“起点-终点-半径弧”的绘制方式。在标高 1 平面视图绘制基本墙体，切换到三维视图进行观察，将视觉样式切换为“着色”模式，如图 4-48 所示。

（2）在项目浏览器双击“南”，切换到南立面视图，在墙体的顶部及底部各绘制一个参照平面。如图 4-49 所示。

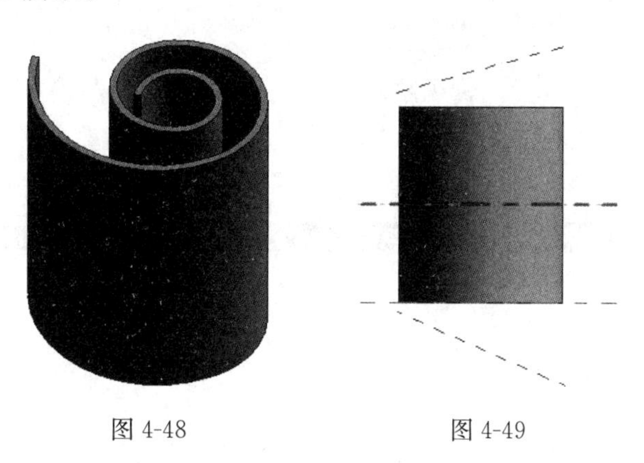

图 4-48　　　　图 4-49

在“修改/墙”上下文选项卡，会有“附着顶部/底部”和“分离顶部/底部”的命令出现，如图 4-50 所示。

单击“附着顶部/底部”按钮在选项栏上会有顶部，底部的选项显示。选中所有墙体，单击“附着顶部/底部”按钮，在选项栏上，勾选“顶部”选项，单击墙体顶部的参照平面，如图 4-51 所示。

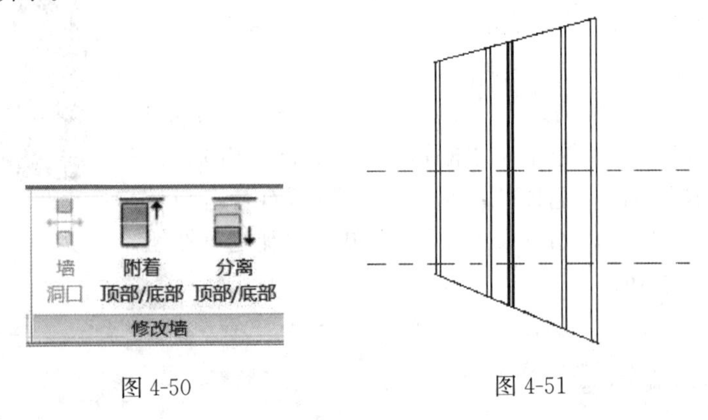

图 4-50　　　　图 4-51

4.2.7　叠层墙

Revit 包括用于为墙建模的叠层墙系统族，这些墙包含叠放在一起的两面或多面子墙，可以整体修改墙体的长度和高度。

(1) 新建项目文件。选择“叠层墙外部-砌块勒脚砖墙”，在标高 1 平面视图中的绘图区城绘制连续的两段叠层墙，选择左侧的叠层墙，单击“编辑类型”按钮，打开“类型属性”对话框，单击“复制”按钮，复制一个新的类型，名称为“叠层墙 1”。同理，将右侧的叠层墙命名为“叠层墙 2”。切换到三维视图，如图 4-52 所示。

图 4-52

(2) 展开“叠层墙 1”视图下拉列表，在类型列表的上方是墙体的顶部，下方是墙体的底部。在类型列表下面有可变、插入、删除、向上、向下五个按钮，这五个按钮可根据材质、种类、放置顺序的不同进行调整，如图 4-53 所示。

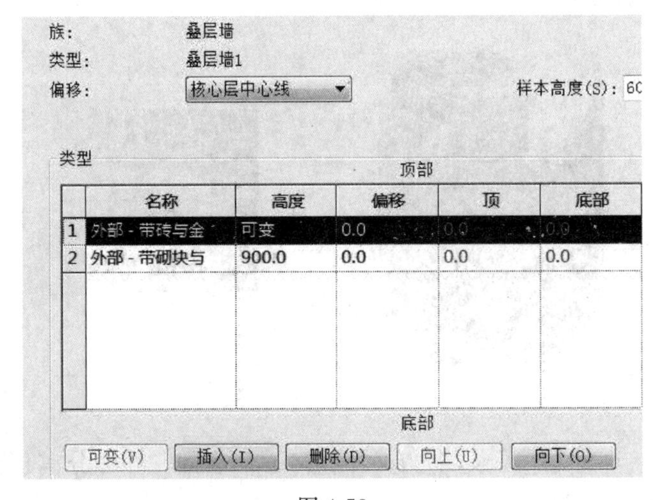

图 4-53

4.2.8 拆分面、填色

“拆分面”工具只能拆分图元的选定面，而不会产生多个图元或修改图元的结构。在拆分面后，可使用“填色”工具为拆分的面应用不同材质。“填色”工具可将材质应用于图元或族的所选面，与“拆分面”工具一样不会改变图元的结构。要从图元中删除填色，可以展开“填色”工具的下拉列表，选择“删除填色”工具。

（1）单击“建筑”选项卡，“墙”按钮。在绘图区域绘制长为10000mm的墙体，切换到南立面视图。

（2）单击“修改”选项卡、“几何图形”面板，“拆分面”按钮，然后单击墙体，在“修改/拆分面、创建边界”上下文选项卡，单击“绘制”面板，“直线”按钮对墙体进行拆分单击“模式”面板上的“✔”按钮，如图4-54所示。

图4-54

（3）单击“填色”按钮。打开“材质浏览器”对话框，选择“窗扇”材质，单击墙体左侧的拆分区域为墙体填色，如图4-55所示。

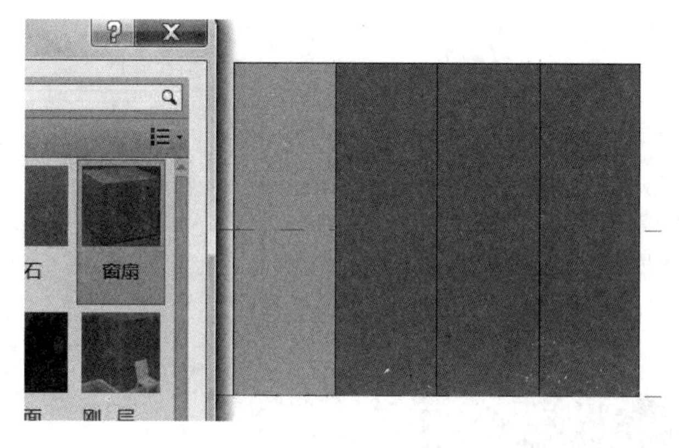

图4-55

（4）分别选择“玻璃”，“铜”，“涂料-黄色”材质为其他拆分的三片墙体进行填色，单击“完成”按钮或者ESC退出填色命令。

4.3 楼板、天花板、屋顶

4.3.1 楼板绘制

可通过拾取墙或使用绘制工具定义楼板的边界来创建楼板。在Revit中，楼板可以设置构造层。默认的楼层标高为楼板的面层标高，即建筑标高。在楼板编辑中，不仅可以编辑楼板的平面形状、开洞洞口和楼板坡度等，还可以通过“修改子图元”命令修改楼板的空间形状。

通常，在平面视图中绘制楼板，尽管当三维视图的工作平面设置为平面视图的工作平面时，也可以使用该三维视图绘制楼板。楼板会沿绘制时所处的标高向下偏移。在概念设计中，可使用体量楼层明细表来分析体量，并创建楼板。此外，Revit 还提供了“基于楼板的公制常规模型”的族样板，方便自行定制。

1. 创建楼板

（1）使用一个建筑样板新建一个项目，在项目浏览器中打开标高一楼层平面，在建筑选项卡上将光标拾取到“楼板”命令，会显示提示信息为：按建筑模型的当前标高创建楼板，要使楼板与现有墙对齐，请使用“拾取墙”工具，或者要绘制楼板边界草图，请绘制线或拾取模型中现有的线。楼板将从创建楼板所依据的标高向下偏移，如图 4-56 所示。

（2）单击“楼板”命令的下拉列表箭头，可以看到 Revit 提供了“楼板：建筑”，“楼板：结构”，“面楼板”，“楼板：楼板边”工具，这里主要学习建筑楼板，结构楼板的使用方法与建筑楼板相似，面楼板主要是用于体量当中将体量楼层转换为建筑模型的楼板图元，关于楼板边我们会在后面的章节中进行详细的介绍。

（3）单击“楼板：建筑”命令，进入绘制轮廓草图模式，此时会自动转入到“修改创建楼层边界”上下文选项卡，在绘制面板上有“边界线”、“坡度箭头”、“跨方向”三个命令，同时也给了多种绘制边界线的方式（图 4-57），例如：直线，圆弧，样条曲线，拾取线，拾取墙等多种方式。

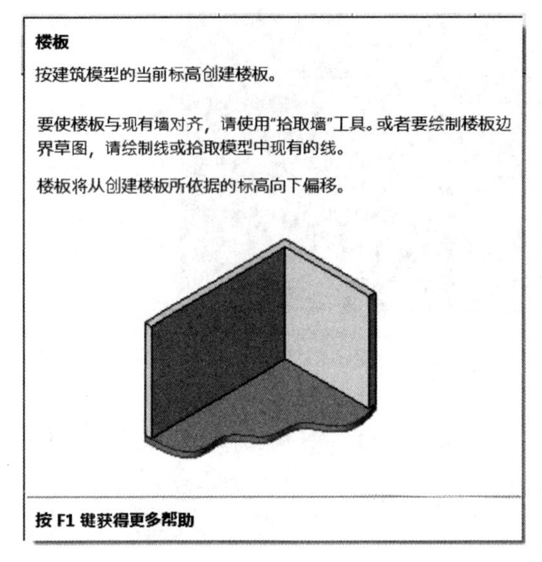

图 4-56

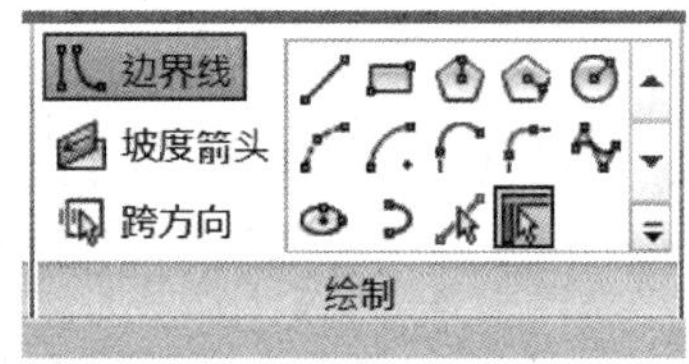

图 4-57

2. 楼板半径和偏移量的设置

（1）首先绘制一个最简单的楼板，在绘制面板上选择绘制的方式为矩形，在选项栏上会出现“偏移量”以及“半径”的选项。“半径”指的是在绘制过程中对矩形进行倒角的半径，例如：在绘图区域上绘制矩形楼板，勾选选项栏上的半径，当在绘图区域确定第一点时，可以看到在矩形四个角都已经变成了有 400mm 倒角的圆弧，如图 4-58 所示。

单击模式面板上面的“完成编辑模式”按钮，完成楼板的绘制。

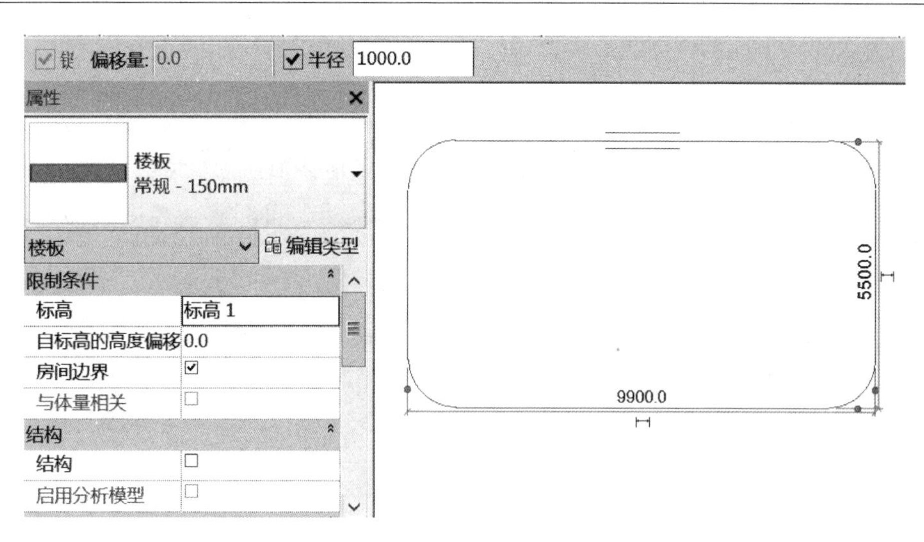

图 4-58

（2）为了对比，再绘制第二个矩形楼板，这次不勾选半径，如图 4-59 所示。可以看到第二个矩形四个角都没有进行倒角。

图 4-59

（3）偏移量指的是相对于鼠标在绘图区单击的位置偏移的距离是多少。例如：在楼层平面标高 1 绘制楼板，选择绘制方式为矩形绘制完成第一个矩形。再次单击矩形命令，将选项栏上的“偏移量”改为 800mm，在图中可以看到所生成的轮廓草图线比鼠标单击的位置向外偏移了 800mm，按空格键可以将草图线的偏移方向从外侧转回内侧。同样，再按空格键会从内侧转回外侧，如图 4-60 所示。

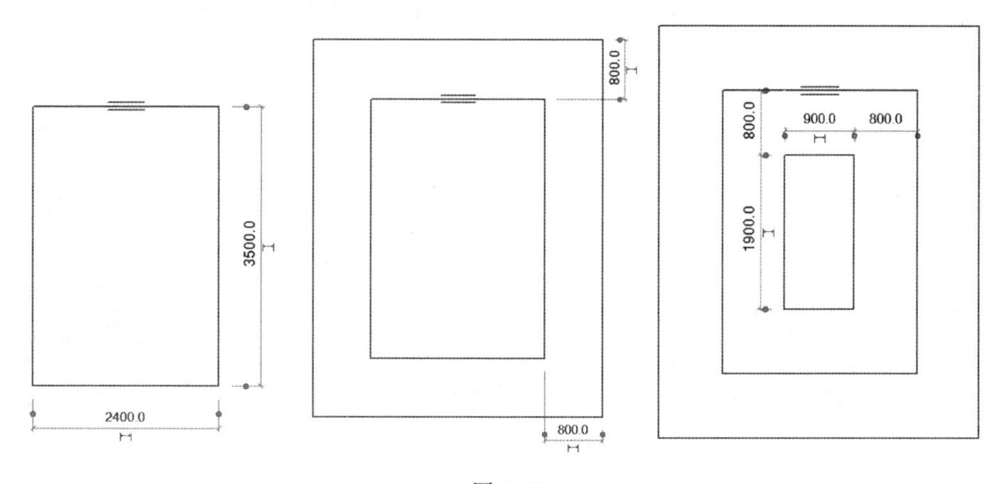

图 4-60

单击模式面板上面的“完成编辑模式”按钮，完成楼板的绘制。

3. 楼板的属性

(1) 楼板的实例属性

① 使用上图中的楼板，切换到三维视图，选中楼板，观察属性栏，在属性栏中，楼板的限制条件是比较主要的，楼板所在的位置是：标高 1，自标高的高度偏移是 0，其他实例属性如图 4-61 所示。

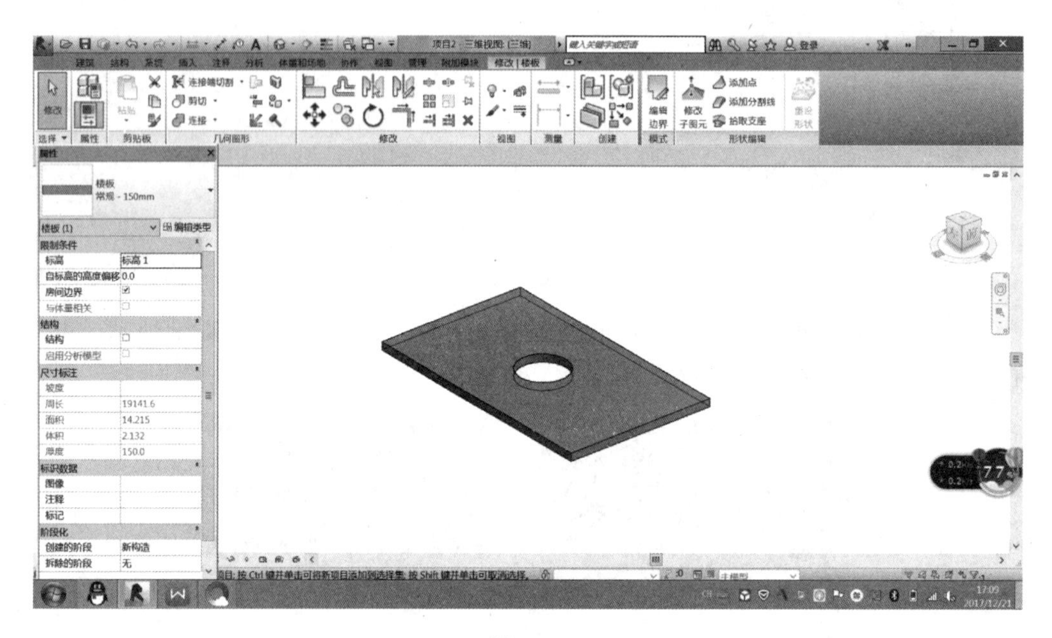

图 4-61

若将“自标高的高度偏移”改为：500mm，选择“注释”选项卡上的“高程点”命令，对楼板进行注释，可以看到楼板向上偏移了 500mm，如图 4-62 所示。

选中楼板，将楼板的限制条件切换到“标高 2”，因为高程值是 4000mm，所以现在楼板的高度为 4500mm，如图 4-63 所示。

② 选中楼板，将楼板的限制条件切换到“标高 1”，偏移量改为 0，将楼板复制到剪切板，粘贴到剪切板板“与选定的标高对齐”，弹出“选择标高”对话框，选中标高 2 到标高 5。可以看到楼板复制到了其他的标高上，如图 4-64 所示。

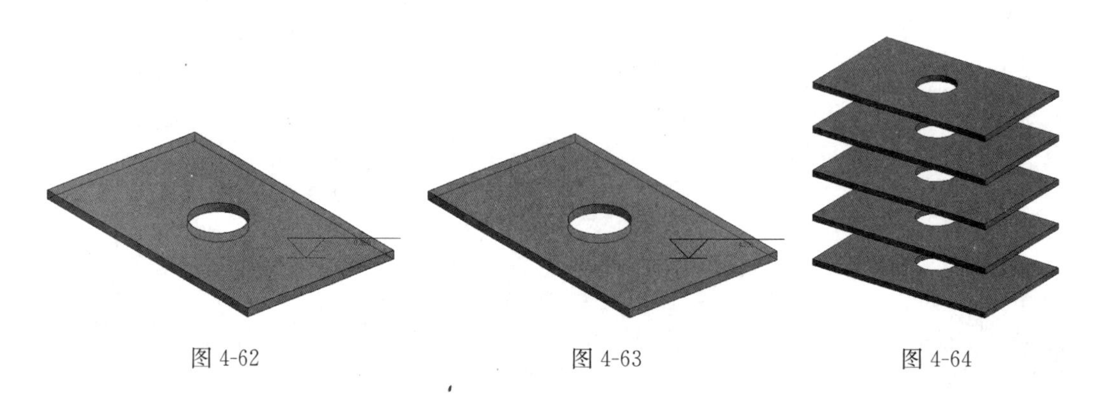

图 4-62　　图 4-63　　图 4-64

（2）楼板的类型属性

① 首先在绘图区域创建参照平面，参照平面垂直的距离为 5000mm，水平距离为 3000mm，选择建筑选项卡上的“楼板：建筑”命令，使用矩形的绘制方式，绘制楼板，单击完成编辑模式按钮。再在绘制完成的楼板右边绘制第二个楼板。

② 选中楼板，单击属性栏的“编辑类型”按钮，打开类型属性对话框，如图 4-65 所示，可以看出楼板和墙一样都是系统族，是通过参数的方式的定义来生成不同类型的楼板。楼板的属性设置与墙的属性设置基本相同，有“结构编辑”、“粗略比例填充颜色”和“粗略比例填充样式”，“粗略比例填充样式”指的是当视图的详细程度设置为粗略的时候所表现的外在的形态。

③ 单击结构后的“编辑”命令，打开编辑部件对话框，如图 4-66 所示。

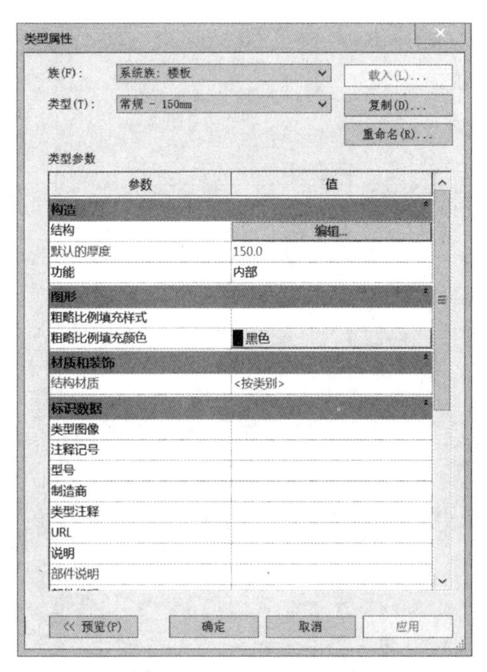

图 4-65

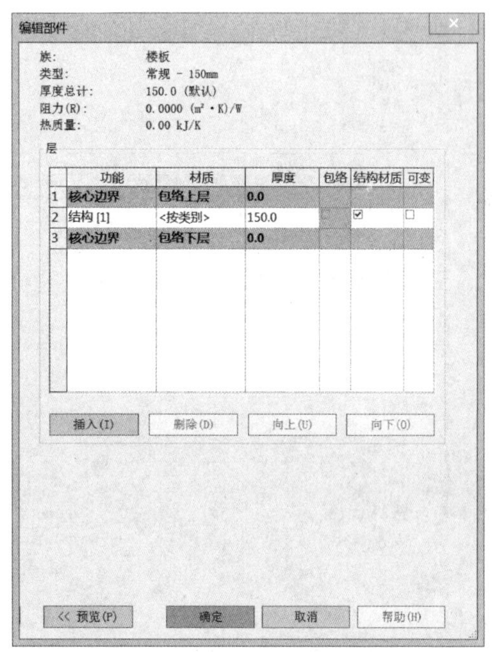

图 4-66

楼板的编辑部件对话框与墙的编辑部件对话框使用方式相似，单击编辑部件对话框左下角的“预览”按钮，打开视图预览框，楼板的预览只有一个“剖面：修改类型属性”的类型，在“层”的列表中只有一层结构，楼板的层功能与墙的层功能类似，共提供了 7 种楼板层功能：

结构：支撑其余墙、板或屋顶的层。

衬底：作为其他材质基础的材质（例如胶合板或石膏板）。

保温层/空气层：隔绝并防止空气渗透。

涂膜层：通常用于防止水蒸气透过的薄膜。涂膜层的厚度应该为零。

面层 1：面层 1 通常是外层。

面层 2：面层 2 通常是内层。

压型板：是为兼容 Revit 中型钢楼板结构。关于压型板在后面会有详细介绍。

④ Revit 还提供了结构材质，结构材质主要是用于在结构分析当中，参与结构计算的

特性的参数传递，在建筑当中对它不做设置，这里只有核心层，也就是起到承重层的这一部分材质才能定义为是否为结构的材质。可变是指对楼板进行建筑找坡的时候，可变勾上了之后这个层是会发生变化的，反之，不会发生变化。

⑤ 单击“按类别”按钮，会在“按类别”按钮的最右边出现打开材质浏览器的命令，点击材质浏览器的命令，为楼板指定材质“混凝土，现场浇筑，C40”，厚度为 150mm，勾选使用渲染外观，点击确定按钮。单击“插入”按钮在上方插入两个面层分别为“面层 1［4］”以及“保温层/空气层［3］”，“面层 1［4］”的厚度 30mm，材质为“柚木”，勾选使用渲染外观。“保温层/空气层［3］”厚度 120mm，材质为“隔热层/保温层—空气填充”，如图 4-67 所示。

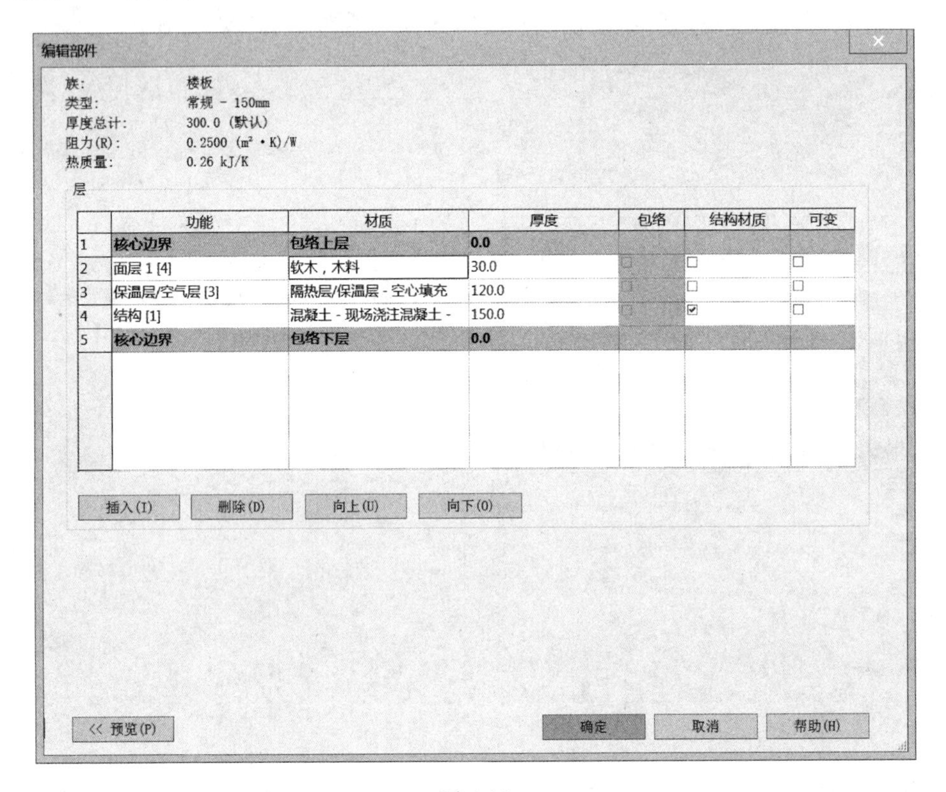

图 4-67

⑥ 单击“确定”按钮，完成楼板结构编辑，再次单击“确定”按钮，完成类型属性的编辑，同墙层一样，当楼板在没有做成零件的时候，楼板的分层是看不见的。选中楼板会自动转入到“修改/楼板”上下文选项卡，单击“创建”面板上的“创建零件”命令，这样就可以看到楼板的分层情况，如图 4-68 所示。

图 4-68

4. 楼板边

(1) 在建筑选项卡上单击“楼板”下拉列表中的“楼板：楼板边”命令，此时状态栏的提示是：“单击楼板边，楼板边缘或模型线进行添加，再次单击进行删除”也就是说楼板边自己本身可以把自己作为第二次第三次放置楼板边缘拾取线的，例如：选中“楼板边”命令，单击楼板边缘，但是楼板边是不能连续放置的，需要点击放置面板上面的重新放置楼板边缘，如图 4-69 所示，这样可以使用多个楼板进行叠加。

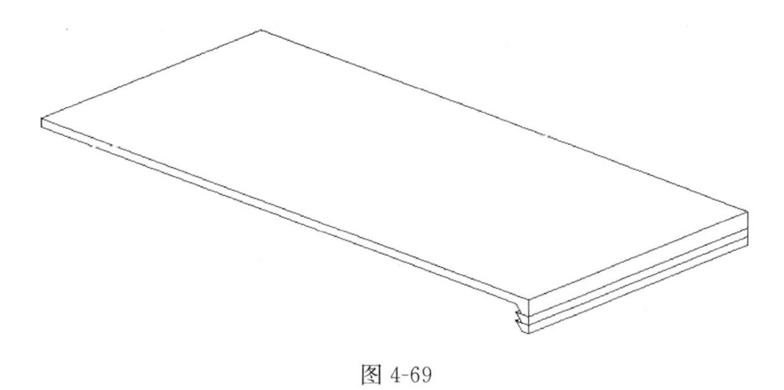

图 4-69

（2）选中板边会出现翻转的箭头，可以上下左右的相对于拾取线进行一个偏移。同时在属性栏中可以看到“垂直轮廓偏移”，如果是正值就是向上进行偏移，负值就是向下偏移。例如：将垂直轮廓偏移改为－900mm，如图 4-70 所示。楼板边是可以脱离拾取边向下偏移的。在属性栏中的“角度”也是可以改变的，例如，将“角度”改为 45°，楼板边会进行一个 45°的旋转，如图 4-71 所示。

图 4-70

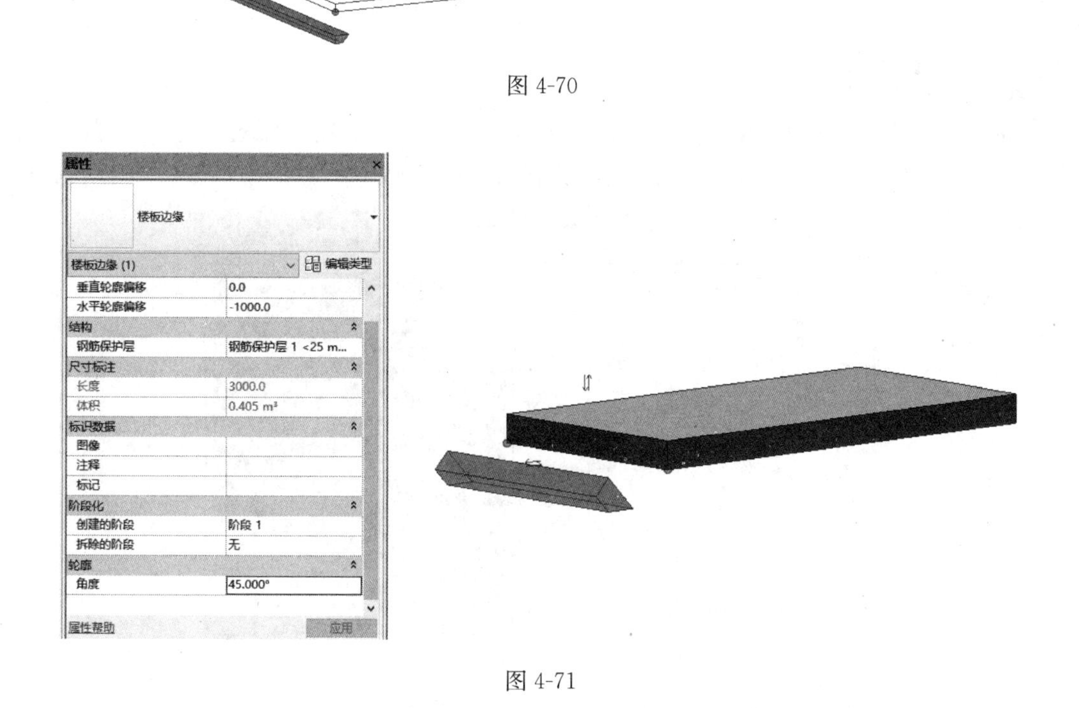

图 4-71

（3）选中楼板边，单击“编辑类型”按钮，打开类型属性对话框，可以看到楼板边的轮廓是一个系统族，可以将轮廓改为其他形式的轮廓，楼板边的轮廓是可以自定义的。例如：新建一个“公制轮廓”族样板，将属性栏中的“轮廓用途”指定为“楼板边缘”，选择直线进行绘制，如果在这里分不清楚当轮廓载入到项目中后放置在楼板上是哪个方向的，可以先在第一象限进行绘制，载入到项目中进行测试，如图 4-72 所示，然后依次在第二、三、四象限绘制载入到项目中。

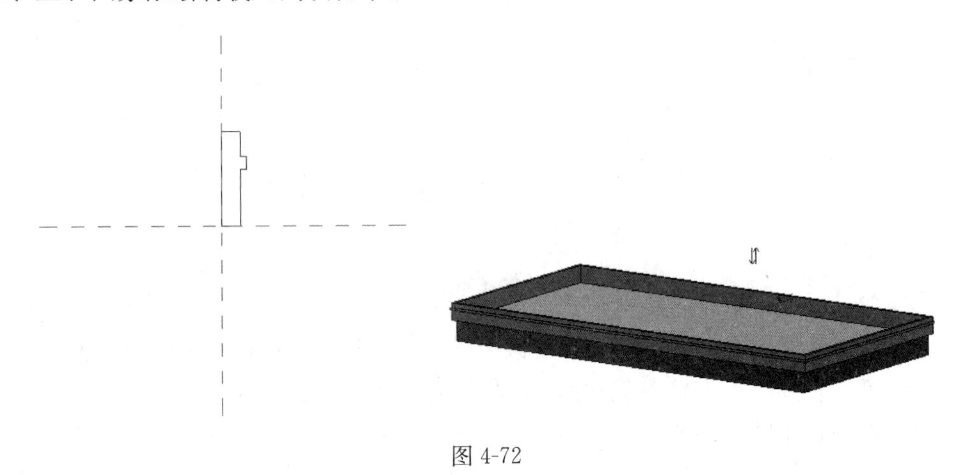

图 4-72

4.3.2 天花板

天花板是基于草图绘制的图元，是一个系统族，可以作为其他构件附属的主体图元，例如：可以作为照明设备的主体图元，天花板是按照基本天花板或复合天花板进行分类的。

1. 天花板的绘制

（1）绘制天花板工具

进入“修改 | 创建天花板边界”上下文选项卡，单击“绘制”面板中的“边界线”工具，选择边界线类型后就可以在绘图区域绘制天花板轮廓了，如图 4-73 所示。单击模式面板上的“完成编辑模式”✔即可完成天花板的创建。

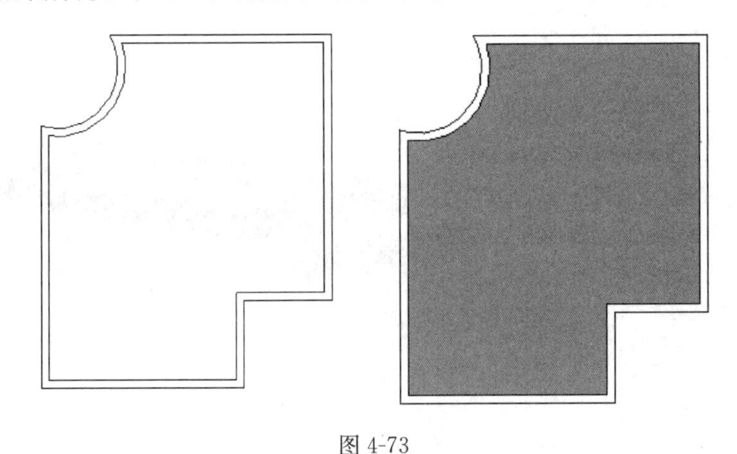

图 4-73

（2）绘制坡度箭头

Revit architecture 还提供了“坡度箭头”工具来绘制斜楼板，选择上一节已经创建好的楼板，单击“模式”面板上的“编辑边界”工具，选择“坡度箭头”按钮为楼板添加一个坡度箭头，在属性栏设置坡度箭头的属性，如图 4-74 所示。在 Revit architecture 中天花板图元只能沿一个方向倾斜，单击“完成编辑模式”按钮，完成斜楼板的创建，如图 4-75 所示。

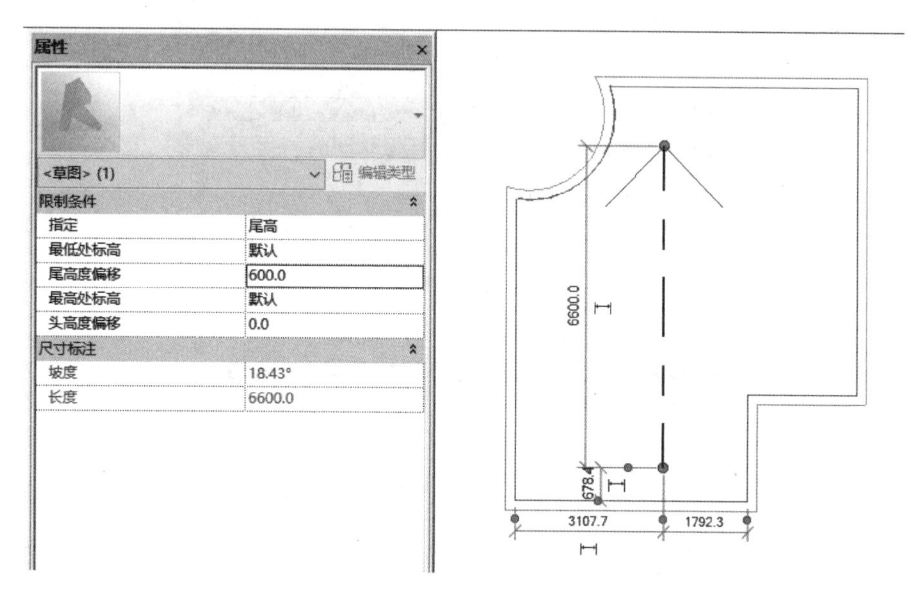

图 4-74

(3) 创建洞口

选择天花板，单击“编辑边界”工具，在“绘制”面板上单击“边界线”工具，在天花板轮廓上绘制一闭合轮廓，单击“完成编辑模式”按钮，完成绘制，即可在天花板上创建一个洞口，如图 4-76 所示。

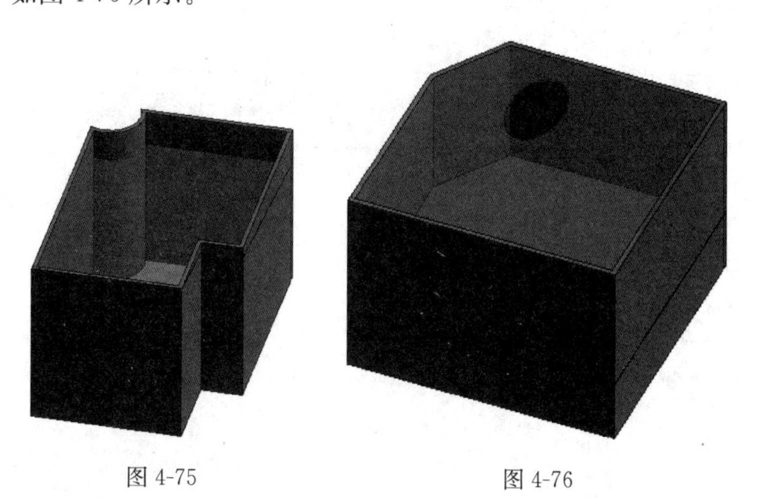

图 4-75　　　　图 4-76

2. 天花板参数设置

(1) 选择天花板，单击属性栏的编辑类型按钮，弹出“类型属性”对话框，天花板包含基本天花板和复合天花板两种族：基本天花板的族是没有分层的组合，且在剖面中是以一条线来表现的。但基本天花板是含有一个材质参数的，如图 4-77 所示。这样在平面视图和三维视图中可以显示表面填充图案，复合天花板可以通过设置层来表现材质，在剖面视图中可以显示材质的内容。

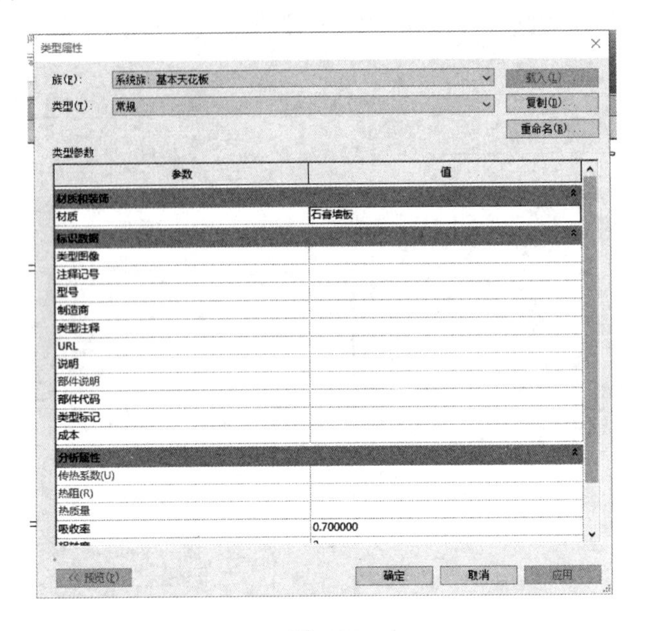

图 4-77

（2）单击“结构”选项后的“编辑”按钮，打开天花板“编辑部件”对话框，可以设置相关参数，如图 4-78 所示。

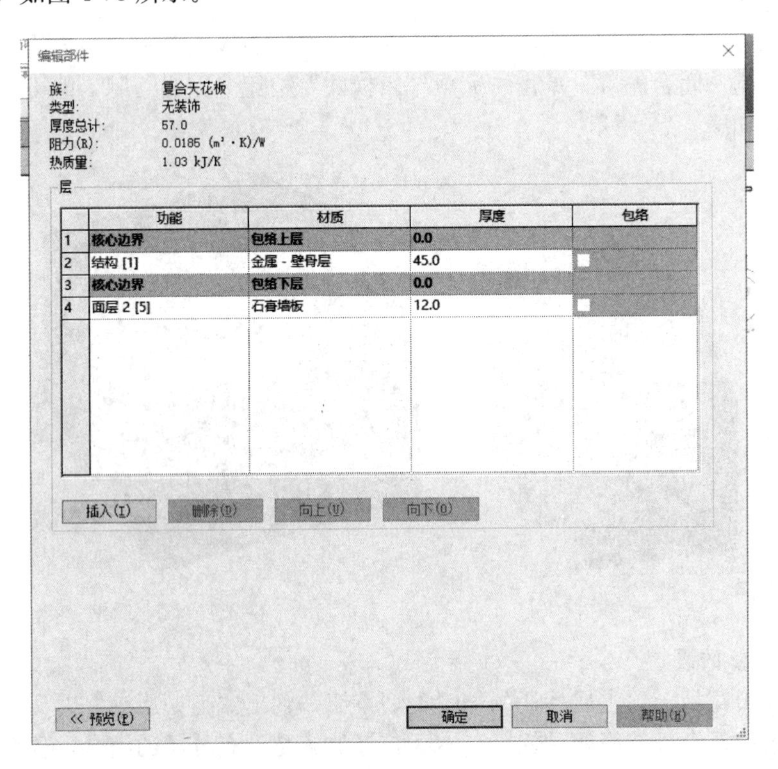

图 4-78

（3）基本天花板和复合天花板都可以作为主体，同时在计算房间体积时天花板也作为房间边界的图元，在使用环境分析软件时这一点是非常重要的。

4.3.3　屋顶

1. 迹线屋顶的创建与编辑

Revit 提供了四种创建屋顶的方式：迹线屋顶，拉伸屋顶，面屋顶以及内建模型。屋顶的创建过程与天花板、楼板非常类似，都是基于草图的图元，同时可以被定义为通用的类型以及制定特殊的材质的组合：同时不同类型屋顶之间的切换也是非常方便的，和楼板、天花板一样，选中屋顶后在“类型选择器”中选择新的屋顶的类型或者使用“类型匹配”工具，即可在不同屋顶之间进行切换。屋顶与楼板之间不同的是：屋顶的厚度是从屋顶所参照的参照平面向上进行计算的。而楼板的创建是从楼板所参照的参照平面向下进行计算的。如图 4-79 所示，平屋顶和楼板的创建所参照的参照平面是 F1，屋顶的形式是多种多样的，有些屋顶的形式很简单，例如：平屋顶。而有些屋顶却很复杂，例如：双曲面形式的屋顶或者是有艺术造型的屋顶。

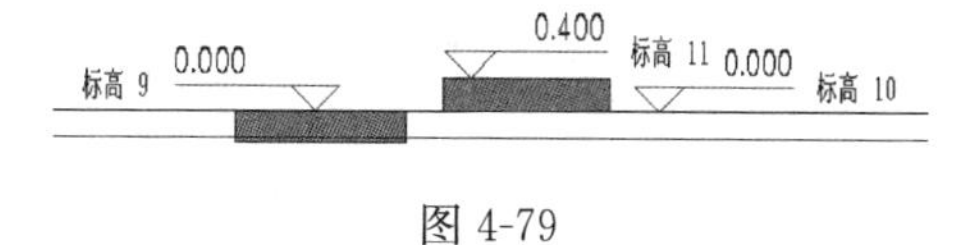

图 4-79

（1）“迹线屋顶”工具是在建筑选项卡的构建面板上“屋顶”工具的下拉列表中，如图 4-80 所示。“迹线屋顶”是指创建屋顶时使用建筑迹线定义其边界，创建屋顶时可以为其指定不同的坡度和悬挑，或者可以使用默认值对其进行优化。

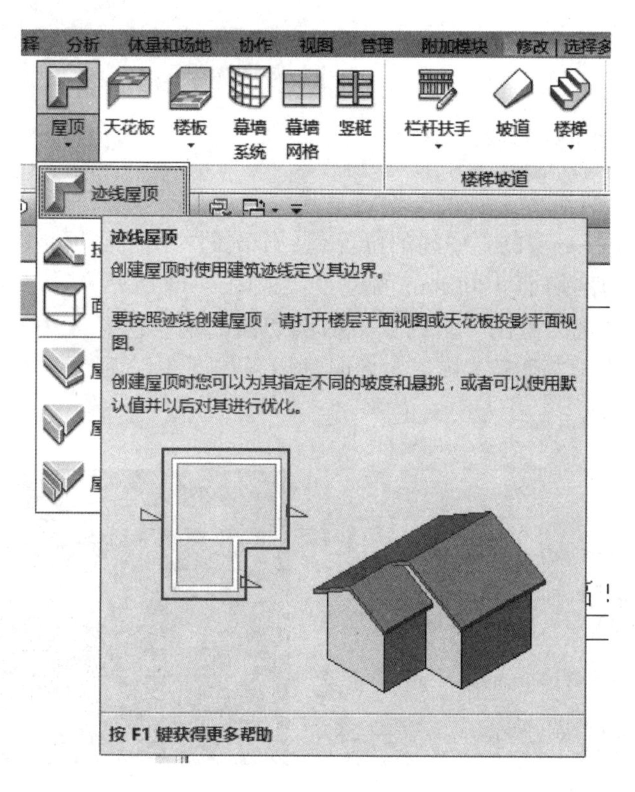

图 4-80

（2）进入 F1 楼层平面，单击“迹线屋顶”工具，弹出“最低标高提示”对话框：当前视图是 F1 平面视图，是项目中最低的一个标高，所以会弹出如图 4-81 的提示，是否要将其移动到 F2，单击“是”按钮，Revit 会自动切换到“修改｜创建屋顶迹线”上下文选项卡。在项目浏览器中切换到 F2 楼层平面，单击“属性栏”的“类型选择器”按钮，在弹出的下拉列表中可以更换不同的屋顶类型，这里选择“基本屋顶保温屋顶—木材”屋顶类型。在“绘制”面板上选择绘制方式为矩形，在绘图区域绘制屋顶，绘制完成后在草图线边上会有临时尺寸标注，将长度方向的临时尺寸标注改为 10000mm，宽度方向的临时尺寸标注改为 6000mm，在图中可以看到四条草图线都带有小三角形的符号，表示当前四条草图线都是带有坡度的，如图 4-82 所示，单击模式面板上的“完成编辑模式”按钮，完成迹线屋顶的绘制，如图 4-83 所示。

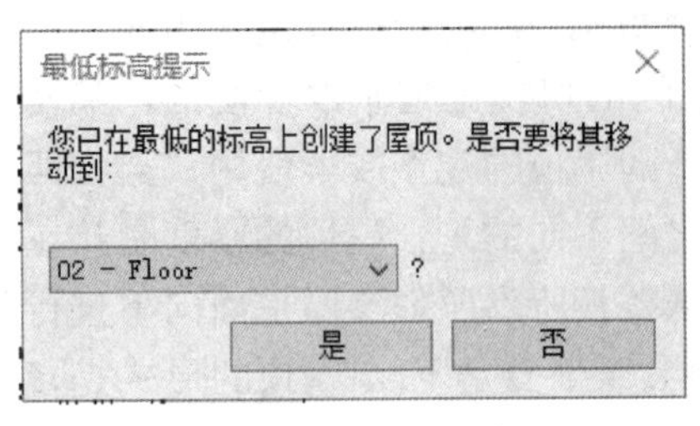

图 4-81

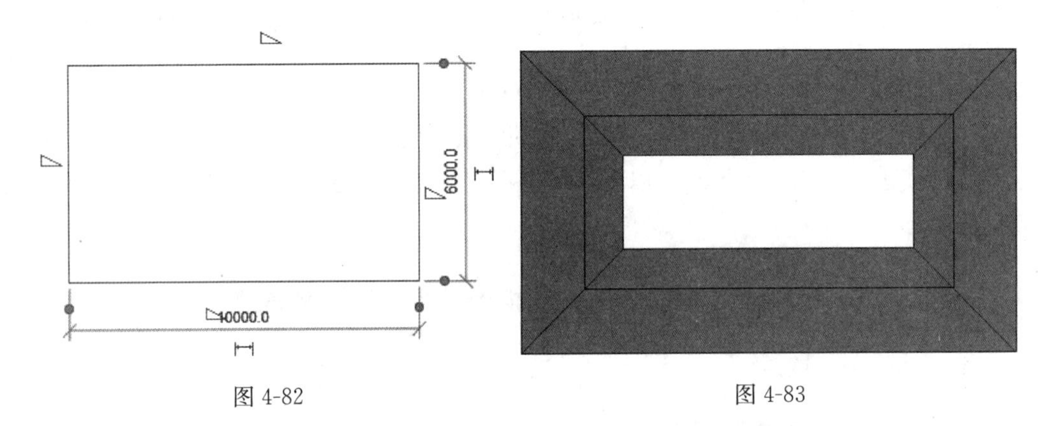

图 4-82　　图 4-83

（3）将视觉样式切换为“着色”模式，详细程度为“精细”模式，视图切换到“细线”模式，发现屋顶是分层的，中间的位置是一个剖面：出现剖面是因为屋顶的高度已经超过视图范围当中的剖切面 1200mm 的位置，如图 4-84 所示。为了使屋顶在平面视图看的完整，可以将“视图范围”对话框中的剖切面的偏移量修改为 6500mm，顶偏移量修改为 6600mm，单击“确定”按钮，此时的屋顶如图 4-85 所示，修改屋顶名称为“屋顶 1”。

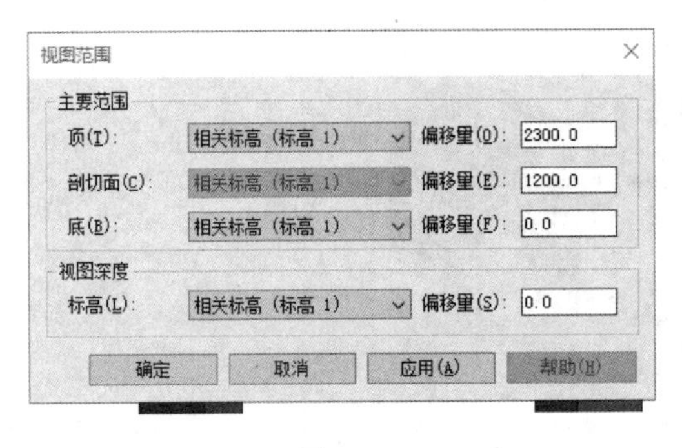

图 4-84

图 4-85

（4）在F2平面视图中选择刚刚创建的屋顶，使用“复制”工具向下复制一个屋顶，修改名称为“屋顶2”，选中屋顶2，Revit会自动切换到“修改｜屋顶”上下文选项卡，单击模式面板上的“编辑迹线”工具，选中左侧的草图线，将选项栏上的“定义坡度”复选对勾去掉，单击模式面板上的“完成编辑模式”命令，完成对屋顶2的修改。如图4-86所示，屋顶2左侧已没有了坡度。

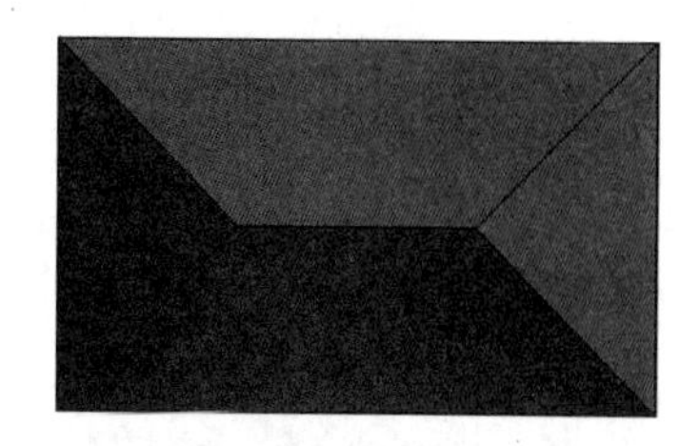

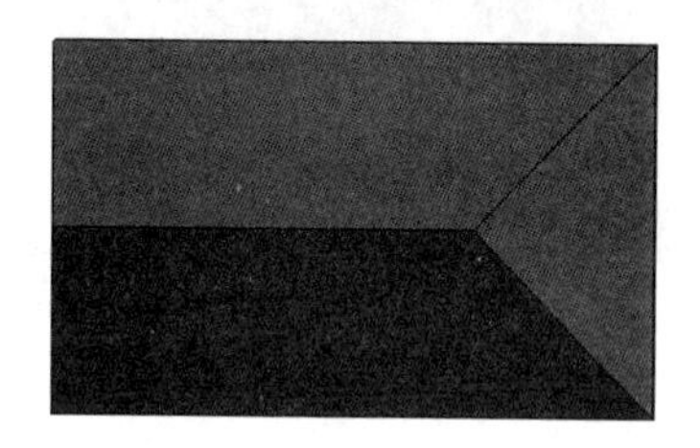

图4-86

（5）选择“视图”选项卡，单击“窗口”面板上的平铺工具，将视图进行平铺，选择“屋顶2”继续向下复制一个屋顶，命名为“屋顶3”，选择屋顶3，单击模式面板上的“编辑迹线”命令，选中右侧的草图线，在选项栏上将“定义坡度”复选框对勾去掉，单击完成编辑模式命令，如图4-87所示。

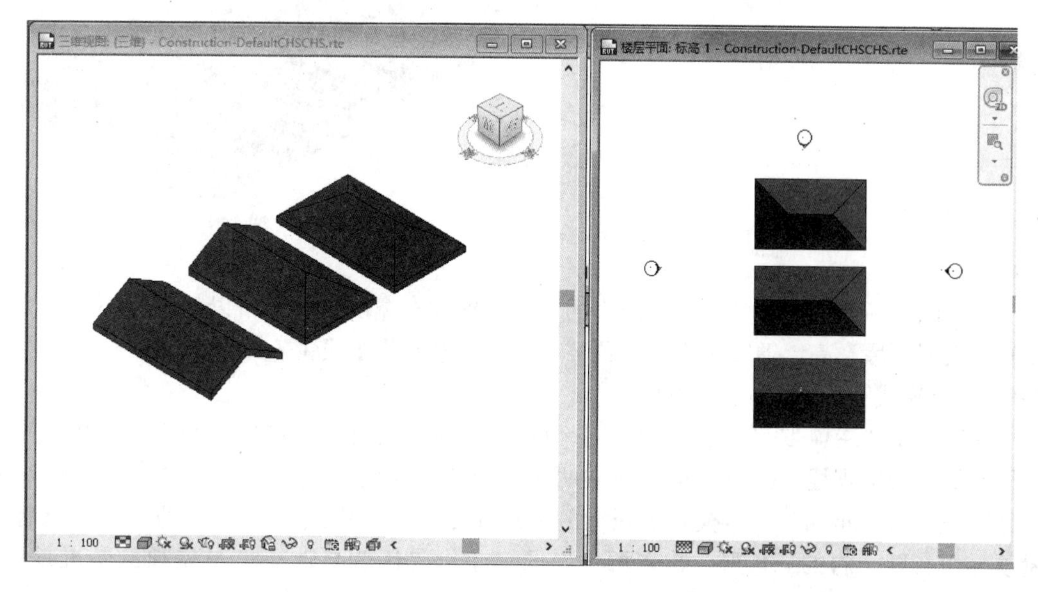

图4-87

（6）在屋顶3上加一个“小屋顶1”：选中“屋顶3”，单击模式面板上的“编辑迹线”命令，选择直线绘制方式，在屋顶3的一条边上继续添加边，设置“小屋顶1”的宽度为2800mm，如图4-88所示，单击模式面板上的完成编辑模式命令，如图4-89所示。

（7）因为“小屋顶1”的宽度为2800mm，大屋顶的宽度为6000mm，小屋顶1的宽度比大屋顶的宽度小，所以小屋顶1的屋脊比大屋顶的屋脊矮。选中屋顶3，单击模式面板上的“编辑迹线”命令，继续对屋顶3进行修改，修改屋顶3的长度为15000mm，继续绘制一个“小屋顶2”，设置小屋顶2的宽度为6600mm，使新绘制的小屋顶2的左右宽度大于6000mm，如图4-90所示。单击完成编辑模式命令，完成后如图4-91所示。

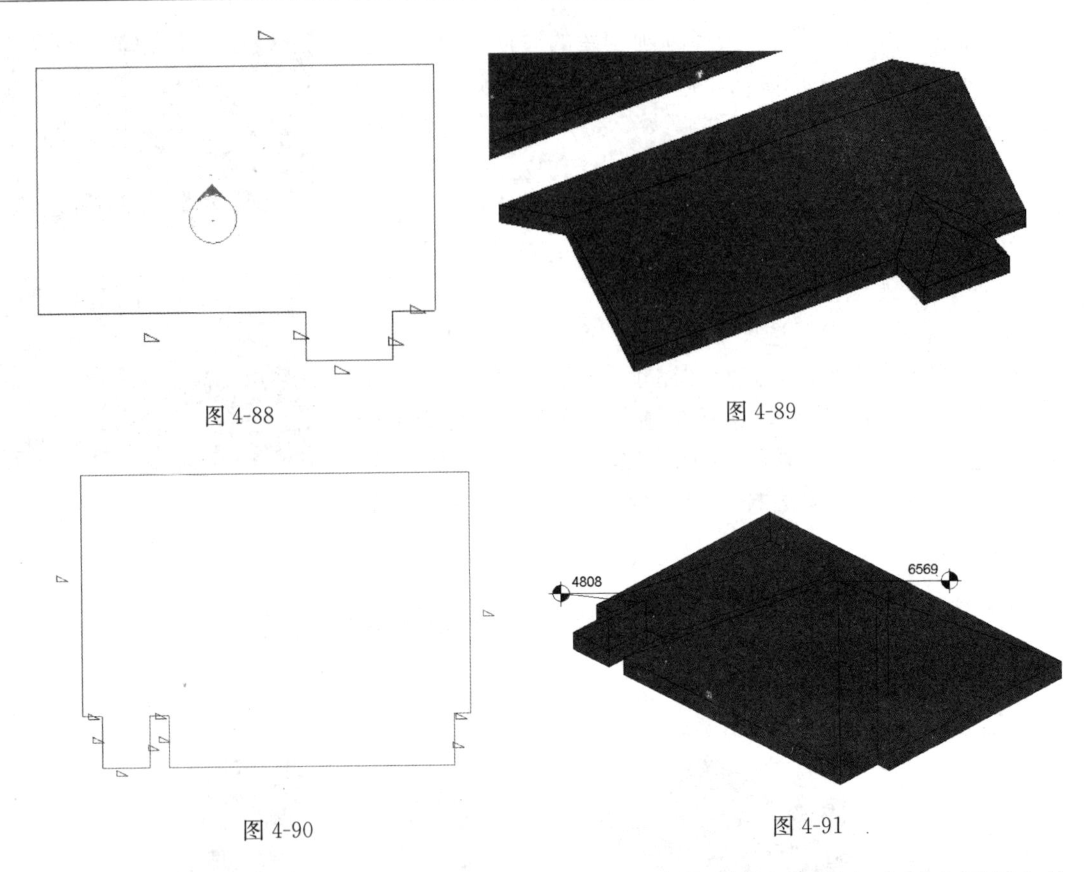

图 4-88　　图 4-89

图 4-90　　图 4-91

（8）因为新添加的小屋顶 2 比原来的大屋顶的左右宽度更宽，所以相交时小屋顶 2 的屋脊比大屋顶屋脊高。继续选择小屋顶 2，将一条边的草图线由直线改成圆弧形的，单击“完成编辑模式”按钮，如图 4-92 所示。

（9）选中“屋顶 1”复制一个新的屋顶，命名为“屋顶 4”：选择“屋顶 4”，单击模式面板上的“编辑迹线”命令，选中左右两条草图线，在属性栏中，设置“与屋顶的基准偏移”值为 1200mm，单击模式面板上的完成命令。屋顶样式如图 4-93 所示，可以看到屋顶上面有两个斜的三角形，出现两个斜的三角形是因为修改了“与屋顶的基准偏移”的参数。“与屋顶基准偏移”是指从屋顶所在的位置开始垂直向上到了偏移的位置再开始起坡。

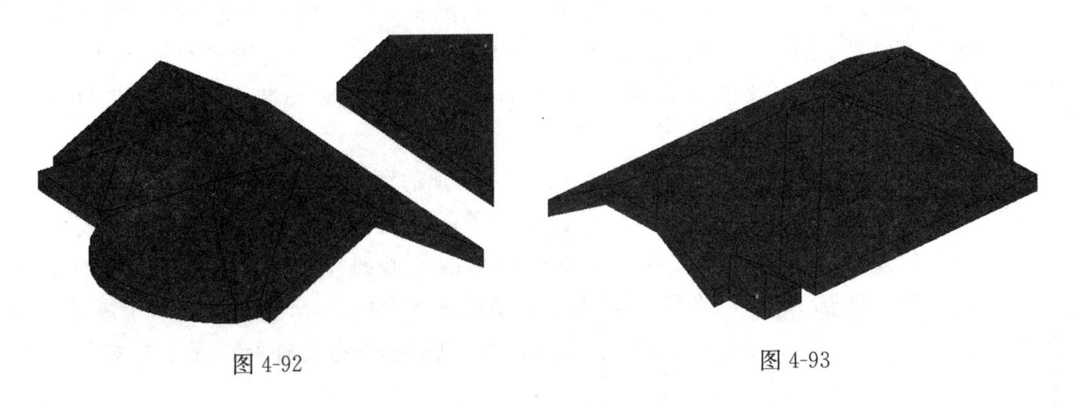

图 4-92　　图 4-93

2. 迹线屋顶的编辑

（1）进入F1楼层平面，绘制如图4-94所示的墙体，切换到F2楼层平面视图，在屋顶下拉列表中选择“迹线屋顶”工具，在绘制面板选择“拾取墙”工具，在选项栏中将悬挑值设置为400mm，拾取已经绘制好的墙体，如图4-95所示。

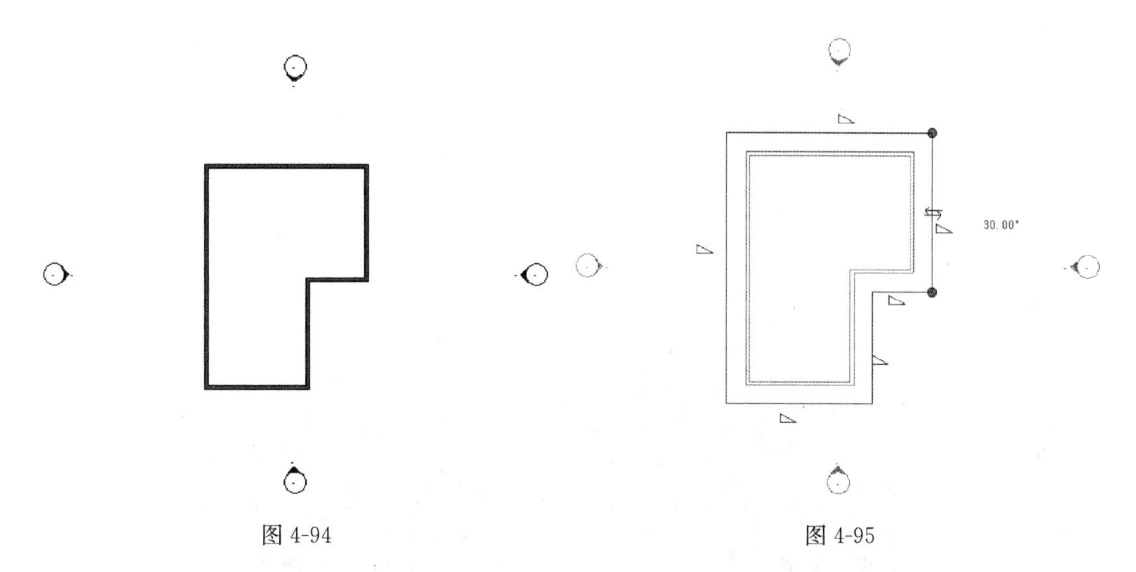

图4-94　　图4-95

单击“完成编辑模式”按钮，弹出“是否希望将高亮显示的墙附着到屋顶”窗口，单击“是”按钮，选择屋顶，在属性过滤器下拉列表中将屋顶类型修改为保温屋顶—木材，如图4-96所示。

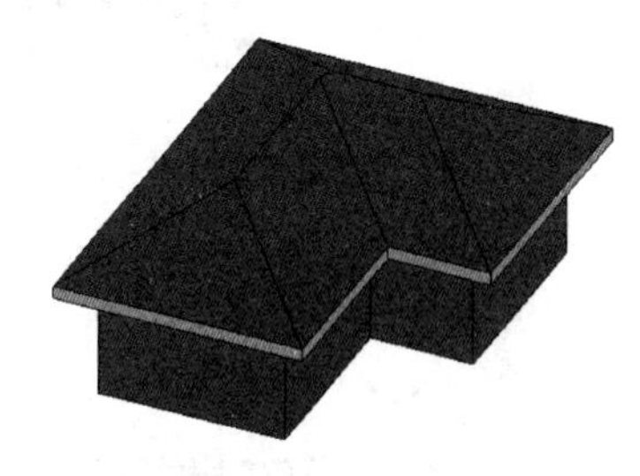

图4-96

（2）切换到F2楼层平面，全部选中墙和屋顶，在修改面板上单击复制命令，将墙和屋顶向右复制两个，如图4-97所示，单击选择第二个屋顶，在模式面板中单击“编辑迹线”命令，选择所有的水平草图线，在选项栏中，去掉定义坡度复选框的对勾，如图4-98所示，单击完成编辑模式按钮。同理，单击选中第三个屋顶，在模式面板中单击“编辑迹线”命令，选择所有的水平草图线和4号草图线，在选项栏中去掉定义坡度复选框的对勾，如图4-99所示。单击“完成编辑模式”，就会生成如图4-100所示的屋顶。

没有定义坡度的边界线会受有坡度定义的边界线控制，改变所在位置的形态。

图4-97

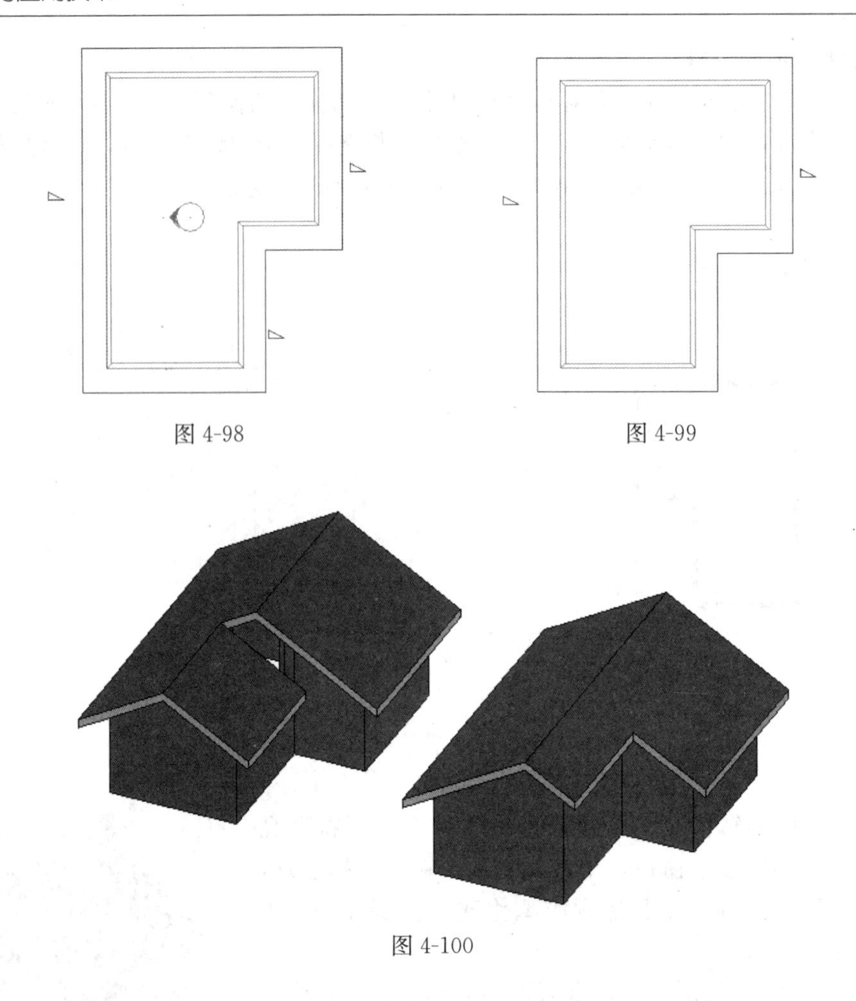

图 4-98

图 4-99

图 4-100

4.4 建筑常规幕墙

建筑幕墙指的是建筑物不承重的外墙护围，通常由面板（玻璃、金属板、石板、陶瓷板等）和后面的支承结构（铝横梁立柱、钢结构、玻璃肋等等）组成。常规幕墙的绘制方法和常规墙体相同，可以像编辑墙体一样对幕墙进行编辑。

4.4.1 幕墙绘制

幕墙由幕墙网格，竖梃和幕墙嵌板组成。幕墙一共分为三种：幕墙、外部玻璃和店面，外部玻璃，店面都是由幕墙复制以后修改类型得到的。在类型属性中可以设置不同的布局。

（1）新建项目文件，单击“建筑”选项卡，在“构建”面板中单击“墙”按钮，在类型选择器下拉列表中选择幕墙，在“修改/放置墙”上下文选项卡，“绘制”面板，确认绘制的方式为“直线”在绘图区域从左向右绘制幕墙。使用“起点-终点-半径弧”的绘制方式，在右侧绘制一段弧形幕墙。在没有选择墙体时两段墙体都是直的，当光标拾取到墙体以后，墙体两端各有一个虚线，因为右侧是弧形墙体，所以当光标拾取到墙体以后虚线以弧形方式显示。同时光标附近提示“墙：幕墙：幕墙”，如图 4-101 所示。

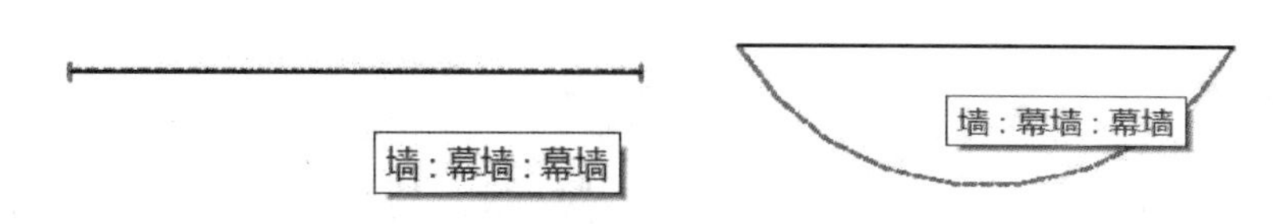

图 4-101

（2）切换到三维视图。选中弧形幕墙。在属性过滤器中显示“通用（2）”，展开属性过滤器列表显示选中的图元分别是墙和幕墙嵌板。如图 4-102 所示。

（3）将光标拾取左侧幕墙。配合键盘“Tab”键选择幕墙嵌板，按键盘“HH”隐藏幕墙嵌板，当光标不移动到幕墙所在位置时，幕墙所在的位置是空白的，当光标移动到幕墙所在位置时，会显示类似有五个面的墙体：分别是上下左右四条线以及中间淡蓝色的面，同理，当光标靠近弧形幕墙以后，弧形幕墙显示的是投影线的外轮廓，因为幕墙本身只有一块嵌板，同时没有分段。所以墙体是直的，如图 4-103 所示。

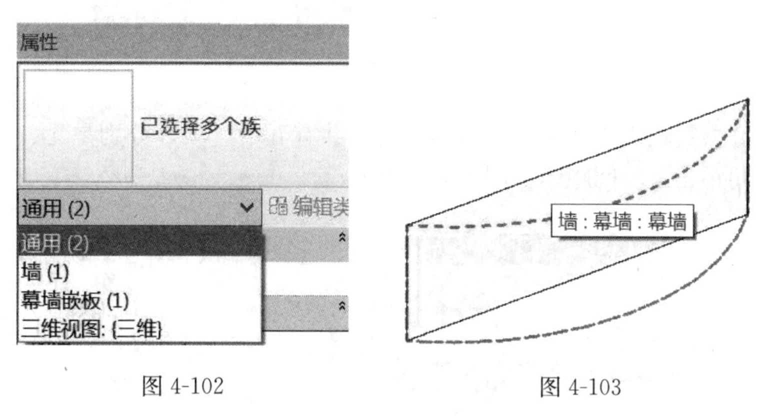

图 4-102　　图 4-103

（4）单击“建筑”选项卡，在“构建”面板中单击“墙”按钮，在项目浏览器中选择墙体的类型“幕墙”，在标高 1 平面视图的绘制区域绘制长度为“10000mm”的幕墙，使用“复制”工具，复制出两个幕墙。在类型选择器中将幕墙的类型分别切换为“外部玻璃”和“店面”，切换到三维视图从外观上可以看到图中从左到右分别为“幕墙”，“外部玻璃”，“店面”，如图 4-104 所示。

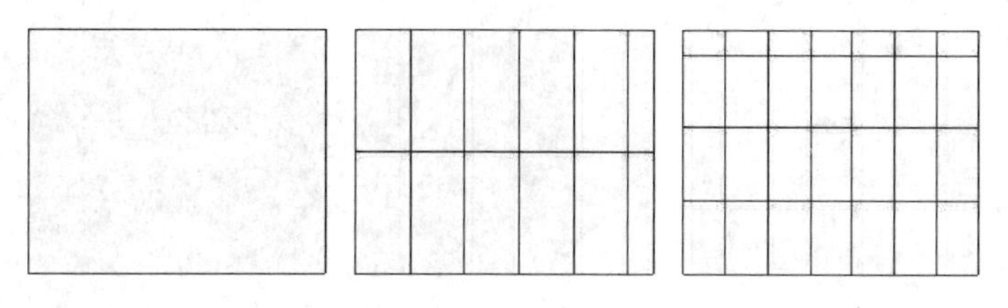

图 4-104

（5）选中幕墙，单击“编辑类型”按钮，打开“类型属性”对话框，在类型参数列表中可以看到幕墙的属性：垂直网格、水平网格、垂直竖梃、水平竖梃。其中垂直竖梃、水平竖梃依赖于网格存在，幕墙属性多数显示的都是无，“幕墙”属性复选框被勾选，如图 4-105 所示，单击“确定”按钮。

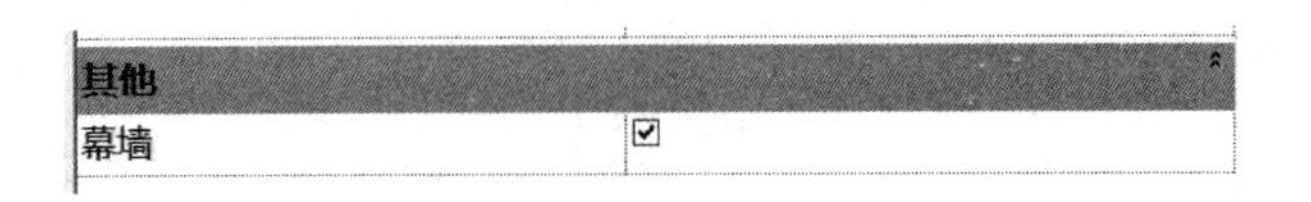

图 4-105

(6) 使用“复制”工具复制一个新的幕墙，单击“编辑类型”按钮，打开“类型属性”对话框，单击“复制”按钮，命名为“幕墙 2”，单击“确定”按钮，如图 4-106 所示。

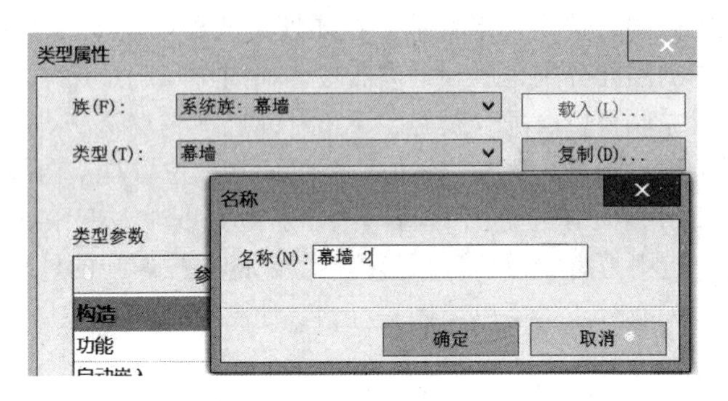

图 4-106

(7) 在类型参数列表中，垂直网格的布局一共有五个选项，分别是无、固定距离、固定数量、最大间距、最小间距，如图 4-107 所示。

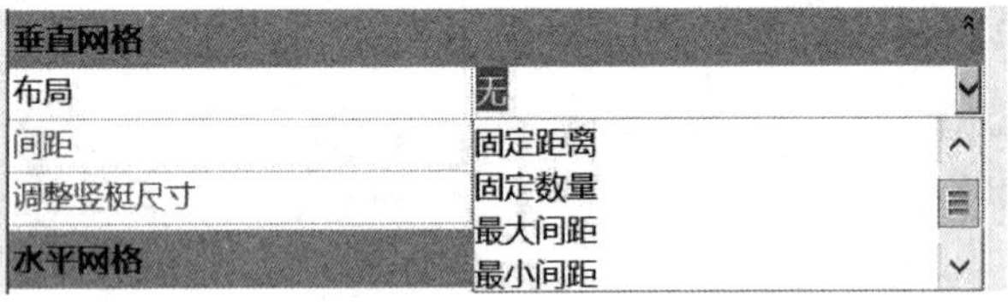

垂直网格	
布局	无
间距	固定距离
调整竖梃尺寸	固定数量
	最大间距
水平网格	最小间距

图 4-107

(8) 将垂直网格的布局设置为“固定距离”，间距设置为“1500mm”单击“确定”按钮。在属性选项板将垂直网格对正的方式改为“起点”，如图 4-108 所示。

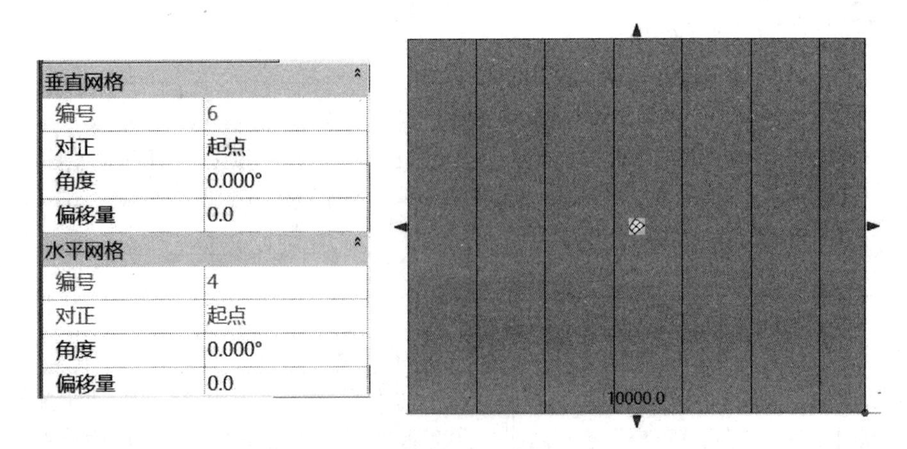

图 4-108

绘制幕墙是从左向右绘制的，左侧为起点，右侧为终点，“幕墙 2”是按照固定距离从左向右排列的，所以不满足 1500mm 的网格会排列在终点的位置。如果将垂直网格对正的方式设为“中心”，网格会在中心的部分按 1500mm 排列，不足 1500mm 的部分均分到两侧，同理，将垂直网格对正的方式设为“终点”，1500mm 的网格会从尾端向起点的方向进行排列，起点的位置变为 1000mm。

（9）选中“幕墙 2”，在属性选项板将垂直网格的角度设为“20°”，网格会向逆时针方向旋转 20°，如图 4-109 所示。

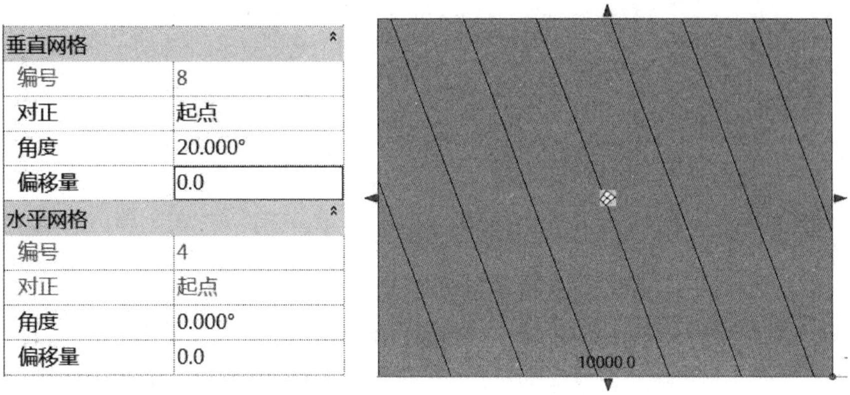

垂直网格	
编号	8
对正	起点
角度	20.000°
偏移量	0.0
水平网格	
编号	4
对正	起点
角度	0.000°
偏移量	0.0

10000.0

图 4-109

（10）将偏移量设为“200mm”，角度设为“0°”，网格会从起始的位置，向右偏移 200mm 以后开始按 1500mm 的距离向右排列，同时最右侧的网格距离变为 800mm。如图 4-110 所示。选中网格，单击“ ”按钮，将网格的临时尺寸改为“1200mm”，如果再次将网格锁定，网格并不会在 1200mm 的位置锁定，网格会退回到由类型属性决定的 1500mm 的位置。

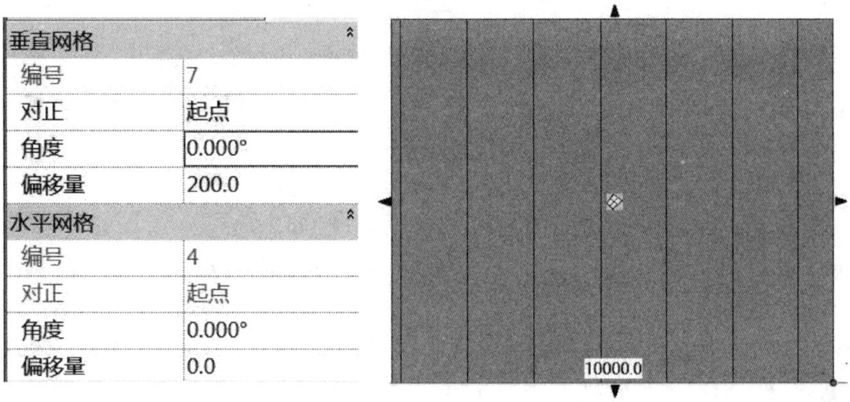

垂直网格	
编号	7
对正	起点
角度	0.000°
偏移量	200.0
水平网格	
编号	4
对正	起点
角度	0.000°
偏移量	0.0

10000.0

图 4-110

（11）选中“幕墙 2”，使用“复制”工具，继续复制一个幕墙，打开“类型属性”对话框复制一个新的类型，命名为“幕墙 3”。将垂直网格的布局方式改为“固定数量”，单击“确定”按钮。在属性选项板将垂直网格的编号改为“7”，偏移量设为“0”，如图 4-111 所示。

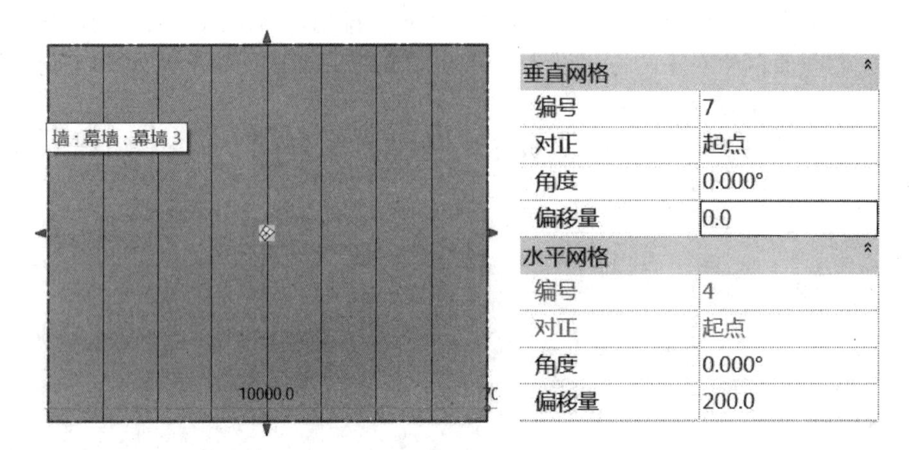

图 4-111

（12）选中“幕墙”，使用“复制”工具复制一个新的幕墙，打开“类型属性”对话框，复制一个新的类型，命名为幕墙 4，水平网格布局的方式设置为“固定距离”，单击“确定”按钮。幕墙网格从下开始按 1500mm 向上排布，不足 1500mm 的网格排布在最上侧，如图 4-112 所示。

垂直网格	
编号	4
对正	起点
角度	0.000°
偏移量	0.0
水平网格	
编号	5
对正	起点
角度	0.000°
偏移量	0.0

10000.0

图 4-112

（13）选中“幕墙 4”，可以拖动控制柄改变幕墙的高度，Revit 不允许将最上方的控制柄拖到起点以下。在高度变化过程中，因为幕墙网格的距离是固定的，所以只是将不满足 1500mm 的网格放到了最上面。同理，将水平网格对齐的方式改为“终点”，网格会从上到下进行 1500mm 均分。水平网格也有“中心”的对齐方式，即按照整个墙高度的中心开始向两侧均分，当然水平网格同样有角度，偏移量的属性。

（14）选中外部玻璃，单击“编辑类型”按钮，打开“类型属性”对话框，外部玻璃的类型属性与幕墙相比，垂直网格以及水平网格的间距布局方式默认的是“固定距离”，如图 4-113 所示。所以在确定了幕墙长度以后，网格间距是固定的，如果修改间距值，幕墙网格的每一块长度系统会进行自动调整。

垂直网格	
布局	固定距离
间距	1830.0
调整竖梃尺寸	□
水平网格	
布局	固定距离

图 4-113

（15）选中店面，打开“类型属性”对话框，垂直网格默认的布局是“最大间距”，水平网格的布局默认是“固定距离”，竖梃的类型没有被指定，如图 4-114 所示。

垂直网格	
布局	最大间距
间距	1524.0
调整竖梃尺寸	□
水平网格	
布局	固定距离

图 4-114

（16）复制一个新的类型，命名为“店面 2”，将垂直竖梃的内部类型设置为“圆形竖梃：50mm 半径”，边界 1 类型设置为“矩形竖梃：50×150mm”，边界 2 类型设置为“无”，如图 4-115 所示，单击“确定”按钮。

类型参数

参数	值
垂直竖梃	
内部类型	圆形竖梃 : 50mm 半径
边界 1 类型	矩形竖梃 : 50 x 150mm
边界 2 类型	无

图 4-115

（17）选中“店面 2”，使用“复制”工具，复制一个新的店面，单击“编辑类型”按钮，打开“类型属性”对话框，单击“复制”按钮，命名为“店面 3”。将水平网格的布局设置为“固定数量”，水平竖梃的内部类型指定为“圆形竖梃：50mm 半径”，边界 1 类型指定为“矩形竖梃：50×150mm”，边界 2 类型为“无”，如图 4-116 所示。

水平网格	
布局	固定数量
间距	2400.0
调整竖梃尺寸	□
垂直竖梃	
内部类型	圆形竖梃 : 50mm 半径
边界 1 类型	矩形竖梃 : 50 x 150mm
边界 2 类型	无
水平竖梃	
内部类型	圆形竖梃 : 25mm 半径
边界 1 类型	矩形竖梃 : 50 x 150mm
边界 2 类型	无

图 4-116

（18）同理，复制“店面 3”，将连接条件设置为“边界和垂直网格连续”，边界和垂直网格连续，水平网格被打断，如图 4-117 所示。

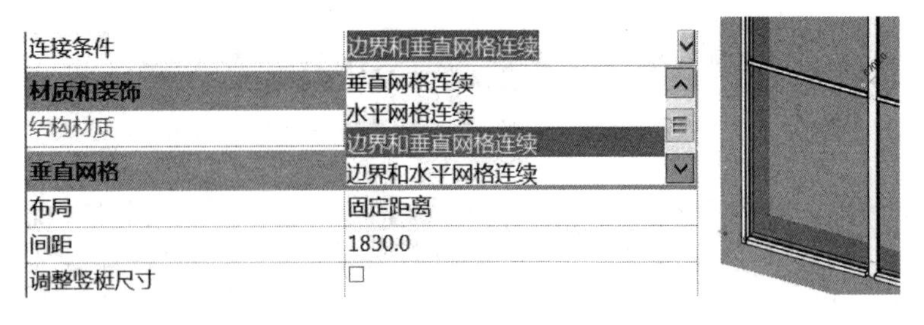

图 4-117

（19）选中“店面 3”，点击“编辑类型”按钮，打开“类型属性”对话框，将垂直竖梃的边界 2 类型设置为“矩形竖梃：50×150mm”，水平竖梃的边界 2 类型设置为“矩形竖梃：50×150mm”，单击“确定”按钮，如图 4-118 所示。打断也可以根据具体的需要进行手动设置。

图 4-118

4.4.2 幕墙网格划分

幕墙网格在添加以后，可以对幕墙网格进行编辑。手动添加的幕墙网格可以直接按键盘“Delete”键删除选中幕墙网格，改变临时尺寸标注可以改变幕墙网格的位置，如果幕墙网格本身是锁定的，即使修改临时尺寸标注，幕墙网格的位置也不会改变，只有解锁以后，改变临时尺寸的数字，幕墙网格的位置才会发生变化。选中幕墙网格，在“修改/幕墙网格”上下文选项卡，单击“添加/删除线段”按钮，再次单击选中的幕墙网格，幕墙网格会被删除。选中幕墙网格，单击“添加/删除线段”按钮，继续单击选中幕墙网格的虚线部分，可以添加幕墙网格。

（1）新建项目文件：单击“建筑”选项卡“构建”面板，“墙”按钮，在类型选择器选择“基本墙常规—90mm 砖”。单击“编辑类型”按钮，打开“类型属性”对话框，单击“复制”按钮，重命名为“墙体 1”，如图 4-119 所示。

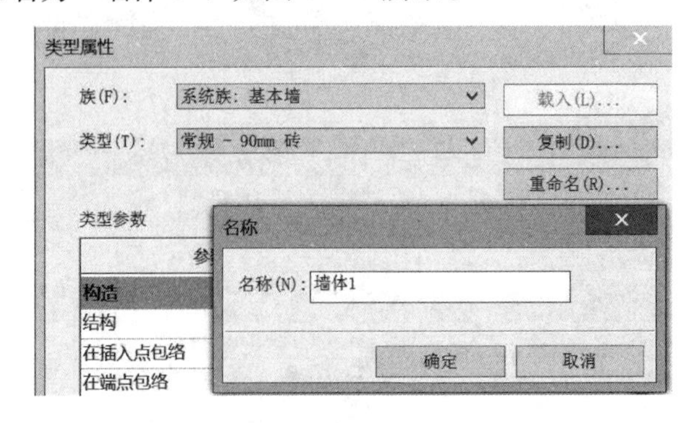

图 4-119

（2）在属性选项板，选择墙体定位线为“墙中心线”，底部限制条件设置为“标高 1”，顶部约束未连接，无连接高度设置为“7000mm”，如图 4-120 所示。在绘图区域绘制长度为 7000mm 的砖墙。

限制条件	
定位线	墙中心线
底部限制条件	标高 1
底部偏移	0.0
已附着底部	☐
底部延伸距离	0.0
顶部约束	未连接
无连接高度	7000.0

图 4-120

（3）再次单击墙体命令，在类型选择器上切换墙体的类型为“幕墙”，单击“编辑类型”按钮，打开“类型属性”对话框，单击“复制”按钮，重命名为“墙体 2”，单击“确定”按钮。勾选“自动动嵌入”复选框，如图 4-121 所示，单击“确定”按钮。

类型参数

参数	值
构造	
功能	外部
自动嵌入	☑

图 4-121

（4）在属性选项板选择墙体定位线为“墙中心线”，底部限制条件为“标高 1”，顶部约束未连接，无连接高度设置为“6000mm”。在绘图区域绘制长 5000mm 的幕墙。视觉样式切换为“着色”模式，如图 4-122 所示。

图 4-122

（5）选中幕墙，使用“移动”工具，将“幕墙”的墙体中心线与“基本墙常规－90mm 砖”的墙体中心线对齐，如图 4-123 所示。

图 4-123

（6）选中幕墙，在“修改/墙”上下文选项卡，单击“模式”面板上的“编辑轮廓”按钮，选择“直线”的绘制方式对墙体进行编辑，如图 4-124 所示。单击“模式”面板“✔”按钮。

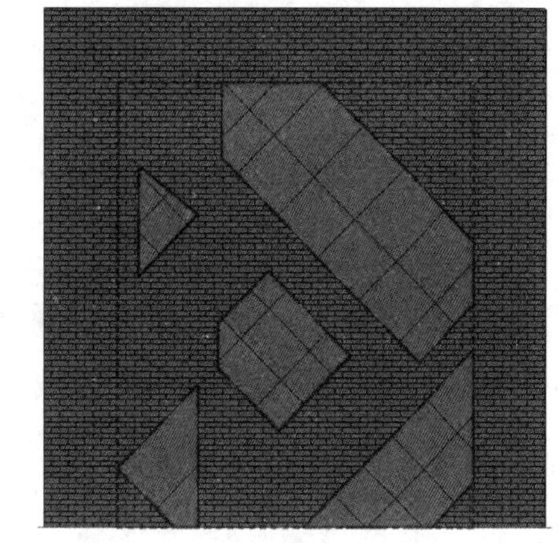

图 4-124

（7）单击“建筑”选项卡,“构建”面板，“幕墙网格”按钮，在“修改/放置幕墙网格”上下文选项卡，“放置”面板，幕墙网格默认的放置方式是“全部分段”，在幕墙上分别放置水平网格以及垂直网格。选中幕墙，在属性选项板上将垂直网格的角度设置为“45°”，水平网格的角度设置为“45°”。

（8）单击“注释”选项卡,“对齐尺寸标注”按钮，分别对网格进行注释并单击尺寸标注上的 EQ，如图 4-125 所示。

4.4.3 嵌板选择和替换

嵌板本身是一个不包含任何构件的可载入族，Revit 提供了这样的一个族样板。根据需要，自定义需要的嵌板类型。当需要不同的嵌板类型时，可以像创建墙体类型一样。选中幕墙嵌板编辑类型、修改厚度、更换材质等。在新的嵌板类型创建以后，可以选中标准嵌板，单击“建筑”选项卡，“剪贴板”上的“匹配类型属性”按钮，单击需要更换的其他嵌板，可以快速更换嵌板类型。幕墙嵌板的面积、宽度、高度取决于幕墙网格，所以在属性选项板中幕墙嵌板的面积、宽度、高度显示灰色，不可进行编辑。

（1）新建项目文件，单击“墙”按钮，在类型选择器中选择墙体的类型为“幕墙”，在“绘制”面板上选择“起点-终点-半径弧”的绘制方式，绘制一段弧形墙体。单击“幕墙网格”按钮，在幕墙上放置网格，切换到三维视图，如图 4-126 所示。

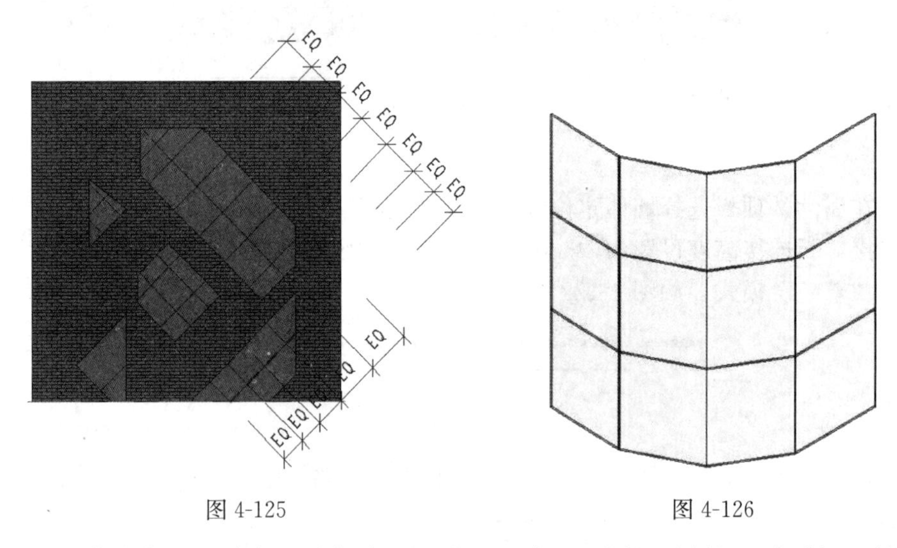

图 4-125　　　　图 4-126

（2）选中幕墙嵌板，单击“编辑类型”按钮，打开“类型属性”对话框，单击“复制”按钮，复制一个新的类型，命名为“玻璃嵌板”，将偏移量设为“－300”，材质为“不锈钢”，单击“确定”按钮。玻璃嵌板会离开墙体本身向外偏移 300mm，如图 4-127 所示。

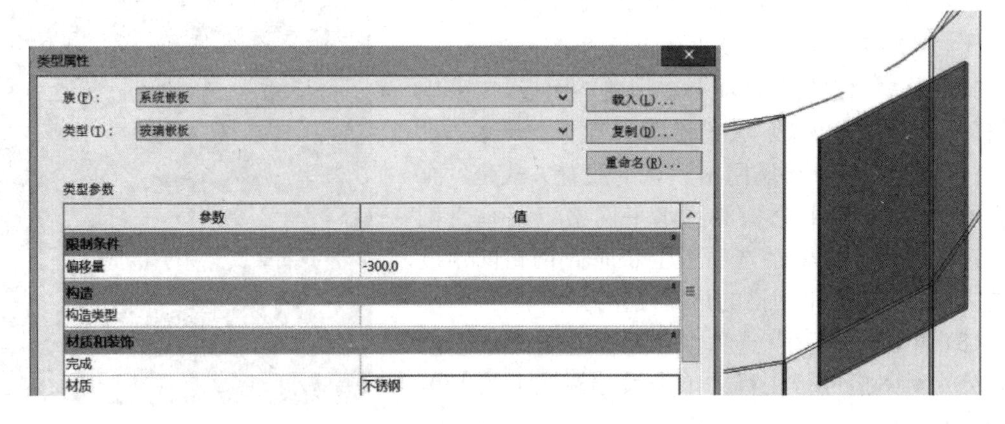

图 4-127

（3）选中嵌板，单击“在位编辑”按钮，会有错误提示，如图 4-128 所示。单击“删除限制条件”按钮。

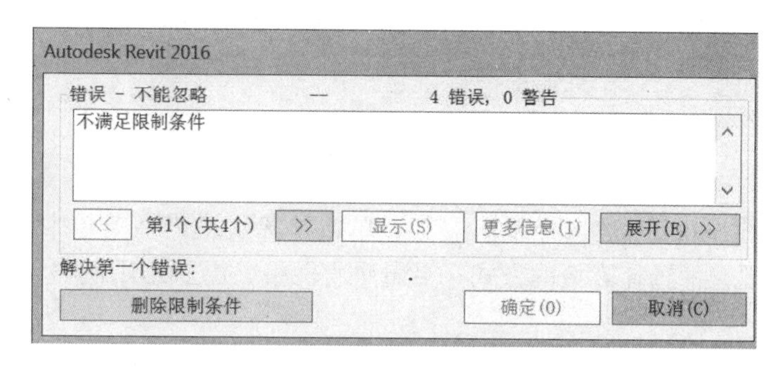

图 4-128

（4）将光标拾取到幕墙嵌板，会出现提示命令，幕墙嵌板本身是“玻璃：拉伸”，在属性过滤器幕墙嵌板的性质是作为玻璃出现的，如图 4-129 所示。

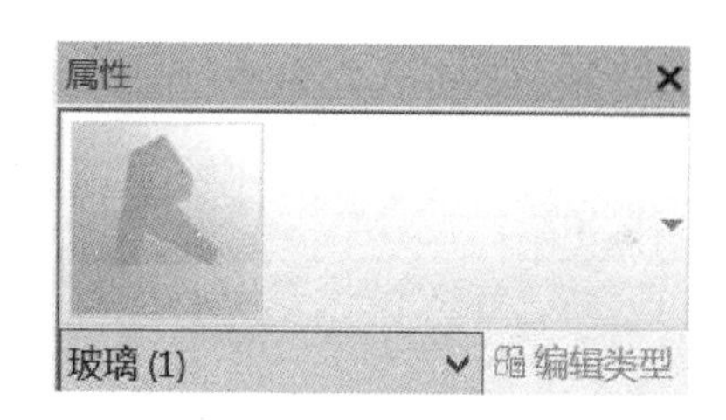

图 4-129

（5）选中幕墙嵌板，单击“编辑拉伸”按钮，与墙体编辑轮廓类似，无论是在立面视图还是在三维视图幕墙嵌板都是由四条草图线组成嵌板的样子的，如图 4-130 所示。选择绘制的方式为“矩形”，在幕墙嵌板上绘制一个矩形，单击“✔”按钮，再次单击“✔”按钮。

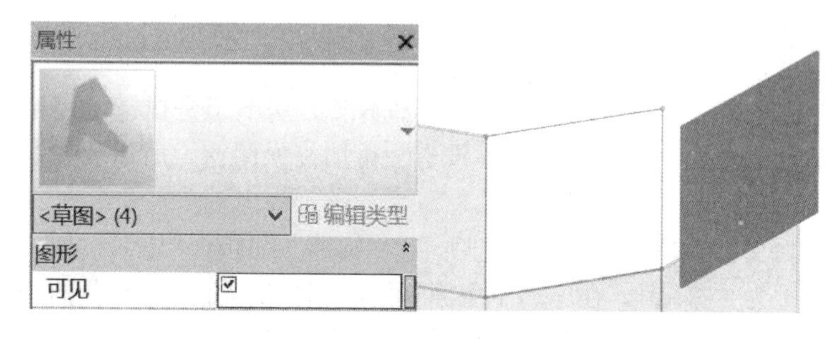

图 4-130

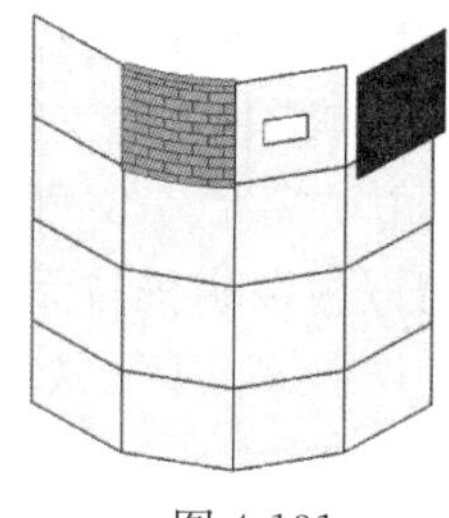

图 4-131

（6）选中嵌板，在类型选择器中切换为“基本墙常规－140mm 砌体”，如图 4-131 所示。

（7）选中“基本墙常规－140mm 砌体”，单击“编辑类型”按钮，打开“类型属性”对话框，复制一个新的类型，命名为“BL-15mm”，单击“确定”按钮，单击结构后的“编辑”按钮，打开“编辑部件”对话框，将结构［1］的厚度设置为“15mm”，单击结构［1］后面的材质隐藏按钮，打开“材质浏览器”对话框，选择“玻璃”，在“外观”选项卡单击“▣”按钮，在“图形”选项卡中将颜色设置为“青色”，如图 4-132 所示，连续单击三次“确定”按钮。

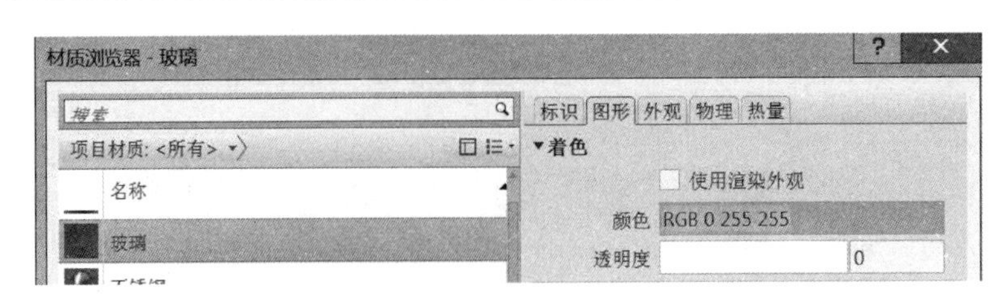

图 4-132

（8）配合键盘“Tab”键选择幕墙嵌板，单击鼠标右键，在菜单中展开“选择嵌板”的侧拉列表，出现三种选择嵌板的方式，沿着垂直网格、沿着水平网格、主体上的嵌板如图 4-133 所示。

（9）可以根据需要，使用右键菜单里的命令，灵活的对嵌板进行选择，例如：选择“沿着垂直网格”，如图 4-134 所示。

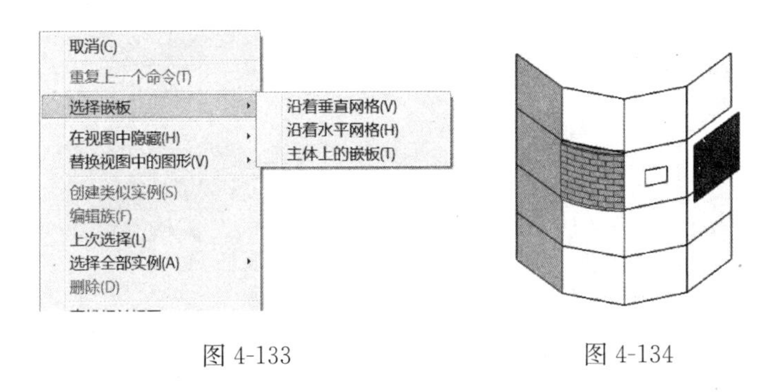

图 4-133　　图 4-134

4.4.4 幕墙门窗

在 Revit 中，幕墙门窗的添加方法不同于基本墙。基本墙是执行了门窗命令以后直接在墙体上单击放置。但是默认的样板中并没有为幕墙提供门窗，所以要先载入幕墙门窗才可以为幕墙添加门窗。

（1）新建项目文件，单击“建筑”选项卡，“构建”面板，“墙”按钮，在类型选择器中选择墙体的类型为“幕墙”，在标高 1 平面视图绘制长度“7000mm”的幕墙，切换到南立面视图，单击“幕墙网格”按钮，为幕墙添加网格，使用“对齐尺寸标注”工具将垂直网格进行均分，如图 4-135 所示。

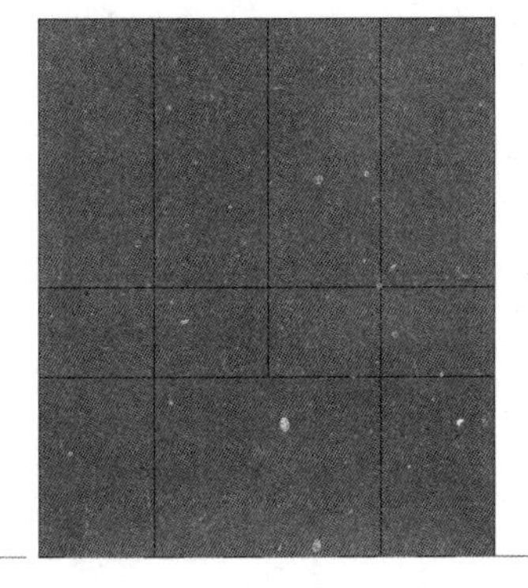

图 4-135

（2）单击“插入”选项卡，“从库中载入”面板，“载入族”按钮，在弹出的“载入族”窗口中，双击“建筑”文件夹，在打开的“建筑”文件夹中双击“幕墙”文件夹，打开“门窗嵌板”文件夹，选中“窗嵌板双扇推拉无框铝窗”和“门嵌板 70-90 系列双扇推拉铝门”，如图 4-136 所示，单击“打开”按钮。

（3）配合键盘“Tab”键，选中“幕墙嵌板”，在类型选择器中选择“门嵌板 70-90 系列双扇推拉铝门 50 系列无横档”。

（4）同理，在幕墙上添加窗，配合键盘“Tab”键，选中“幕墙嵌板”，在类型选择器中选择“窗嵌板双扇推拉无框铝窗”，如图 4-137 所示。

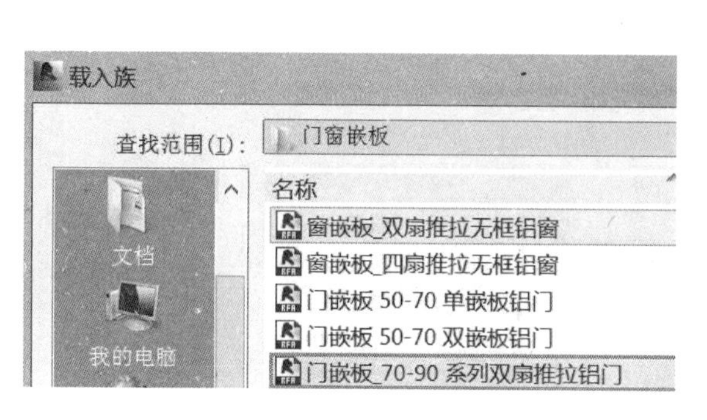

图 4-136

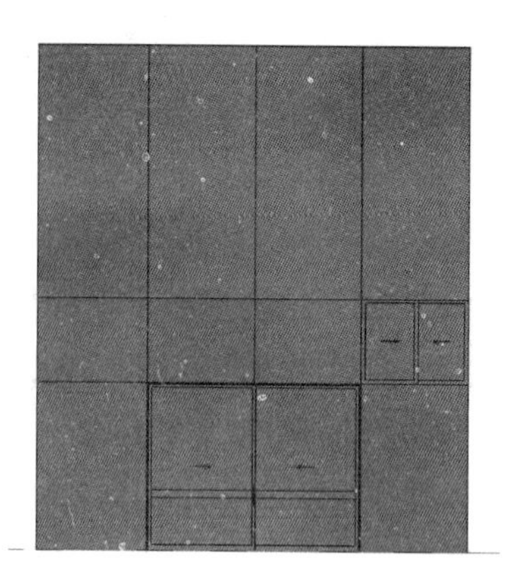

图 4-137

（5）选中门和窗共用的水平幕墙网格，将左侧的临时尺寸改为“900mm”，门的宽度变小，窗的宽度变大，如图 4-138 所示。

（6）选中窗上面的幕墙网格，将下方的临时尺寸改为“2500mm”，门的高度不变，窗的高度变大，如图 4-139 所示。

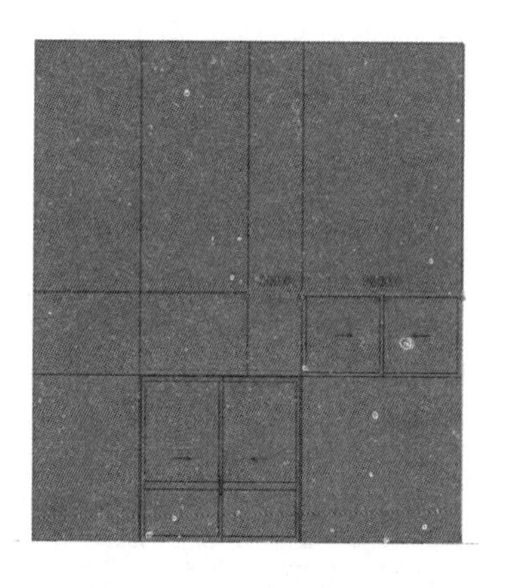

图 4-138

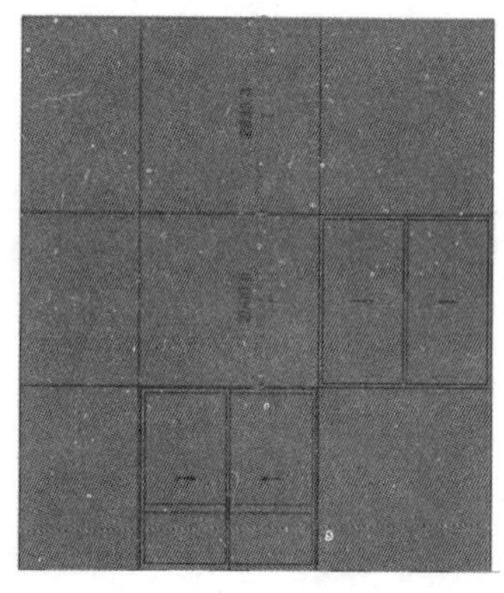

图 4-139

（7）和基本墙的门窗族一样，幕墙门窗的方向在添加以后同样可以进行调整。切换到标高 1 平面视图，选中门，单击控件即可改变门的方向。

4.5　建筑洞口工具

使用“洞口”工具可以在墙、楼板、天花板、屋顶、结构梁、支撑和结构柱上剪切洞口。“洞口”工具在建筑选项卡的洞口面板里面一共有五个，分别是“面洞口”“竖井洞口”“墙洞口”“垂直洞口”“老虎窗洞口”。在剪切楼板、天花板或屋顶时，可以选择竖直剪切或垂直于表面进行剪切。您还可以使用绘图工具来绘制复杂形状。在墙上剪切洞口时，可以在直墙或弧形墙上绘制一个矩形洞口，不能创建圆形多边形形状。

4.5.1 面洞口

面洞口是创建一个垂直于屋顶、楼板或天花板选定面的洞口，它垂直于拾取面的表面，如图 4-140 所示。

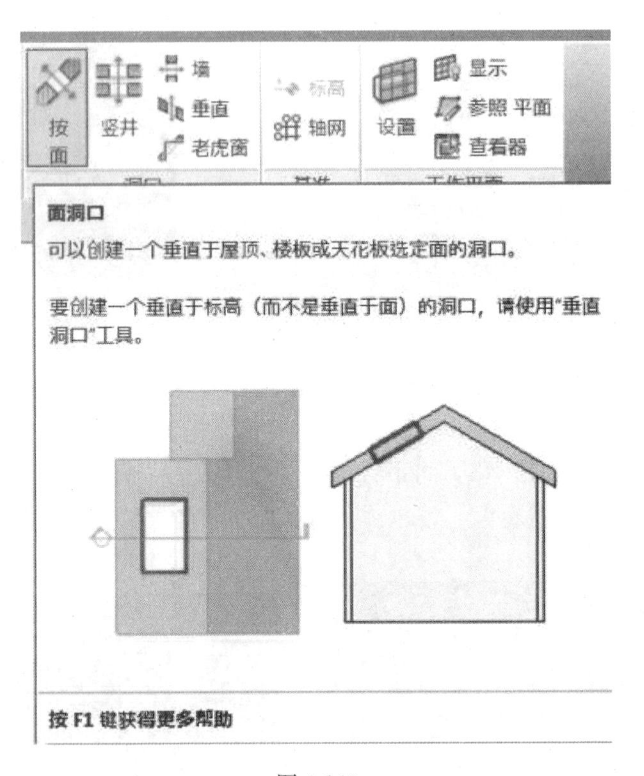

图 4-140

要创建一个垂直于标高（而不是垂直于表面）的洞口，请使用“垂直洞口”工具。首先搭建一个简单的环境，环境中包含屋顶、楼板和天花板。通过下面的步骤在这些图元的面剪切洞口或者选择整个图元进行垂直剪切。

（1）在标高 1 平面视图“建筑”选项卡“构建”面板，单击“墙”按钮，在标高 1 上绘制三面直墙一面弧墙，修改“实例属性”顶部约束值到标高 2，如图 4-141 所示。

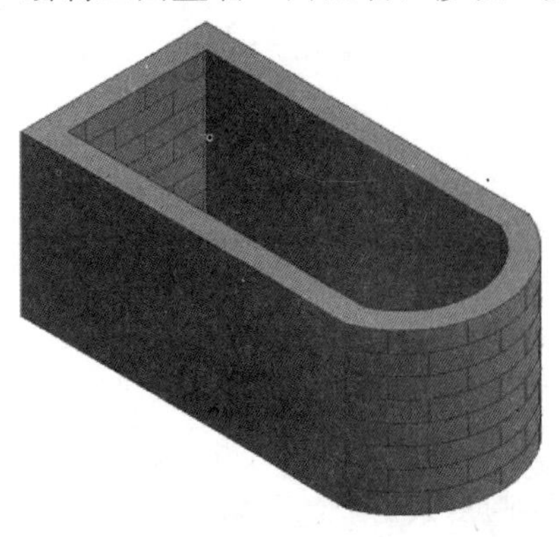

图 4-141

（2）在标高 1 绘制楼板，单击“建筑”选项卡中“构建”面板上的“楼板”工具，在绘制面板中选择拾取线绘制楼板，如图 4-142 所示。

（3）切换到标高 2 楼层平面视图，绘制双坡屋顶，单击“建筑”选项卡“构建”面板中的“屋顶”按钮，在下拉列表中选择“迹线屋顶”命令，在绘制面板中选择拾取线，在“属性”选项栏中设置偏移量为 1000mm。选中屋顶，在“属性”选项栏中编辑类型，修改结构，插入两个面层，给定厚度和材质，从上到下材质分别为“水泥砂浆”“混凝土，C25/30”“混凝土，沙/水泥找平”。厚度分别为 30mm、200mm、10mm。选中短边方向的边界线，在选项栏上不勾选“定义坡度”选项，单击完成，如图 4-143 所示。

图 4-142　　　　图 4-143

（4）切换至标高 1 天花板平面视图，单击建筑选项卡中构件面板上的“天花板”按钮，在“构件”面板中选择绘制天花板，在“绘制”面板中选择“矩形”命令，高度选择默认的 2600mm，单击完成，将视觉样式切换到着色模式。为了方便观察，单击屋顶右键选择“替换视图中的图形”“按图元”。在弹出的“视图专有图元图形”对话框中，展开“曲面透明度”前的侧拉箭头，将透明度设置成 40，在南立面视图中，同样按上述步骤将墙透明度设置成 60，如图 4-144 所示。

（5）单击“建筑”选项卡洞口面板中“按面”按钮，进入“［修改｜屋顶洞口剪切］编辑边界”上下文选项卡。在选择了“面洞口”工具之后，“状态栏”中提示“选择屋顶、楼板、天花板、梁或柱的平面，将垂直于选定的面剪切洞口”，“按面”命令识别的不仅仅是屋顶、楼板和天花板，还能识别梁、柱。选择屋顶的一个面，被选择的面会出现一个蓝色加粗高亮显示的边框，表示这个面将是被开洞的面。单击后视图变成降色调显示的草图模式，如图 4-145 所示。

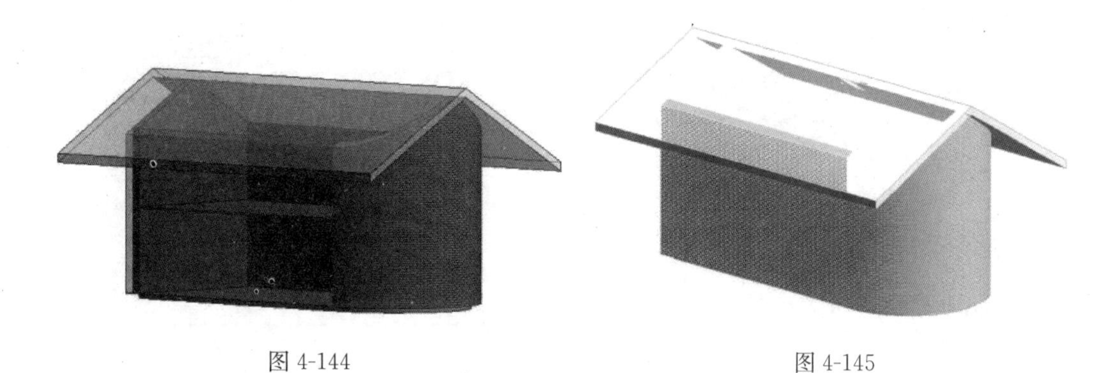

图 4-144　　　　图 4-145

（6）在绘制面板中单击“矩形”命令，在选定的面上绘制一个矩形，单击“✔”完成绘制。旋转视图，洞口垂直于选择的面，如图 4-146 所示。

选中南立面墙，在“视图控制栏”中单击“临时隐藏｜隔离”按钮，隐藏南立面墙，单击“按面”工具，选择天花板，同理绘制一个矩形，单击完成命令，即可完成天花板的剪切。楼板和天花板剪切方法是一样的，如图 4-147 所示。

图 4-146　　图 4-147

4.5.2　竖井洞口

竖井洞口是洞口工具的重要组成部分，“竖井”命令在“建筑”选项卡洞口面板上，将光标拾取到“竖井”命令，会出现提示“可以创建一个跨多个标高的垂直洞口，贯穿其间的屋顶、楼板或天花板进行剪切”。通常，会在平面视图的主体图元（如楼板）上绘制竖井。如果在一个标高上移动竖井洞口，则它将在所有的标高上移动，如图 4-148 所示。

基于 4.5.1 模型，切换到南立面视图，复制标高到标高 5，将屋顶放置到标高 5 上，切换到三维视图，选中视图中所有的墙体将顶部约束到标高 5，选中楼板，天花板复制到剪贴板，与选定的标高对齐，选择标高 2 到标高 4，确定。选中南立面墙，在视图控制栏选择“临时隐藏｜隔离”命令，单击隐藏图元，如图 4-149 所示。

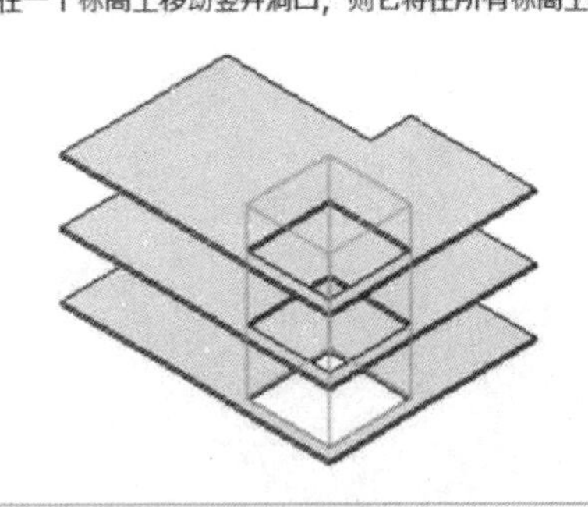

图 4-148

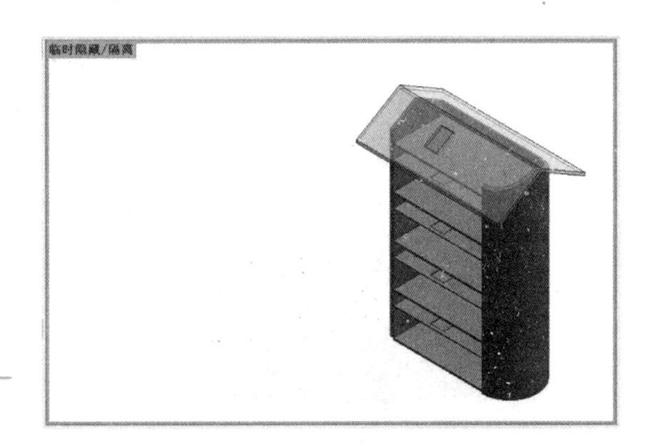

图 4-149

通过下面的步骤可以放置跨越整个建筑高度（或者跨越选定标高）的洞口，洞口同时贯穿屋顶、楼板或天花板的表面。

（1）单击“竖井”洞口命令。

（2）通过绘制线或拾取墙来绘制竖井洞口。

（3）如果需要，可将符号线添加到洞口。

（4）绘制完竖井后，单击“✔”完成洞口。

（5）调整洞口剪切的标高，请选择洞口，然后在“属性”选项栏上进行下列调整：为“墙底定位标高”指定竖井起点的标高；为“墙顶定位标高”指定竖井终点的标高。

4.5.3　墙洞口

“墙”洞口只能用于剪切墙。可以在直墙或弯曲墙中剪切一个矩形洞口。如果需要圆形洞口或其他形式的洞口，“墙”洞口无法完成。将光标单击到“墙洞口”按钮，会出现提示，如图 4-150 所示。

通过下面的步骤可以在直墙或弯曲墙上剪切矩形洞口。

（1）打开可访问作为洞口主体的墙的立面或剖面视图。

（2）选择作为洞口主体的墙。

（3）绘制一个矩形洞口。待指定了洞口的最后一点之后，将显示此洞口。

（4）选择洞口，使用拖曳控制柄可以修改洞口的尺寸和位置，也可以将洞口拖曳到同一面墙上的新位置，然后为洞口添加尺寸标注。

4.5.4　垂直洞口

“垂直”洞口命令在建筑选项卡洞口面板上。当光标拾取到“垂直”洞口时，会出现提示信息“垂直洞口可以剪切一个贯穿屋顶、楼板或天花板的垂直洞口。垂直洞口垂直于标高，当它不反射选定对象的角度。要创建一个垂直于选定面的洞口，请使用面洞口工具”如图 4-151 所示。

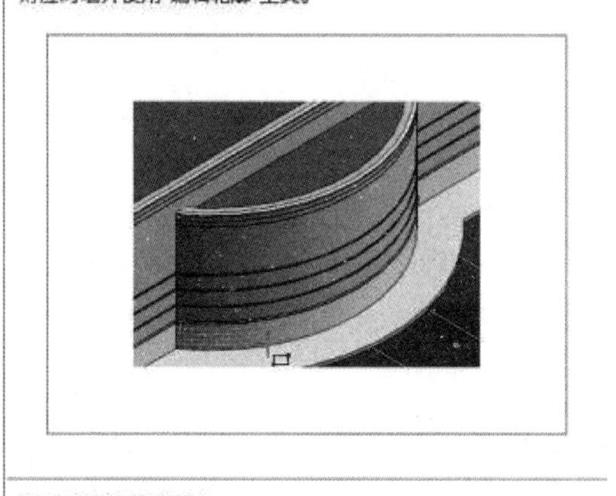

图 4-150

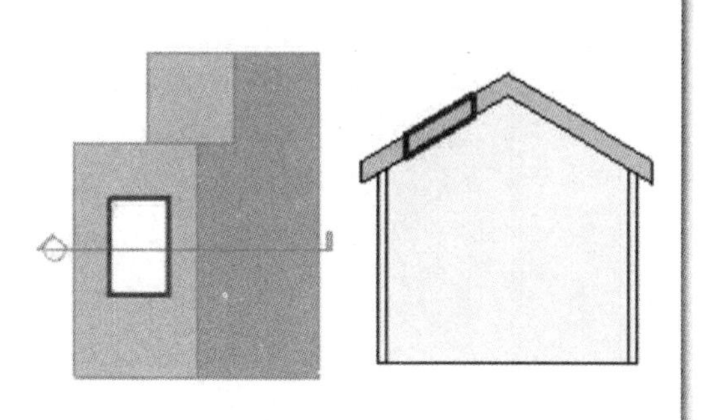

图 4-151

通过以下步骤可以在天花板、屋顶和楼板上创建垂直洞口。

（1）单击垂直洞口工具。

（2）选择了“垂直”洞口工具后，选择整个图元，Revit 将进入草图模式，可以在此模式下创建任意形状的洞口。

（3）单击“✔”按钮，完成洞口的剪切。左侧“垂直”洞口的切口是向下垂直的，右侧的“面”洞口的切口是垂直于屋顶表面的，如图 4-152 所示。

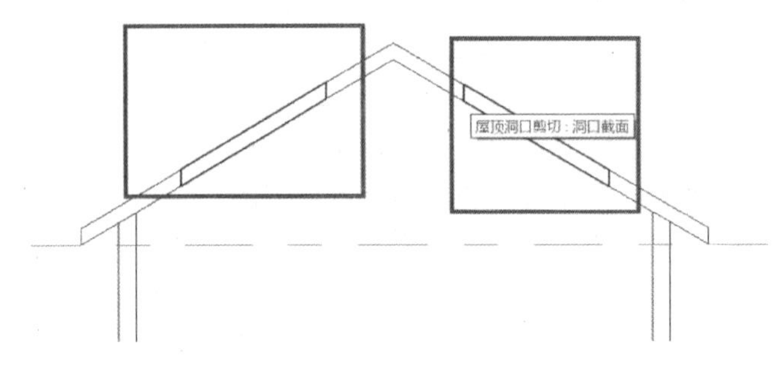

图 4-152

4.6 楼梯、扶手、坡道

4.6.1 创建楼梯

创建楼梯有两种路径，分别是“按构件”和“按草图”，这两种路径，前一种创建方法比后一种创建方法多，若在创建时“按草图”创建楼梯复杂，可以试着采用“按构件”“”创建楼梯。

1. 按构件创建楼梯

（1）创建项目文件，切换至“标高 1”楼层平面视图，在绘制区域绘制两段墙体，单击“建筑”选项卡“工作平面”面板中“参照平面”按钮，在绘制区域的左侧绘制出 3 道参照平面如图 4-153 所示。

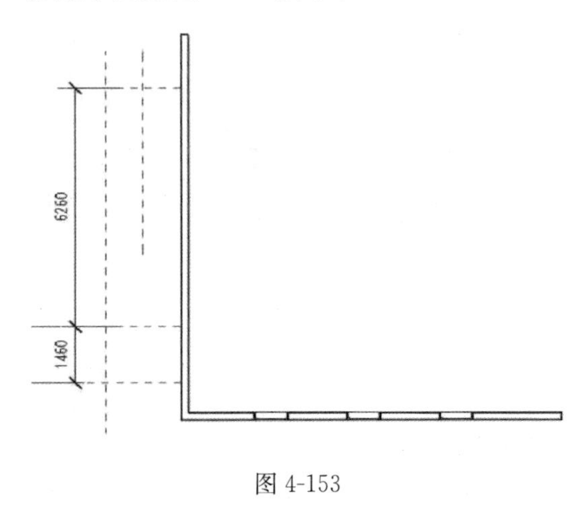

图 4-153

（2）完成之后，单击“建筑”选项卡“楼梯坡道”面板中的“楼梯”按钮，展开下拉列表，选择“楼梯（按构件）”选项，如图 4-154 所示。

（3）进入“修改/创建楼梯”上下文选项卡，确定“构件”面板绘制方式为“直梯”确定选项栏中定位线为“梯段：中心”，确定偏移量为 0，修改实际梯段宽度为 1200mm，确定勾选自动平台选项。确定楼梯类型为“190mm 最大踢面 250mm 梯段”，在绘图区域两条参照平面交点位置，单击鼠标左键，往垂直方向移动鼠标，当灰色数字显示剩余为 0 时再次单击左键，如图 4-155 所示。

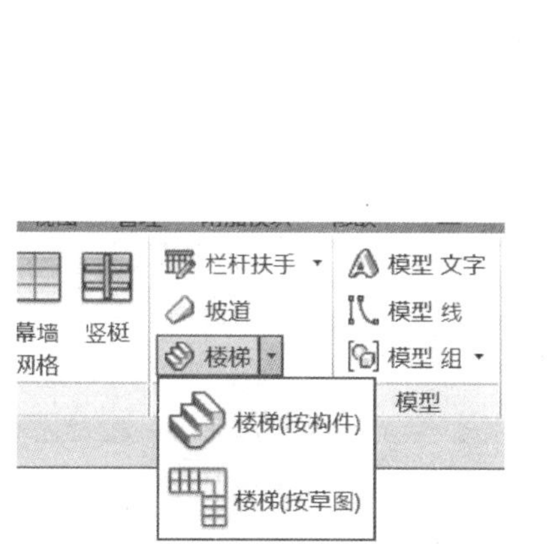

图 4-154

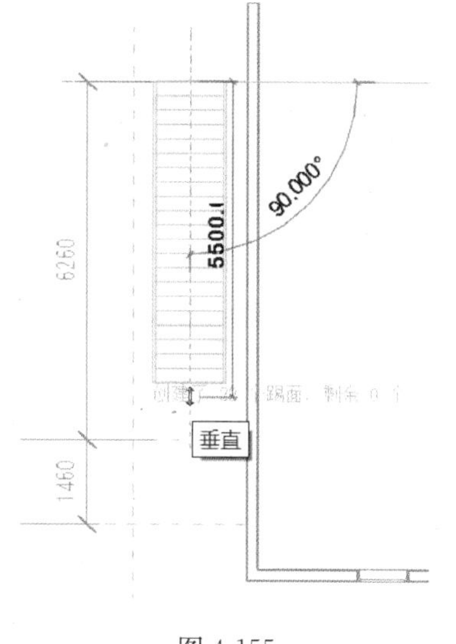

图 4-155

（4）绘制完成之后，继续单击“构件”面板中“平台”按钮，修改绘制的方式为“ （创建草图)”，进入到“修改创建楼梯>绘制平台”上下文选项卡，如图 4-156 所示，在“绘制”面板中，确定“边界”显示，选择绘制的方式为“ (矩形)”，确定选项栏的偏移量为 0，继续绘制平台，完成之后单击两次“模式”面板中“ （完成编辑模式)”按钮，完成编辑模式。

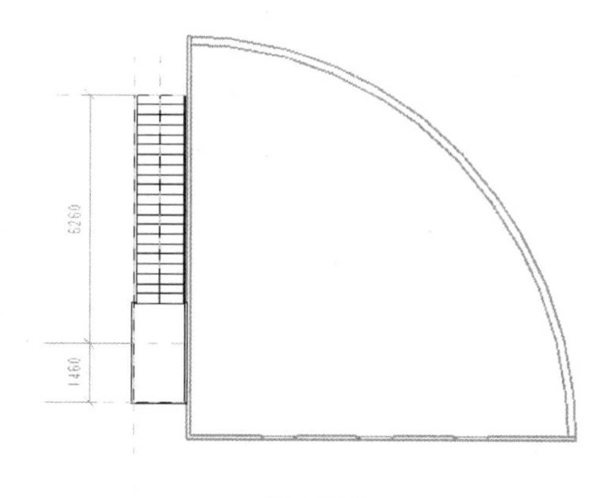

图 4-156

（5）切换至三维视图，单击视图控制栏视觉样式 ，在列表中选择“着色”选项，如图 4-157 所示。选择栏杆扶手，单击“模式”面板中“编辑路径”按钮，进入“修改栏杆扶手>绘制路径”上下文选项卡。删除靠墙的迹线，单击“模式”面板中“ （完成编辑模式)”按钮，完成编辑模式。

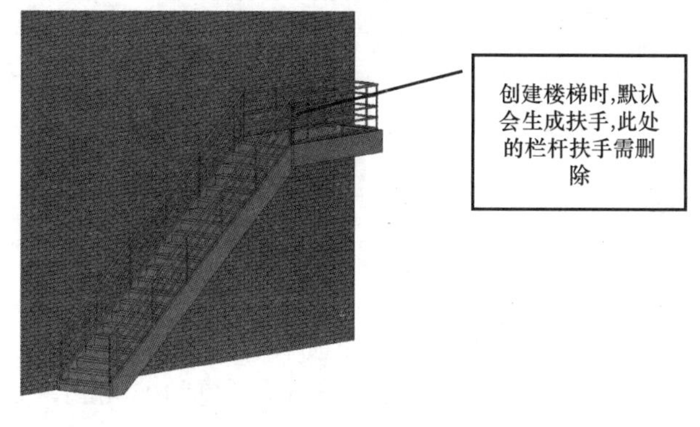

图 4-157

（6）给楼梯添加材质，如图 4-158 所示，选择楼梯，单击属性选项板“编辑类型”按钮，打开“类型属性”对话框。

图 4-158

（7）单击梯段类型后面的隐藏“”按钮，打开该梯段类型的“类型属性”对话框，单击踏板材质后面的隐藏“”按钮，打开“材质浏览器”对话框，选择“樱桃木”材质单击“确定”按钮，退出“材质浏览器”对话框。同理踢面材质也为“樱桃木”，单击多次“确定”按钮，退出所有对话框。

（8）配合键盘“Tab 键”选中“梯边梁”，单击属性选项板里“编辑类型”按钮，打开“类型属性”对话框，设置材质为“樱桃木”单击“确定”按钮，退出“类型属性”对话框，如图 4-159 所示。

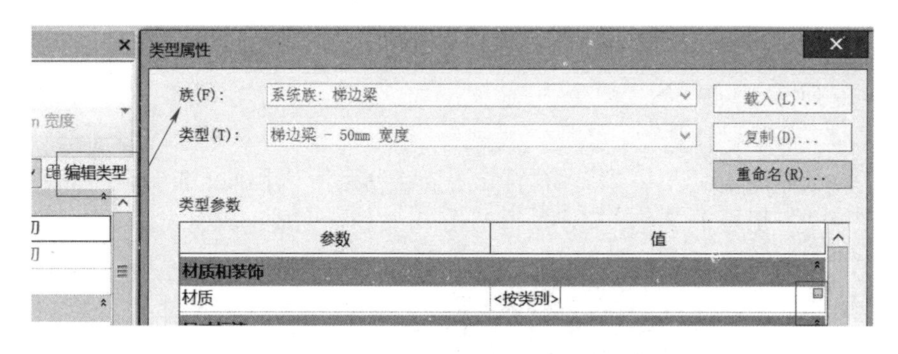

图 4-159

2. 按草图创建楼梯

除了按构件创建楼梯之外，还可以按草图创建楼梯。本节主要以“双跑楼梯”为例通过修改属性参数来控制楼梯的样式。

（1）新建一个项目文件，单击“建筑”选项卡“工作平面”面板中“参照平面”按钮，在绘图区域中绘制出参照平面，宽度 2600mm，深度 4000mm，如图 4-160 所示，并且将参照平面均分（EQ）。

（2）单击“建筑”选项卡“楼梯坡道”面板“楼梯”按钮，展开下拉列表，选择“建筑（按草图）”选项。进入“修改/创建楼梯草图”上下文选项卡，确定“绘制”面板梯段显示，确定绘制的方式为“（直线）”，只修改属性选项板宽度为 1200mm。其他参数不修改。

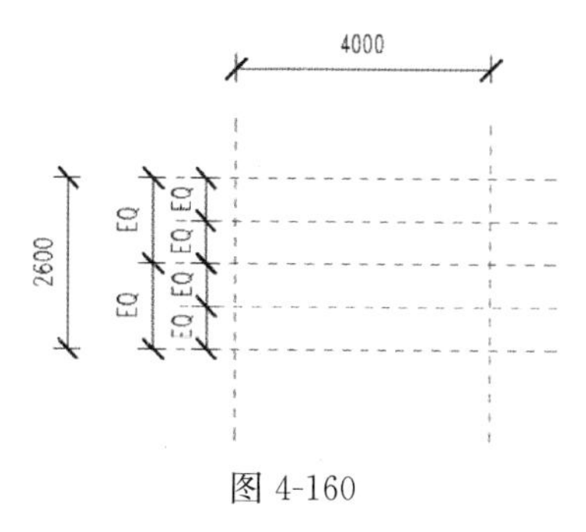

图 4-160

（3）在绘图区域 1 号位置作为楼梯的起点，单击鼠标左键，向右开始绘制，当显示“创建了 11 个踢面，剩余 11 个”时，单击鼠标左键。继续向上当出现绿色虚线与参照平面相交时，并且显示“交点”时，单击鼠标左键，如图 4-161 所示，向左绘制，单击终点位置，此时显示“创建 22 个踢面，剩余 0 个”。

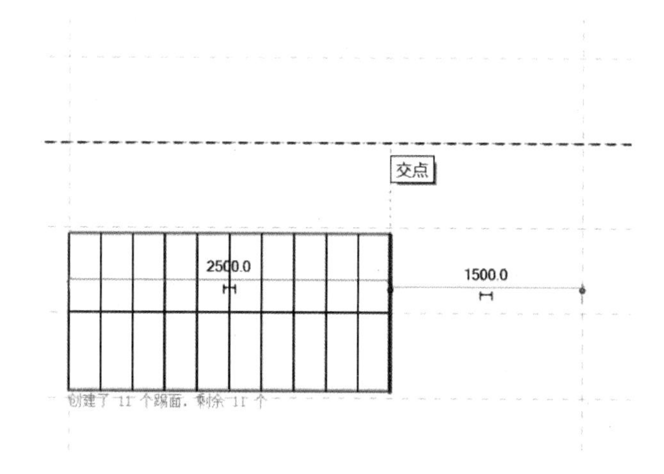

图 4-161

（4）选择右边平台的边界线，拖拽它至右边的参照平面上。如图 4-162 所示，草图绘制完成之后，单击“模式”面板中“✔（完成编辑模式）”按钮，完成编辑草图模式。

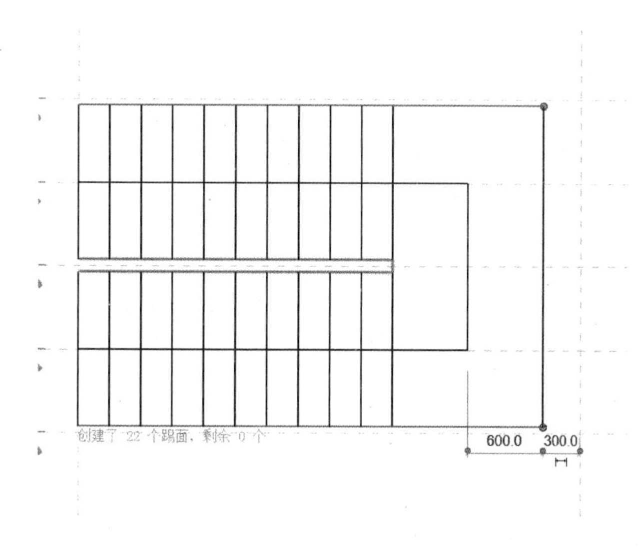

图 4-162

(5) 切换至三维视图单击快速访问工具栏“细线”按钮。单击视图控制栏“视觉样式”按钮，展开下拉列表，选择“着色”选项，即开展着色模式，如图 4-163 所示。

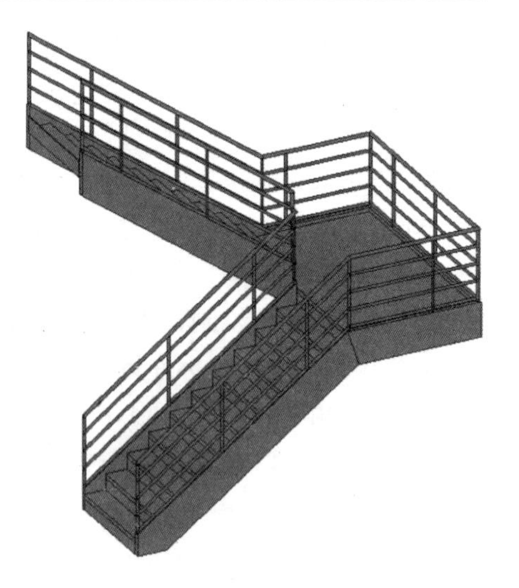

图 4-163

4.6.2 创建栏杆扶手

(1) 如图 4-164 所示，新建一个项目文件，单击“建筑”选项卡“楼梯坡道”面板“栏杆扶手”按钮。展开下拉列表，选择“绘制路径”选项，进入“修改创建栏杆扶手路径”模式上下文选项卡，确定绘制的方式为直线，不勾选选项栏“链”的选项，确定偏移量为 0，不勾选“半径”选项。确定栏杆扶手的类型为“900mm 圆管”。在绘制区域，绘制出长为 6000mm 的路径。

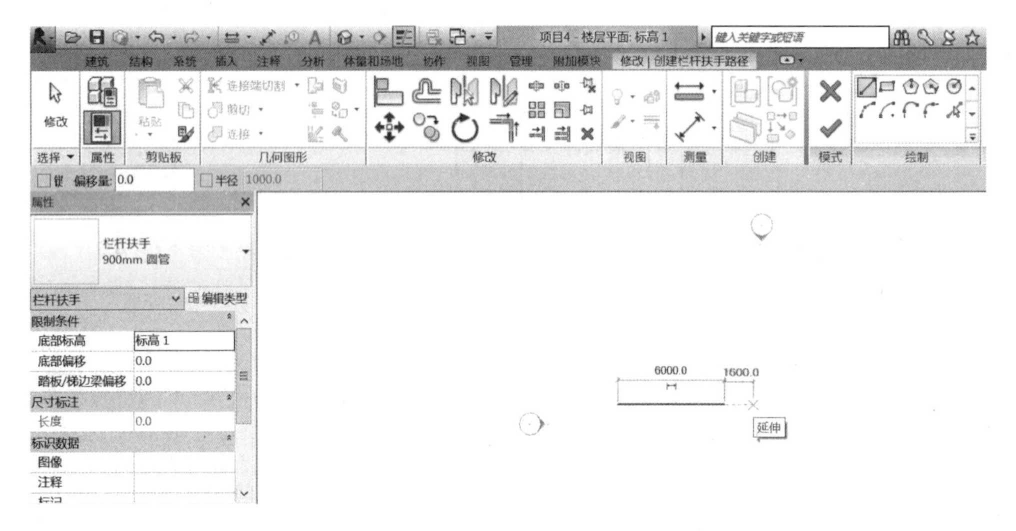

图 4-164

(2) 单击“模式”面板“完成编辑模式”按钮，完成编辑模式。切换至三维视图如图 4-165 所示。

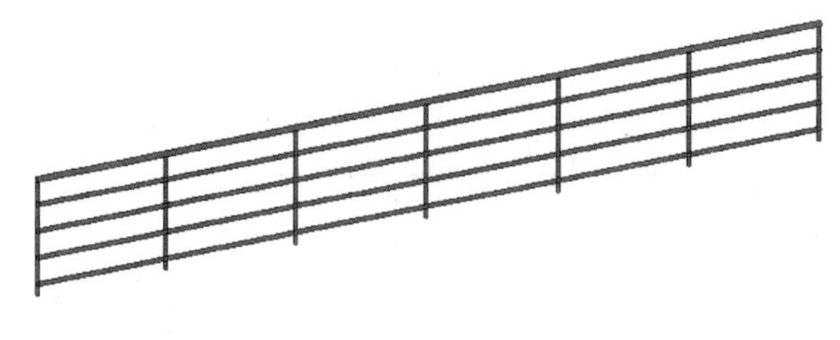

图 4-165

(3) 在三维视图中，原栏杆扶手为栏杆扶手 1，复制出一个栏杆扶手为栏杆扶手 2，选择栏杆扶手 2，单击属性选项板“编辑类型”按钮，打开“类型属性”对话框，如

图 4-166 所示。单击“复制”按钮，弹出“名称”对话框，输入名称为“配套文件 1100mm 圆管”。

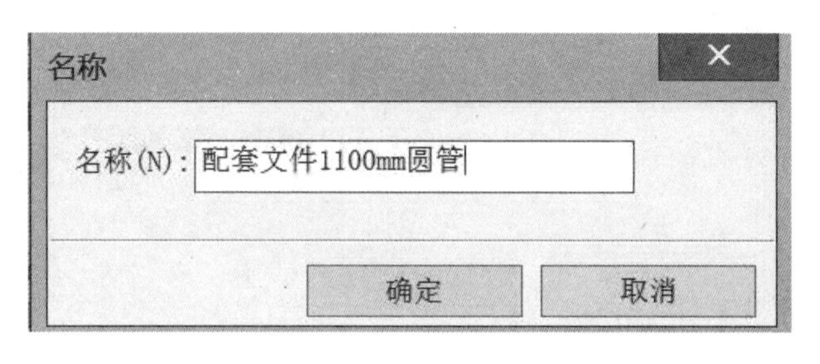

图 4-166

（4）单击“确定”按钮，退出“名称”对话框。修改顶部扶栏下高度值为“1100mm”，单击“确定”按钮，退出“类型属性”对话框，如图 4-167 所示。

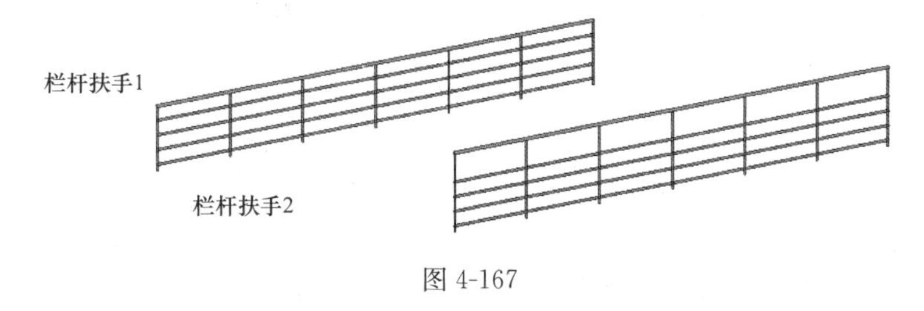

图 4-167

（5）单击栏杆扶手 2，向左复制一个栏杆扶手 3，选中栏杆扶手 3，单击属性选项板“编辑类型”按钮，打开“类型属性”对话框，修改列表中顶部扶栏下类型为“矩形－50×50mm”单击“确定”按钮，退出“类型属性”对话框，如图 4-168 所示。

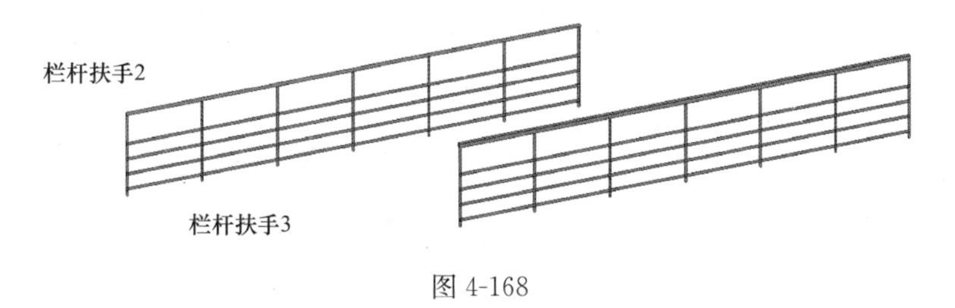

图 4-168

（6）单击栏杆扶手 3，向左复制一个栏杆扶手 4。展开项目浏览器族选项“⊞”，选择“圆形－40mm”类型，单击鼠标右键，展开下拉列表，在下拉列表中选择“类型属性(P)”选项。打开“类型属性”对话框，单击“复制”按钮，打开“名称”对话框，输入名称为“配套文件 40mm”。单击“确定”按钮，退出“名称”对话框。

（7）在类型属性对话框中修改材质为“桦木”，单击延伸（起始/底部）下延伸样式后面的下拉列表符号“▼”，展开下拉列表，选择“墙”选项，修改长度为 300mm。同理，修改终端下起始底部终端为“端-木材-矩形”，单击“确定”按钮，退出“类型属性”对话框。

（8）选中栏杆扶手 4，单击属性选项板“编辑类型”按钮，打开“类型属性”对话框。单击“复制”按钮，打开“名称”对话框，软件会在原来的名称上加 1。直接单击“确定”按钮，退出“名称”对话框。修改顶部扶栏下类型后面的下拉列表符号，选择刚刚创建好的

“配套文件 40mm”选项，单击“确定”按钮，退出“类型属性”对话框，如图 4-169 所示。

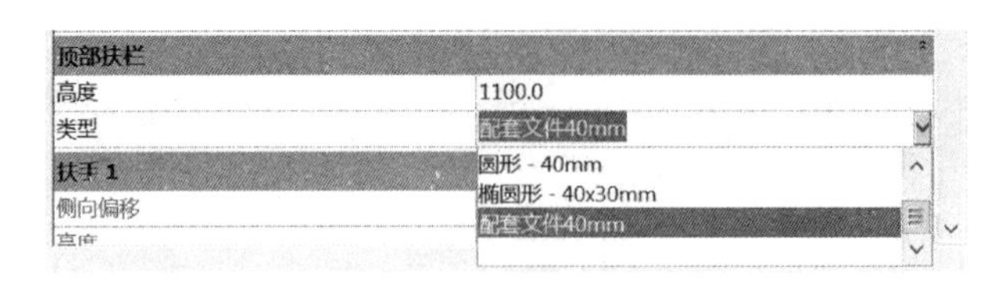

图 4-169

（9）三维模型如图 4-170 所示。

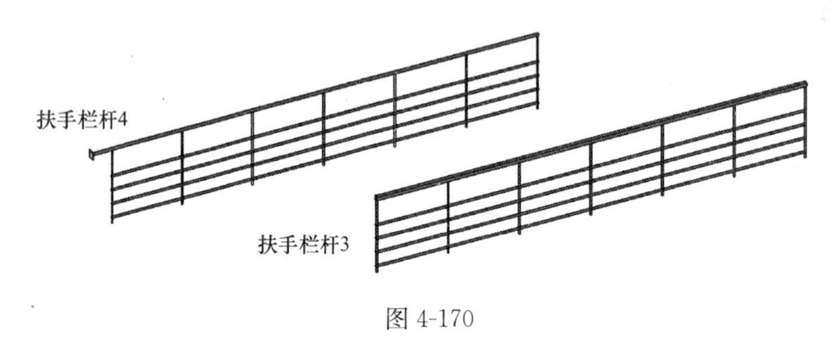

图 4-170

（10）单击栏杆扶手 4，向左复制一个栏杆扶手 5，选中栏杆扶手 5，单击属性选项板“编辑类型”按钮，打开“类型属性”对话框。单击“复制”按钮，打开“名称”对话框，软件会在原来的名称上加 1。直接单击“确定”按钮，退出“名称”对话框。修改列表中顶部扶栏下类型为刚创建的“配套文件 50mm”，单击“确定”按钮，退出“类型属性”对话框，如图 4-171 所示。

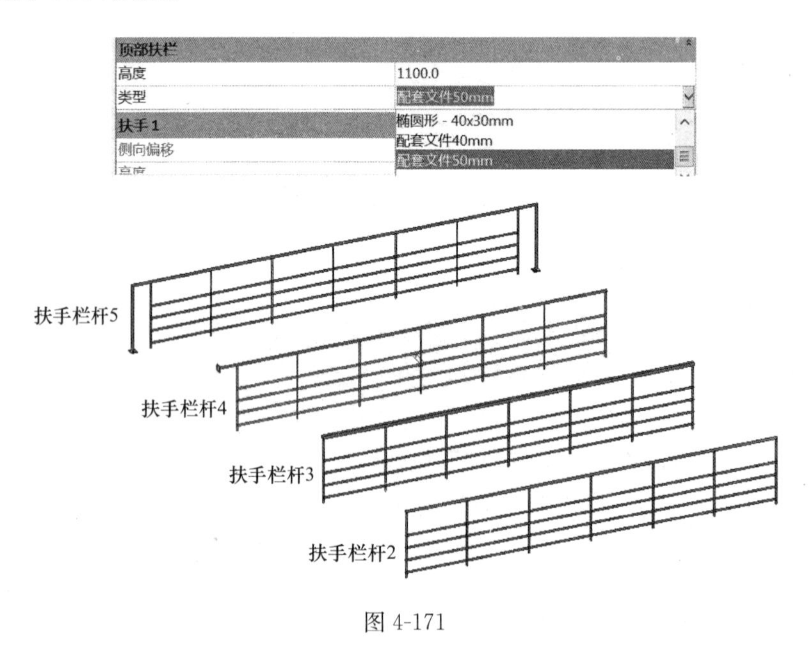

图 4-171

（11）单击栏杆扶手 5，向左复制一个栏杆扶手 6，选择栏杆扶手 6，单击属性选项板“编辑类型”按钮，打开“类型属性”对话框。

（12）单击“复制”按钮，打开“名称”对话框，软件会在原来的名称上加 1，直接单击“确定”按钮，退出“名称”对话框。

（13）单击扶栏结构（非连续）后面的“编辑”按钮，打开“编辑扶手（非连续）”对话框，选择列表中“扶栏 1”前面的“1”，当显示整行时，单击“删除”按钮，依次删除扶栏 2、扶栏 3 和扶栏 4。单击“确定”按钮，退出“编辑扶手（非连续）”对话框，如图 4-172 所示。

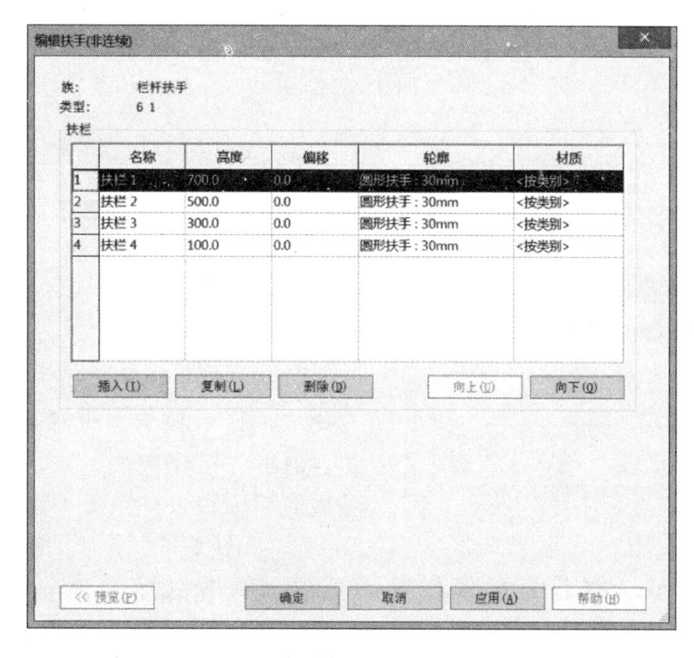

图 4-172

（14）单击栏杆位置后面的“编辑”按钮，打开“栏杆位置”对话框，单击主样式下常规栏杆后面的下拉表符号，展开下拉列表，选择“无”选项。同理修改支柱下起点支柱、转角支柱和终点支柱的栏杆族均为“无”。单击“确定”按钮，退出“栏杆位置”对话框，如图 4-173 所示。

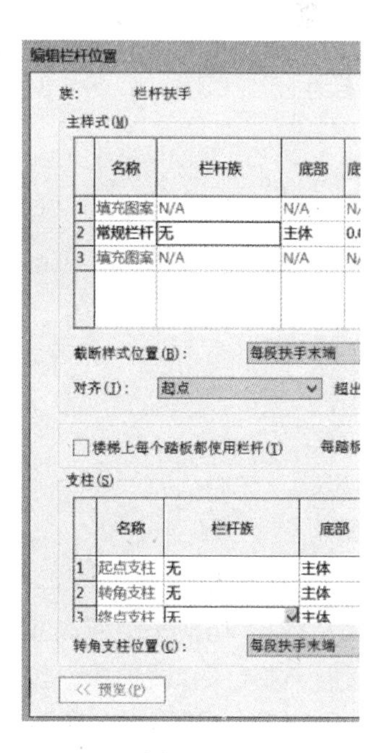

图 4-173

（15）在“类型属性”对话框中修改顶部扶栏类型为“无”。修改扶手 1 下类型为“管道-墙式安装”。修改位置为“右侧”。单击“确定”按钮，退出“类型属性”对话框。完成之后三维视图如图 4-174 所示。

4.6.3　坡道

坡道在建筑应用范围比较广泛，比如地下车库、商场超市、飞机场等公共场合。根据客人的用途，有轮椅、沙滩车、摩托车、仓库、卸货平台等。

1. 创建坡道

（1）绘制梯段创建坡道 1，新建一个项目文件，单击

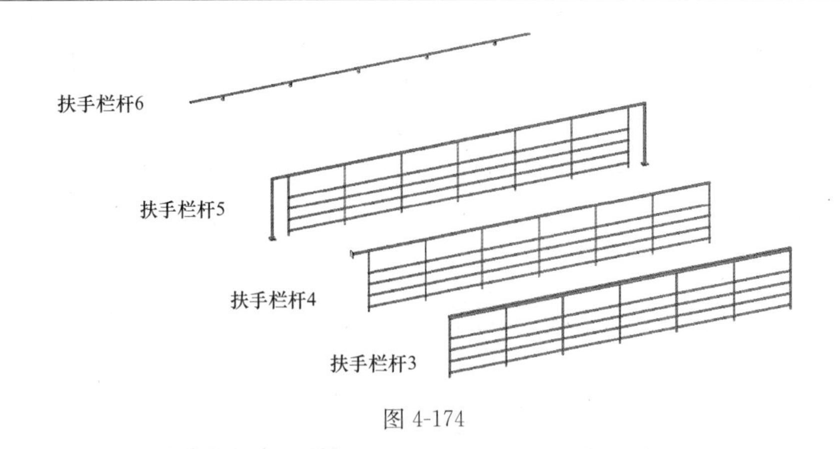

图 4-174

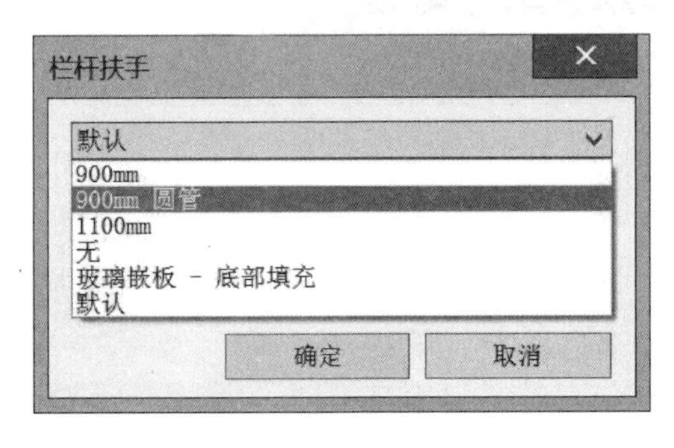

图 4-175

"建筑"选项卡"楼梯坡道"面"坡道"按钮。进入"修改创建坡道草图"上下文选项卡。单击"工具"面板"栏杆扶手"按钮，弹出"栏杆扶手"对话框，如图 4-175 所示。

（2）单击下拉列表符号，展开下拉列表，选择"900mm 圆管"选项，单击"确定"按钮，退出"栏杆扶手"对话框，确定属性选项板底部标高为"标高 1"，顶部标高为"标高 2"。如图 4-176 所示，跟绘制楼梯的方法一样，在绘图区域选择任意位置作为 1 位置，单击鼠标左键向右，输入长度为"6500mm"。单击 2 位置，向左输入长度为"6500mm"，单击 3 位置，向右直到 4 位置到达标高 2。

（3）完成之后，单击"模式"面板"✔（完成编辑模式）"按钮，完成编辑模式，切换至三维视图，如图 4-177 所示。

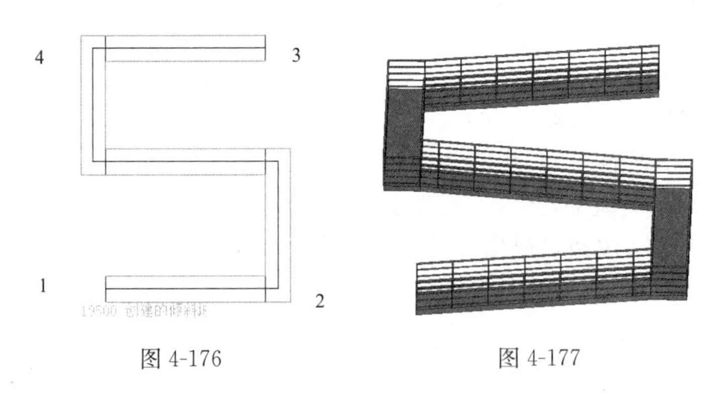

图 4-176　　　　图 4-177

2. 编辑坡道

（1）切换至"标高 1"楼层平面图，选择坡道 1，单击"模式"面板"编辑草图"按钮。进入"修改坡道>编辑草图"上下文选项卡。

（2）如图 4-178 所示，删除转角处的边界线，单击"绘制"面板"边界"按钮，选择绘制的方式为"（起点-终点-半径弧）"选项，在绘图区域绘制坡道转角处边界线。

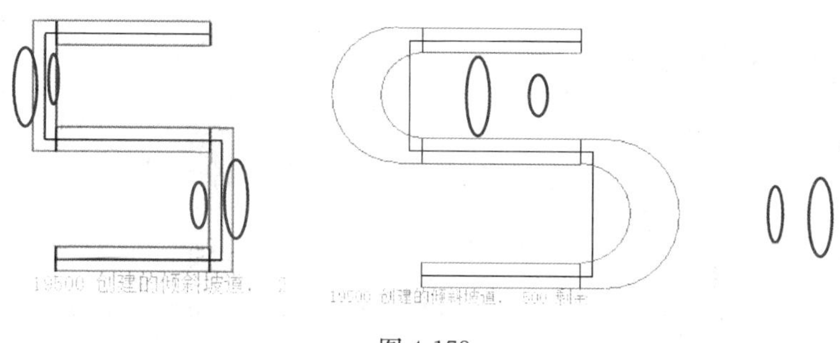

图 4-178

（3）继续单击属性选项板“编辑类型”按钮，打开“类型属性”对话框，在“类型属性”对话框中，修改坡道最大坡度（1/x）为“5”，修改造型为“实体”。如图 4-179 所示，单击“模式”面板“✔（完成编辑模式）”按钮，完成编辑模式。

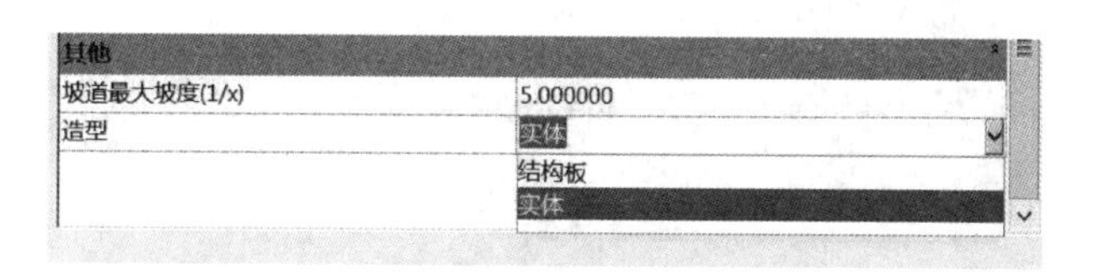

图 4-179

（4）切换至三维视图坡道 1 如图 4-180 所示，因修改了坡道 1 的类型属性，影响坡道 2（因为坡道 2 创建时，没有复制新类型），坡道 2 如图 4-181 所示。

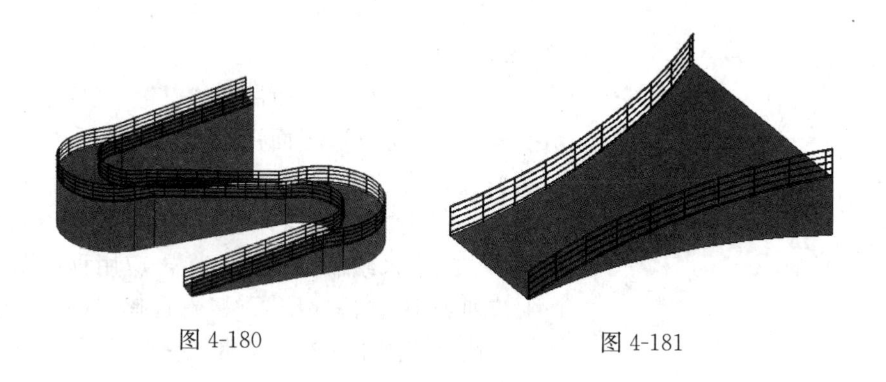

图 4-180　　　　图 4-181

4.7　建筑门窗构件

门的作用是室内、室内外交通联系和交通疏散（兼起通风采光的作用）。窗的作用是通风、采光（观景眺望的作用）。门和窗是建筑物围护结构系统中重要的组成部分，同时也是建筑造型的重要组成部分，所以它们的形状、尺寸、比例、排列、色彩、造型等对建筑的整体造型都有很大的影响。Revit 门和窗都是构建集（族），可以直接放置在项目当中通过修改其参数可以创建出新的门、窗类型。

Revit 族样板中，通过“公制门”和“公制窗”族样板，可创建门窗构建集（族）。

4.7.1 门的创建和表达

1. 创建门

门构件属于族文件，是项目的重要组成部分。Revit 软件有很多种门族，可以将其载入至项目中，也可自定义来创建门族。

步骤如下：

（1）打开软件，新建族，打开“新族-选择样板文件”对话框，选择“公制门. rft”族样板打开如图 4-182 所示。

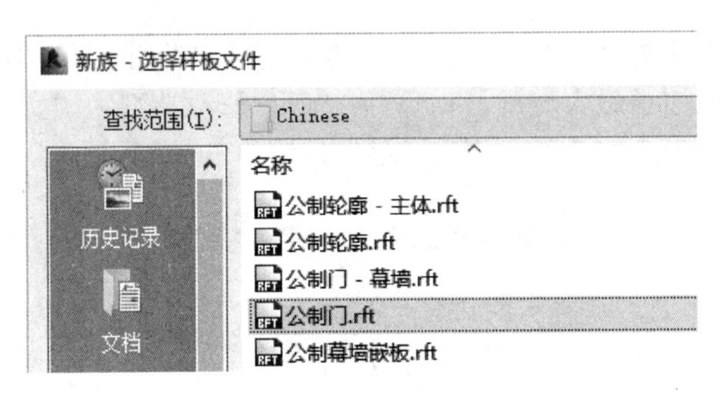

图 4-182

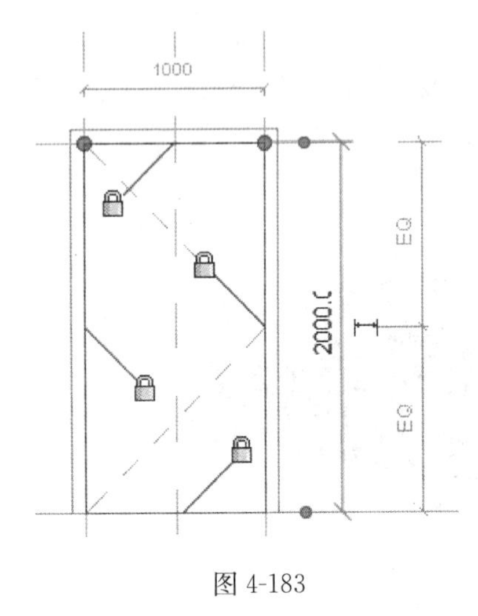

图 4-183

（2）切换至“内部”立面视图，单击“建筑”选项卡“形状”面板“拉伸”按钮，进入“修改创建拉伸”上下文选项卡，在“绘制”面板中选择绘制的方式为矩形，绘制如图 4-183 所示的矩形，并且单击四把锁，将其锁到参照平面上。

（3）单击“模式”面板中“✔”，完成草图的绘制。切换至“参照标高”平面视图，绘制如图 4-184 所示的参照平面，到中心参照的距离为 30mm，设门厚为 60mm。选择刚创建的门，将它的边拖曳到参照平面上。

（4）接下来绘制门把手。单击应用程序菜单按钮，在下拉列表中选择“新建”接着选择“族”，在族样板文件里选择“基于面的公制常规模型”，单击打开。

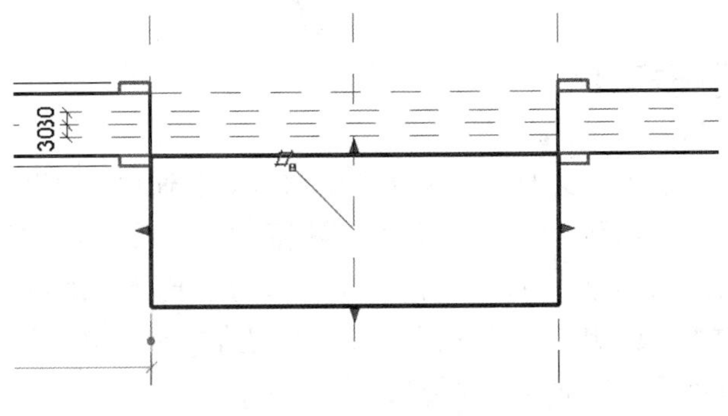

图 4-184

（5）单击“创建”选项卡“形状”面板“拉伸”按钮。进入“修改｜创建拉伸”上下文选项卡，选择“绘制”面板中绘制的方式为圆形，修改属性选项板拉伸终点为 10mm。

（6）如图 4-185 所示，单击材质后面的“▯（关联族参数）”按钮，弹出“关联族参数”对话框，单击“添加参数”按钮，弹出“参数属性”对话框。输入名称为“门把手材质”，选择属性为“实例”。单击“确定”按钮，退出“参数属性”对话框，继续单击“确定”按钮，退出“关联族参数”对话框。

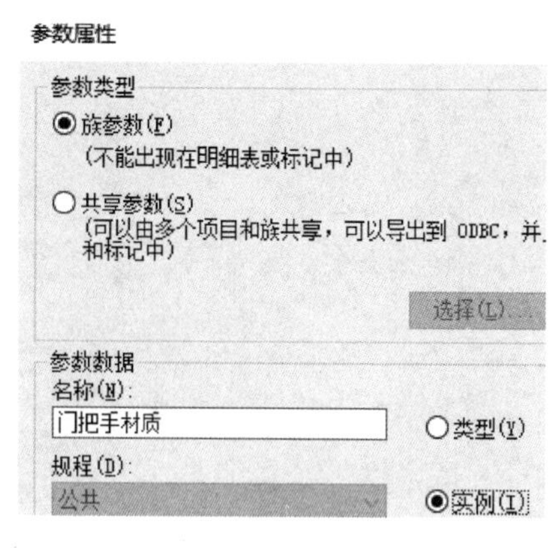

图 4-185

（7）在绘图区域的中心位置绘制半径为 40mm 的圆，单击“模式”面板“✔”，完成草图的绘制。

（8）切换至前立面，单击“创建”选项卡“形状”面板“放样”按钮。进入“修改｜放样”上下文选项卡。

（9）单击“放样”面板“绘制路径”按钮，进入“修改｜放样>绘制路径”上下文选项卡，确定绘制的方式为直线，绘制如图 4-186 所示的路径，再切换绘制的方式为“圆角弧”。勾选选项栏的“半径”选项，输入半径为 15。

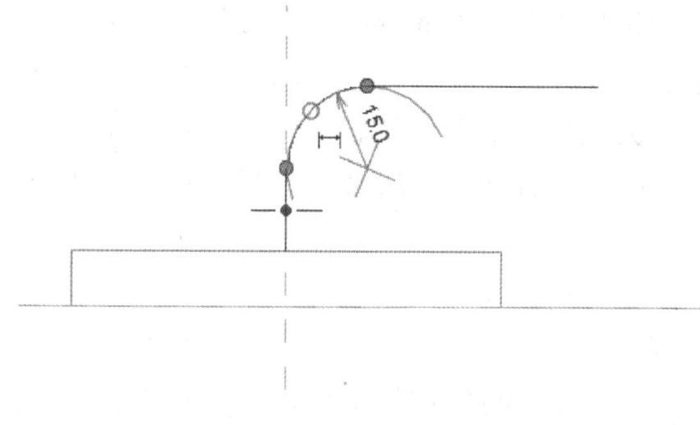

图 4-186

（10）单击“模式”面板“✔”按钮。继续单击“放样”面板“编辑轮廓”按钮，弹出“转到视图”对话框，如图 4-187 所示，选择“楼层平面：参照标高”选项，单击“打开视图”按钮。

（11）进入“修改放样>编辑轮廓”上下文选项卡，确定绘制的方式为圆形，单击属性选项板材质后面的“▯”，打开“关联族参数”对话框，选择“门把手材质”，单击“确定”按钮，如图 4-188 所示。退出“关联族参数”对话框，在绘图区域绘制一个半径为 10 的圆，单击模式面板两次“✔”，退出绘制模式如图 4-189 所示。

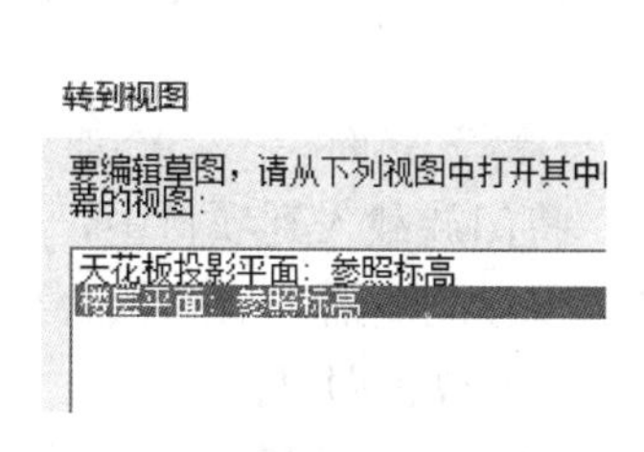

图 4-187

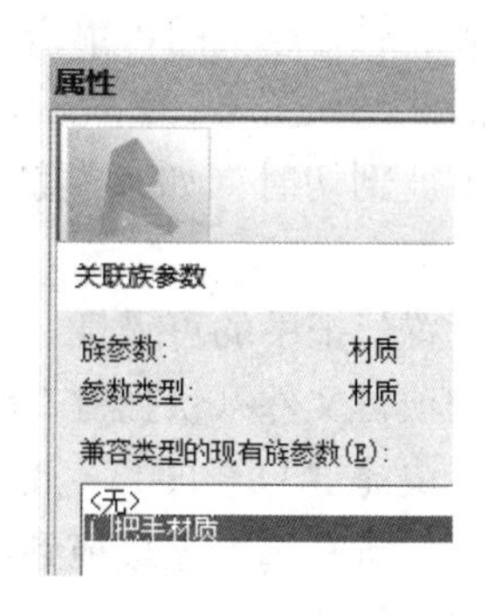

图 4-188

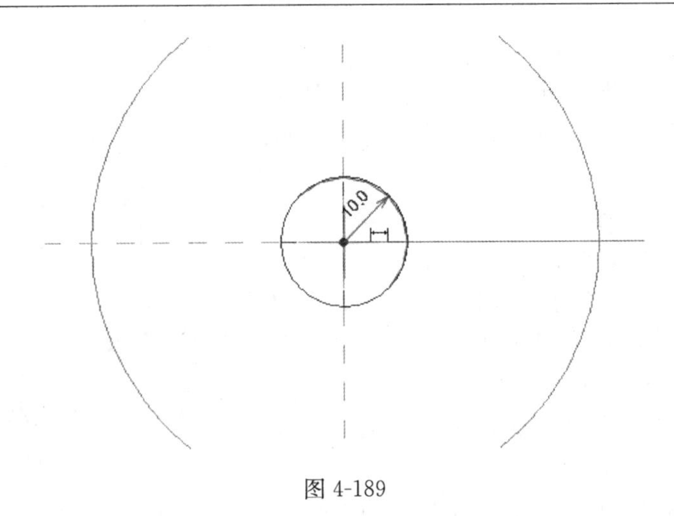

图 4-189

(12) 切换至三维视图，单击“属性”面板“族类型”按钮，打开“族类型”对话框，单击材质隐藏按钮，添加“桦木”材质。单击两次“确定”按钮，退出对话框，切换至真实模式。

(13) 单击“族编辑器”面板“载入到项目中”按钮，软件将把该族载到族 1 中，切换至内部立面视图，距底下距离为 1000mm 绘制参照平面，按快捷键“CM”(也可展开项目浏览器下的族，再展开常规模型，找到族 2，直接将它拖到项目上)，放置门把手。

(14) 切换至三维视图，选中族 2，单击属性选项板材质后面的“▯”按钮，打开“关联族参数”对话框，重复 6 步骤。输入参数名称为门材质。同理，选中门，单击属性选项板材质后面的“▯ (关联族参数)”按钮，打开“关联族参数”对话框，选中“门材质”选项。单击“确定”按钮，退出编辑模式。同理关联门框的材质为门材质。开启真实模式。

2. 门平、立面表达

步骤如下：

(1) 切换至参照标高平面视图，单击“注释”选项卡“详图”面板“符号线”按钮，进入“修改放置符号线”上下文选项卡，在“绘制”面板选择绘制的方式为矩形，确定“子类别”面板子类别为“门［投影］”。

(2) 绘制出如图 4-190 所示的矩形，继续选择绘制的方式为“◜圆心-端点弧”，绘制出弧形线，即门开启线。

(3) 绘制完成之后，选中门，单击“模式”面板“可见性设置”按钮，打开“族图元可见性设置”对话框，如图 4-191 所示，不勾选“平面/天花板平面视图”和“当在平面/天花板平面视图中被剖切时（如果类别允许)”选项。单击“确定”按钮，退出“族图元可见性设置”对话框。

(4) 同理，设置门把手的可见性，切换至“内部”立面视图，添加立面开启线。

(5) 新建一个项目文件（快捷键 Ctrl+N)，将门族载入到项目中，在空白项目中任意绘制一面墙，输入快捷键 DR (门)，也可以单击项目浏览器，展开族，再展开门，继续展开刚载入进来的族，将其选中直接拖到项目中在墙上放置即可。

(6) 放置门时，可单击“标记”面板“在放置时进行标记”按钮，平面表达如图 4-192 所示。

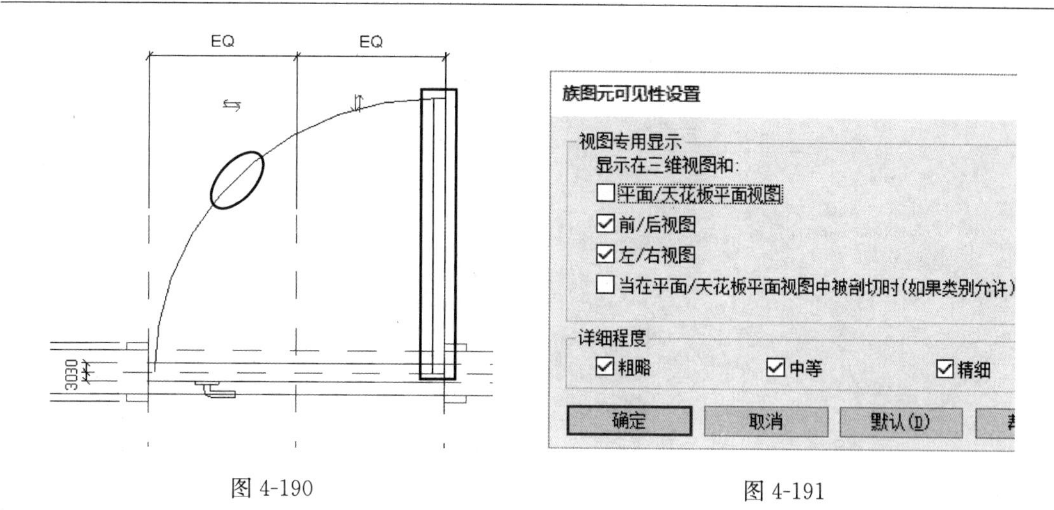

图 4-190　　　　图 4-191

4.7.2　窗的创建和表达

1. 创建窗

用自定义创建窗族与门族的创建方法相同，选择的族样板不同，环境不同。不管是建门或窗都需用参照平面去定位。

步骤如下：

(1) 新建族打开“新族-族样板文件”对话框，选择“公制窗. rft”族样板，如图 4-193 所示。

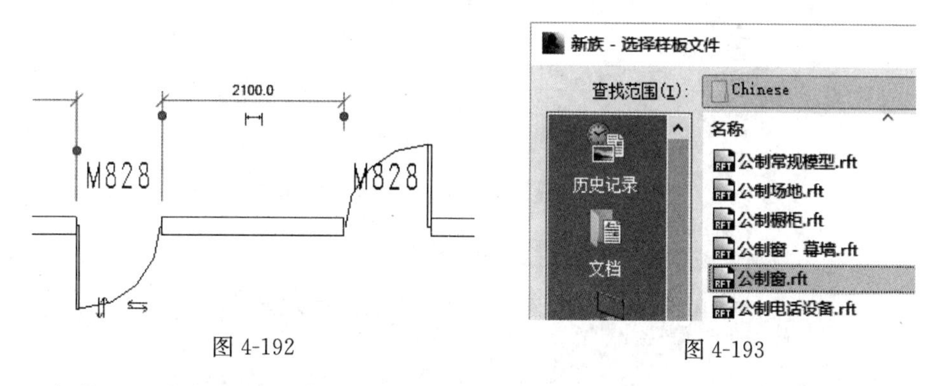

图 4-192　　　　图 4-193

(2) 切换至“内部”立面视图，用参照平面绘制出如图 4-194 所示的定位线，标注尺寸且将它锁住。

(3) 单击“创建”选项卡“形状”面板“拉伸”按钮，选择绘制的方式为矩形，绘制出如图 4-195 所示边界草图，单击属性选项板材质隐藏按钮“▭”，展开材质浏览器，添加材质为“铝”，单击“确定”按钮，退出材质浏览器对话框。

(4) 如图 4-196 所示，继续单击材质后面的“▯（关联族参数)”按钮，打开“关联族参数”对话框，单击“添加参数”按钮，弹出“参数属性”对话框。输入名称为窗材质设置参数类型为“实例”。单击两次“确定”按钮，退出所有对话框。

(5) 单击“模式”面板中“✔”，完成编辑草图模式。

(6) 切换至“参照标高”平面视图中，绘制出如图 4-197 所示参照平面，并将窗框拖曳至参照平面上。

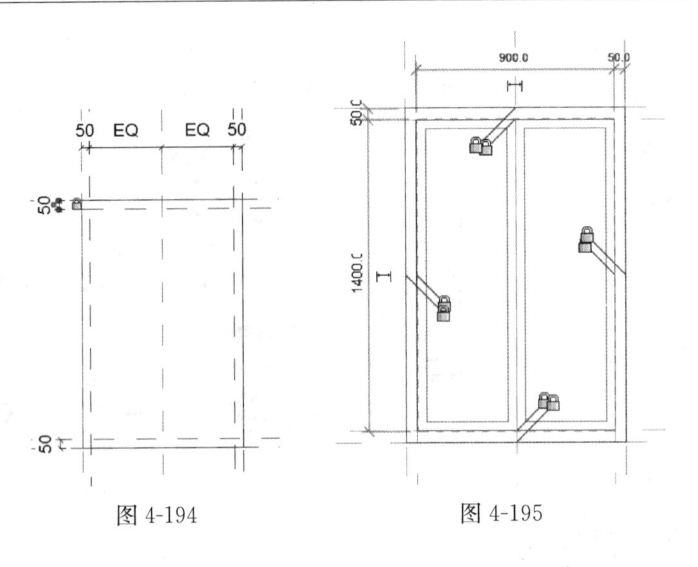

图 4-194　　　　图 4-195

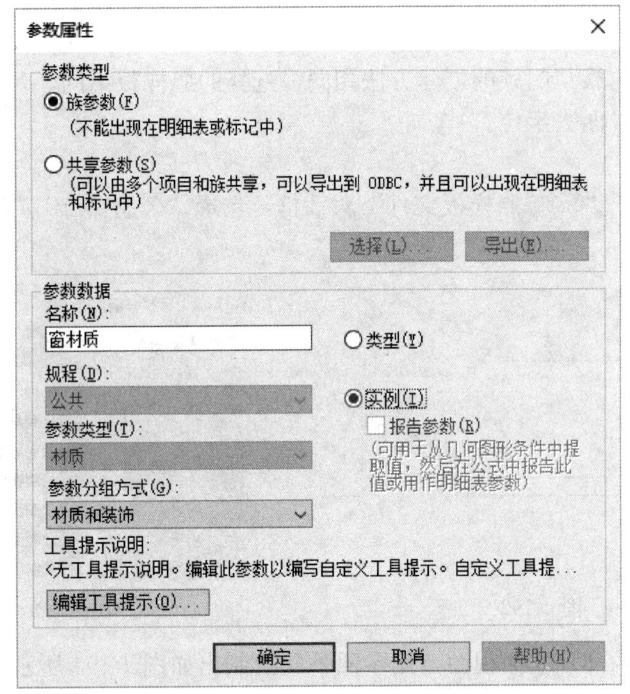

图 4-196

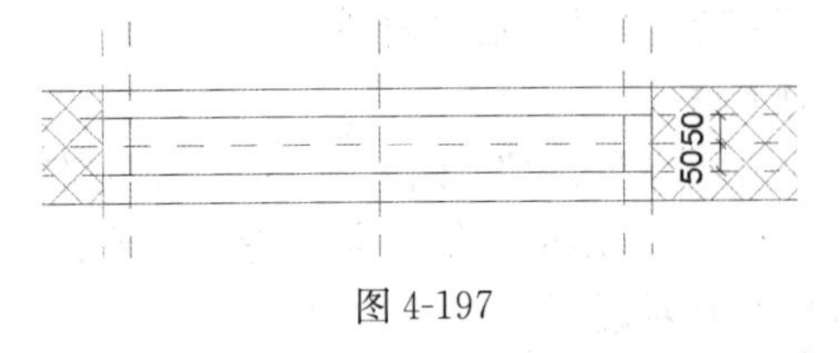

图 4-197

(7) 关闭当前视图，回到“内部”立面视图中，同理用拉伸工具继续绘制如图 4-198 所示的窗框，修改属性选项板拉伸起点为－130，拉伸终点－70，且关联窗材质参数。

(8) 继续用拉伸工具绘制如图 4-199 所示的玻璃，修改属性选项板拉伸起点为“－110”，拉伸终点为“－90”，修改材质为“玻璃，绿色”。

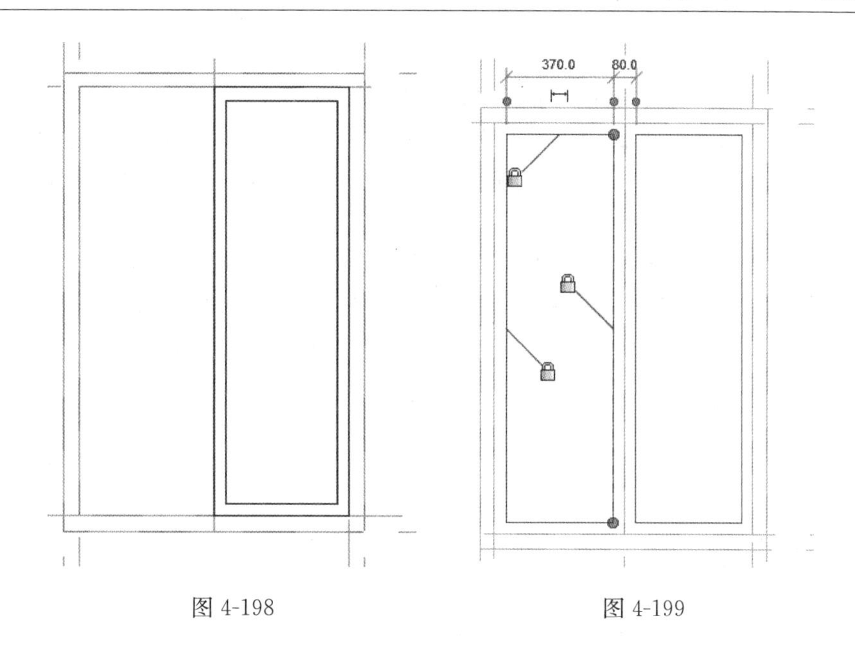

图 4-198　　　　图 4-199

（9）切换至三维视图，开启真实模式如图 4-200 所示。

（10）单击“属性”面板“族类型”按钮，打开“族类型”对话框，如图 4-201 所示单击族类型下“新建”按钮，弹出“名称”对话框，输入 C1510，单击“确定”按钮。继续单击“新建”按钮，输入名称为 C0812，单击“确定”按钮，退出“名称”对话框。修改高度为 1200mm，修改宽度为 800mm。

（11）单击“确定”按钮，退出“族类型”对话框，则创建了两种类型的窗。

（12）如图 4-202 所示，新建一个项目文件，将门载入到新建的项目中，任意绘制面墙，在墙上放置该窗户，单击属性选项板类型选择器，在下拉列表中可以相互替换两种类型的窗。

图 4-200

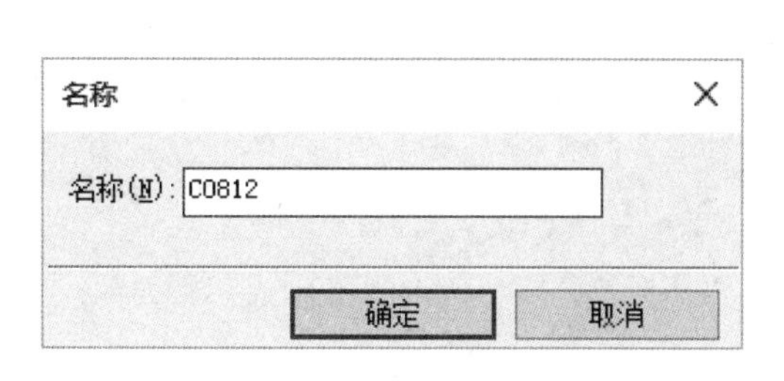

图 4-201

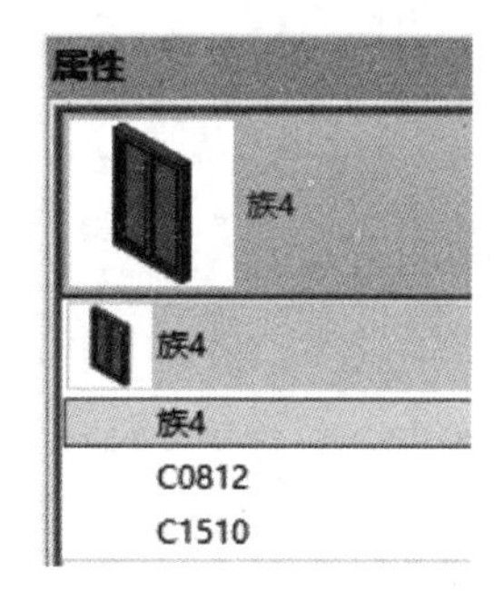

图 4-202

2. 窗平、立面表达

由于窗的平面表达不符合施工图规范，需做进一步的调整达到要求。

步骤如下：

(1) 选中窗户，单击“模式”面板“编辑族”按钮，进入族环境。

(2) 选中所有窗框和玻璃，单击“模式”面板“可见性设置”按钮打开“族图元可见性设置”对话框，不勾选“平面/天花板平面视图”和“当在平面/天花板平面视图中被剖切时（如果类别允许）”选项。

(3) 切换至“参照标高”平面视图，将所有窗框和玻璃隐藏。单击“注释”选项卡“详图”面板“符号线”按钮，进入“修改 | 放置符号线”上下文选项卡，确定绘制的方式为“直线”，确定子类别为“窗［投影］”，绘制出线如图 4-203 所示。

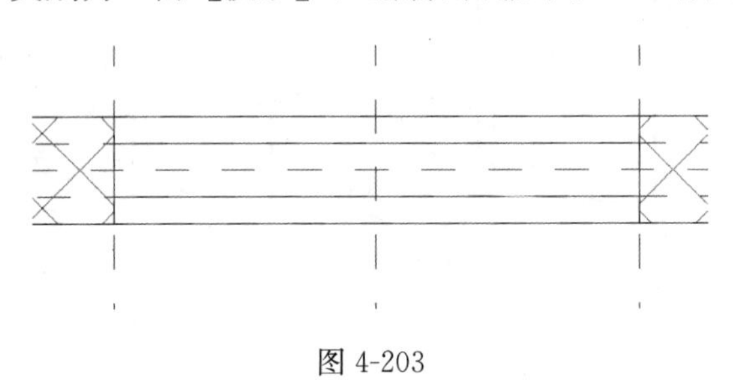

图 4-203

(4) 单击“族编辑器”面板中“载入到项目中”按钮，弹出对话框，选择“覆盖现有版本及其参数”选项，单击“确定”按钮。此时平面窗户显示样式如图 4-204 所示。

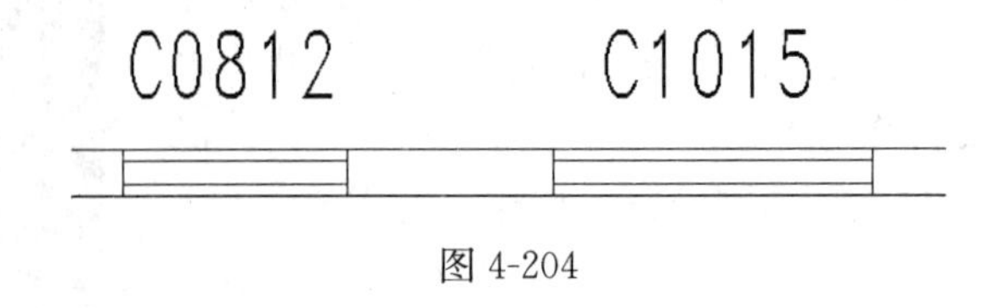

图 4-204

第 5 章　Revit 结构建模基础

5.1　Revit Structure 环境设置

Revit Structure 将多材质的物理模型与独立、可编辑的分析模型进行了集成，可实现高效的结构建模，并为常用的结构分析软件提供了双向链接。它可帮助用户在施工前对建筑结构进行更精确的可视化，从而使相关人员在设计阶段早期做出更加明智的决策。Revit Structure 为用户提供了 BIM 所拥有的优势，可帮助用户提高编制结构设计文档的多专业协调能力，最大限度地减少错误，并能够加强工程团队与建筑团队之间的合作。

本节主要介绍在用 Revit 2015 创建项目模型时，需要了解的最基本的通用功能。

5.1.1　Revit Structure 文件类型介绍

下面介绍几种常用的文件类型。

Revit 项目文件：项目文件都贴有 . rvt 扩展，并在 Revit 软件被列为建筑建模信息（BIM）程序，它集成了一组可视化三维建筑设计。存储在这些 Revit 项目文件中的数据包括由用户创建的建筑设计项目的详细信息，具体包含立面图、平面图和建筑部品以外的图像和元数据的细节。项目设置也存储在这些 . rvt 文件中。

Revit 项目样板文件：样板文件格式为 RTE，在当 Revit 中新建项目时，Revit 会自动以一个后缀名为“. rte”的文件作为项目的初始条件。每一个 Revit 软件中都提供几个默认的样板文件，您也可以创建自己的样板。基于样板的任意新项目均继承来自样板的所有族、设置（如单位、填充样式、线样式、线宽和视图比例）以及几何图形。样板文件是一个系统性文件，其中的很多内容来源于设计中的日积月累，因此我们用的样板文件也是在不断完善中。Revit 提供有多种项目样板文件，默认设置在“C\ProgramData\Autodesk\RVT2015\Templates\China”文件内。

Revit 族文件：族文件格式为 RFA，族是 Revit 中最基本的图形单元，例如梁、柱、门、窗、家具、设备、标注等都是以族文件的方式来创建和保存的。Revit 的每个族文件内都含有很多的参数和信息，像尺寸、形状、类型和其他的参数变量设置。有助于您更方便地修改项目和进行修改。可以说“族”是构成 Revit 项目的基础。

Revit 族样板文件格式为 RFT，创建新的族时，需要基于相应的样板文件，类似于新建项目要基于相应的项目样板文件。Revit 提供有多种族样板文件，默认放置在：“C：\ProgramData\Autodesk\RVT2015\Family Templates\Chinese”文件夹内。族样板文件用于创建新的族，而族文件通常用于在不同项目之间交换族。

5.1.2 新建项目文件

双击安装 Revit 2015 后的桌面图标，进入到如图 5-1 所示的启动界面。

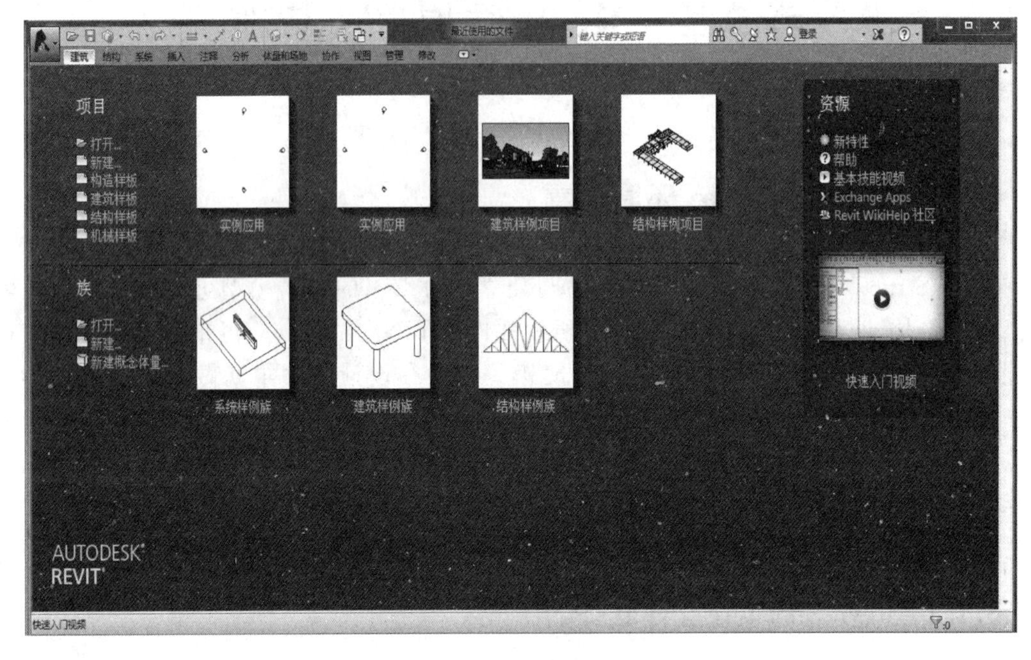

图 5-1 Revit 启动界面

可以直接点击选择“新建”，新建结构样板创建项目文件和族文件；或者选择“打开”，打开之前使用过的项目和族文件。

（1）新建项目。点击左上角应用程序菜单>“新建”>“项目”（见图 5-2），弹出“样板文件”对话框，然后下拉选择“结构样板”（见图 5-3）。

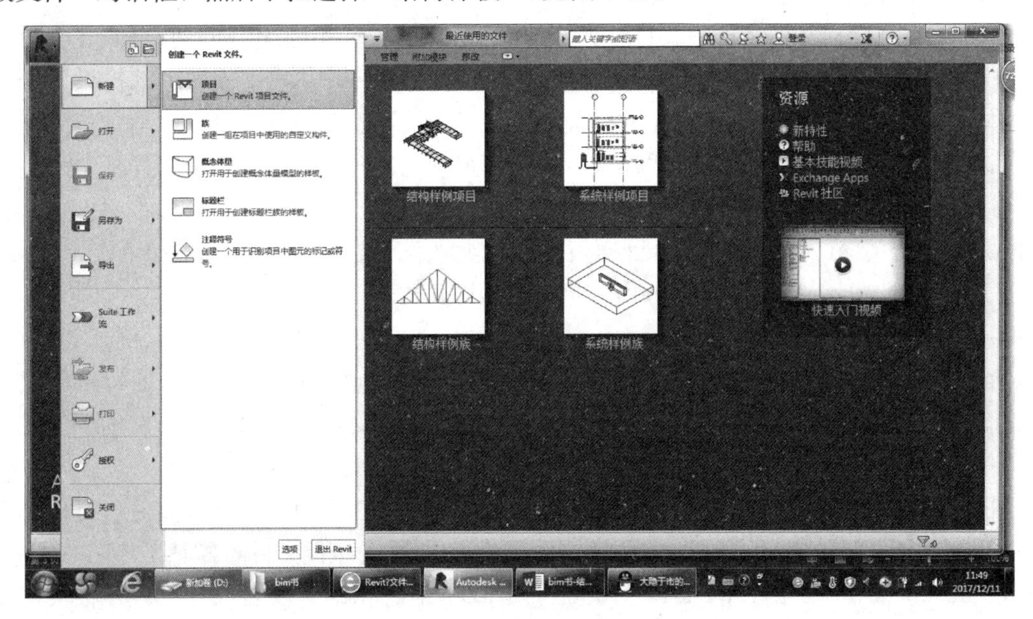

图 5-2

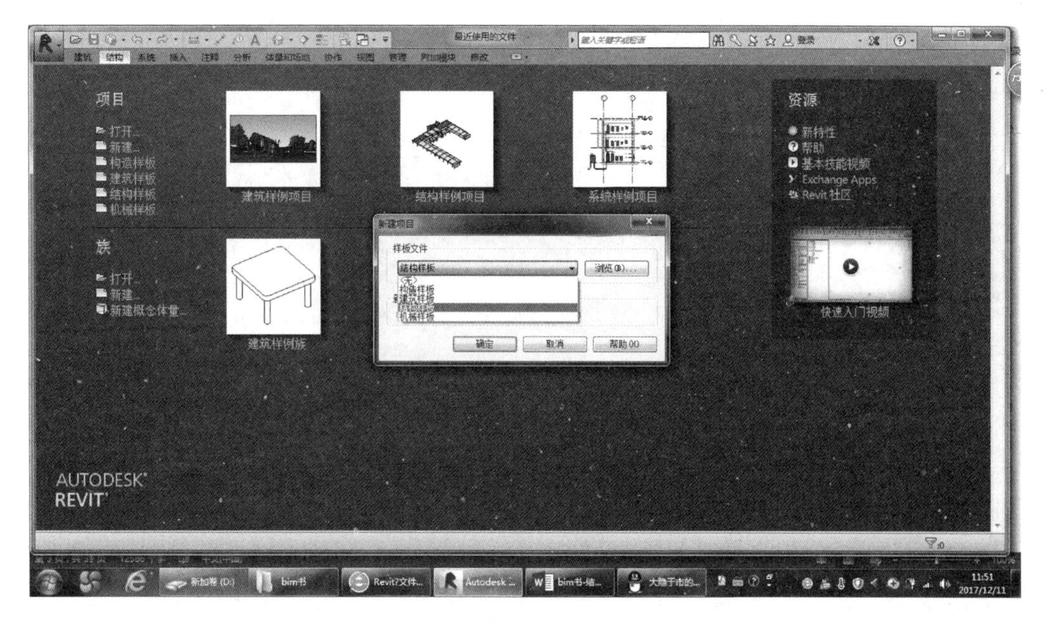

图 5-3

或点击图 5-4 中左侧“项目”下的“结构样板”，或者点击图 5-4 中“结构样例项目”。

图 5-4

(2) 保存文件。点击快速访问工具栏或应用程序菜单中的“保存”，保存项目文件，或者“另存为”指定保存路径。

5.1.3　工作环境设置

1. 选项设置

打开应用程序菜单，点击应用程序>右下角的“选项”按钮，弹出“选项”对话框，见图 5-5，可以进行一些常用的设置。

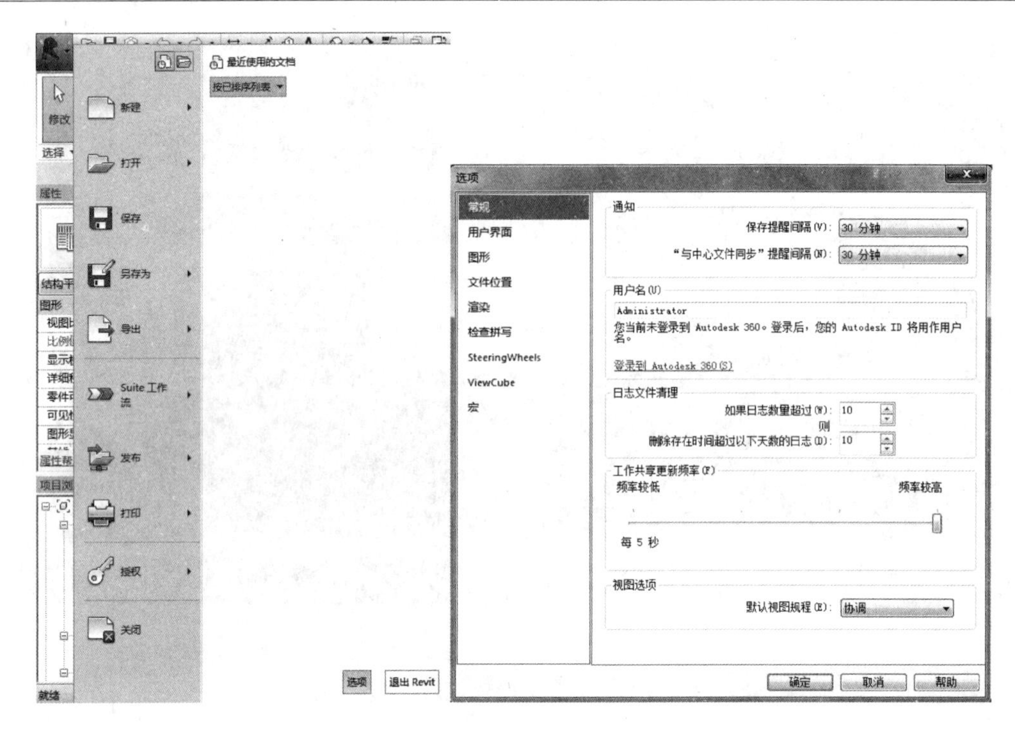

图 5-5

(1) 设置保存时间。“选项” > “常规”：可以设置“保存提醒间隔”，用户根据需要设置保存提醒时间间隔，提醒用户保存文件，避免文件丢失。

(2) 用户选项。“选项” > “用户界面” > “配置”，用户可以根据自己习惯，设置功能区显示的内容、主题、快捷键等。

(3) 背景颜色。“选项” > “图形” > “颜色”，可以进行背景颜色的修改。“选项” > “图形” > “临时尺寸标注外观”，可以对标注的尺寸和外观进行修改。

(4) 文件位置。“选项” > “文件位置”，可以对各种文件的路径进行修改。

2. 设置材质

点击“管理” > “材质”在“项目材质”，弹出“材质浏览器”对话框，见图 5-6。在下拉列表中选择所需要的材质。同时可以对该材质的“标识”，“图形”，“外观”等进行修改。

3. 设置对象样式

在 Revit 中设置构件材质有多种方法。本节中主要介绍的是在项目中根据构件的种类，进行材质设置的方法。

点击“管理” > “对象样式”，弹出“对象样式”对话框，见图 5-7，用户可以对不同对象的样式进行修改和设置。

点击“对象样式” > “模型对象”。打开“过滤器列表”，将除了“结构”之外的勾选去掉，见图 5-8。

例如：将结构基础“材质”设为“砌体-混凝土砌块”。鼠标选中“材质”对应的表格，会出现一个方形图标…，点击即可打开“材质浏览器”对话框，在对话框中选择材质，见图 5-9。

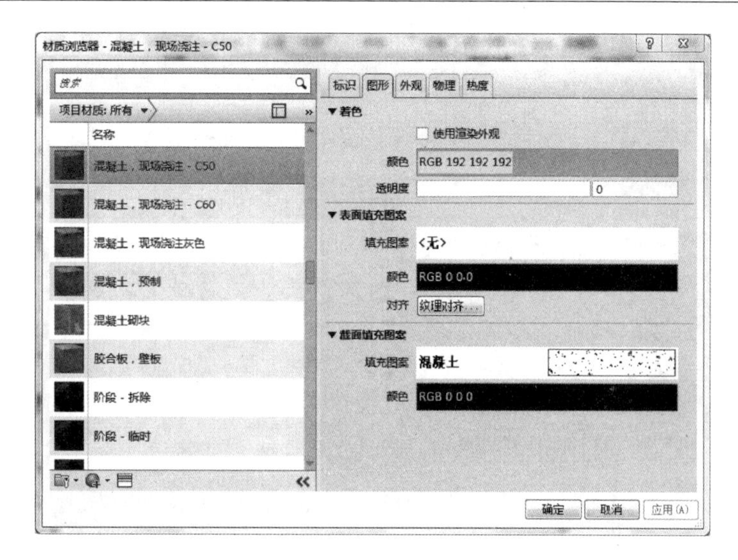
材质浏览器 - 混凝土，现场浇注 - C50
项目材质: 所有
名称
混凝土，现场浇注 - C50
混凝土，现场浇注 - C60
混凝土，现场浇注灰色
混凝土，预制
混凝土砌块
胶合板，壁板
阶段 - 拆除
阶段 - 临时
标识
图形
外观
物理
热度
着色
使用渲染外观
颜色
RGB 192 192 192
透明度
0
表面填充图案
填充图案
<无>
RGB 0 0 0
对齐
纹理对齐...
截面填充图案
混凝土
确定
取消
应用 (A)

图 5-6

对象样式
模型对象
注释对象
分析模型对象
导入对象
过滤器列表 (F):
<全部显示>
类别
线宽
投影
截面
线颜色
线型图案
材质
HVAC 区
专用设备
体量
停车场
卫浴装置
喷头
地形
场地
坡道
墙
天花板
安全设备
家具
黑色
实线
默认形状
土壤
默认墙
全选 (S)
不选 (E)
反选 (I)
修改子类别
新建 (N)
删除 (D)
重命名 (R)
确定
取消
应用 (A)
帮助

图 5-7

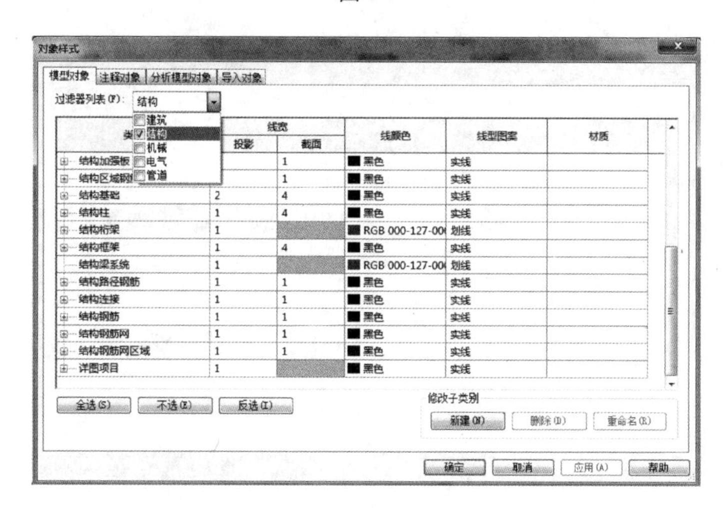
对象样式
模型对象
注释对象
分析模型对象
导入对象
过滤器列表 (F):
结构
建筑
结构
机械
电气
管道
线宽
投影
截面
线颜色
线型图案
材质
结构加强板
结构区域钢筋
结构基础
结构柱
结构桁架
结构框架
结构梁系统
结构路径钢筋
结构连接
结构钢筋
结构钢筋网
结构钢筋网区域
详图项目
黑色
实线
RGB 000-127-00
划线
全选 (S)
不选 (E)
反选 (I)
修改子类别
新建 (N)
删除 (D)
重命名 (R)
确定
取消
应用 (A)
帮助

图 5-8

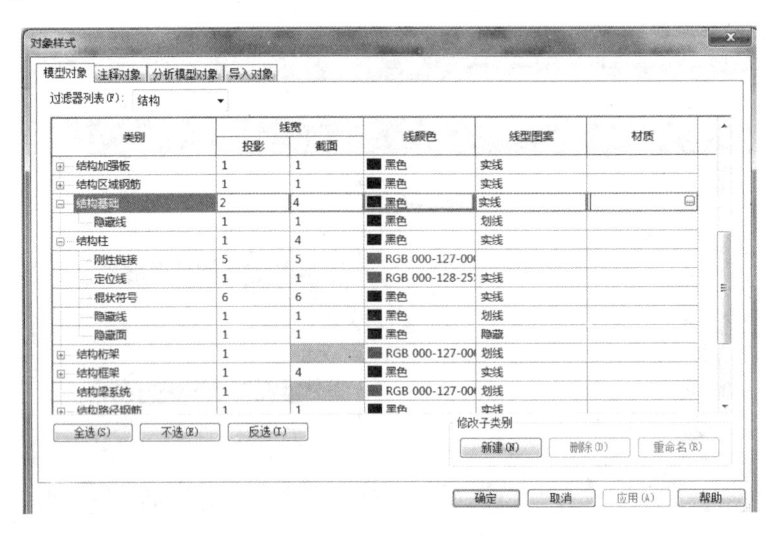

图 5-9

在“项目材质”下拉列表中选择“砌体”>“混凝土砌块”，同时可以对该材质的“标识”、“图形”、“外观”等进行修改，见图 5-10。

如果同种类型的构建中包含了不同的材质，比如混凝土砌块基础和普通砖基础。可以通过子类来设置。在“对象样式”的对话框中，点击“修改子类别”>新建，弹出“新建子类别”对话框，见图 5-11，输入名称“普通砖-基础”，点击“确定”完成创建。

4. 设置捕捉

点击“管理”>“捕捉”，弹出“捕捉”对话框，见图 5-12，用户可以对“尺寸标注捕捉”，“对象捕捉”等进行设置。

5. 设置项目信息

点击“管理”>“项目信息”，弹出“项目属性”对话框，见图 5-13，用户可以编写“组织名称”，“建筑名称”，“项目名称”等。

图 5-10（一）

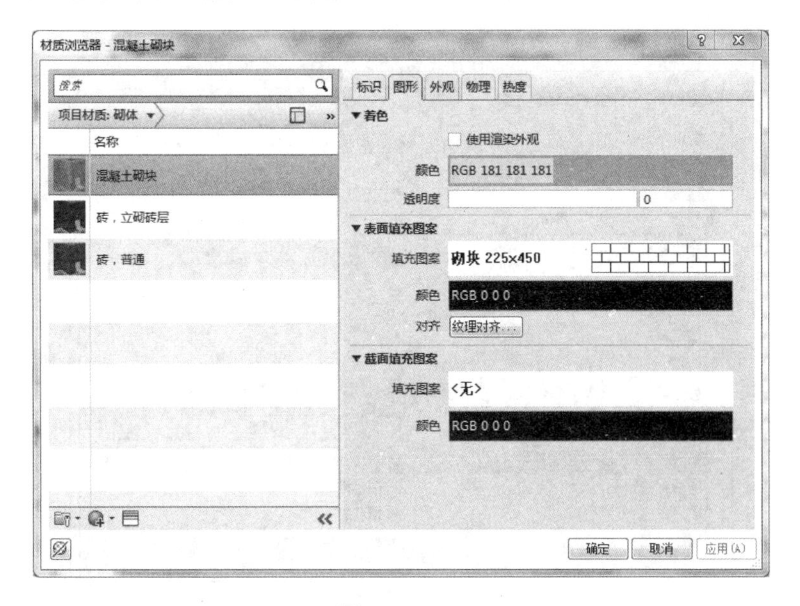

图 5-10（二）

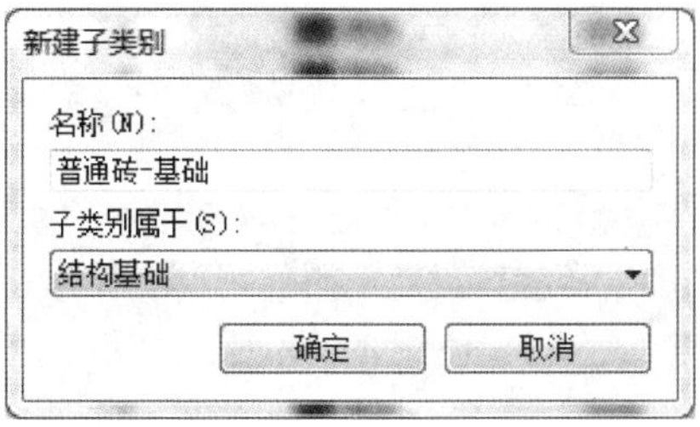

新建子类别

名称(N):

普通砖-基础

子类别属于(S):

结构基础

确定　取消

图 5-11

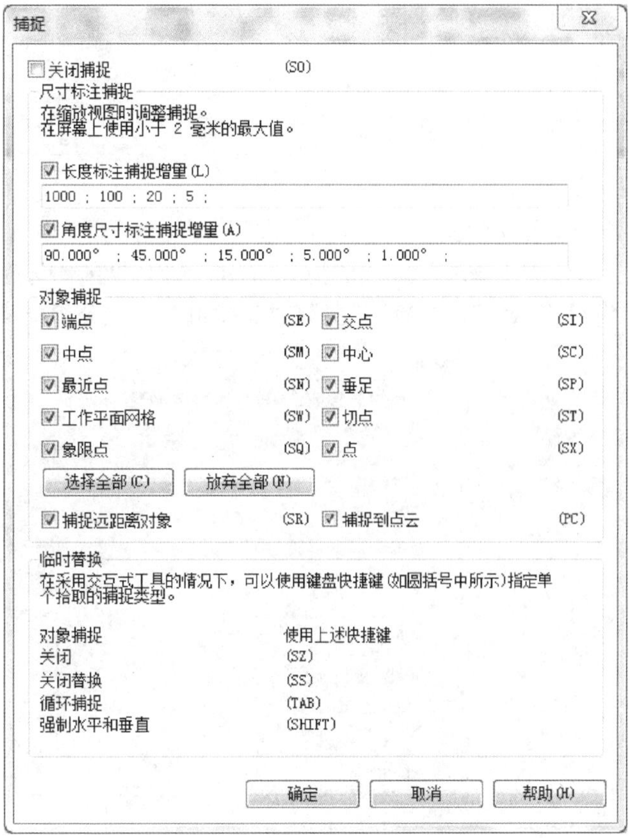

捕捉

☐ 关闭捕捉 (SO)

尺寸标注捕捉

在缩放视图时调整捕捉。
在屏幕上使用小于 2 毫米的最大值。

☑ 长度标注捕捉增量(L)

1000 ; 100 ; 20 ; 5 ;

☑ 角度尺寸标注捕捉增量(A)

90.000° ; 45.000° ; 15.000° ; 5.000° ; 1.000° ;

对象捕捉

☑ 端点 (SE)　☑ 交点 (SI)

☑ 中点 (SM)　☑ 中心 (SC)

☑ 最近点 (SN)　☑ 垂足 (SP)

☑ 工作平面网格 (SW)　☑ 切点 (ST)

☑ 象限点 (SQ)　☑ 点 (SX)

选择全部(C)　放弃全部(N)

☑ 捕捉远距离对象 (SR)　☑ 捕捉到点云 (PC)

临时替换

在采用交互式工具的情况下，可以使用键盘快捷键(如圆括号中所示)指定单个拾取的捕捉类型。

对象捕捉　使用上述快捷键
关闭　(SZ)
关闭替换　(SS)
循环捕捉　(TAB)
强制水平和垂直　(SHIFT)

确定　取消　帮助(H)

图 5-12

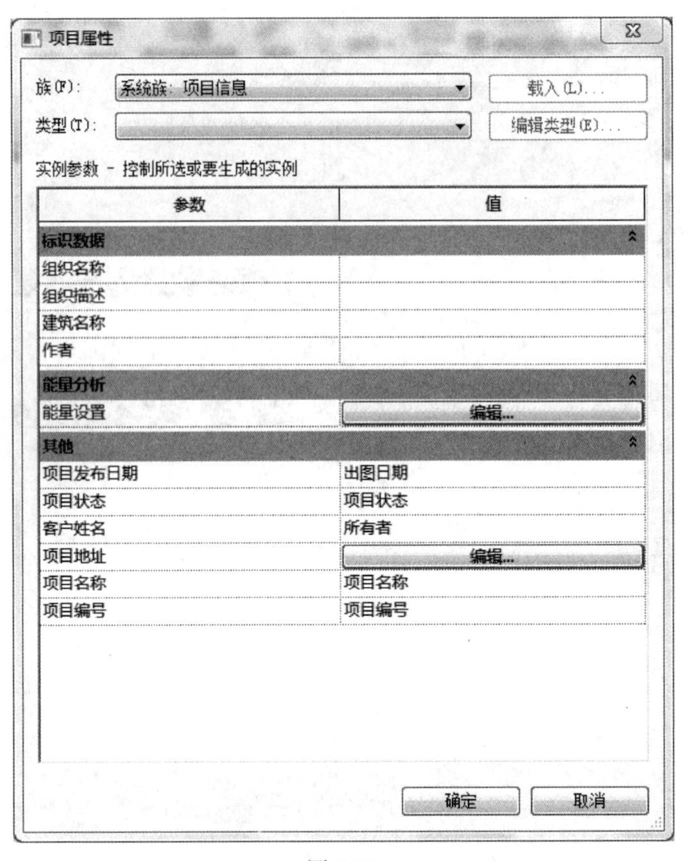

图 5-13

6. 结构设置

点击“管理”＞“结构设置”，弹出“结构设置”对话框，见图 5-14，用户可以对“符号表示法”，“荷载工况”，“荷载组合”，“分析模型”，“边界条件”等进行设置。

图 5-14

7. 创建标高，轴网

标高和轴网的创建，参考“4.1 建筑场地与轴网标高创建”。

5.1.4 实例应用

打开平面视图，启动轴网命令，在绘图区域绘制如图5-15所示的轴网，并对轴网进行调整重命名。

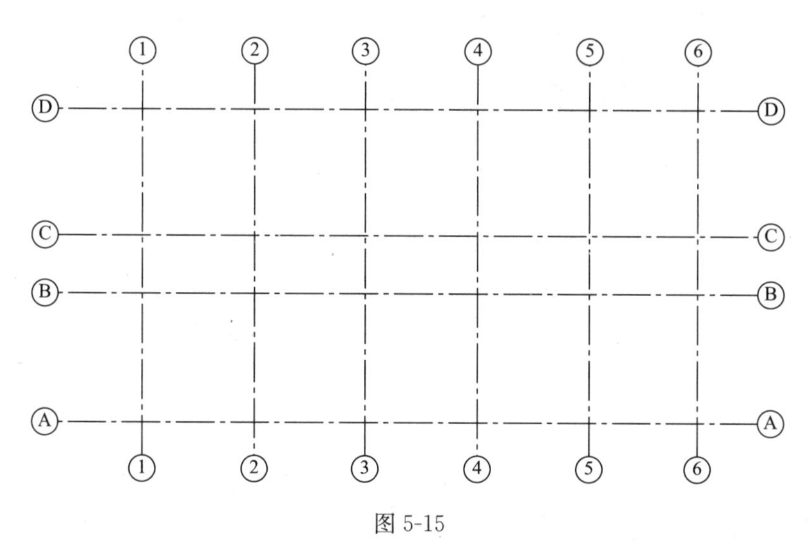

图5-15

选中轴网，然后点击“修改”选项卡中的“”，见图5-16。完成锁定，见图5-17。

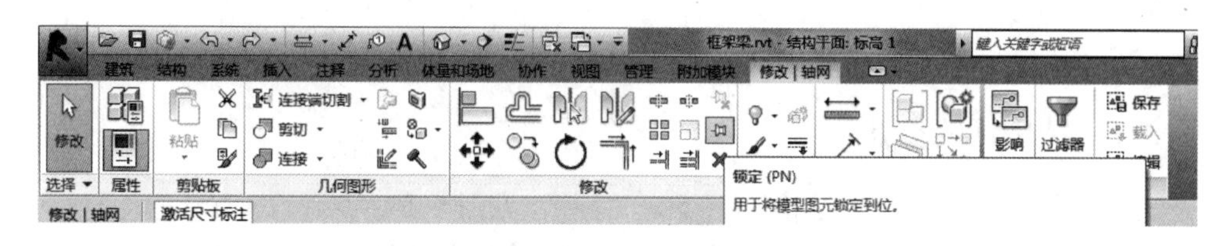

图5-16

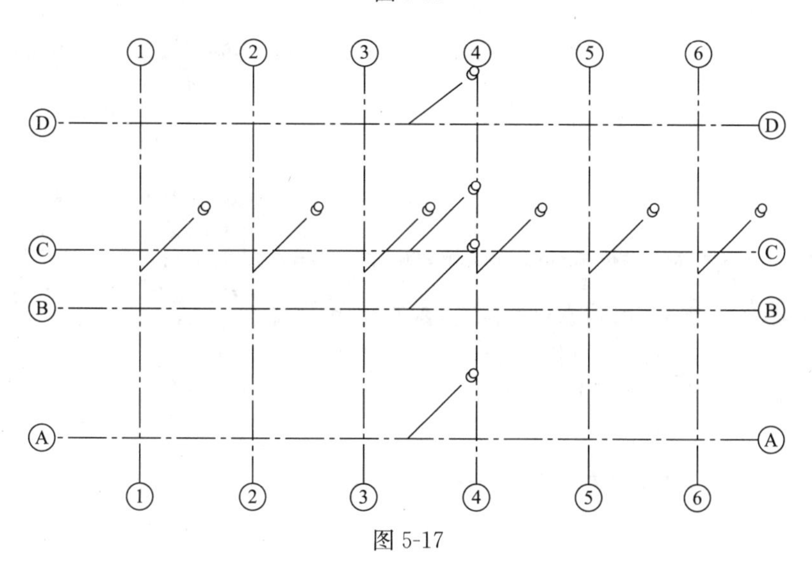

图5-17

选中所有轴网，点击“修改｜轴网”选项卡＞“基准”面板＞“影响范围”，在弹出的“影响基准范围”对话框中，勾选所有的视图，见图 5-18。

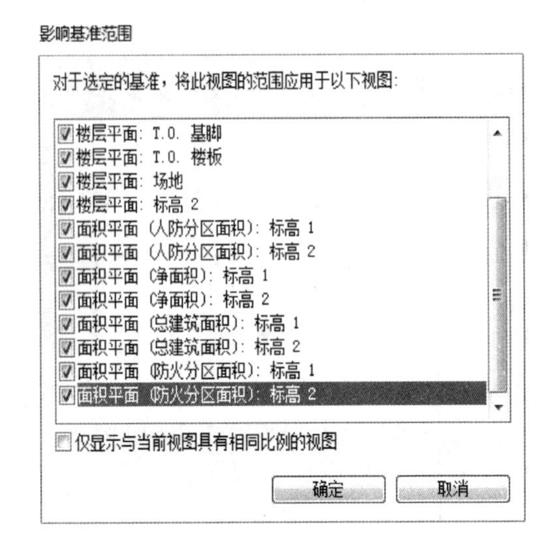

图 5-18

用户可以将现有的 CAD 图纸导入到项目中，放置在相应的标高上。依照 CAD 图纸中的定位，根据图中现有内容，快速准确地建模。

5.2 结构柱

5.2.1 结构柱的创建

点击“结构”选项卡＞“结构”面板＞“柱”，见图 5-19。

在弹出的“属性面板”中选择合适的结构柱的类型，见图 5-20。

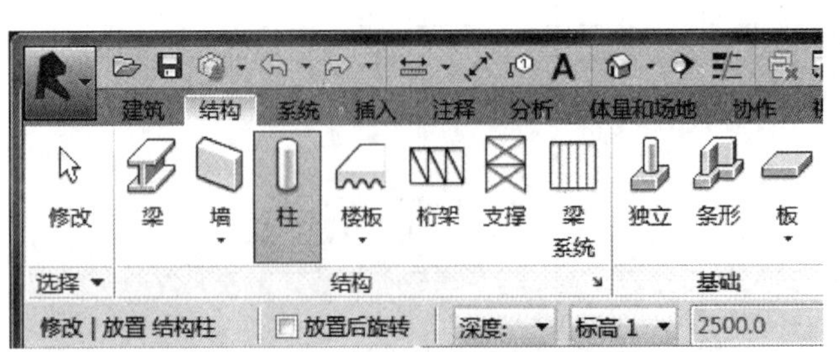

图 5-19

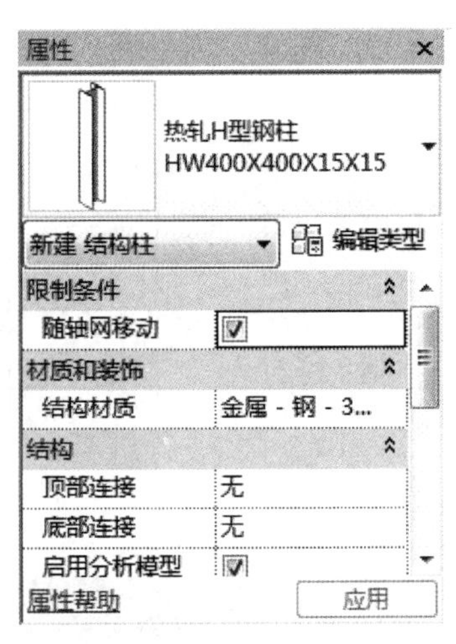

图 5-20

以创建“400mm×400mm”混凝土柱为例，说明创建柱类型，有四种方法：

（1）创建新的类型柱

在类型选择器中，选择任意类型的混凝土。点击“属性面板”中的“编辑类型”，见图5-20。弹出“类型属性”对话框，下拉“族”菜单，选择“混凝土-矩形-柱”，点击对话框右上角的“复制”按钮，见图5-21。弹出“名称”对话框，输入新类型名称“400mm×400mm”，见图5-22。点击“确定”之后，在弹出的对话框中将“尺寸标注”的“b”和“h”分别修改为“400”，见图5-23。

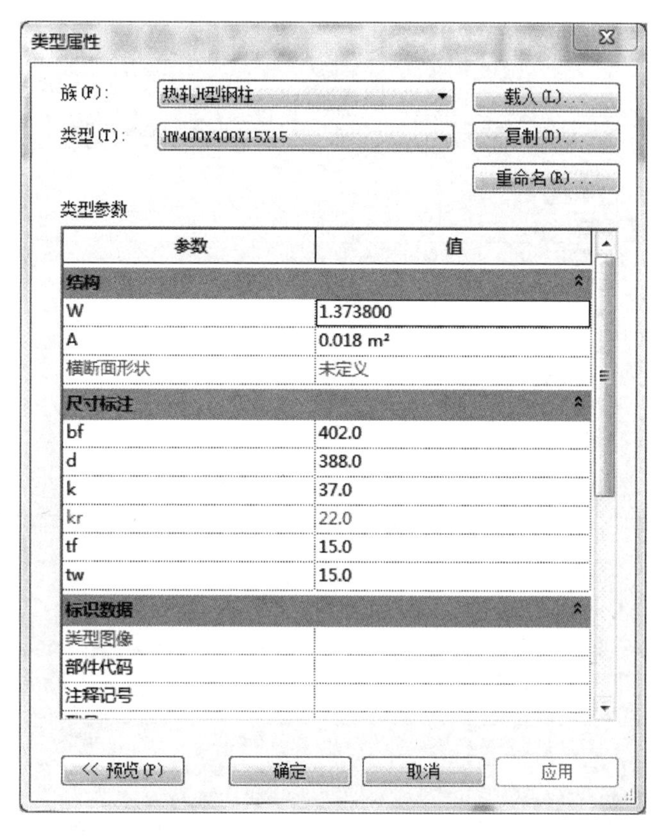

图5-21

（2）外部载入族文件创建柱

点击“属性”面板中的“编辑类型”，弹出“类型属性”对话框，点击“载入”，弹出“打开”对话框，见图5-24。

依次打开“结构”，“柱”文件夹，选择合适的族文件。比如选择“混凝土”文件夹中的“混凝土-圆形-柱”，见图5-25。

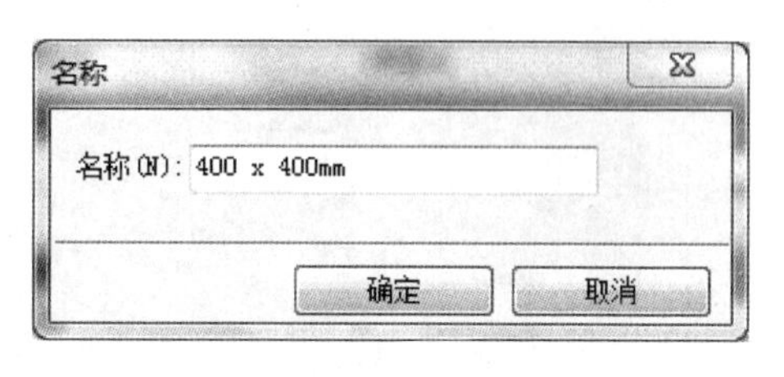

图5-22

载入族文件还有两种方法：

① 点击选项卡“插入”，点击“载入族”，见图5-26，用户根据需要选择需要的族文件。

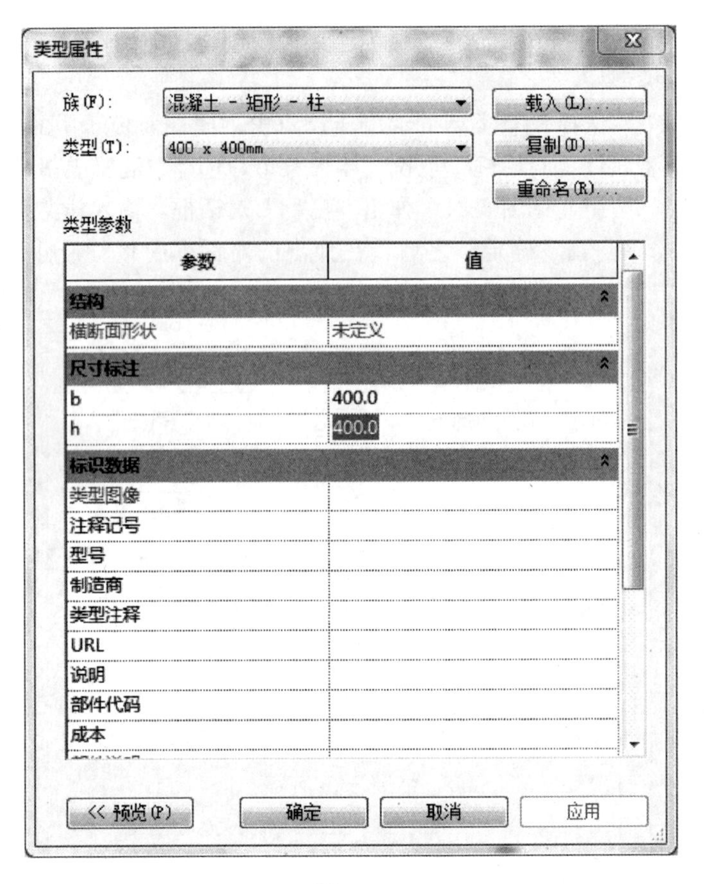
类型属性
族(F): 混凝土 - 矩形 - 柱
载入(L)...
类型(T): 400 x 400mm
复制(D)...
重命名(R)...
类型参数
参数
值
结构
横断面形状
未定义
尺寸标注
b
400.0
h
400.0
标识数据
类型图像
注释记号
型号
制造商
类型注释
URL
说明
部件代码
成本
<< 预览(P)
确定
取消
应用

图 5-23

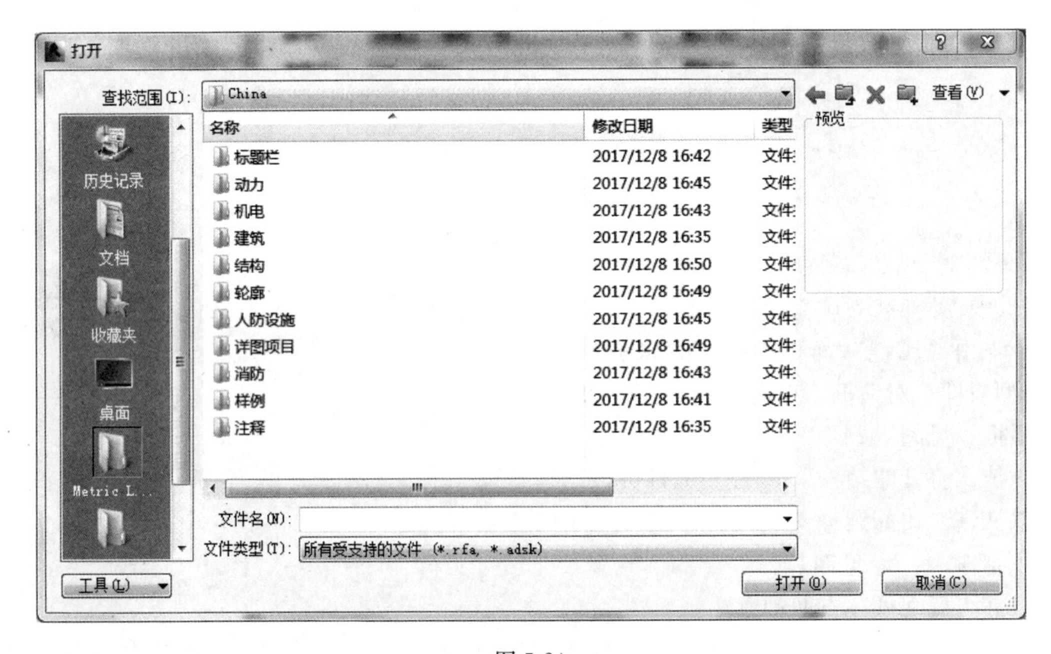
打开
查找范围(I): China
查看(V)
名称
修改日期
类型
预览
历史记录
文档
收藏夹
桌面
Metric L...
标题栏 2017/12/8 16:42
动力 2017/12/8 16:45
机电 2017/12/8 16:43
建筑 2017/12/8 16:35
结构 2017/12/8 16:50
轮廓 2017/12/8 16:49
人防设施 2017/12/8 16:45
详图项目 2017/12/8 16:49
消防 2017/12/8 16:43
样例 2017/12/8 16:41
注释 2017/12/8 16:35
文件名(N):
文件类型(T): 所有受支持的文件 (*.rfa, *.adsk)
工具(L)
打开(O)
取消(C)

图 5-24

图 5-25

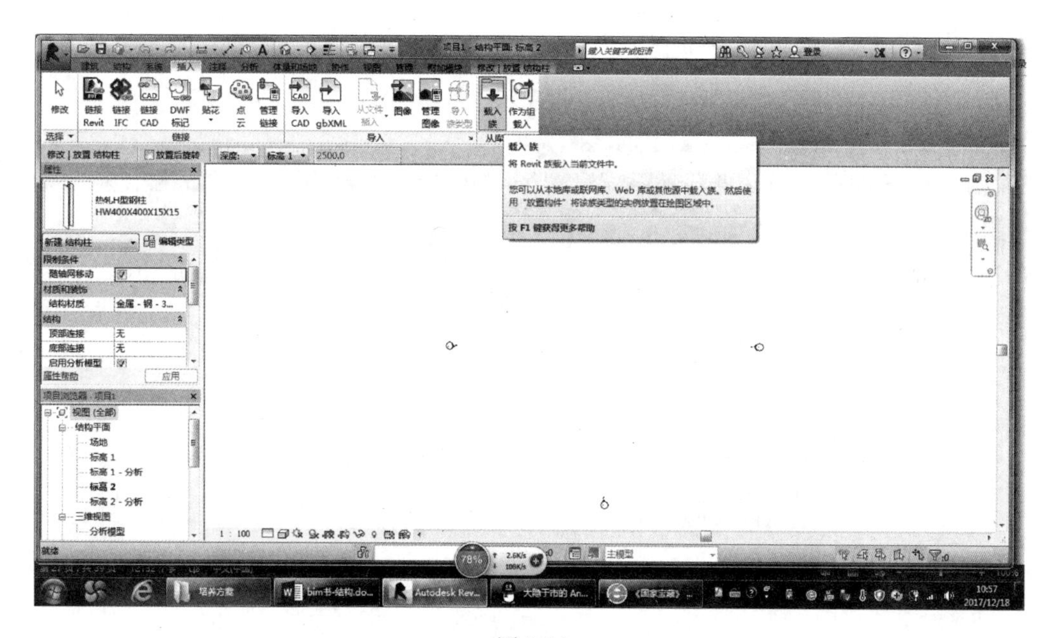

图 5-26

② 依次点击▪，“打开”＞“族”，用户根据需要选择需要的族文件，见图 5-27。

5.2.2　放置结构柱

1. 放置垂直柱

启动结构柱命令后，“修改｜放置结构柱”选项卡＞“放置”面板中默认“垂直柱”，见图 5-28。

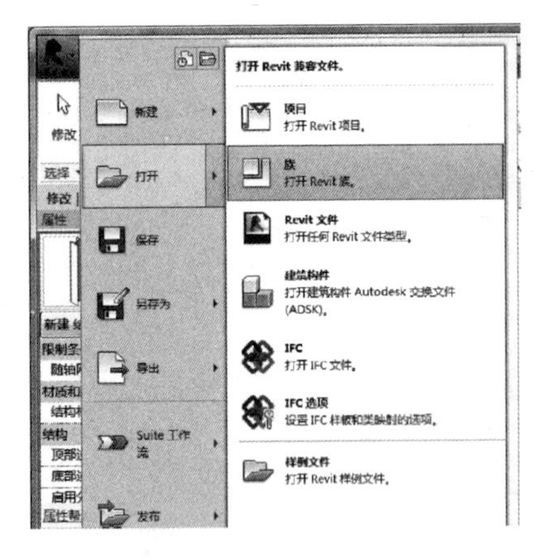

图 5-27

可以在选项栏中对柱子的上下边界进行设定，见图 5-29。

“高度”表示自本标高向上的界限，“深度”表示自本标高向下的界限。

选择某一标高平面，表示界限位于标高平面上，比如选择“高度”“标高 2”，那么该柱的上界就位于标高 2 上，且会随标高 2 的高度的改变而移动。选择“高度”时，后面设置的标高一定要比当前的标高平面高；选择“深度”时，后面的标高设置要比当前标高平面低，否则程序无法创建，出现警告框提示，见图 5-30。

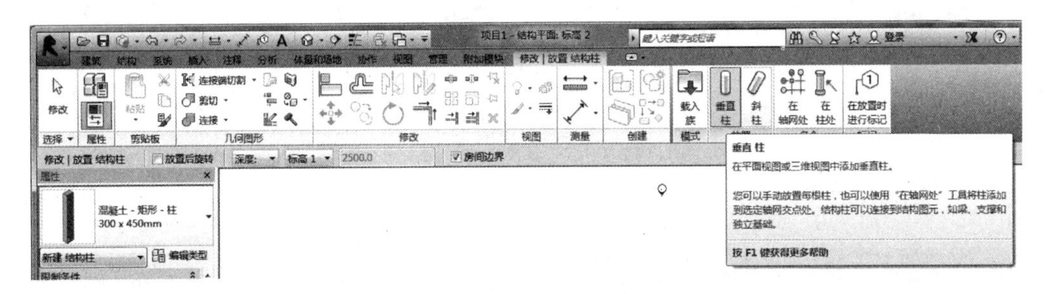

图 5-28

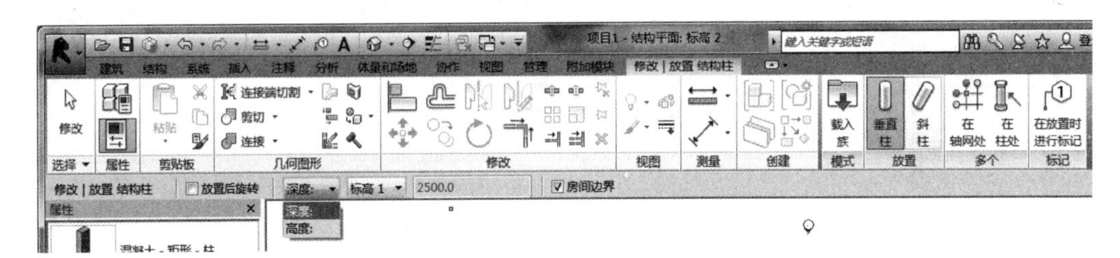

图 5-29

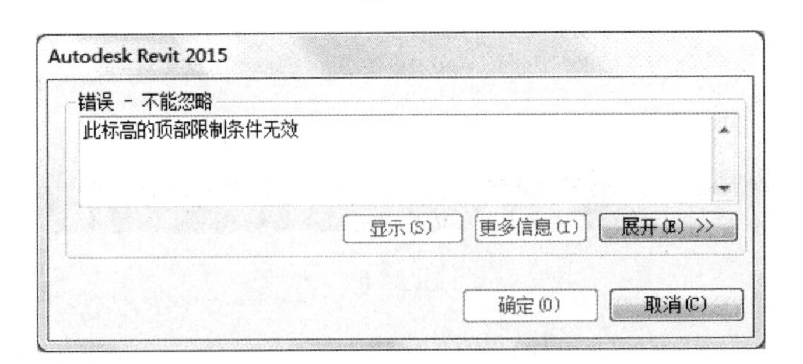

图 5-30

选择“高度”或者“深度”的“无连接”，需要在右侧的框中输入具体的数值，见图 5-31。“无连接”意思是指，该构件向上或向下的具体尺寸，是一个固定值，在标高修改时，构件的高度保存不变。用户不能输入 0 或负值，否则系统会弹出警示，要求用户输入小于 9144000mm 的正值。

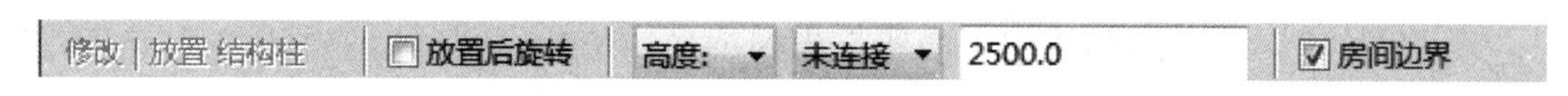

图 5-31

用户可以在“属性”面板中选择要放置的类型，并可对参数进行修改。也可以在放置后修改这些参数，见图 5-32。

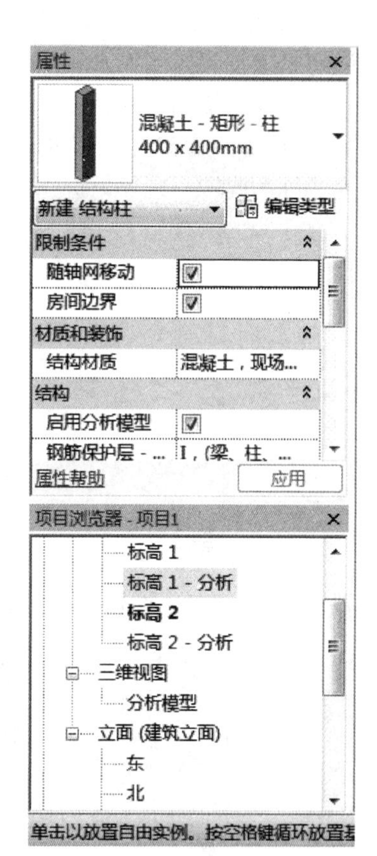

图 5-32

(1) 限制条件

随轴网移动：将垂直柱限制条件改为轴网。结构柱会固定在该交点处，若轴网位置发生变化，柱会跟随轴网交点的移动而移动。

房间边界：将柱限制条件改为房间边界条件。

(2) 材质和装饰

结构材质：定义了柱的材质。

(3) 结构

启用分析模型：显示分析模型，并将它包含在分析计算中。默认情况下处于选中状态。

钢筋保护层-顶面：只适用于混凝土柱。设置与柱顶面间的钢筋保护层距离。

钢筋保护层-底面：只适用于混凝土柱。设置与柱底面间的钢筋保护层距离。

钢筋保护层-其他面：只适用于混凝土柱。设置从柱到其他图元间的钢筋保护层距离。

(4) 尺寸标注

体积：所选柱的体积。该值为只读。

(5) 标识数据

图像：点击图像右侧的▭，弹出管理图像对话框，见图 5-33。

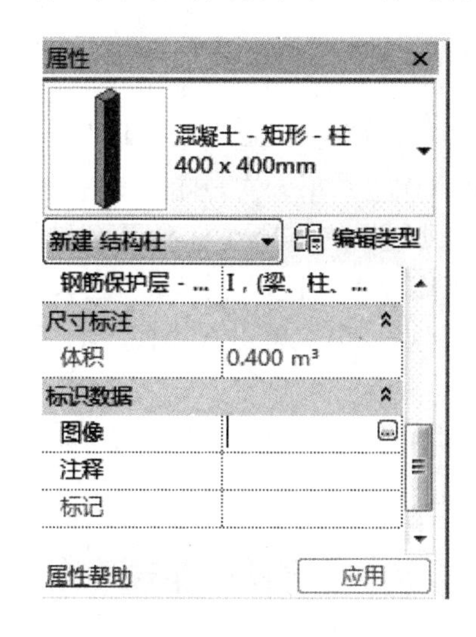

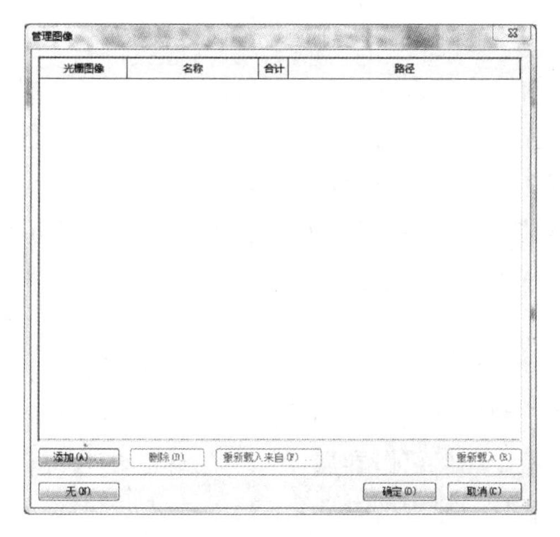

图 5-33

“管理图像”对话框列出模型中的所有光栅图像，包括保存到模型的任何渲染图像。您还可以使用此对话框将图像添加到要与图元关联并建立明细表的模型中。

“管理图像”对话框为您提供了从模型中删除图像的唯一一种方法。无法通过从视图或图纸中将图像删除来删除模型中的图像。

注释：使用尺寸标注、文字注释、注释记号、标记和符号改善施工图文档。

“放置后旋转”：在平面视图放置垂直柱，程序会显示柱子的预览。如果需要在放置时完成柱的旋转，则要勾选选项栏的“放置后旋转”，见图 5-34。

图 5-34

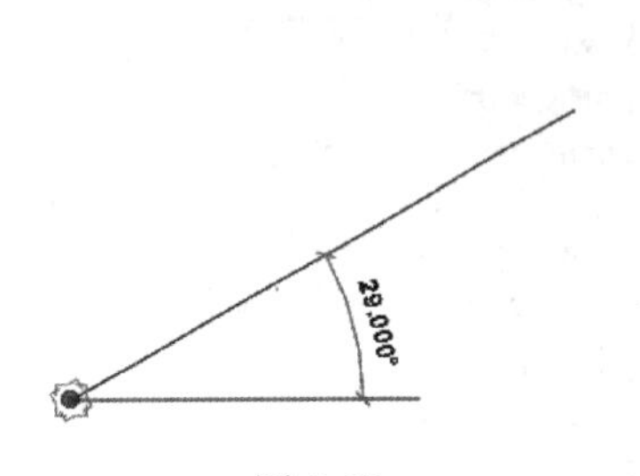

图 5-35

勾选“放置后旋转”后，放置垂直柱，选择角度，见图 5-35。

放置结构柱，可以一个一个地将柱子放置在所需要的位置，也可以批量地完成结构柱的放置。点击“在轴网处”，见图 5-36。

选择需要放置柱的轴网，按“Ctrl”可以继续选择，放置多个柱，程序在选择好的轴网交叉处放置柱，见图 5-37。

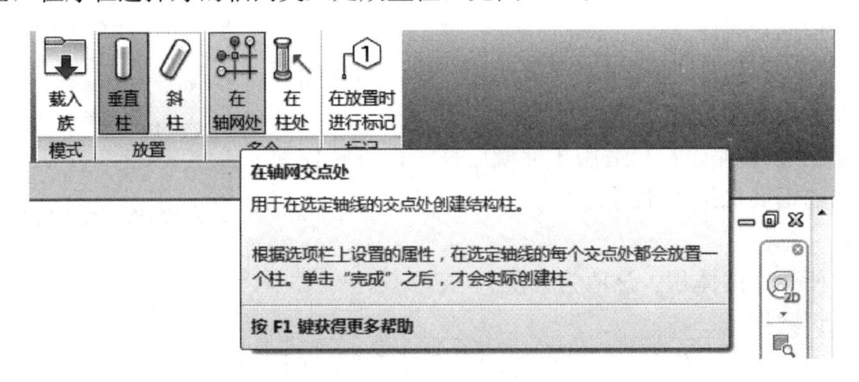

图 5-36

2. 放置斜柱

启动结构柱命令，点击“修改丨放置结构柱”>“放置”>“斜柱”，见图 5-38。

放置斜柱时，选项栏中可以设置斜柱上下端点的位置。“第一次点击”设置柱起点所在标高平面和相对该标高的偏移值，“第二次点击”设置柱终点所在标高平面和偏移值，“三维捕捉”表示在三维视图中捕捉柱子的起点和终点以放置斜柱，见图 5-39。

在平面视图中绘制：绘图区单击鼠标选择柱子的起点，再次单击选择柱子的终点，完成设置。

在三维视图中绘制：借助捕捉已有结构图元上的点，依次选择柱子的起点和终点，完成放置。相比平面视图中绘制，直观准确，推荐使用。

放置完成后可以在属性栏对斜柱的参数进行修改。各参数的意义参考垂直柱。这里介绍“构造”一栏中的参数：“截面样式”包含“垂直于轴线”“垂直”“水平”三种，可以设置柱底部和柱顶部的形式。“延伸”可以在原有结构柱的基础上向外部拓展一定的长度。

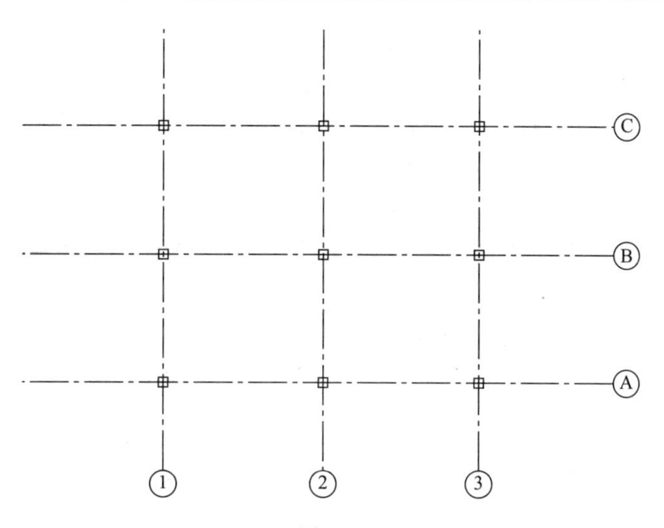

图 5-37

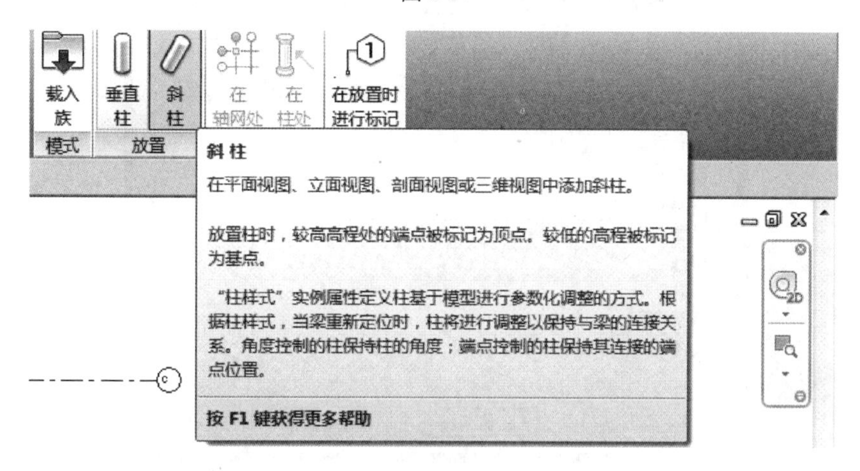

图 5-38

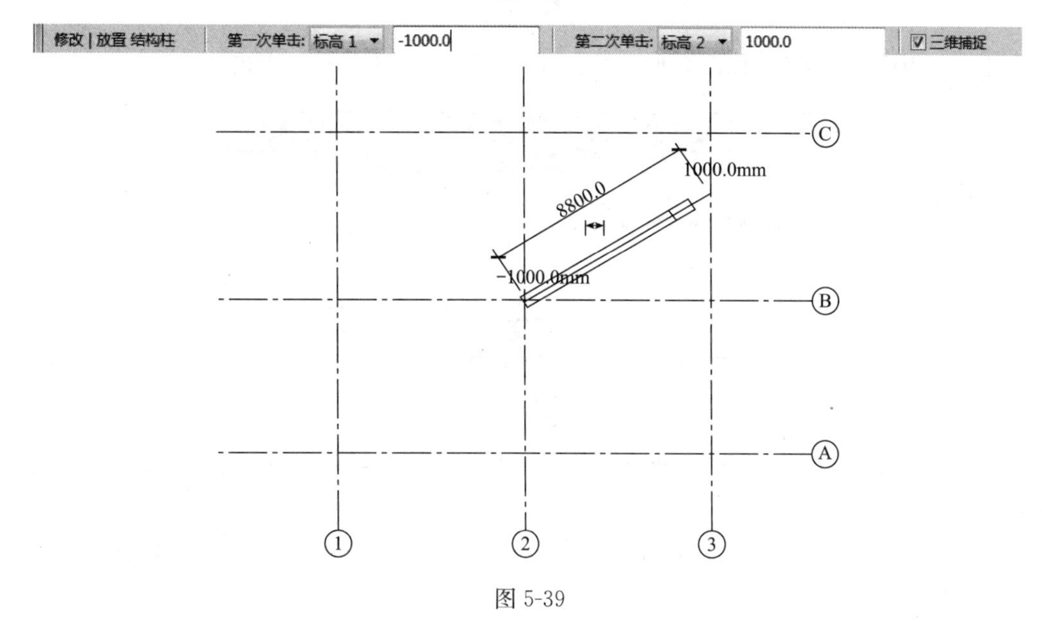

图 5-39

5.2.3 实例详解

启动柱命令，点击“属性”＞“编辑类型”，在弹出的“属性类型”面板中，“族”下拉菜单中，选择“混凝土-矩形-柱”，见图 5-40。

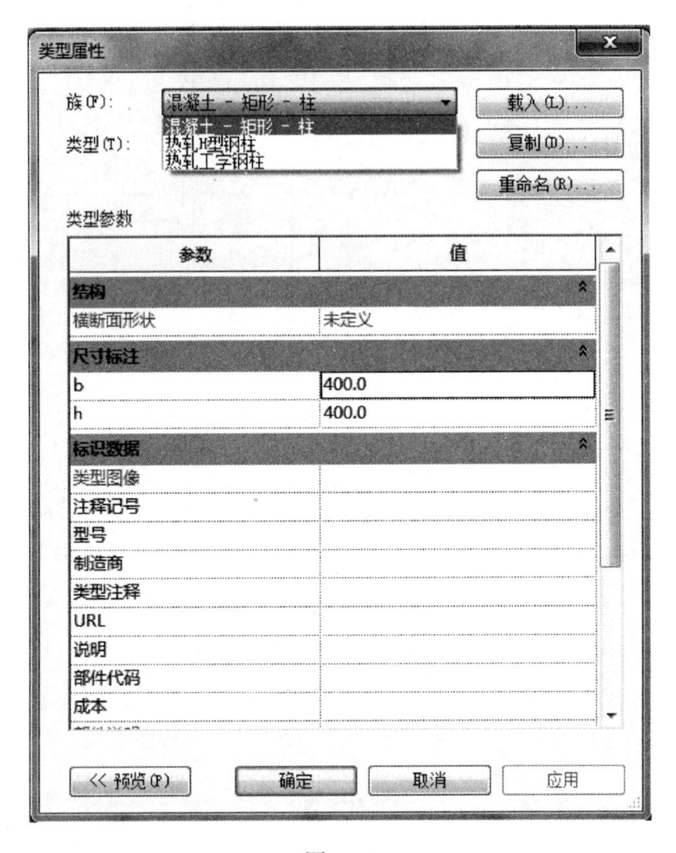

图 5-40

点击面板中”复制”，修改名称“400×500mm”，见图 5-41，点击确定。

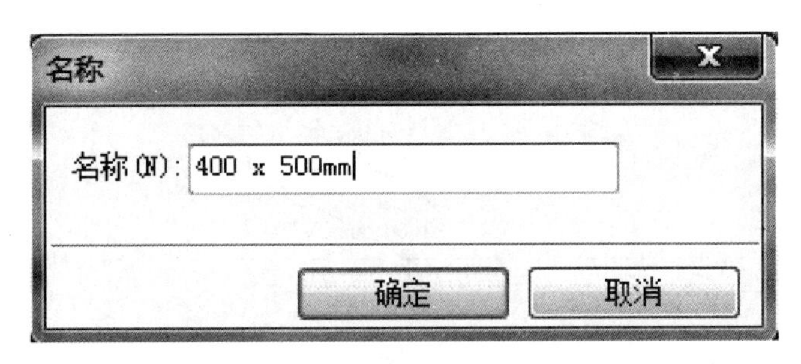

图 5-41

将下图中的尺寸标注“b”修改成“400”，“h”修改成“500”，见图 5-42，点击“确定”。

进入“标高 1”平面视图，在选项栏中设置“高度”“2500”，在建好的轴网交叉点处放置垂直柱，见图 5-43。

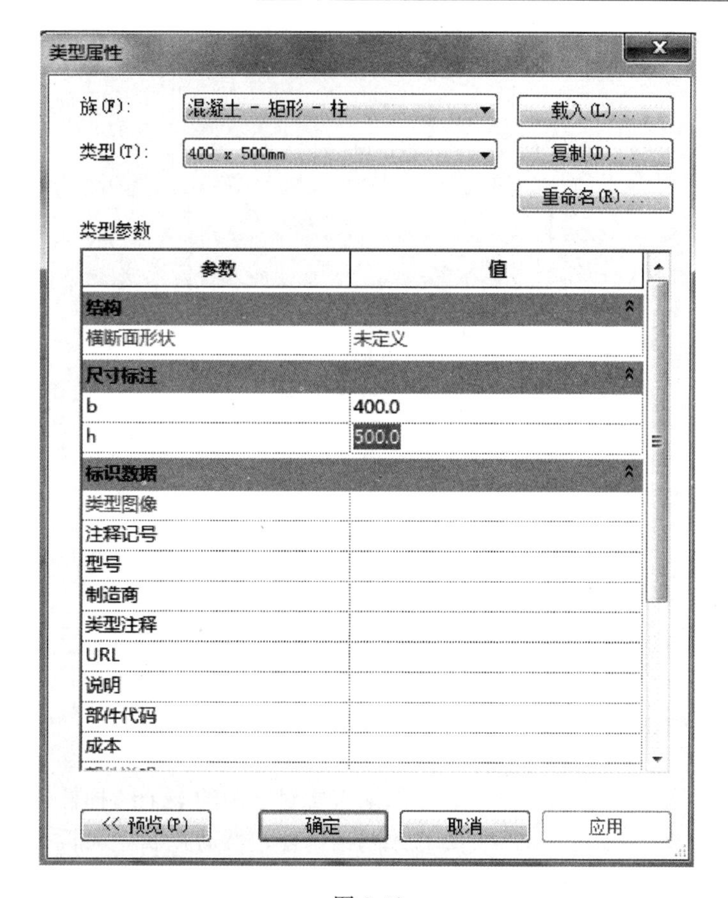
类型属性
族(F): 混凝土 - 矩形 - 柱
载入(L)...
类型(T): 400 x 500mm
复制(D)...
重命名(R)...
类型参数
参数
值
结构
横断面形状
未定义
尺寸标注
b
400.0
h
500.0
标识数据
类型图像
注释记号
型号
制造商
类型注释
URL
说明
部件代码
成本
<< 预览(P)
确定
取消
应用

图 5-42

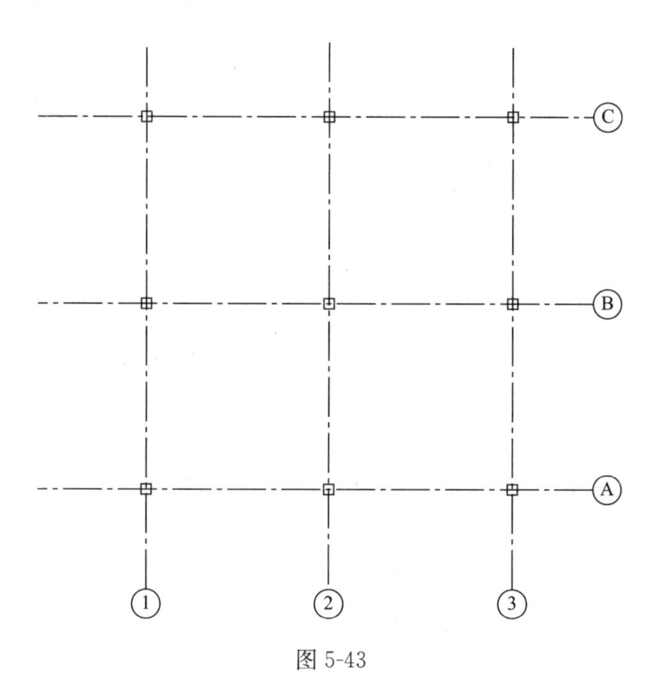
C
B
A
1
2
3

图 5-43

三维视图中的效果见图 5-44。

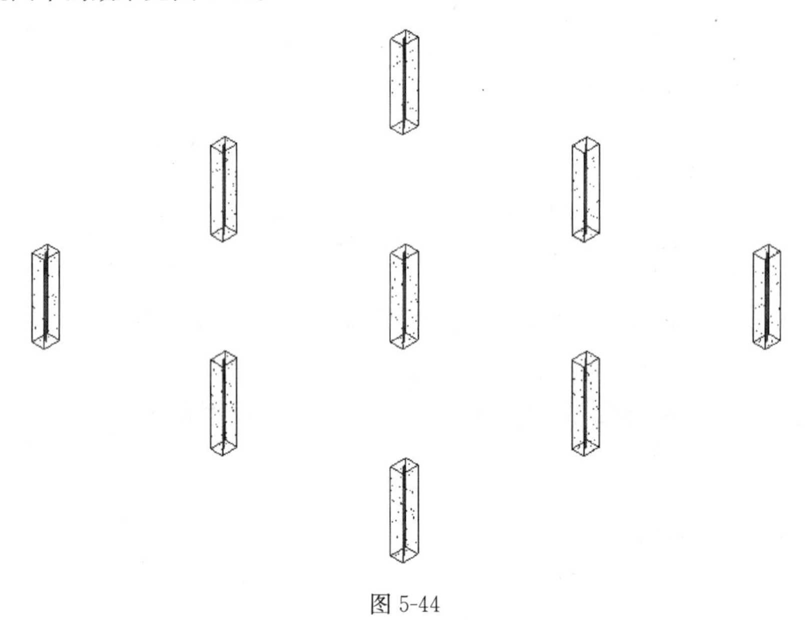

图 5-44

在项目浏览器中，选择视图范围，见图 5-45，如南立面图如图 5-46 所示。

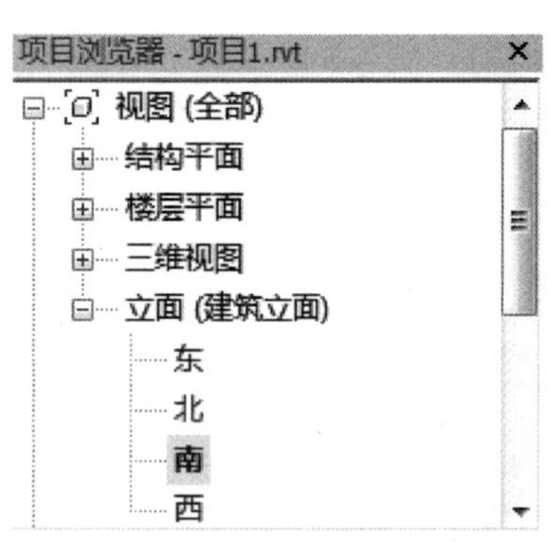

图 5-45

如果需要对绘制的某个结构柱进行修改，点击需要修改的结构柱，然后在属性面板中对需要修改的选项进行修改。

5.2.4 结构柱族的创建

对于异形柱，程序自带的族库中没有，可以自行创建一个异性结构柱族。以直角梯形混凝土结构柱为例。

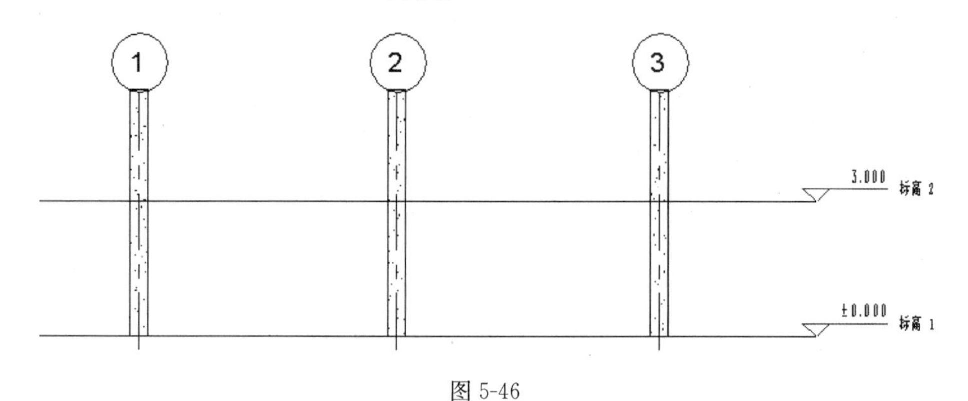

图 5-46

1. 选择“公制结构柱 . rtf”族样板

点击 > “新建” > “族”，弹出“选择族样板”对话框，并选择“公制结构柱. rtf”，点击“打开”，见图 5-47，图 5-48。

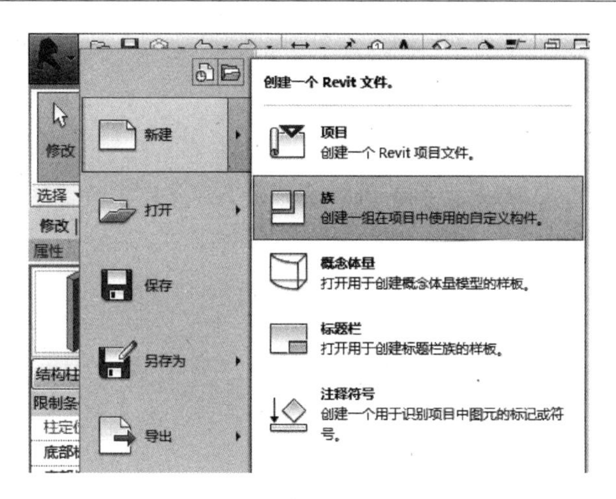

图 5-47

图 5-48

进入族编辑器，见图 5-49。

2. 设置族类别和参数

在“属性”面板中，“族”已经默认为“结构柱”。

在“属性”面板中，“用于模型行为的材质”，有“钢”“混凝土”“预制混凝土”“木材”“其他”五个选项。选择不同的材质，在项目中软件会自动嵌入不同的结构参数，“混凝土”“预制混凝土”会出现钢筋保护层参数。“木材”没有特殊的结构参数。在框架柱中“钢”没有特殊的参数，在结构框架中会出现“起拱尺寸”“栓钉数”。本例将“用于模型行为的材质”改为“混凝土”，见图 5-50。

在“属性”面板中，“符号表示法”控制载入到项目后框架柱图元的显示，有“从族”和“从项目设置”两个选项。“从族”表示在不同精细程度的视图中，图元的显示将会按照族编辑器中的设置进行显示。“从项目设置”表示框架柱在不同精细程度视图中的显示效果将会遵从项目“结构设置”中“符号表示法”中的设置。本例将“符号表示法”设置为“从项目设置”，见图 5-51。

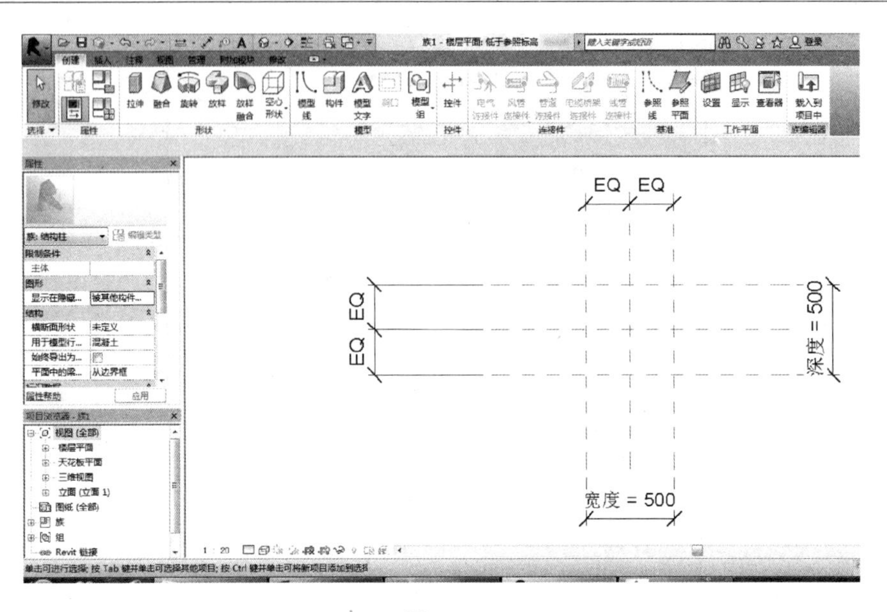

图 5-49

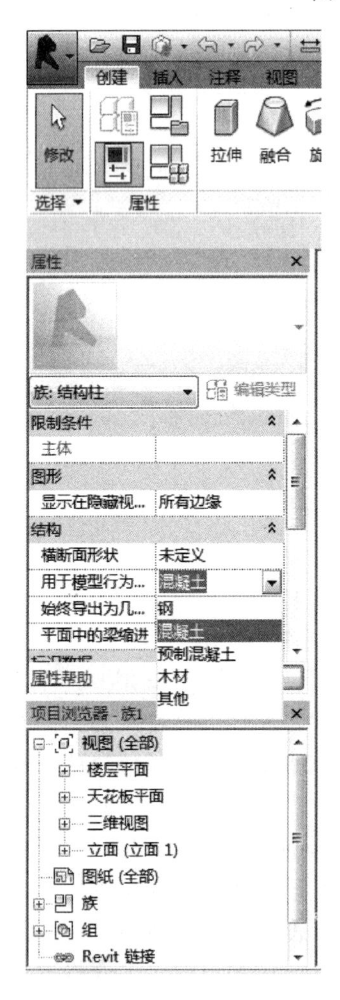

图 5-50

图 5-51

在“属性”面板中，“显示在隐藏视图中”表示只有当“用于模型行为的材质”为“混凝土”或“预制混凝土”时才会出现，可以设置隐藏线的显示。在这里不做详细介绍，用户可以自己设置，观察显示的效果。

3. 设置族类型和参数

点击“创建”选项卡>“属性”面板>“族类型”，见图 5-52 打开“族类型”对话框，见图 5-53。

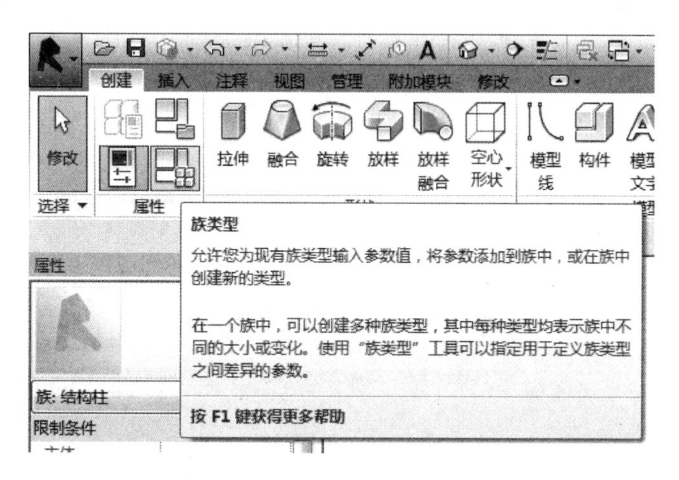

图 5-52

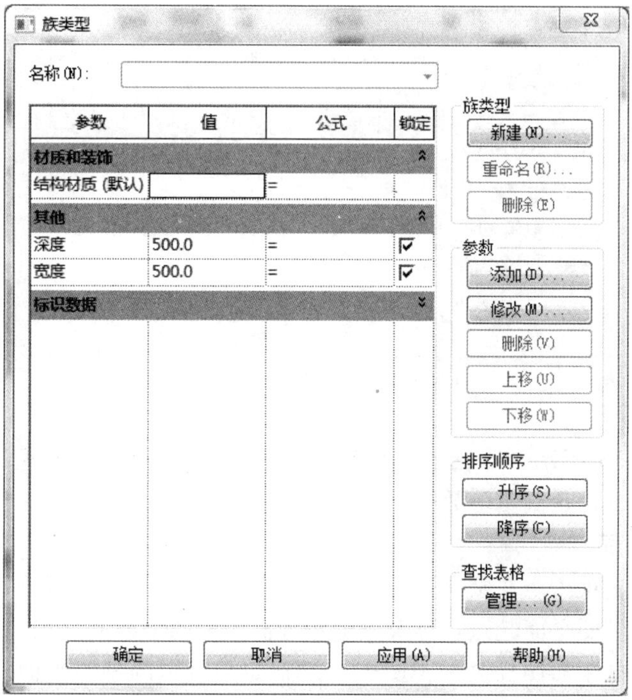

图 5-53

可以“新建”组类型，可以对已有的“族类型”进行“重命名”和“删除”等操作；对已有的“参数”，可以进行“修改”，“删除”，“上移”和“下移”等操作。本例点击

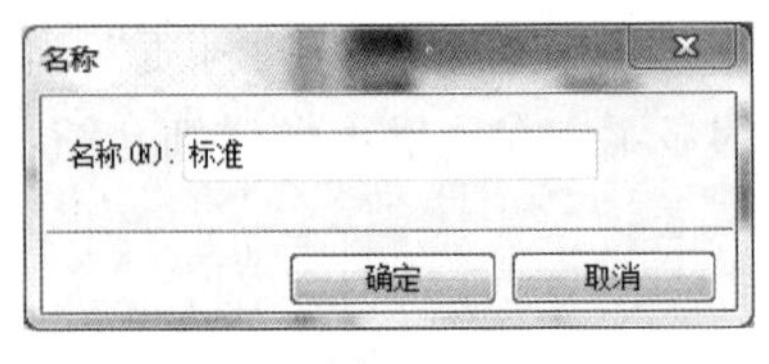

图 5-54

"族类型"中的"新建"，向族中添加新的类型。在弹出的"名称"对话框中，将"名称"命名为"标准"，见图 5-54。

点击"族类型"面板中的"深度"，然后点击"参数"的"修改"命令，将"深度"重新命名为"h"；同理将"宽度"重新命名为"b1"。

点击"参数"一栏中"添加"，弹出"参数属性"对话框。在"参数数据"中作如下设置。

"名称"中输入"b"；"规程"中选择"公共"；"参数类型"选择"长度"；"参数分组方式"选择"尺寸标注"，见图 5-55。

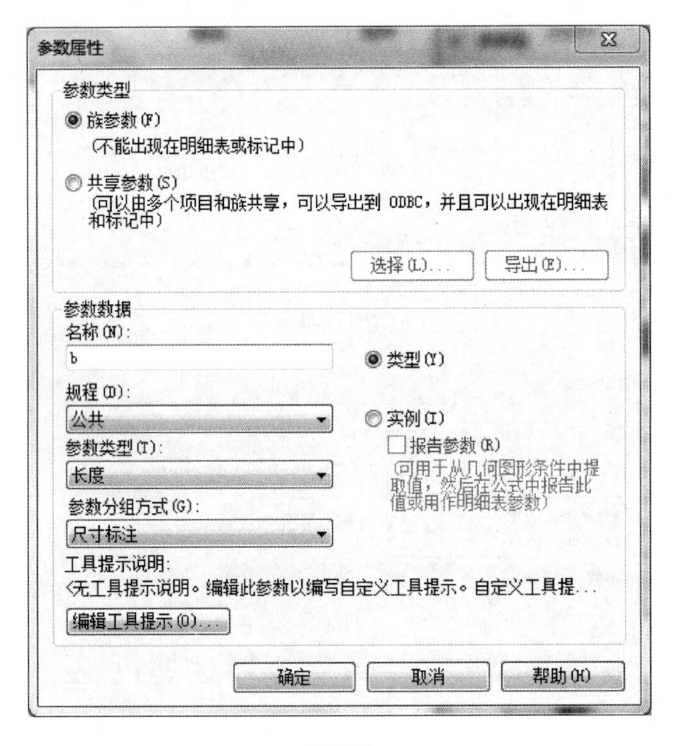

图 5-55

设置后如图 5-55 所示，点击"确定"完成添加。可在"族类型"对话框中，通过"上移""下移"命令，来调整参数顺序，见图 5-56。

4. 创建参照平面

点击"创建"选项卡＞"基准"面板＞"参照平面"，见图 5-57

单击左键输入参照平面起点，再次点击左键输入参照平面的终点。

在楼层平面"低于参照标高"视图中，绘制如图所示的参照平面。标注中"EQ"表示等分标注，用户可以使用这个功能方便地绘制对称截面以及控制对称截面尺寸的改变，见图 5-58。

添加参照平面时，位置无须十分精确，添加在大致位置即可。后面会提到如何调整参照平面之间的尺寸关系。

图 5-56

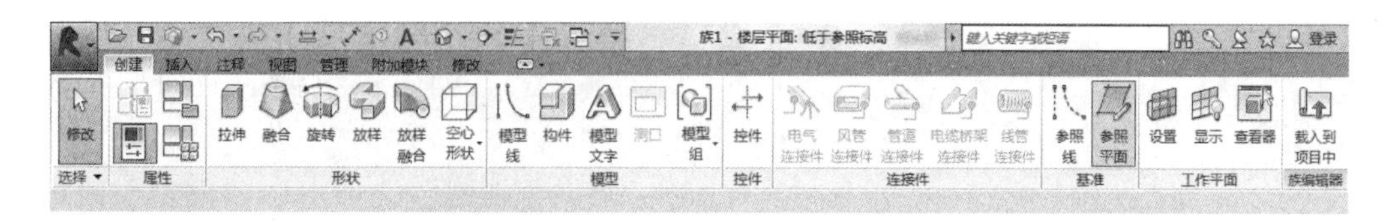

图 5-57

5. 为参照平面添加注释

点击“注释”选项卡＞“尺寸标注”面板＞“对齐”（见图 5-59），点取需要标注的参照平面，为其添加标注，见图 5-60。

选中标注后，在选项栏“标签”的下拉菜单中可以选择参数，见图 5-61，这样该参数就和所选中的标注关联起来，改变参数就可以使相应参考平面的位置发生变化。位置可以拖动，选择某一标注后，拖动标注线即可改变位置。

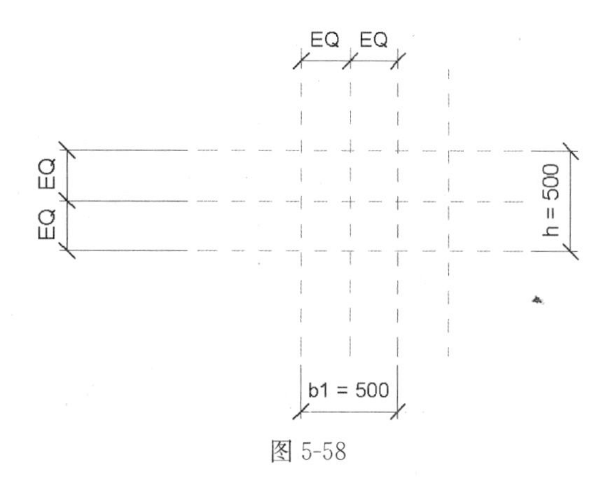

图 5-58

本例将尺寸标注与参数“b”相关联，在族类型中将参数“b”的值改为 700，改变“b1＝500”标注的位置，见图 5-62。改变标注位置，对模型没有影响。根据个人习惯进行摆放。

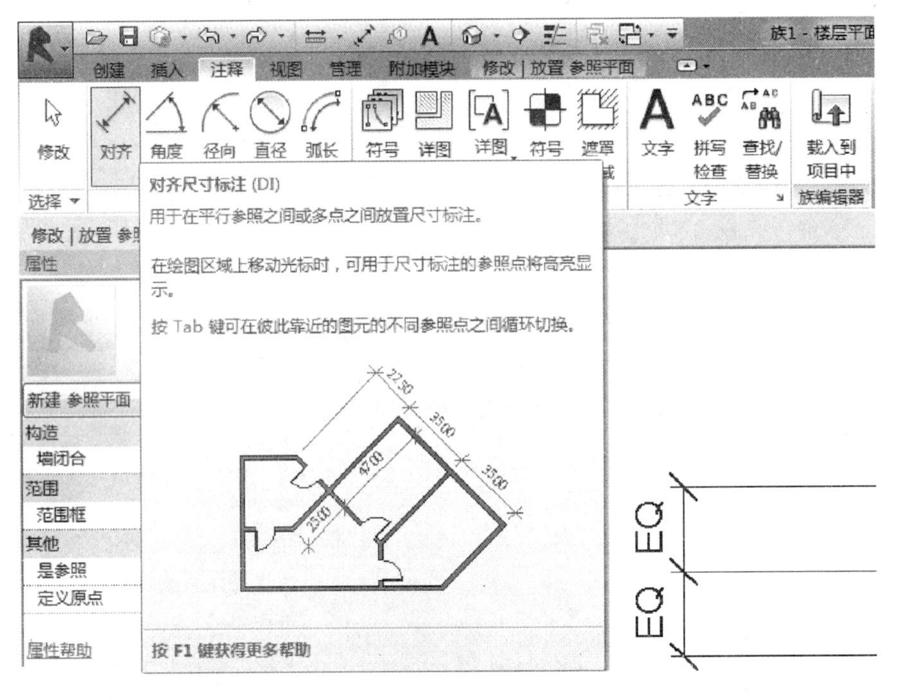

图 5-59

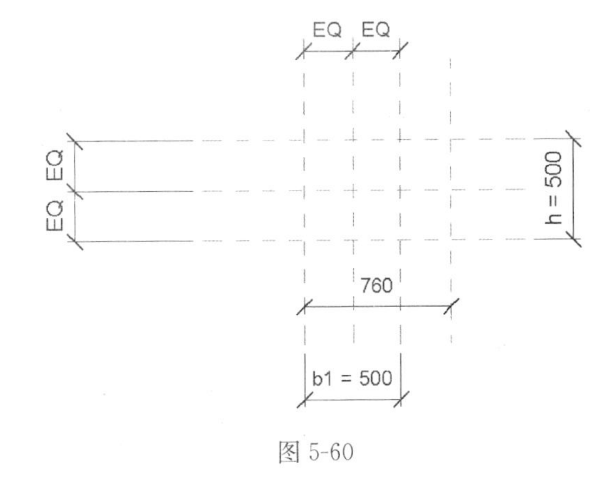

图 5-60

6. 绘制模型形状

点击“创建”选项卡＞“形状”面板＞“拉伸”，进入编辑模式。在绘制一栏中选择绘制方式，创建供拉伸的截面形状，见图 5-63。

点击“创建”选项卡＞“模型”面板＞“模型线”，见图 5-64。在“绘制”面板中，使用“直线”，在选项栏中，勾选“链”，见图 5-65，可以连续绘制直线。绘制如图 5-66 所示形状。

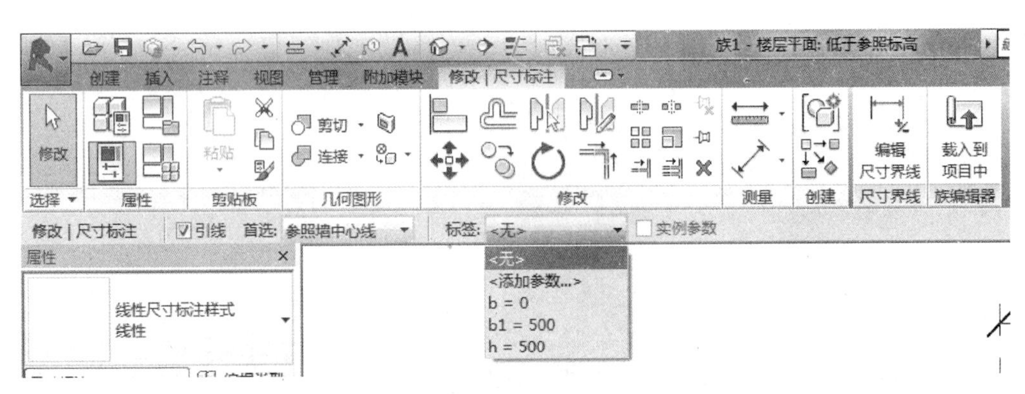

图 5-61

模型通过“对齐”“锁定”来达到固定到相应参照平面的目的。

点击“修改”选项卡>“修改”面板>“对齐”，见图5-67。可以将一个或多个图元对齐。使用对齐命令，先选取对齐的对象，可以是图上的线或点。再选取对齐的实体，实体便于选择的线或点对齐。

本例中将绘制的梯形边界与相应的参照平面对齐。启动对齐命令后分三个步骤完成对齐并锁定：①点取参照平面，参照平面被选中高亮显示，见图5-68；②鼠标移动到要对齐的边上，该边被高亮显示，见图5-69，点取梯形左侧竖边，该边就与参照面对齐，此时图中会出现一个锁图标，见图5-70；③点击可以使锁关闭，变为，即完成了模型该边的“对齐”“锁定”操作，见图5-71。

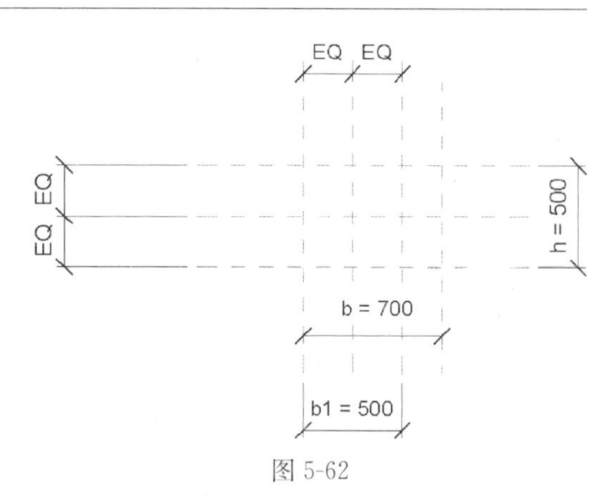

图5-62

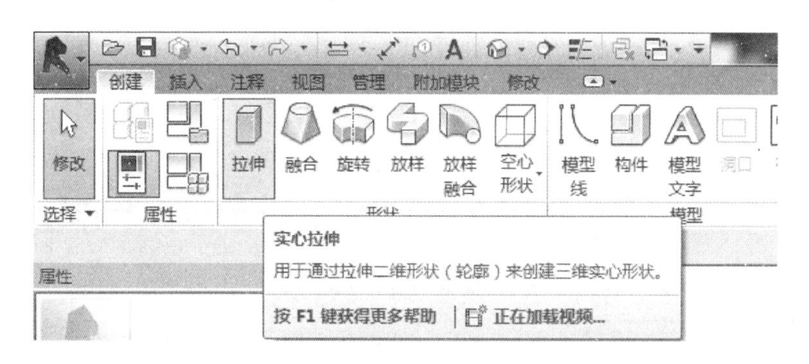

图5-63

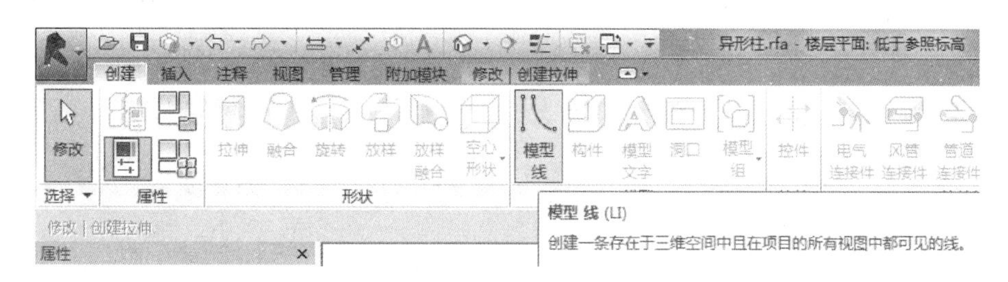

图5-64

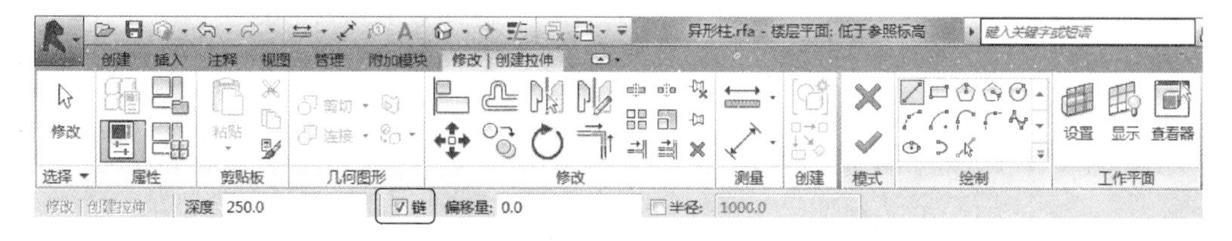

图5-65

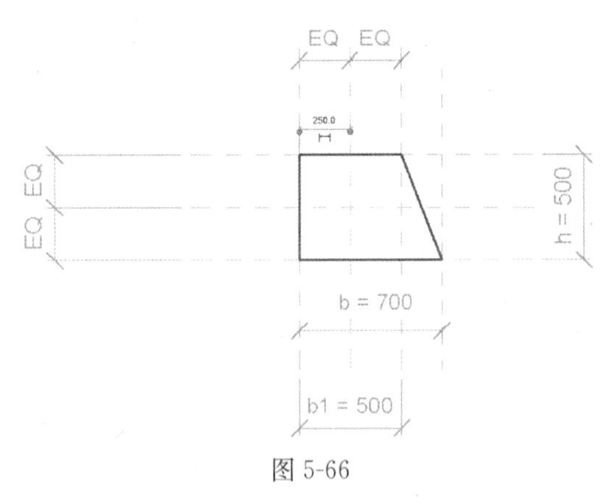

图 5-66

同理，将两条直角边固定，见图 5-72 和图 5-73。

若将斜边固定，需要将斜边的交点锁定在参照平面上。首先将点移动到要对齐的参照平面上，见图 5-74。

再使用对齐命令依次点击参照平面（见图 5-75）与右上角的点（选择点时，可以把鼠标放到右上角的点位处，然后按 Tab 键，在左下角的状态栏中切换选中对象，见图 5-76，切换至斜边的点，点击斜边的点），完成对齐锁定。同理，完成右下角点的锁定，见图 5-77 和图 5-78。

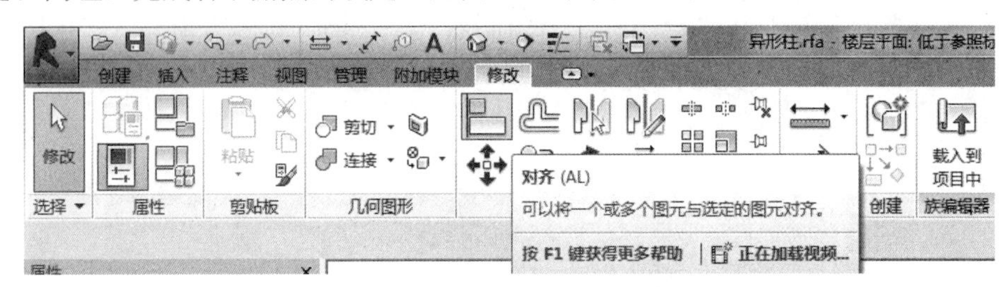

图 5-67

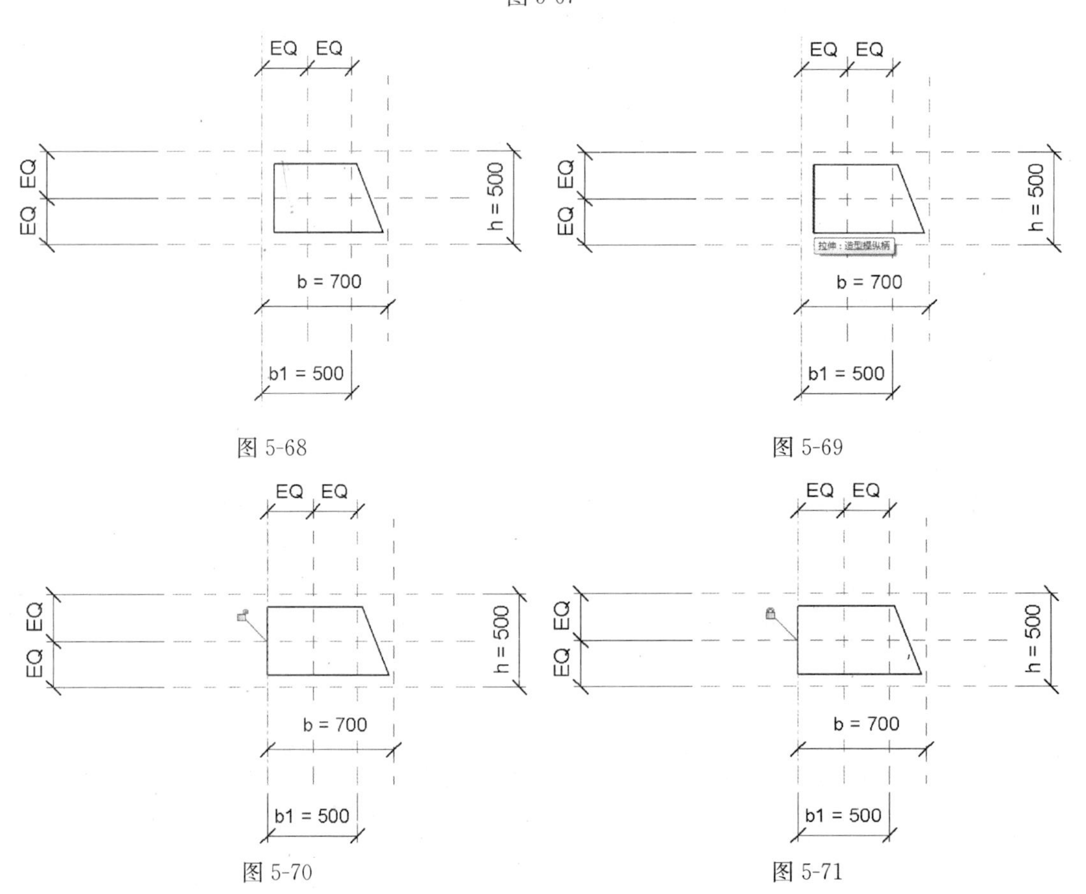

图 5-68

图 5-69

图 5-70

图 5-71

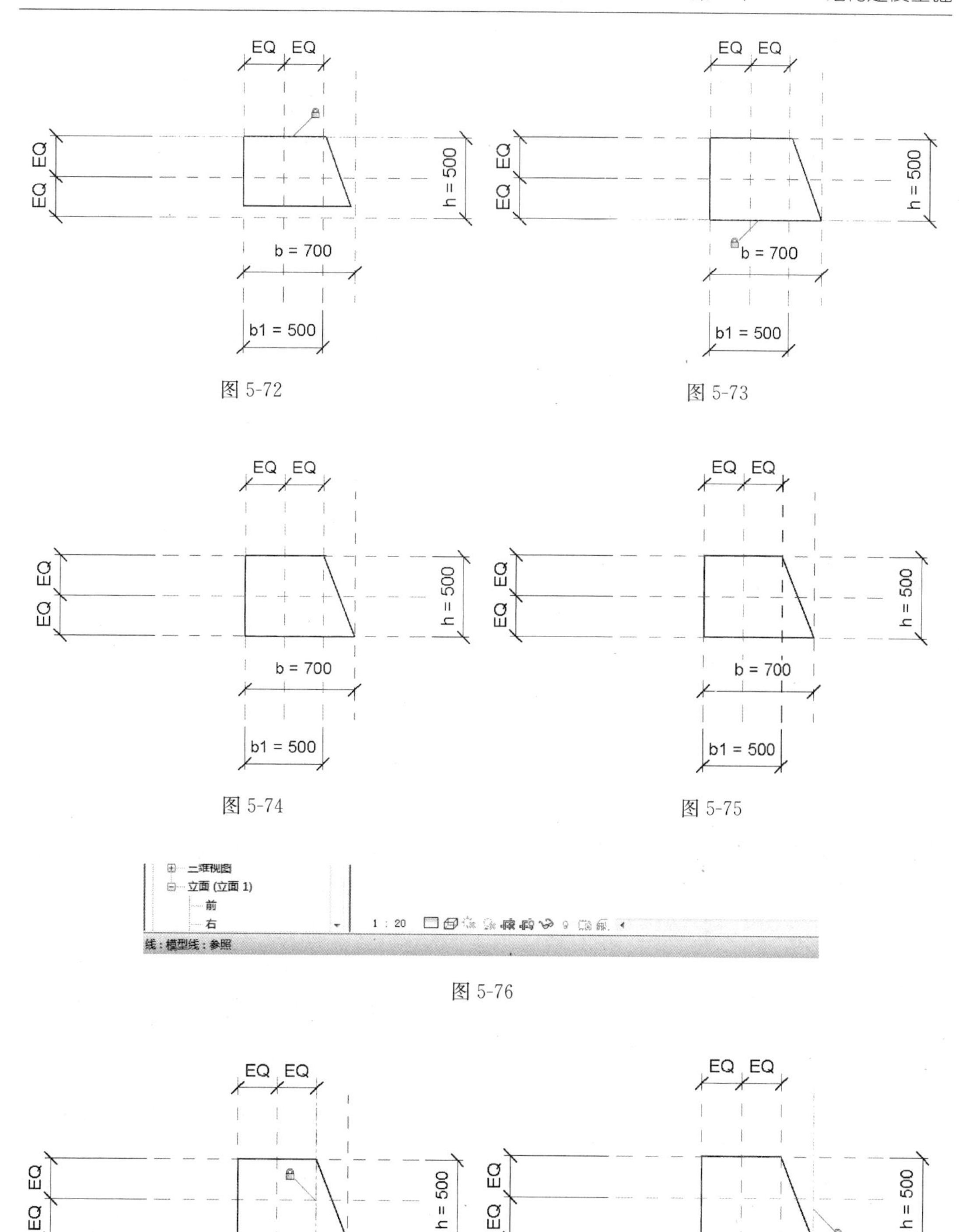

图 5-72

图 5-73

图 5-74

图 5-75

图 5-76

图 5-77

图 5-78

点击“修改丨创建拉伸”选项卡>“模式”面板>“✔”完成编辑模式，见图 5-79，退出创建命令。

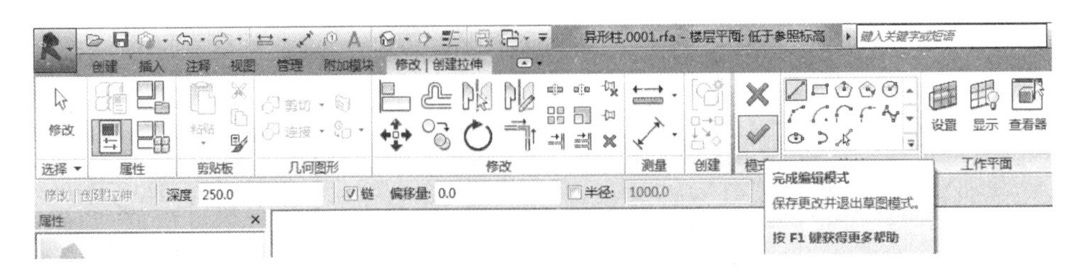

图 5-79

选中所绘制的异形柱，在“属性”面板中，改变“拉伸终点”的数值，可以改变拉伸的长度（即异形柱的长度），见图 5-80。

点击“项目浏览器”面板中的“立面”，转到任意立体视图，将上下边缘对齐锁定在两个标高上，见图 5-81。保证该族的构件导入项目后，在立面中位置和高度的正确。

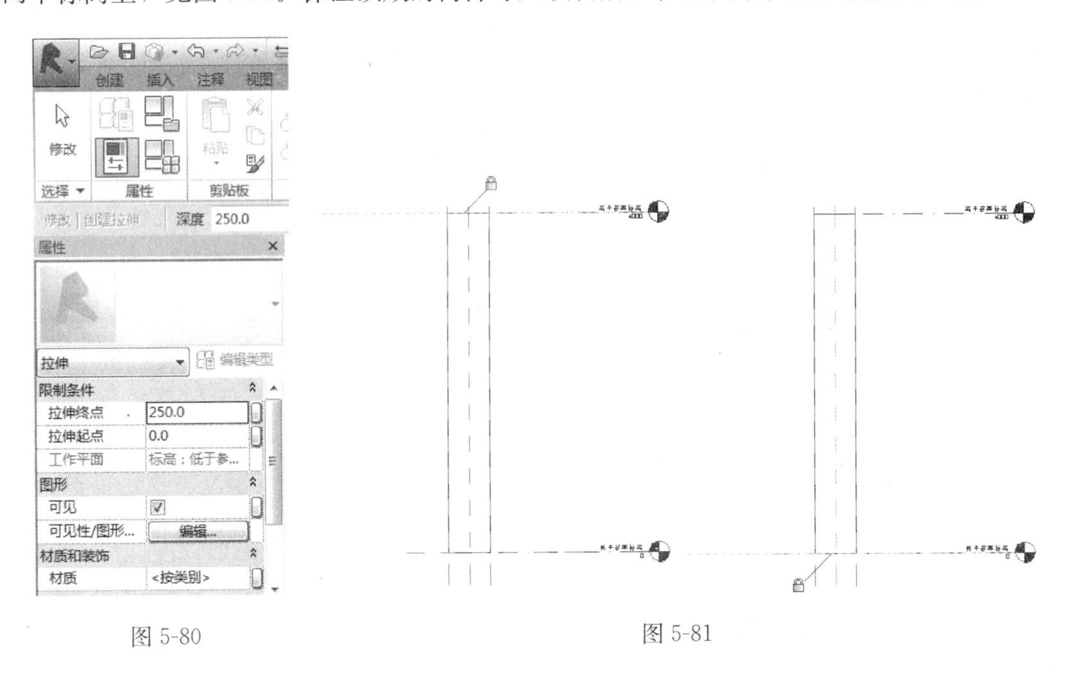

图 5-80　　图 5-81

5.3 结构框架梁

5.3.1 梁的创建

新建项目，选择“结构样板”。点击“结构”选项卡>“结构”面板>“梁”，见图 5-82。在“属性”面板类型选择器中选择合适的梁类型，见图 5-83。

这里以创建“混凝土-矩形梁 300mm×600mm”为例，说明结构框架梁的创建过程。点击“属性”面板中的“编辑类型”，打开“类型属性”对话框，见图 5-84。点击“复制”。输入新类型名称（300×600mm），点击“确定”完成类型的创建。然后在“类型属性”对话框中修改尺寸标注（b＝300，h＝600），见图 5-85。当项目中没有合适类型的梁时，可从外部载入构件族文件。

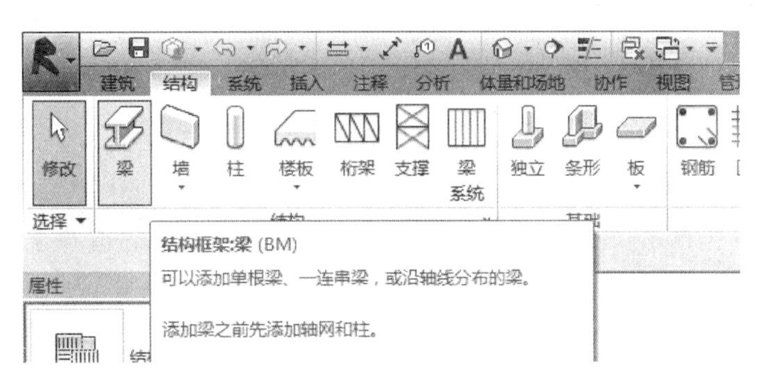

图 5-82

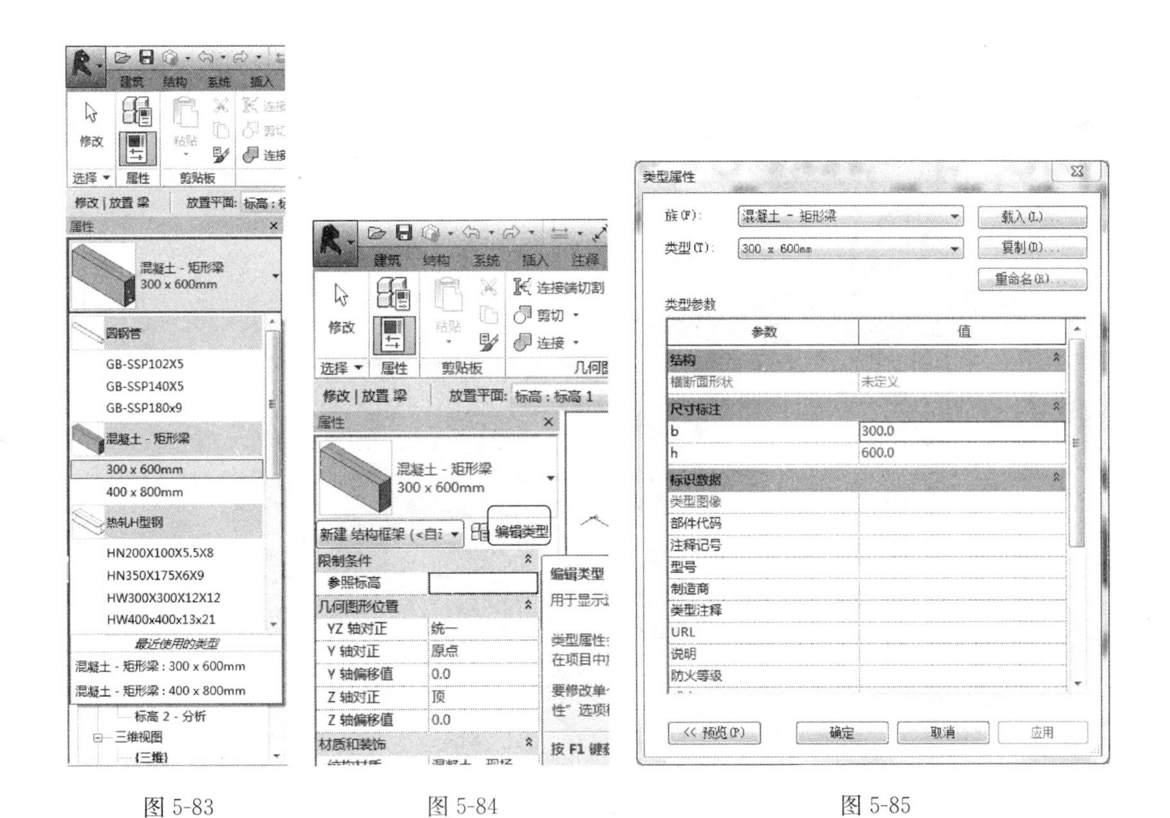

图 5-83　　图 5-84　　图 5-85

5.3.2　梁的放置

启动梁的命令后，上下文选项卡“修改｜放置梁”中，“绘制”面板中包含了几种不同的绘制方式，也可以点击“在轴网上”放置多个梁，见图 5-86。

在“属性”面板中有“限制条件”等参数，见图 5-87。可以在放置梁之前修改这些参数，从而修改梁的实例参数，也可以在放置后修改这些参数。

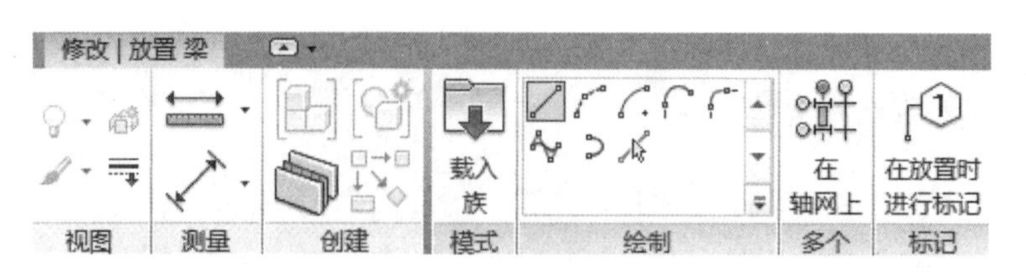

图 5-86

1. “属性”面板中的主要参数

（1）参照标高：点击“限制条件”，选择“参照标高”，标高取决于放置梁的工作平面，只读不可修改。

（2）YZ 轴正对：点击“几何图形位置”，“YZ 轴正对”有“独立”和“统一”两个选项。使用“统一”可为梁的起点和终点设置相同参数。使用“独立”可为梁的起点和终点设置不同参数。

（3）结构材质：点击“材质和装饰”，可以选择不同的项目材质。

（4）结构用途：点击“结构”，选择结构的用途，点击“自动”，有“大梁”等六种选择，见图 5-88。

图 5-87

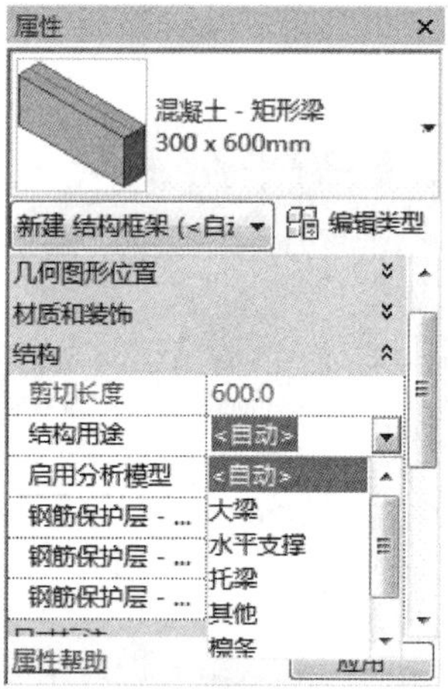

图 5-88

在“状态栏”中，也可以进行相应的设置，见图 5-89。

图 5-89

2. “状态栏”的主要参数

（1）放置平面：系统会自动识别绘图区当前标高平面，不需要修改。如在结构平面标高 1 中绘制梁，则在创建梁后“放置平面”会自动显示“标高 1”见图 5-90。

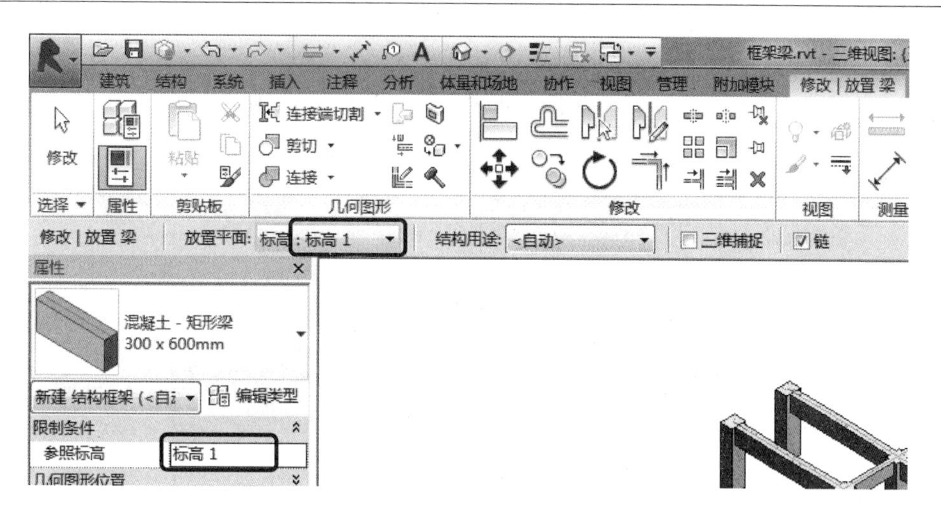

图 5-90

（2）结构用途：这个参数用于指定结构的用途，包含“自动”“大梁”“水平支撑”“托梁”“其他”“檩条”。系统默认为“自动”，会根据梁的支撑情况自动判断，用户也可以在绘制之前或之后修改结构用途。结构用途参数会被记录在结构框架的明细表中，方便统计各种类型的结构框架的数量。

（3）三维捕捉：勾选“三维捕捉”，可以在三维视图中捕捉到已有图元上的点，从而便于绘制梁，不勾选则捕捉不到点，见图 5-91。

（4）链：勾选“链”，可以连续地绘制梁，若不勾选，则每次只能绘制一根梁，即每次都需要点选梁的起点和终点，见图 5-92。当梁较多且连续集中时，推荐使用此功能。

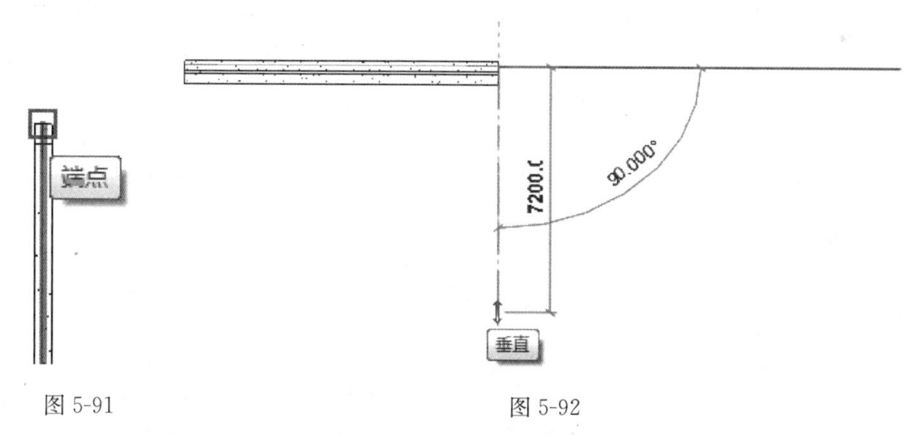

图 5-91　　图 5-92

在结构平面视图的绘图区绘制梁，点击选取梁的起点，拖动鼠标绘制梁线，至梁的终点再点击，完成一根梁的绘制。

启动梁命令，点击“修改 | 放置梁”选项卡＞“多个”面板＞“在轴网上”。在轴网上添加多个“混凝土-矩形梁 300mm×600mm”。选择需要放置梁的轴线，完成梁的添加，见图 5-93。也可以按住“Ctrl”键选择多条轴线，或框选轴线。放置完成后，点击功能区“✔”，完成绘制。

放置完成后选中添加的梁，在“属性”面板中，会显示出梁的属性，与放置前属性栏相比，新增如下几项，见图 5-94。

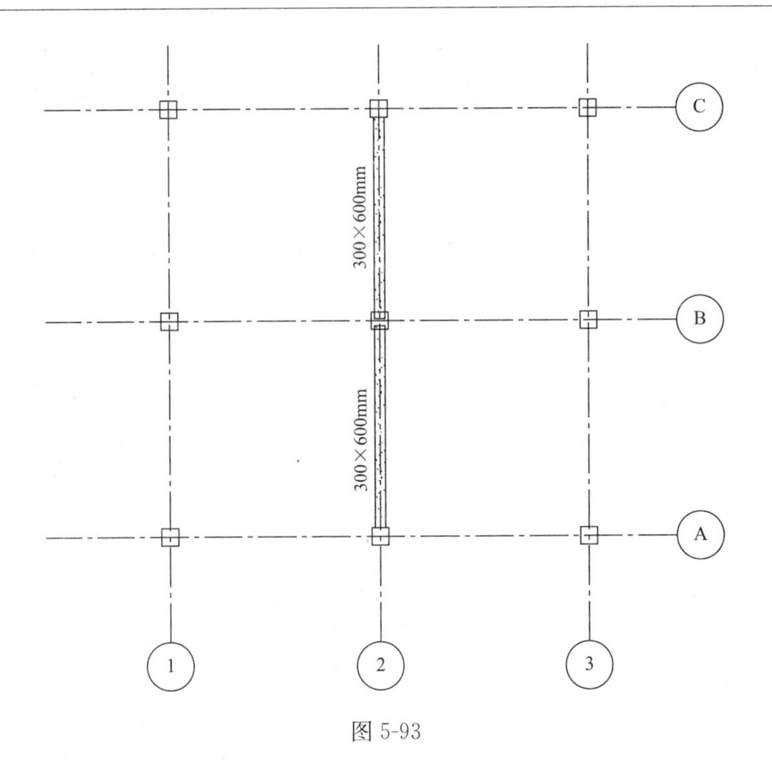

图 5-93

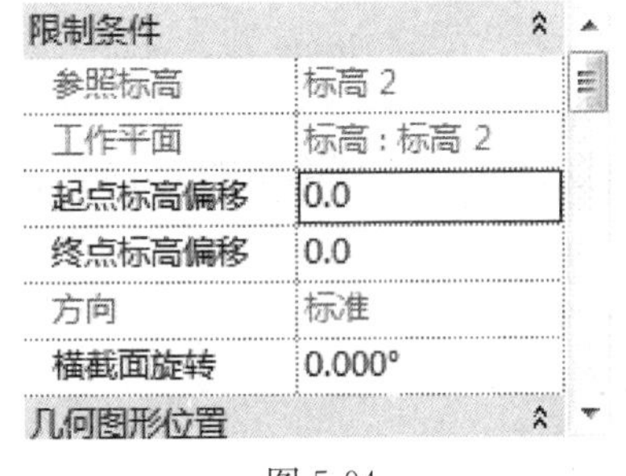

图 5-94

(1) 起点标高偏移：梁起点与参照标高间的距离。当锁定构件时，会重设此处输入的值。锁定时只读。

(2) 终点标高偏移：梁终点与参照标高间的距离。当锁定构件时，会重设此处输入的值。锁定时只读。

(3) 横截面旋转：控制旋转梁和支撑。从梁的工作面和中心参照平面方向测量旋转角度。

5.3.3 梁系统

点击“结构”选项卡＞“结构”面板＞“梁系统”，见图 5-95。

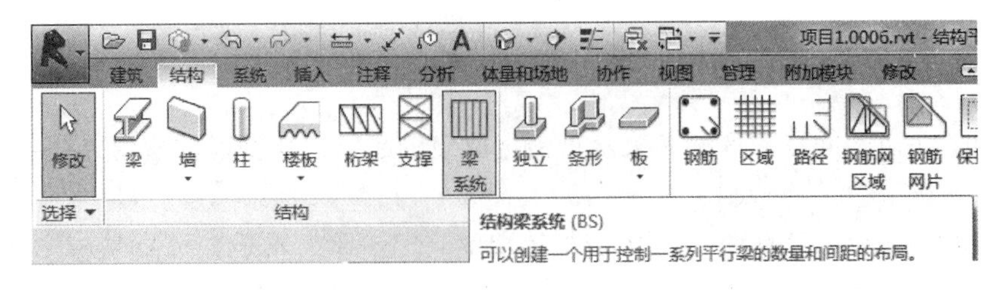

图 5-95

梁系统用于创建一系列平面放置的结构梁图元。如某个特定区域需要放置等间距固定数量的次梁，即可使用梁系统进行创建。用户可以通过手动创建梁系统边界和自动创建梁系统两种方法进行创建。

1. 创建梁系统边界

点击“梁系统”，进入创建梁系统边界模式，点击“修改 | 创建梁系统边界”选项卡>“绘制”面板>“边界线”，见图 5-96，可以使用面板中的各种绘图工具绘制梁边界。

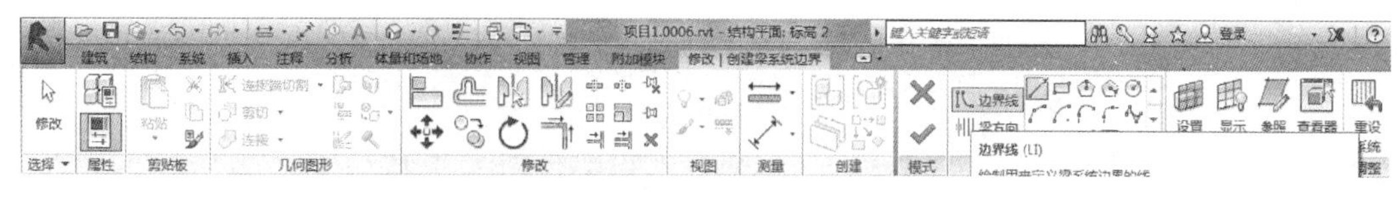

图 5-96

绘制方式有如下三种：绘制水平闭合的轮廓；通过拾取线（梁、结构墙等）的方式定义梁系统边界；通过拾取支座的方式定义梁系统边界。

（1）创建梁系统

点击“修改 | 创建梁系统边界”选项卡>“绘制”面板>“梁方向”。在绘图区，点击梁系统方向对应的边界线，即选中此方向为梁的方向，见图 5-97。

点击“修改 | 创建系统边界”选项卡>“模式”面板>“✔”按钮，退出编辑模式，完成梁系统的创建。

梁系统是一定数量的梁按照一定排布规则组成的，它有自己独立的属性，与梁的属性不同。选中梁系统，在“属性”面板或“选项栏”编辑梁系统的属性，见图 5-98。主要包括布局规则、固定间距、梁类型等，用户可根据需要选择不同的布局排列规则。

图 5-97

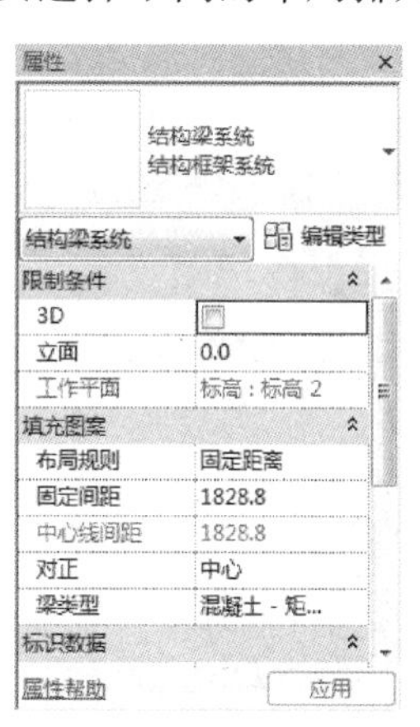

图 5-98

（2）删除梁系统

点击“修改 | 结构梁系统”选项卡>“模式”面板>“编辑边界”，可进入编辑模式修改梁系统的边界和梁的方向；点击“删除梁系统”，可删除梁系统，见图 5-99。

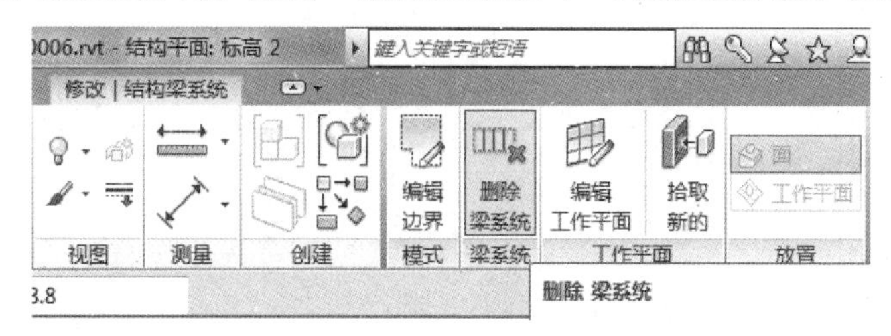

图 5-99

2. 自动创建梁系统

当绘图区已有封闭的结构墙或梁时，启动“梁系统”命令，进入放置结构梁系统模式，功能区默认选择“自动创建梁系统”，见图 5-100。

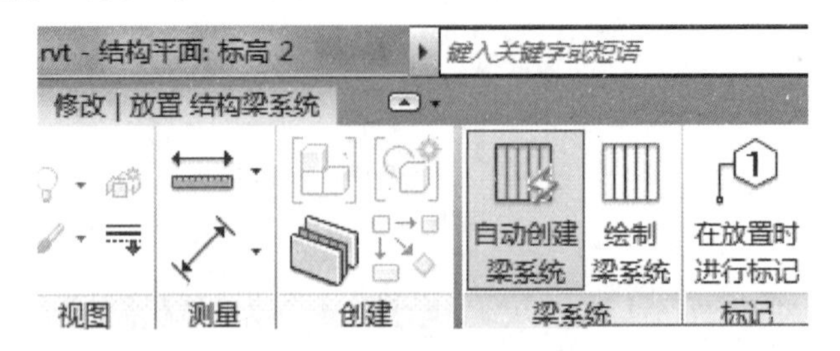

图 5-100

见图 5-101 的选项栏显示，用户可以在此设置梁系统中的梁类型、对正以及布局规则等。

图 5-101

将光标放至支撑处，状态栏提示“选择某个支撑以创建与该支座平行的梁系统”，见图 5-102。

图 5-102

将光标移动到水平方向的支撑处，此时会显示出梁系统中各梁的中心线。点击鼠标，系统会自动创建水平方向的梁系统，见图 5-103。

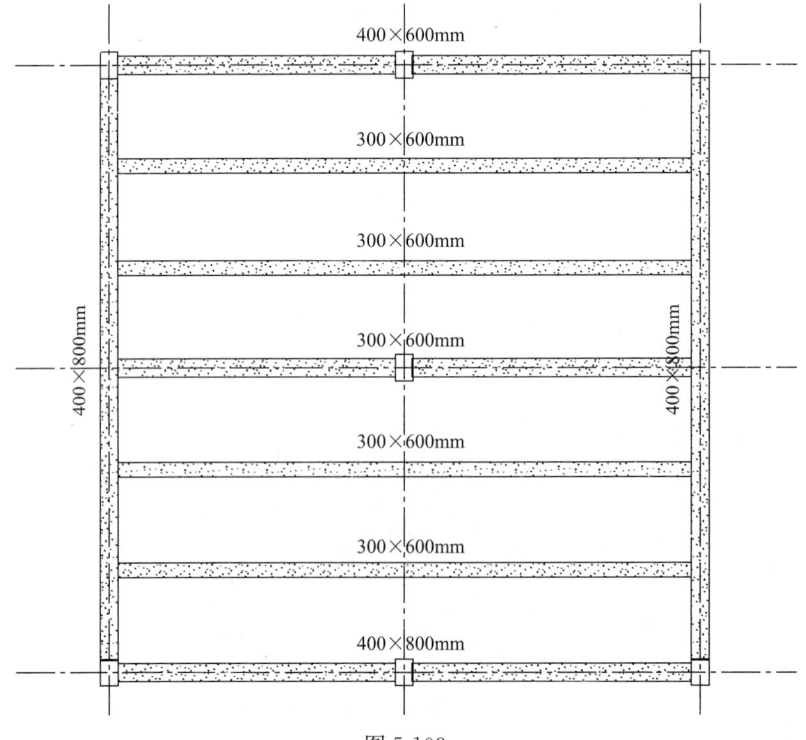

图 5-103

同理，光标移动到竖直方向的梁，出现一组竖直的虚线，点击鼠标，系统会自动创建竖直方向的梁系统，见图5-104。创建完成后按“Esc”键退出梁系统的放置。

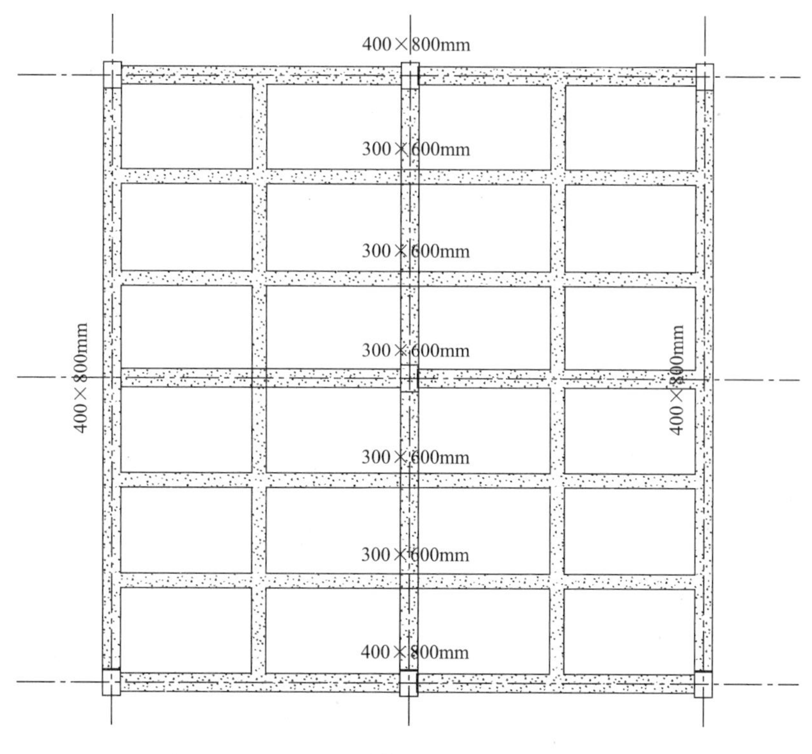

图5-104

选中梁系统，可以在“选项栏”或“属性”面板中对梁类型和布局规则等参数进行修改。

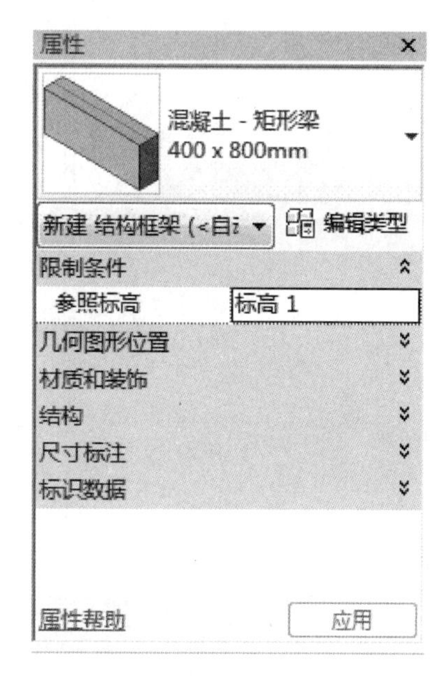

图5-105

5.3.4 实例详解

点击“结构”>“梁”命令后，创建“400mm×800mm”的混凝土矩形梁，见图5-105。

在类型选择器中选择刚刚创建的“400mm×800mm”混凝土矩形梁，在图5-106（*a*）所示位置绘制该类型梁。

在类型选择器中选择“200mm×800mm”混凝土矩形梁，在图示位置添加梁，见图5-106（*b*）。

本层的梁添加完成，三维效果见图5-107。

将所有梁属性面板中“结构材质”设为“<按类别>”。

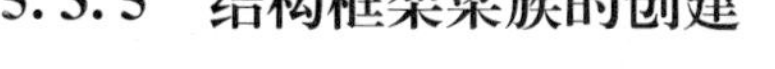

5.3.5 结构框架梁族的创建

本节以变截面混凝土矩形梁为例，说明如何创建结构框架梁族。

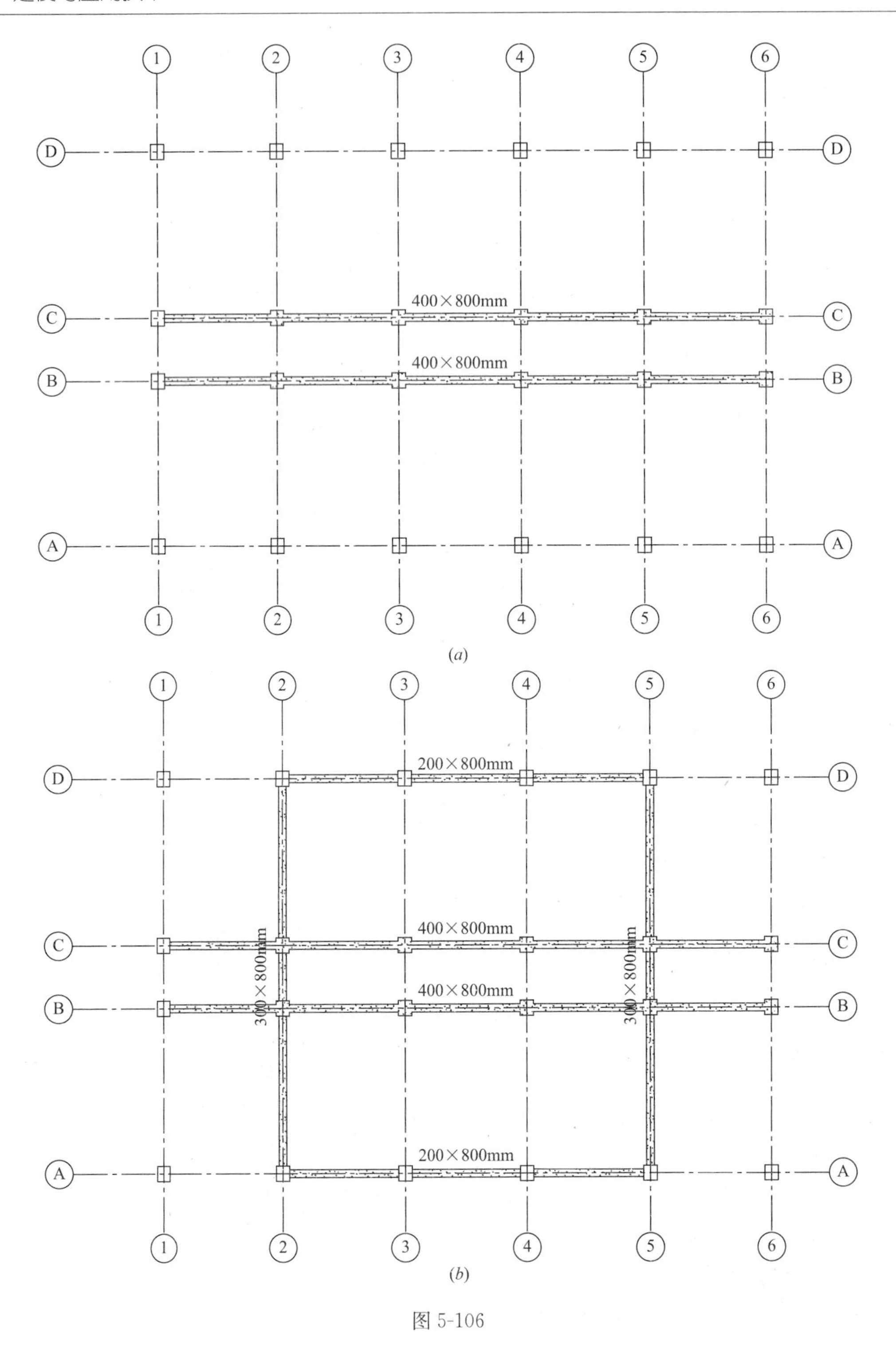

图 5-106

点击“”>“新建”>“族”，弹出“新族-选择族样本”对话框。Revit 的样本库中，为结构框架提供了两个族样板：“公制结构框架-梁和支撑. rft”和“公制结构-综合体和桁架. rft”。

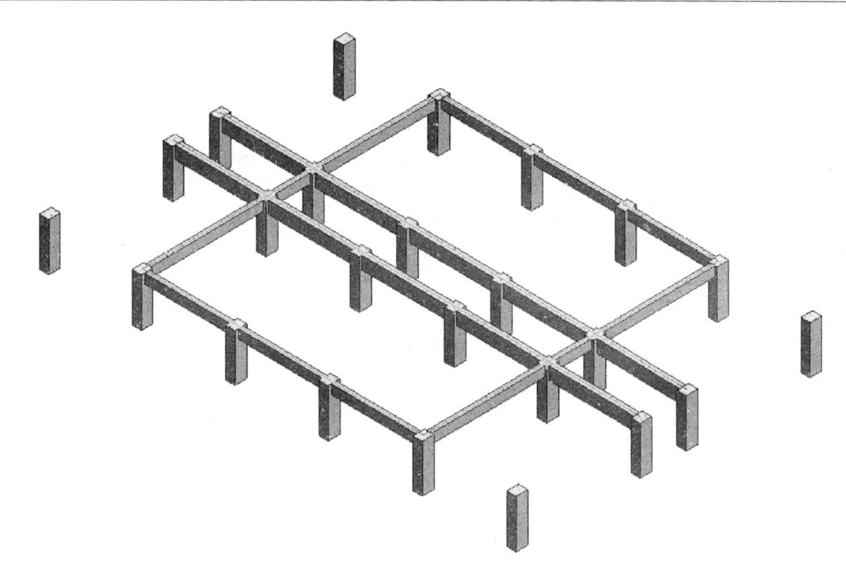

图 5-107

（1）选择族样板

选择“公制结构框架-梁和支撑. rft”，进行族编辑器，见图 5-108。样板中已经预先设置好了一个矩形截面梁模型。用户可根据需要对其进行修改或删除。本例将其删除。

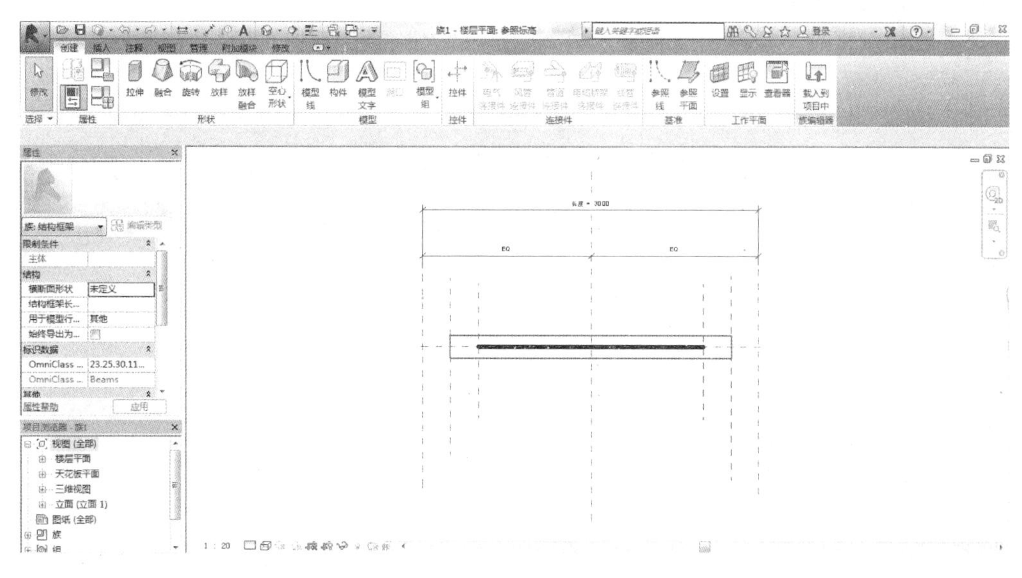

图 5-108

（2）设置“族类别和族参数”

点击“创建”选项卡>“属性”面板>“族类别和族参数”，打开“族类别和族参数”对话框。“符号表示法”设置为“从族”，“用于模型行为的材质”设置为“混凝土”，“显示在隐藏视图中”设置为“被梁本身隐藏的边缘”，见图 5-109。

（3）设置族类型和参数

点击“创建”选项卡>“属性”面板>“族类型”，添加“b”“h”“h1”三个类型参数，见图 5-110。

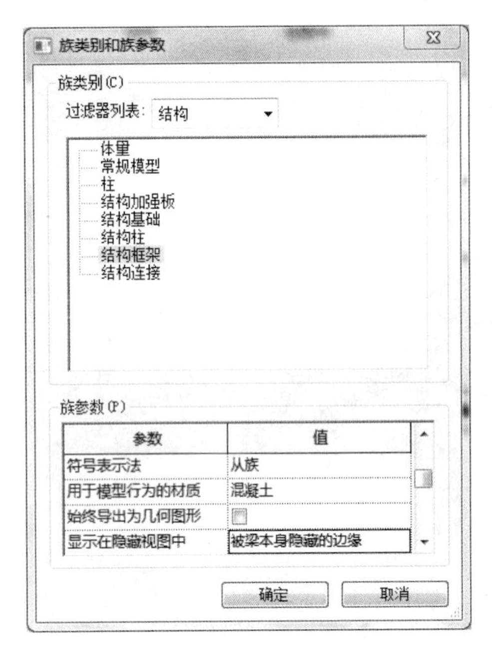

图 5-109

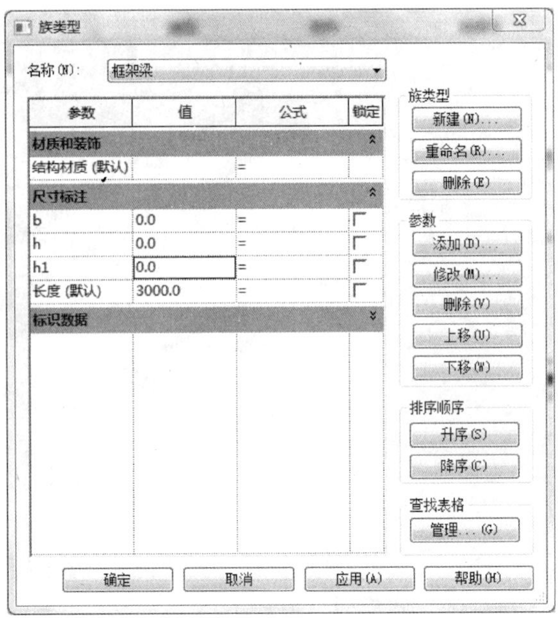

图 5-110

（4）创建参照平面

进入左立面视图，绘制参照平面，并添加标注，然后将标注与参数“b”，“h”和“h1”关联，见图 5-111。

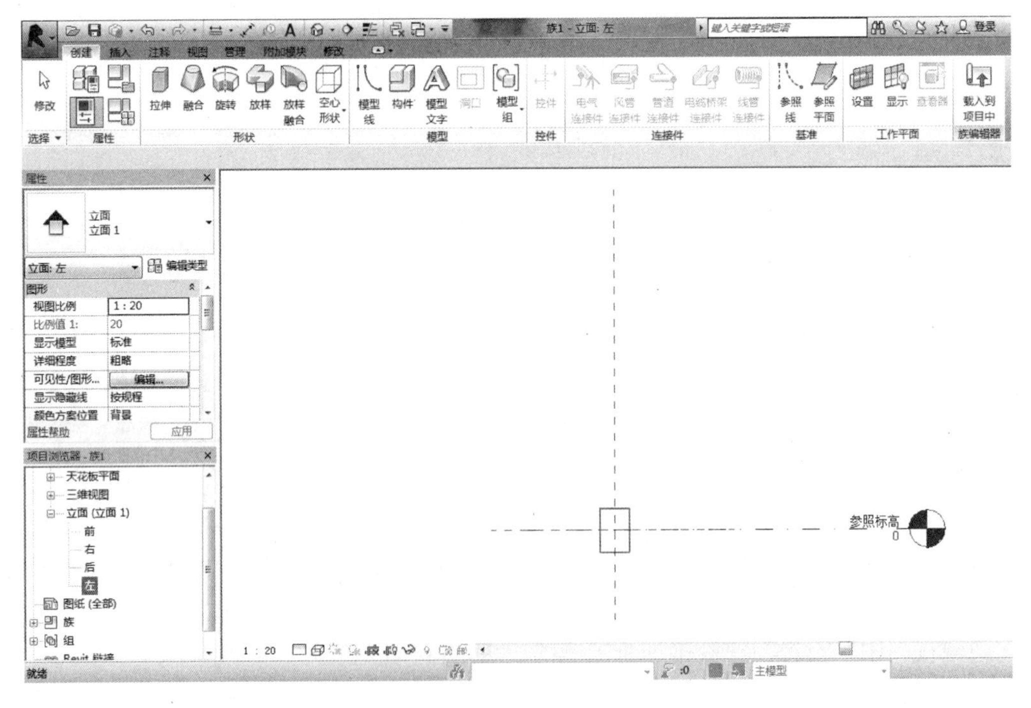

图 5-111

绘制参照平面，见图 5-112。

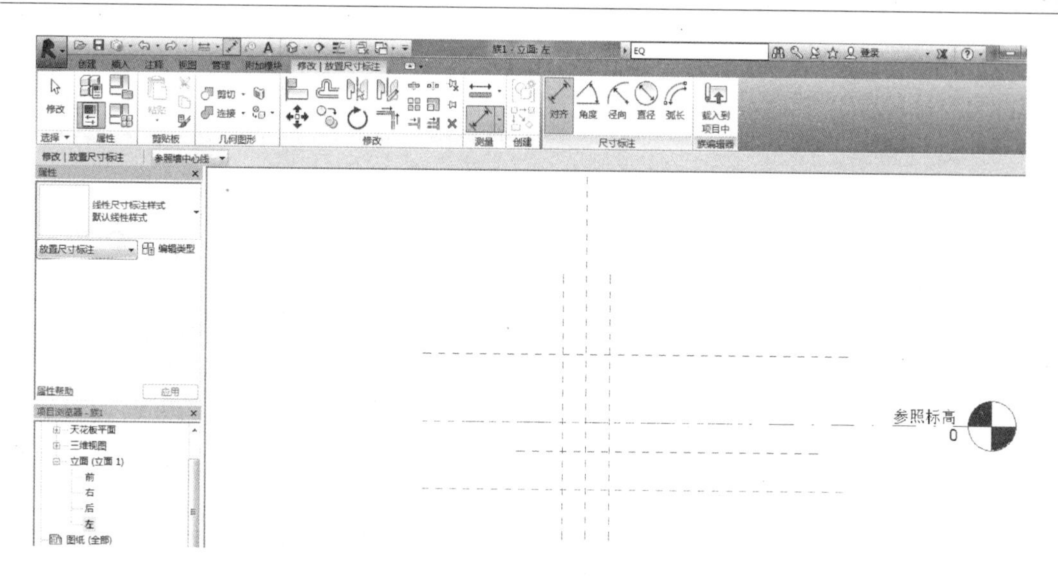

图 5-112

点击“注释”选项卡＞“尺寸标注”面板＞“对齐”进行标注，见图 5-113。

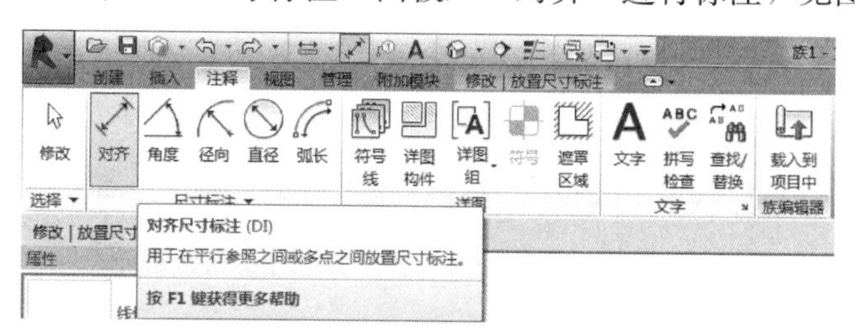

图 5-113

点击“EQ”解除等分约束，并建立对齐约束，见图 5-114 和图 5-115。

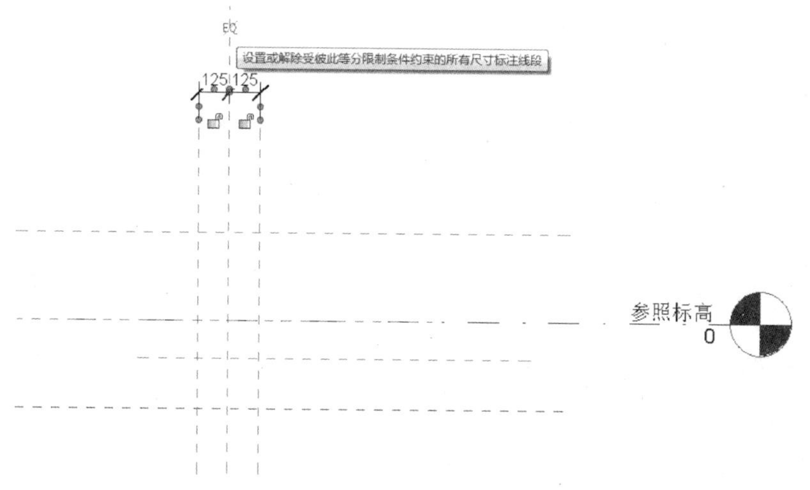

图 5-114

完成其他尺寸标注，见图 5-116。

选中尺寸标注 700，点击“属性面板”的“标签”下拉菜单中的 h，将参数和尺寸关联成功，见图 5-117。

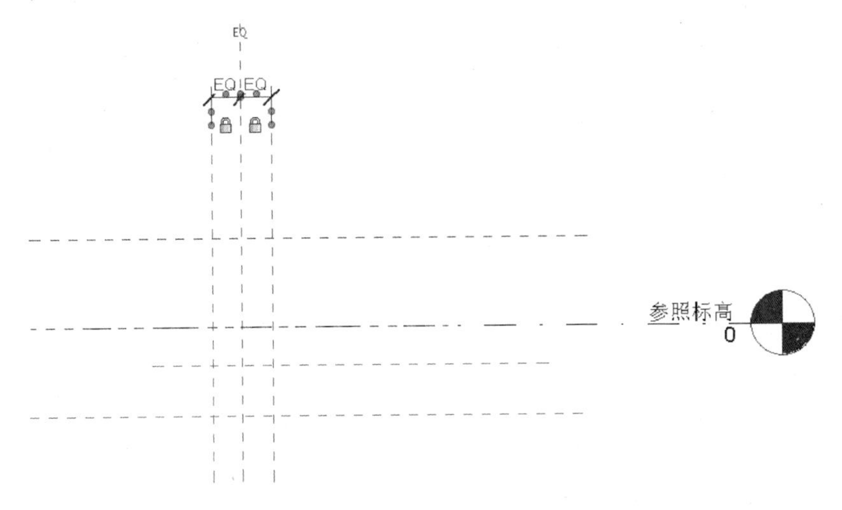

图 5-115

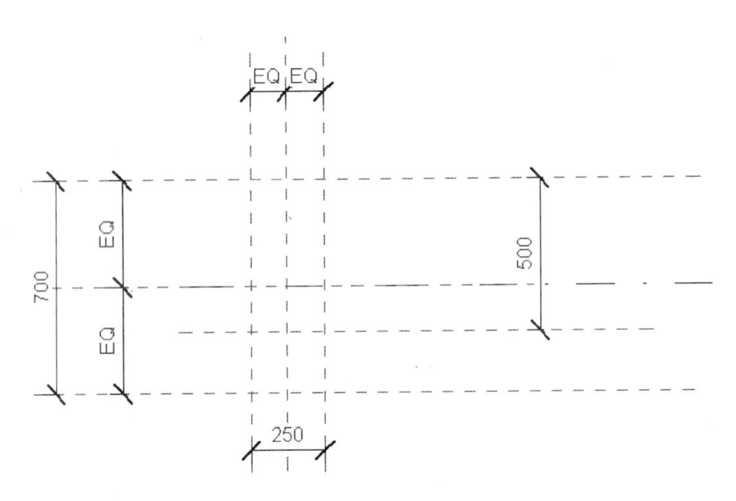

图 5-116

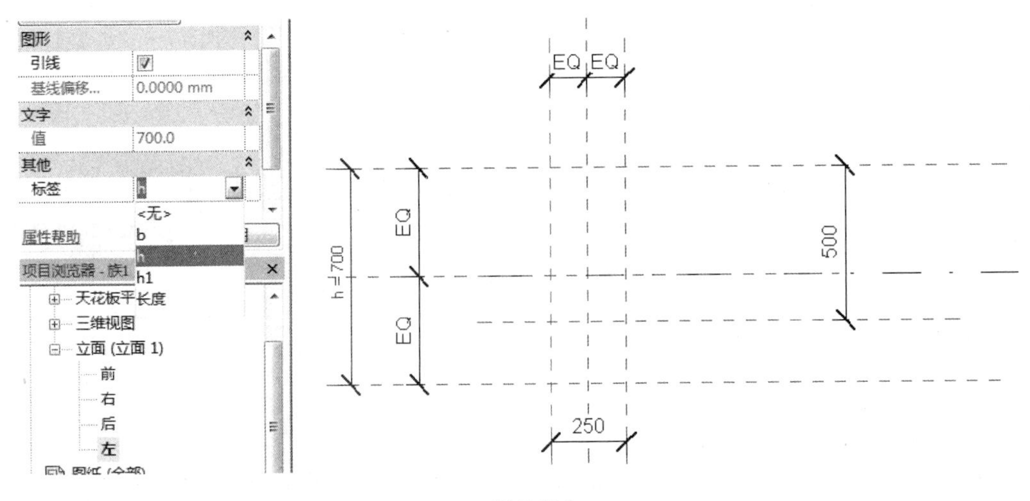

图 5-117

同理关联其他参数，见图 5-118。

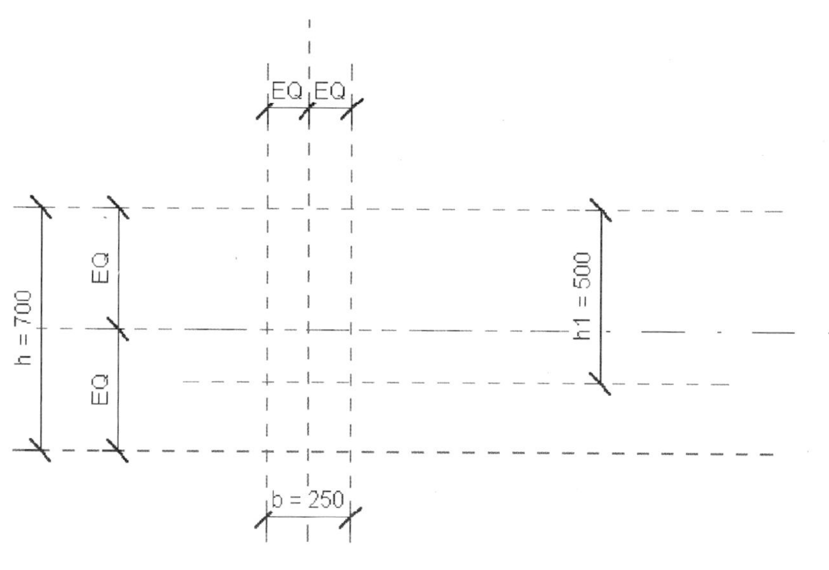

图 5-118

（5）创建本例形状采用“放样融合”命令，在选好的路径首尾创建两个不同的轮廓，并沿此路径进行放样融合，以创建首尾形状不同的变截面梁。

首先删除样本中自带的图形。在“项目浏览器”中，双击打开“楼层平面”中“参照标高”平面。

点击“创建”选项卡＞“形状”面板＞“放样融合”，进行编辑模式，此时的上下文选项卡见图 5-119。在放样融合中，需要编辑“路径”“轮廓 1”“轮廓 2”三部分，才能完成创建。

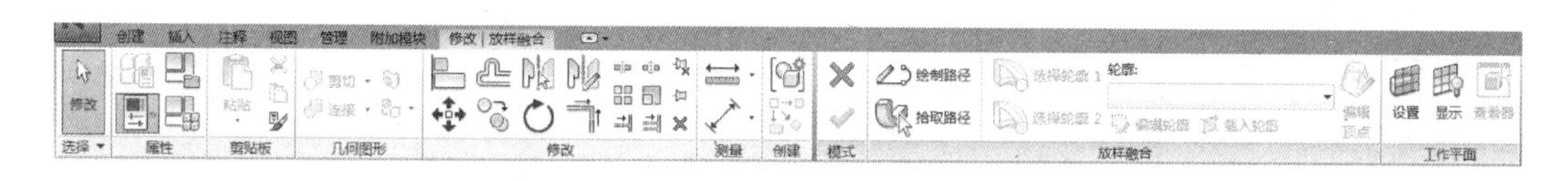

图 5-119

点击“修改｜放样融合”选项卡＞“放样融合”面板＞“绘制路径”，在视图中，沿梁长度方向绘制路径，并将路径及端点与参照平面锁定，见图 5-200。点击“修改｜放样融合＞绘制路径”选项卡＞“模式”面板＞“✔”，完成路径绘制。

点击“选择轮廓 1”＞“编辑轮廓”，系统将弹出“转到视图”对话框，见图 5-201。选择“立面：左”，点击“打开视图”，将转到左立面视图进行轮廓的绘制。

在左立面视图绘制截面形状，并与相应的参照平面对齐锁定，见图 5-202。点击“修改｜放样融合＞编辑轮廓”选项卡＞“模式”面板＞“✔”完成轮廓 1 的绘制。

点击“选择轮廓 2”＞“编辑轮廓”，在绘图区绘制界面形状，并与参照平面对齐锁定，见图 5-203。点击按钮“✔”，完成轮廓 2 的绘制。再次点击按钮“✔”完成放样融合的编辑。

根据需要设置材质，完成框架梁族的创建，可在不同视图检查创建结构的形状是否正确。转到前立面视图，见图 5-204。三维视图效果见图 5-205。

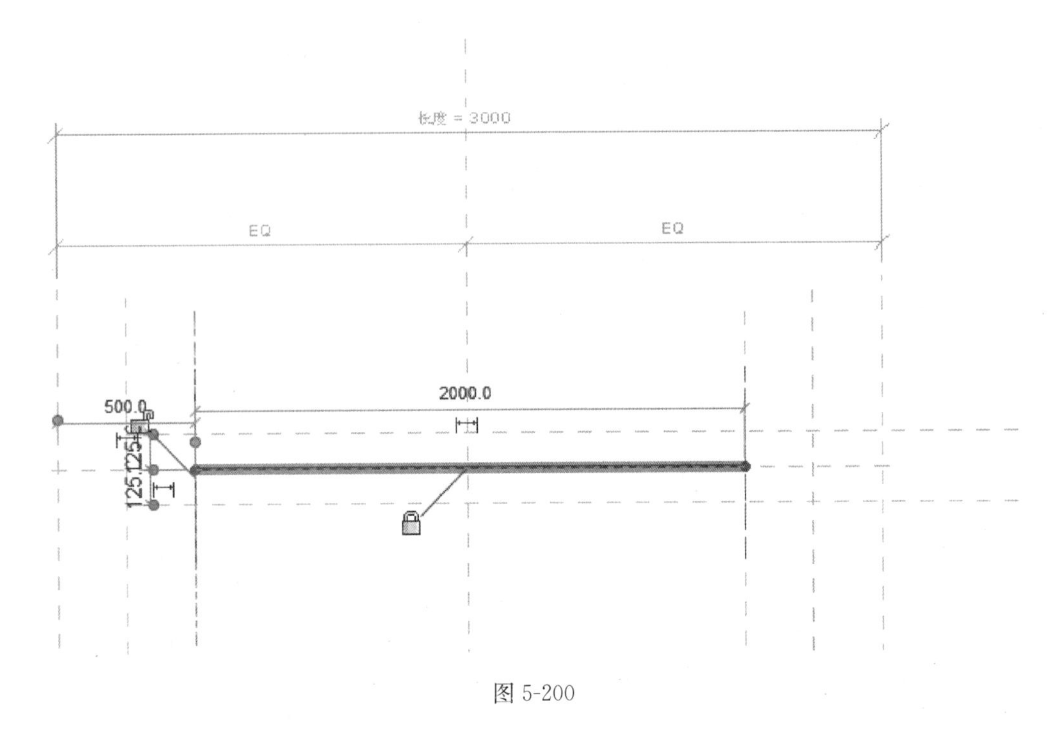

图 5-200

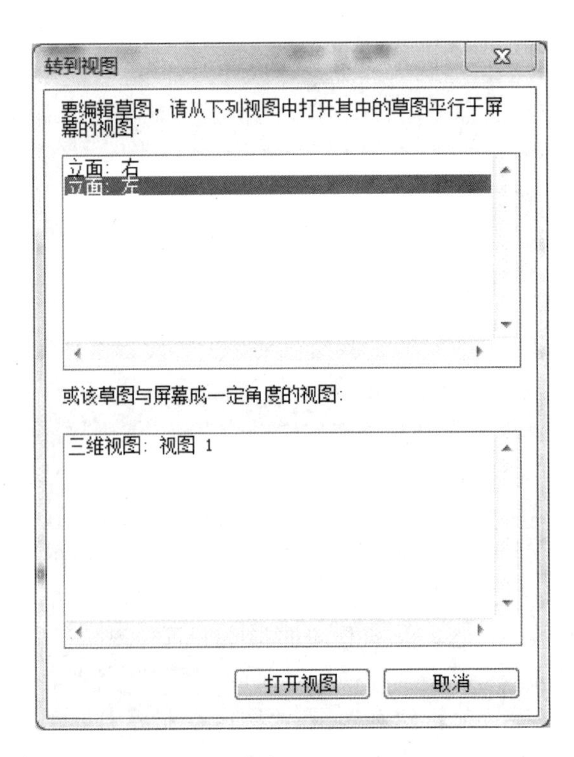

图 5-201

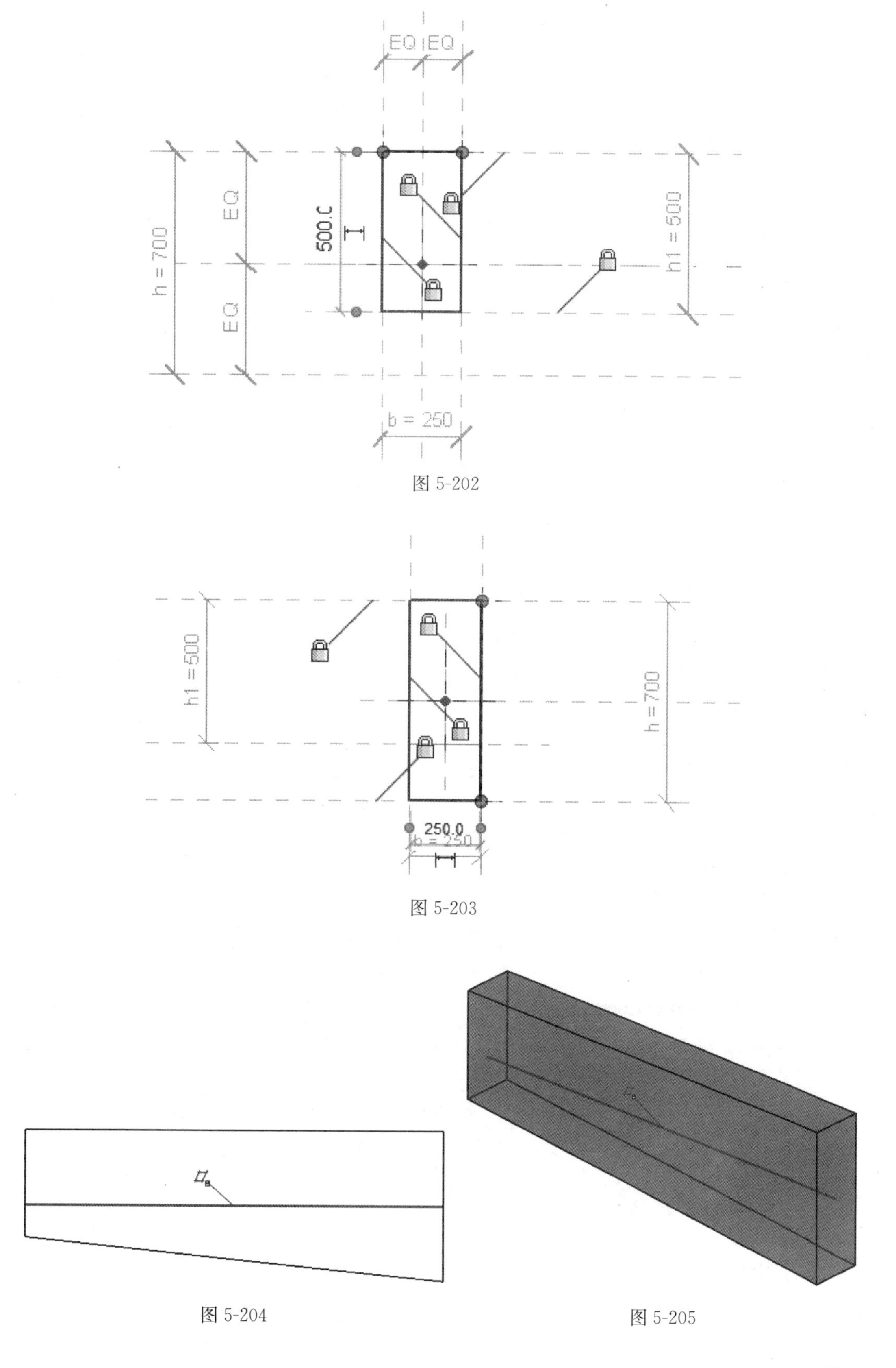

图 5-202

图 5-203

图 5-204

图 5-205

5.4 结构墙

5.4.1 结构墙的创建

点击“结构”选项卡＞“结构”面板＞“墙”，见图 5-206。

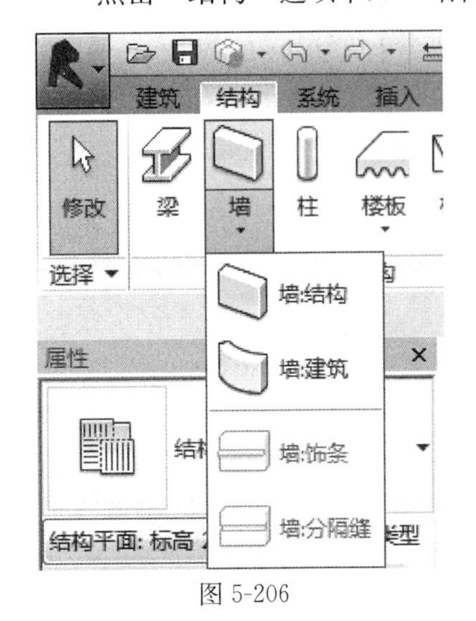

图 5-206

下拉菜单＞选择“墙：结构”或“墙：建筑”，程序默认选择“墙：结构”。

在“属性面板”的类型选择器中，点击“基本墙”，有多种墙体可供选择，见图 5-207。结构墙是系统族文件，不能通过加载族的方式添加到项目中。只能在项目中通过复制来创建新的墙类型。以创建“常规一240mm”墙为例，选择“常规一200mm”，点击“编辑类型”，弹出“类型属性”对话框，见图 5-208。

点击“类型属性”对话框的“复制”，输入新类型名称“常规一240mm”，点击“确定”完成类型复制，见图 5-209。

在“编辑类型”对话框中，点击结构一栏中的“编辑”按钮，在弹出的“编辑构件”对话框中，添加新的墙体结构层或非结构层，为各个层赋予功能、材质和厚度，以及调整组或顺序。将结构层的厚度改为 240，见图 5-210。

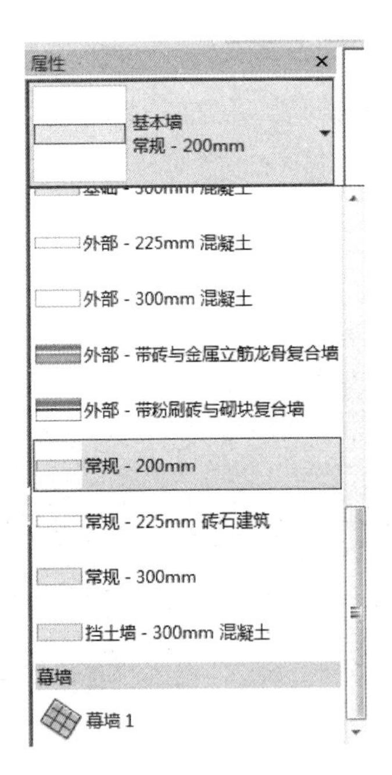

图 5-207

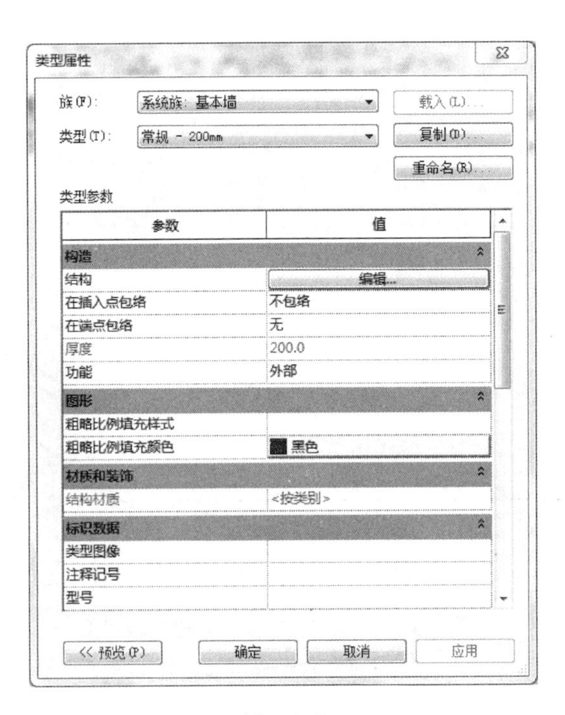

图 5-208

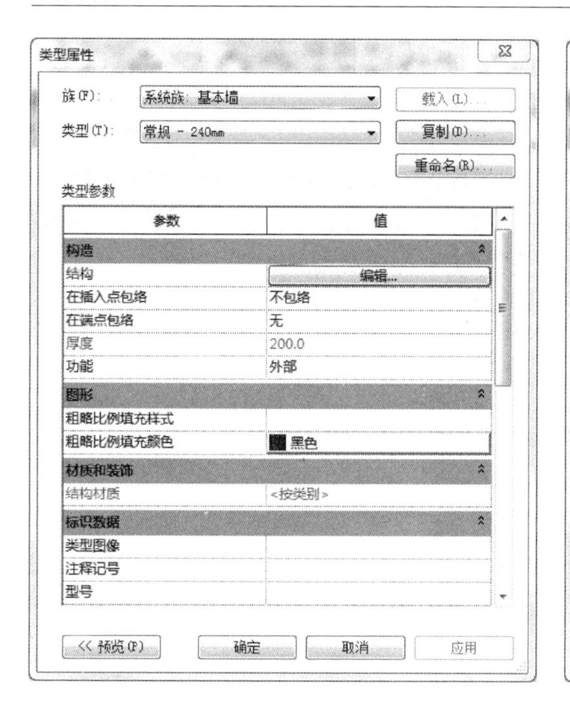

图 5-209

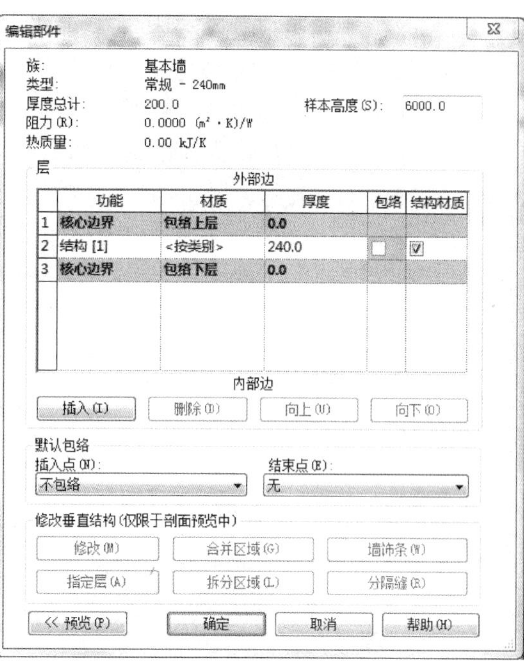

图 5-210

点击“确定”完成编辑，回到“类型属性”对话框中，点击“确定”，完成新类型“常规—240mm”的创建。

5.4.2　结构墙的放置

结构墙只能在平面视图和三维视图中添加，在立体视图中无法启动命令。

启动结构墙命令，点击选项卡“修改｜放置结构墙”中>“绘制”面板，面板中有不同的绘制方式，见图 5-211。

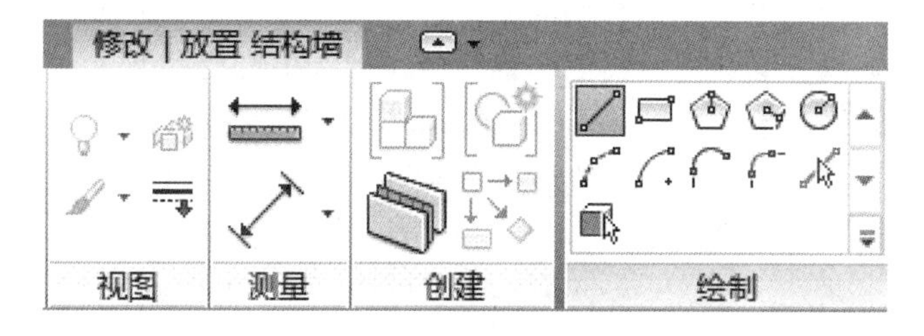

图 5-211

在属性面板的类型选择器中，选择所需的类型。此时，用户可对属性面板中的参数进行修改，也可以在放置后修改。

在状态栏完成相应的设置，见图 5-212。状态栏中的参数有如下含义。

图 5-212

(1) 深度/高度：表示自本标高向上/向下的界限。

（2）定位线：用来设置墙体与输入墙体定位线之间的位置关系。

（3）链：勾选后，可以连续地绘制墙体。

（4）偏移量：偏移定位线的距离。

（5）半径：勾选后，右侧的输入框激活，输入半径值。绘制的两段墙体之间，会以设定好的半径的弧相连接。

在“绘制”面板中，选择一个绘制工具，可以选择一种方式放置墙。启动结构墙命令，在属性面板选择“常规－240mm”，绘制墙体，见图 5-213。

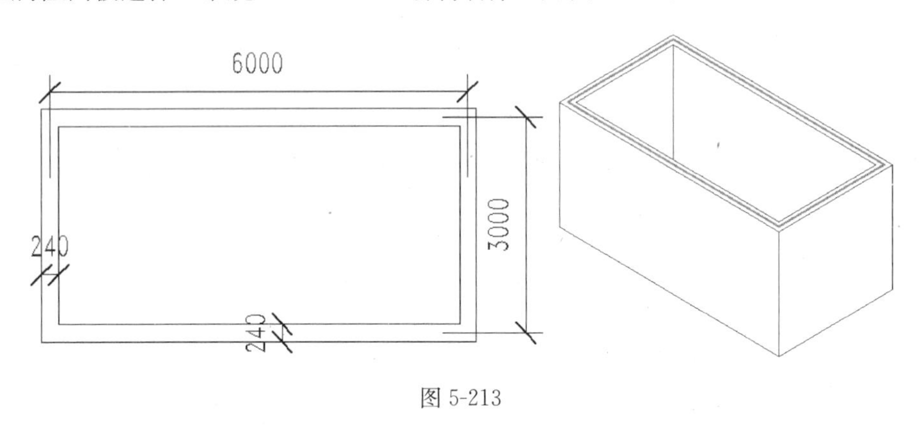

图 5-213

属性面板中各参数的意义如下。

（1）限制条件

定位线：指定墙相对于项目立面中绘制线的位置。即使类型发生变化，墙的定位线也会保持相同。

底部限制条件：指定底部参照的标高。

底部偏移：指定墙底部距离其墙底定位标高的偏移。

已附着底部：指示墙底部是否附着到另一个构件，如结构楼板。该值为只读。

底部延伸距离：指定墙层底部移动的距离。将墙层设置为可延伸时启用此参数。

顶部约束：用于设置墙顶部标高的名称。可设置为标高或“未连接”。

无连接高度：如果墙顶定位标高为“未连接”，则可以设置墙的无连接高度。如果存在墙顶定位标高，则该值为只读。墙高度延伸到在“无连接高度”中的指定值。

顶部偏移：墙距顶部标高的偏移。将“顶部约束”设置为标高时，才启用此参数。

（2）结构

结构：指定墙为结构图元能够获得一个分析模型。

启用分析模型：显示分析模型，并将它包含在分析计算中，默认情况下处于选中状态。

结构用途：墙的结构用途。承重、抗剪或者复合结构。

钢筋保护层-外部面：指定与墙外部面之间的钢筋保护层距离。

钢筋保护层-内部面：指定与墙内部面之间的钢筋保护层距离。

钢筋保护层-其他面：指定与邻近图元面之间的钢筋保护层距离。

（3）尺寸标注

长度：指定墙的长度。该值为只读。

面积：指定墙的面积。该值为只读。

体积：指定墙的体积。该值为只读。

（4）标识数据

注释：用于输入墙注释的字段。

标记：为墙所创建的标签，对于项目中的每个图元，此值都必须是唯一的。如果此数值已被使用，Revit 会发出警告信息，但允许用户继续使用它。

（5）阶段化

创建的阶段：指明在哪一个阶段中创建了墙构件。

拆除的阶段：指明在哪一个阶段中拆除了墙构件。

5.4.3　结构墙的修改

可以对已经放置的墙体进行编辑，修改轮廓、设置墙顶或底部与其他构件的附着等。

点击已布置的墙体，在“修改 | 墙”选项卡中显示修改墙的相关命令，见图 5-214。

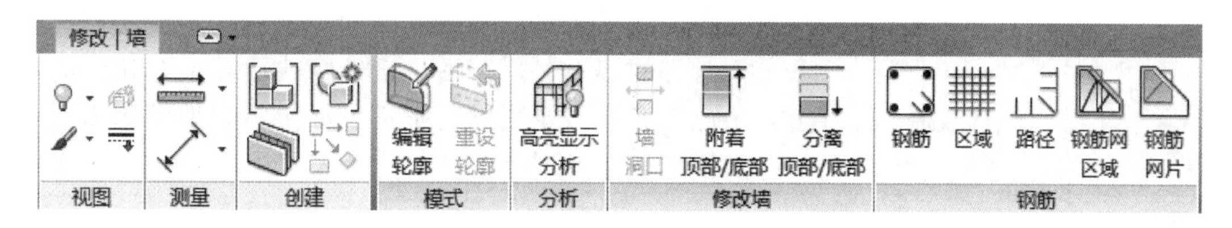

图 5-214

1. 编辑轮廓

进入南立面视图，选中墙体，点击“编辑轮廓”，所选中的墙会被高亮显示，见图 5-215。双击墙体也可以进入编辑轮廓界面。用户可以修改墙现有的轮廓线，也可以添加新的轮廓线。

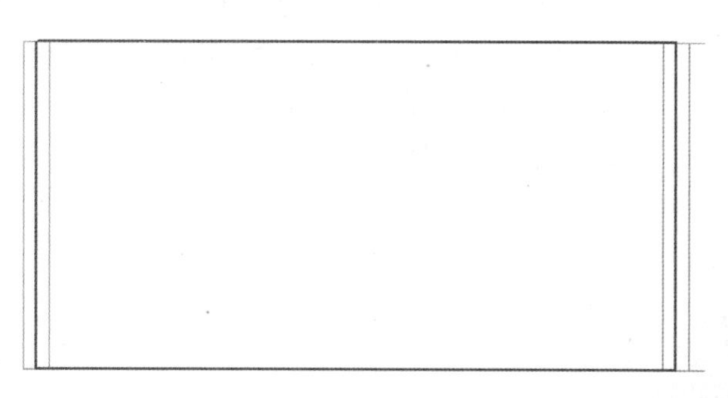

图 5-215

本例为墙体添加新的轮廓线，即墙添加门窗洞口。

点击绘制面板中的“”命令，在墙上绘制矩形开洞，点击鼠标开始绘制，移动鼠标，会显示出洞口尺寸大小，再次点击鼠标完成绘制，在矩形的周围会显示出洞口尺寸以及距离墙外轮廓的距离。点击数值，对数值进行编辑，从而修改洞口的位置。见图 5-216。

编辑完成后，点击“修改 | 编辑轮廓”面板>“模式”选项卡>“✔”按钮，退出编辑模式。

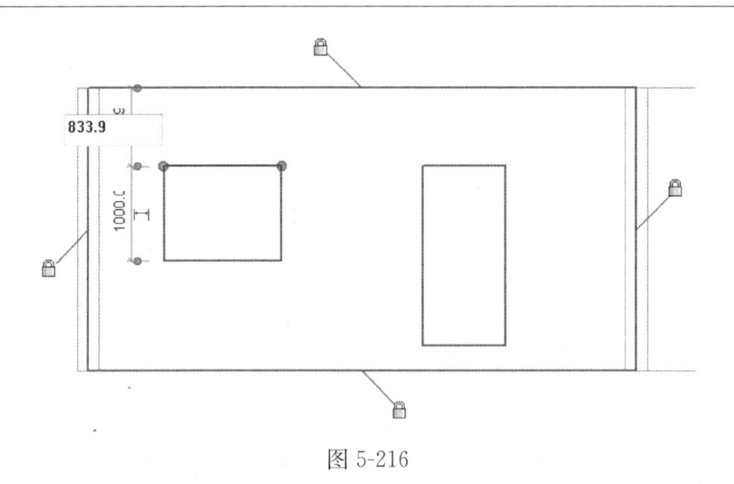

图 5-216

图 5-217

2. 附着顶部/底部

该命令可以将墙体顶部或底部的轮廓线附着到楼板、楼梯和上下对齐的墙上，附着后，该轮廓线便固定在相应的构件上，用户不能对该轮廓进行拖动。如果需要取消附着，点击“分离顶部/底部”命令。

5.4.4 实例详解

进入“标高 2”平面视图。启动结构墙命令，在属性面板类型选择器中，选择基本墙中的“常规－300mm”，在选项栏中设置“高度”，见图 5-217。

在绘图区域添加墙体，添加时注意一段一段地添加，点取柱子轮廓与轴线的交点作为墙体的起终点，见图 5-218。

如果不分段添加，直接添加整面墙体，或是分段绘制时，点取了结构柱的中心点，墙体会作为整片墙体剪切结构柱，见图 5-219。按照整片墙的方法创建，在配筋时无法单独对其中的某片墙体添加配筋。因此，本书采用分段添加的方法。

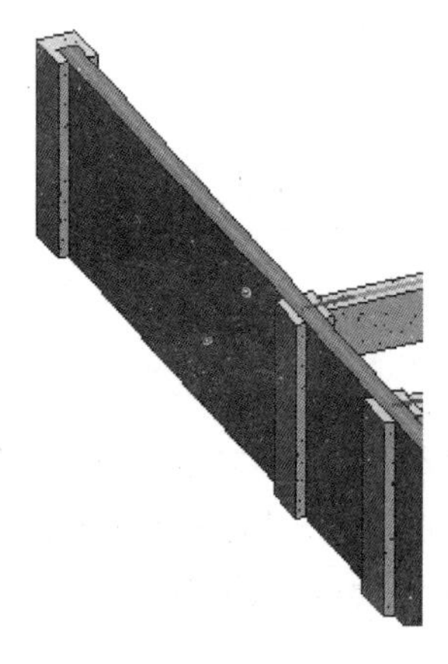

图 5-218

图 5-219

完成墙体放置，见图 5-220。

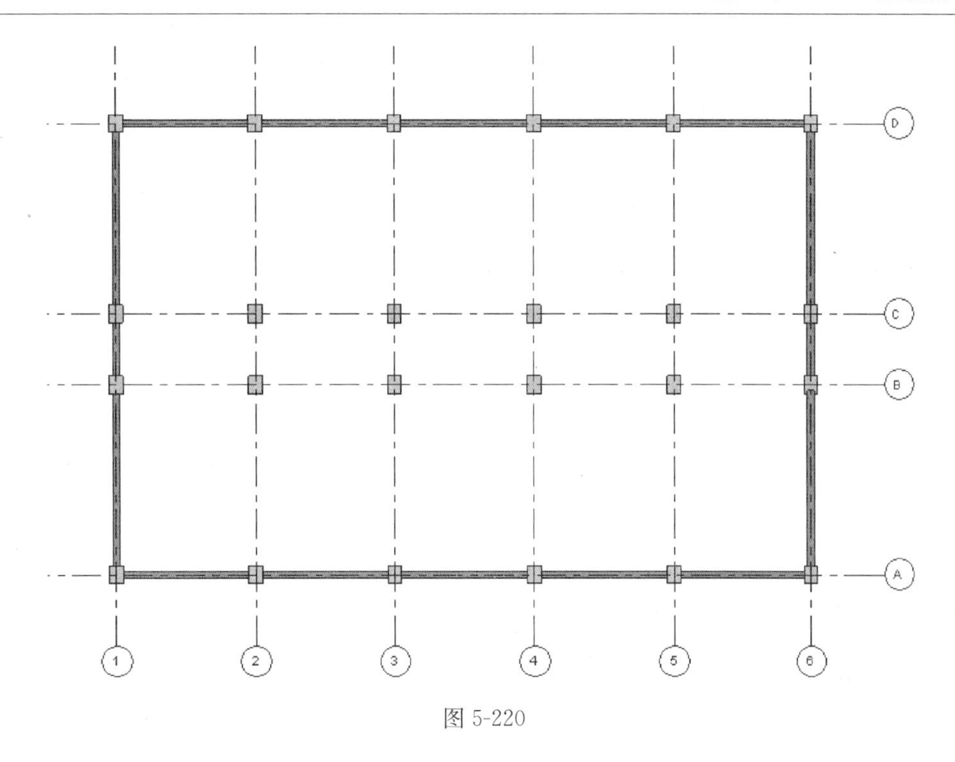

图 5-220

打开平面视图，调整柱的位置，使用对齐命令，使柱和梁与墙的外边缘线对齐，并调整墙端点，使位于柱的边界，见图 5-221，其余柱同理。

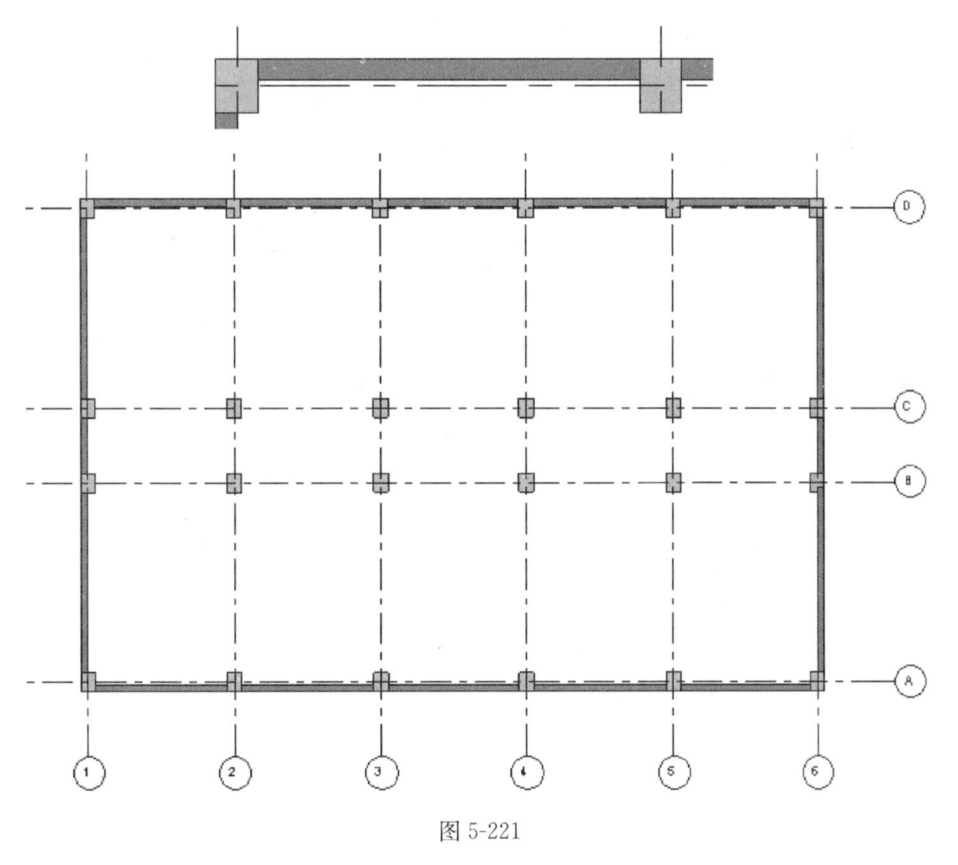

图 5-221

进入南立面视图，方便观察墙体和洞口，此处视觉样式设为“隐藏线”，在所添加的墙体上添加洞口，所有洞口尺寸为 1200mm×1200mm，洞口底部高度（窗台高）为 900mm 位于墙体的居中位置。

以 1、2 轴间的墙体为例。点击“结构”选项卡>“洞口”面板>“墙”，见图 5-222。

图 5-222

选择需要添加洞口的墙，鼠标左键选定洞口对准点，大小位置随意，绘制完成。选中所添加的洞口，会显示出各部分的尺寸，见图 5-223，通过这些尺寸调整洞口大小和位置。根据轴线间间距和层高，调整洞口的位置和大小，见图 5-224。在属性栏中调整洞口的竖向尺寸。将“顶部偏移”设为－1100，“底部偏移”设为 2400，完成后效果见图 5-225。

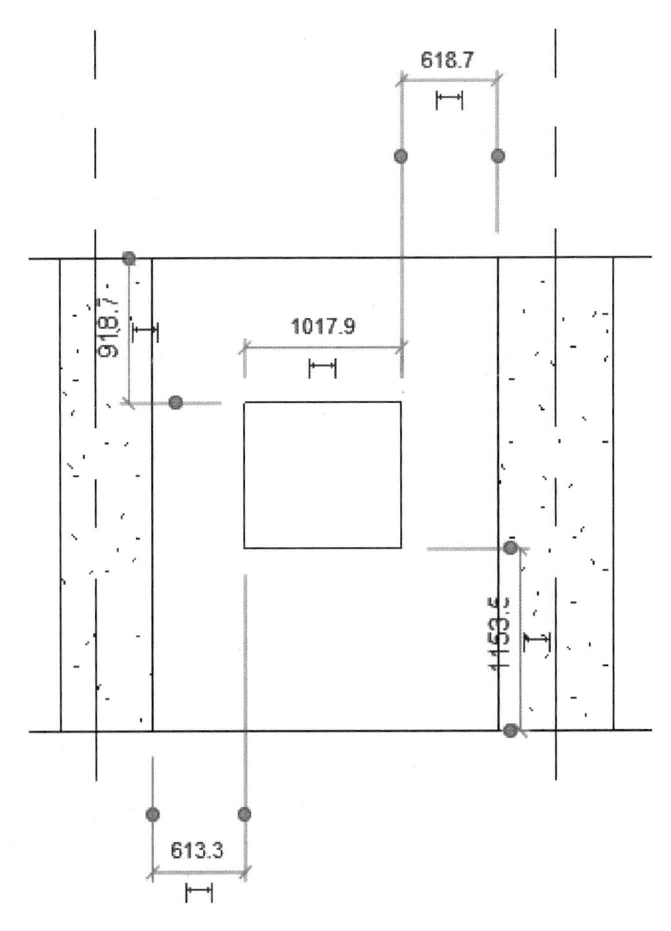

图 5-223

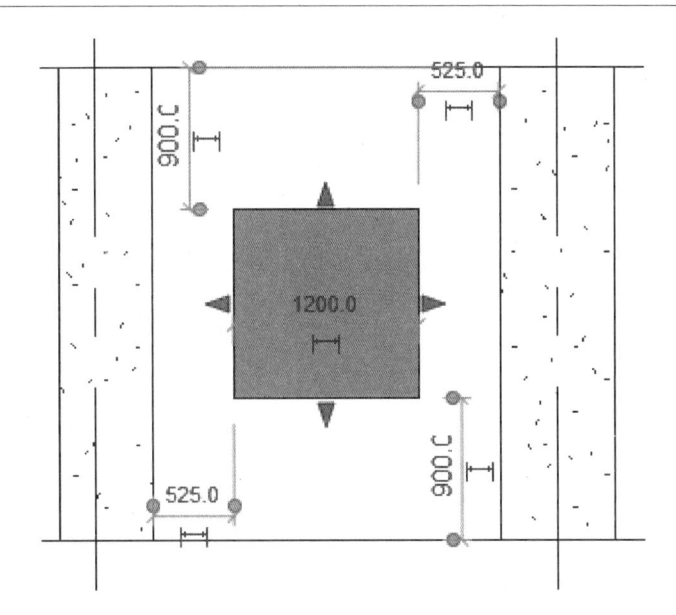

图 5-224

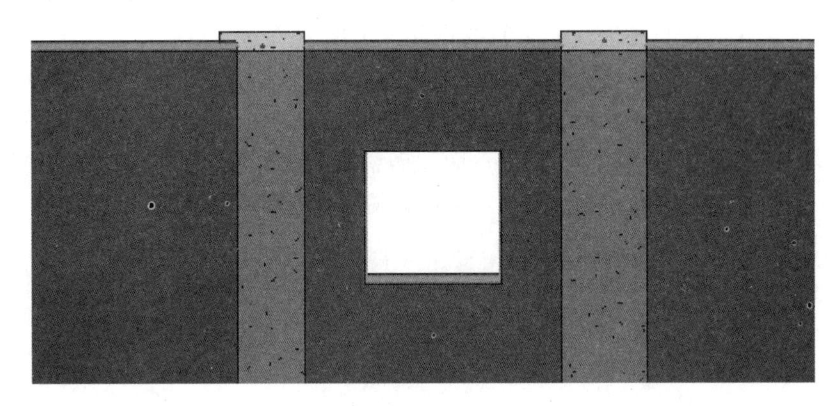

图 5-225

按照类似的方法，为其他墙体添加洞口。添加完成后，效果见图 5-226。

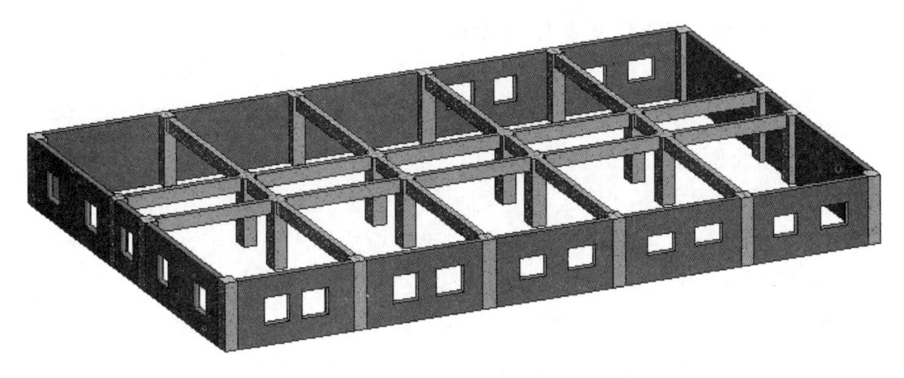

图 5-226

5.5 结构楼板

5.5.1 结构楼板的创建

点击“结构”选项卡>“结构”面板>“楼板”，在楼板的属性面板中，实例参数的含义如下：

1. 限制条件

标高：将楼板约束到的标高。

自标高的高度偏移：指定楼板顶部相对标高参数的高程。

房间边界：表明楼板是房间边界图元。

与体量相关：指示此图元是从体量图元创建的，该值为只读。

2. 结构

结构：指示此图元有一个分析模型。

启用分析模型：显示分析模型，并将它包含在分析计算中。默认情况下处于选中状态。

钢筋保护层-顶面：与楼板顶面之间的钢筋保护层距离。

钢筋保护层-底面：与楼板底面之间的钢筋保护层距离。

钢筋保护层-其他面：从楼板到临近图元之间的钢筋保护层距离。

3. 尺寸标注

坡度：将坡度定义线修改为指定值，而无需编辑草图。如果有一条坡度定义线，则此参数最初会显示一个值。如果没有坡度定义线，则此参数为空并被禁用。

周长：楼板的周长，该值为只读。

面积：楼板的面积，该值为只读。

体积：楼板的体积，该值为只读。

顶部高程：指示用于对楼板顶部进行标记的高程。这是一个只读参数，它报告倾斜平面的变化。

底部高程：指示用于对楼板底部进行标记的高程。这是一个只读参数，它报告倾斜平面的变化。

厚度：楼板的厚度。除非用了形状编辑，而且其类型包含可变层，否则这将是一个只读值。如果此值可写入，可以使用此值来设置一致的楼板厚度。如果厚度可变，此条目可以为空。

在下拉菜单中，可以选择“楼板：结构”，“楼板：建筑”或“楼板：楼板边”，见图 5-227。点击图标或使用快捷键启动命令后，程序会默认选择“楼板：结构”。

结构楼板也是系统族文件，只能通过复制的方式创建新类型。

启动命令后，在功能区会显示“修改 | 创建楼板边界”选项卡，包含了楼板的编辑命令，点击“边界线”，其中包含了绘制楼板边界线的工具，见图 5-228。

在属性面板的类型选择器中，选择“常规－300mm”，点击“编辑类型”，在弹出的类型属性对话框中，点击“复制”，在弹出的对话框中为新创建的类型命名为“常规－200mm”，见图 5-229。

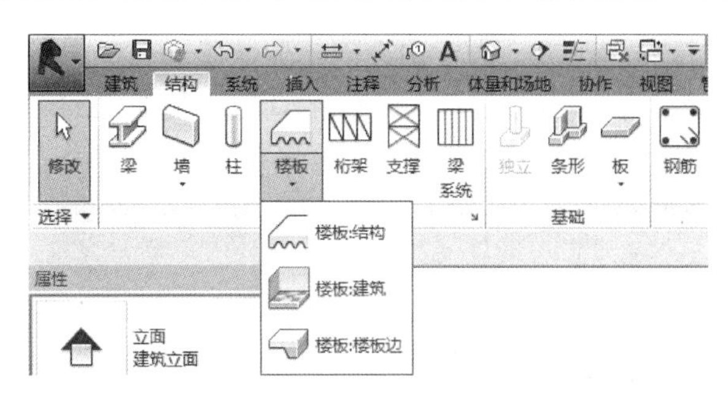

图 5-227

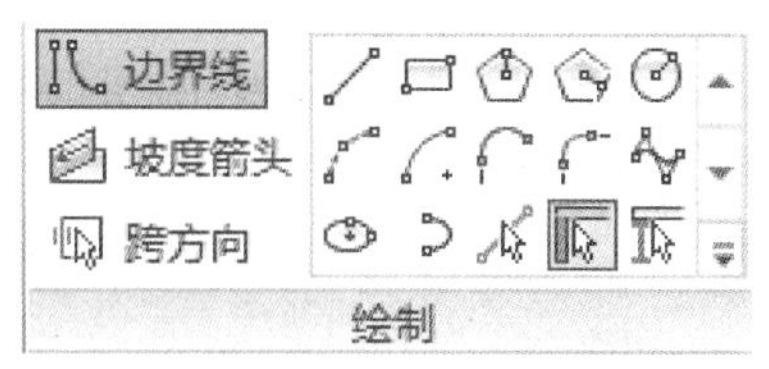

图 5-228

点击类型属性对话框中的"编辑"按钮，在弹出"编辑部件"对话框中，设置结构层的厚度为 200，点击"确定"完成更改，然后"确定"完成类型创建，见图 5-230。

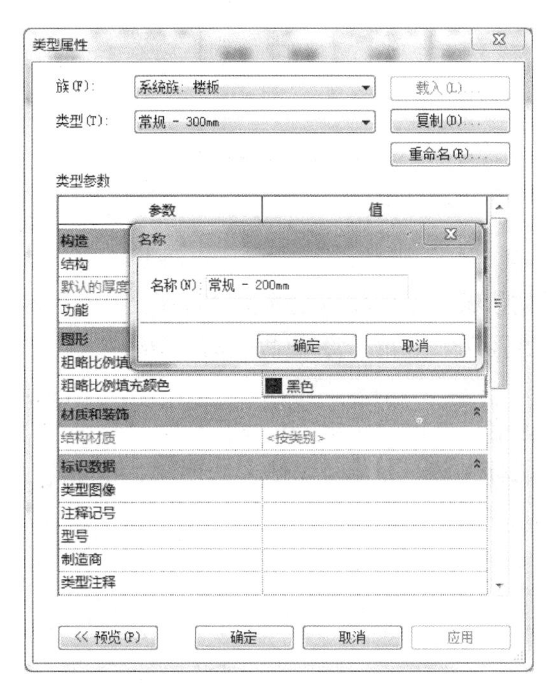

图 5-229

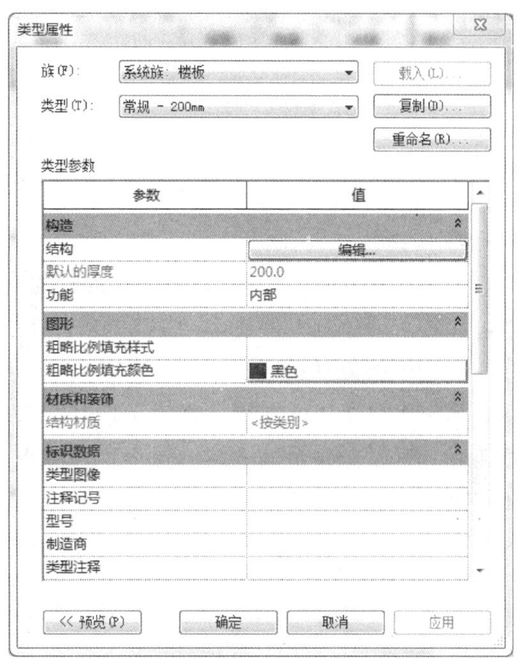

图 5-230

5.5.2　结构楼板的放置

在属性面板类型选择器中，选择好楼板类型后，进行楼板放置。

1. 绘制边界

点击"绘制"面板＞"边界线"＞"⁄"，此时状态栏见图 5-231。其中各项含义如下：

图 5-231

(1) 链：默认为选中状态，可以连续地绘制边界线，用户也可根据需要取消勾选。

（2）偏移量：边界线偏移所绘制定位线的距离，方便用户创建悬臂板。

（3）半径：勾选后，右侧的输入框激活，输入半径值，绘制的两段定位线之间，会以设定好半径的弧相连接。

进入“标高 2”，为上节创建的墙添加双坡屋顶。使用“常规－200mm”楼板。在绘图区域绘制楼板的边缘，见图 5-232。

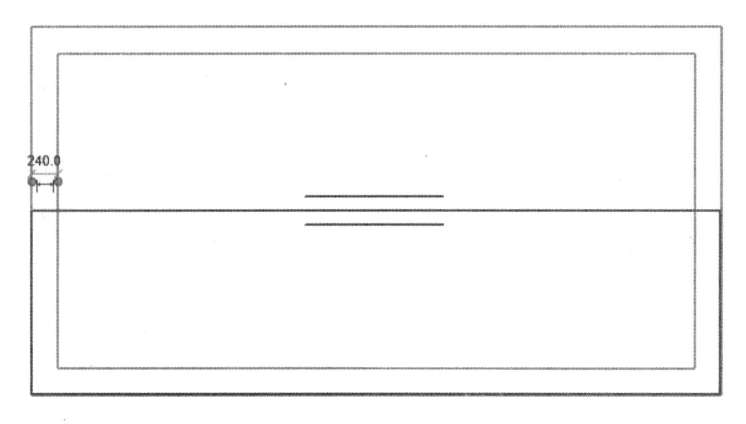

图 5-232

2. 坡度箭头

点击“坡度箭头”按钮，可以创建倾斜结构模板。不添加坡度箭头，程序会创建平面模板。点击“绘制”面板中“坡度箭头”绘制坡度箭头，有两个绘制箭头的工具，“ ”和“ ”，“ ”被默认选中。

第一次点击鼠标左键，确定了坡度箭头的起点，此时显示出一根鼠标处带有箭头的蓝色虚线。将鼠标移至坡度线的终点，再次点击鼠标左键，完成坡度箭头的创建。在绘图区拖动鼠标绘制，见图 5-233。

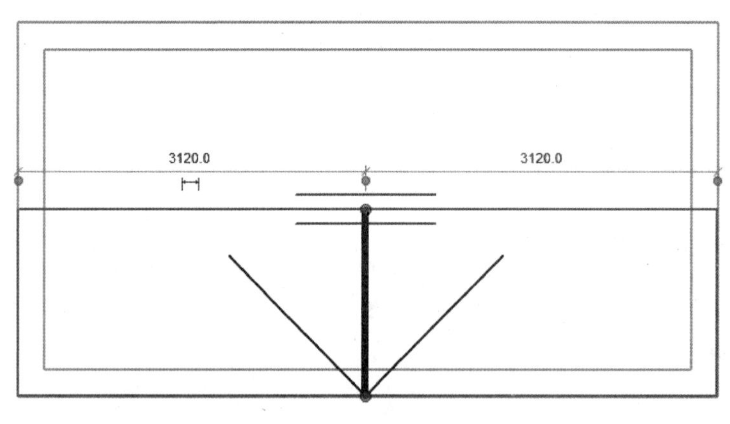

图 5-233

点击鼠标确定终点后，属性面板会显示坡度箭头的相关属性。在属性面板中完成设置，见图 5-234，属性面板中各个参数的含义如下：

（1）指定：包含“尾高”和“坡度”两个选项，默认选择尾高。

（2）最低处标高、尾高度偏移：这两项对应坡度箭头起点，即没有箭头的一项。在最低处标高一栏选择一个标高，尾高度偏移指楼板在坡度起点处相对于该标高的偏移量。

(3) 最高处标高、头高度偏移：这两项对应坡度箭头终点，各项含义与上述相同。

3. 跨方向

用户可以使用绘图面板里的"直线"和"拾取线"工具来设定板跨度方向。跨度方向指板放置的方向。使用楼板跨方向符号更改面板的方向。

点击"修改｜编辑轮廓"面板>"模式"选项卡>"✔"按钮，退出编辑模式，此时，程序会弹出提示框，见图5-235。

点击"否"，同样的方法，完成另一半楼板的创建。若选择"是"，墙体将会附着在楼板上。

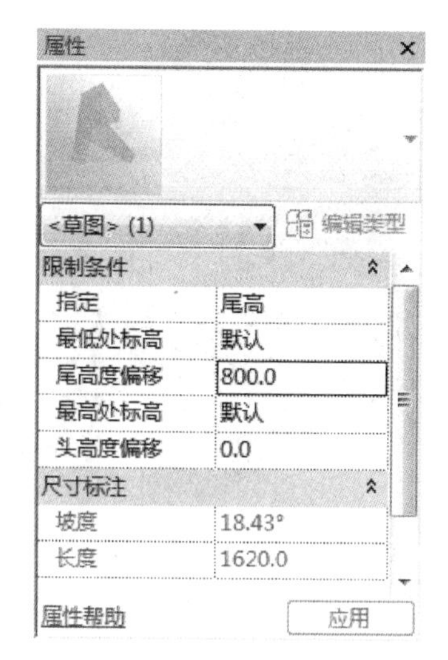

图 5-234

还可以通过"附着顶部/底部"命令，完成该操作的方法。

进入东立面视图并选中墙体。点击"修改｜墙"选项卡>"修改墙"面板>"附着顶部/底部"。点击楼板，可将墙的顶部附着在楼板上。见图5-236，同样，完成墙体对另一半楼板的附着，进入西立面视图，将墙体顶部附着在楼板上。

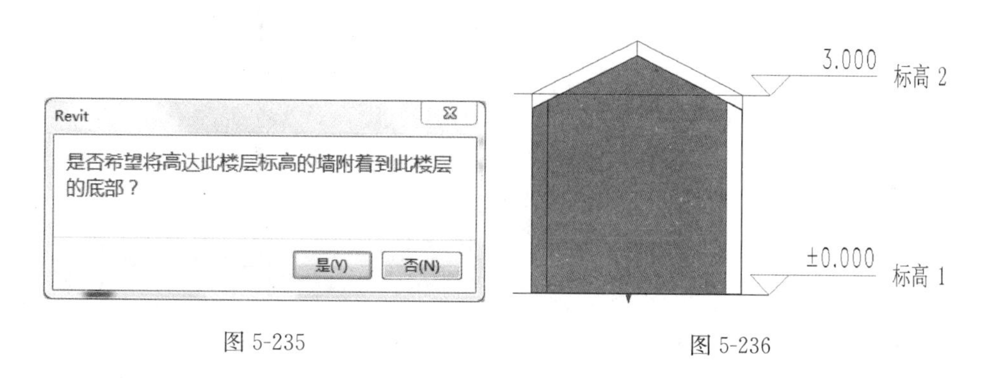

图 5-235　　图 5-236

点击"结构"选项卡>"结构"面板>"楼板"中的"楼板，楼板边"。

点击需要添加楼板边的楼板边缘线，点击图标调整楼板边缘方向。在平面、立面、三维视图中均可进行楼板边缘的创建。为了方便观察和调整，建议在三维视图中完成创建。添加后效果见图5-237。

5.5.3 实例详解

打开上节实例中的墙体项目，进入"标高"平面视图，启动楼板命令，创建"常规—120mm"类型的楼板。

选择矩形绘制方式。点击对角两个轴线的交点，沿最外侧梁和墙的轴线创建楼板边界，见图5-238。绘制完边界后点击图标，系统会弹出如图5-239所示的提示板。用户可根据需要进行选择，本例题选择"否"。

图 5-237

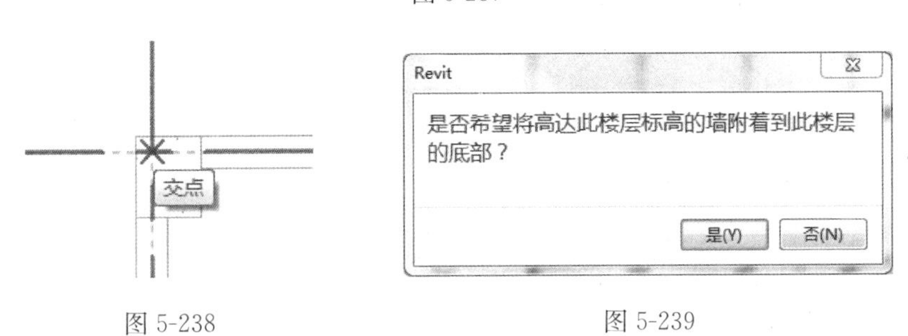

图 5-238　　图 5-239

添加完楼板后，被楼板遮挡的墙和梁将以虚线的形式显示，见图 5-240。

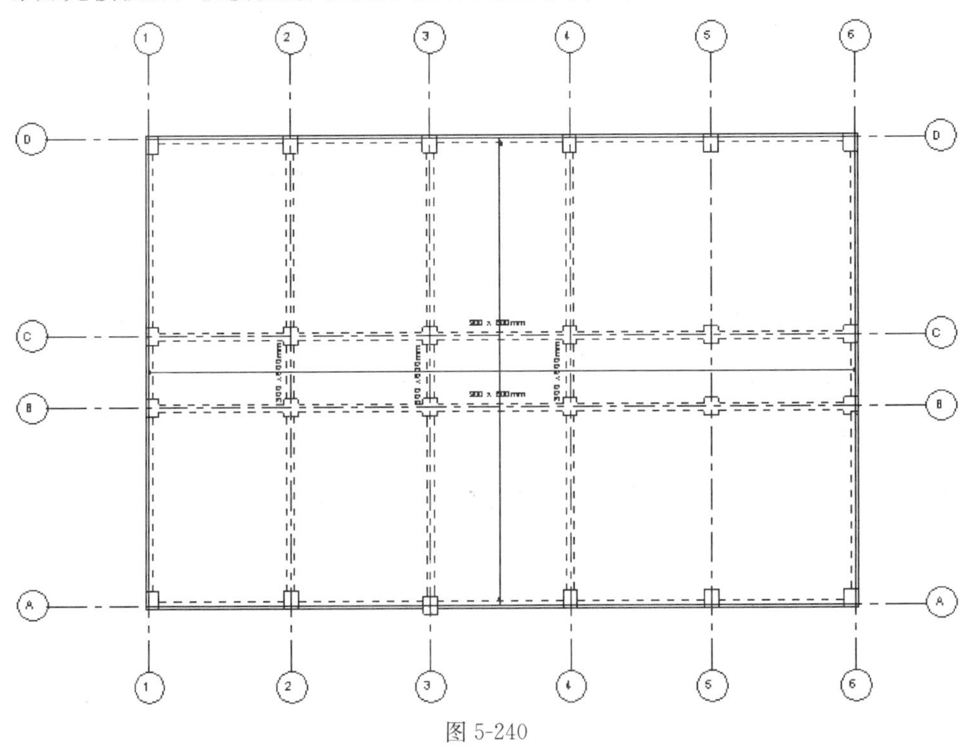

图 5-240

之后为楼板添加洞口，楼梯间的位置位于 4-5 轴/A-B 轴。

点击“结构”选项卡>“洞口”面板>“按面”，见图 5-241。

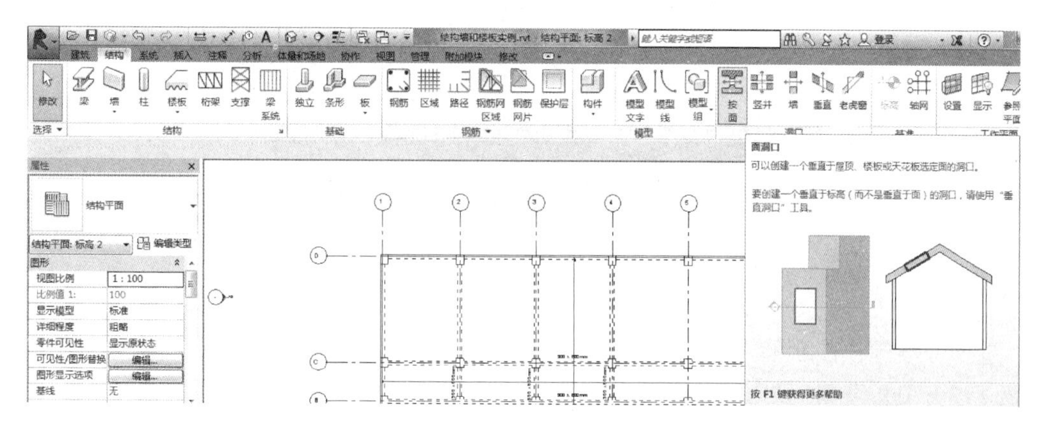

图 5-241

状态栏会显示操作提示，见图 5-242。

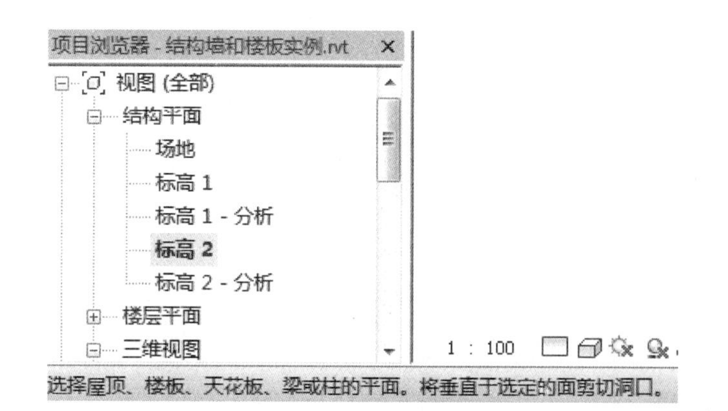

图 5-242

选中需要添加洞口的楼板，进入编辑模式，创建洞口边界。点击“修改 | 编辑边界”选项卡>“绘制”面板中“矩形”的绘制方式，见图 5-243，绘制洞口。

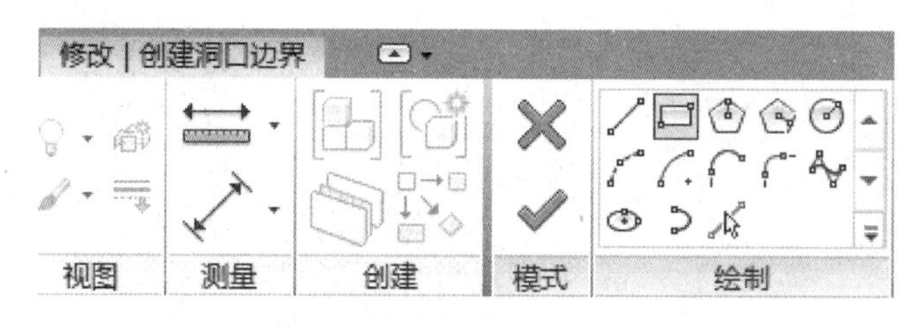

图 5-243

点击“模式”面板的“✔”，完成洞口创建，见图 5-243。

使用同样的方法，可以完成 2-6 层的创建。下面介绍复制本标高构件到其他标高的快速建模方法。

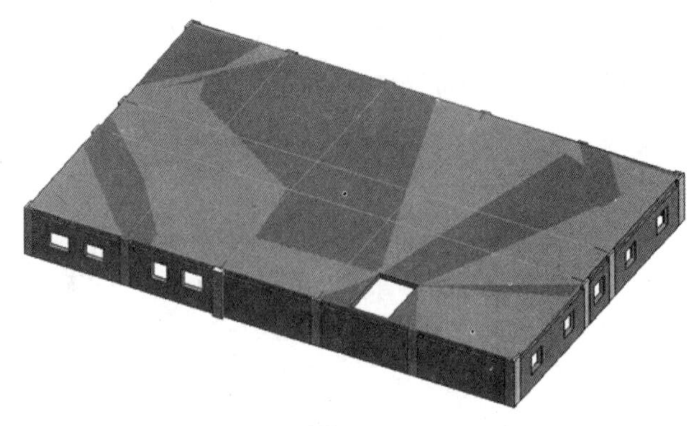

图 5-244

选中一层的全部结构，可在立面或三维视图中进行选择。点击“修改｜选择多个”选项卡>“剪贴板”面板>“复制到剪贴板”。点击“粘贴”下拉菜单中的“与选定的标高对齐”，见图 5-245。弹出选择标高对话框。

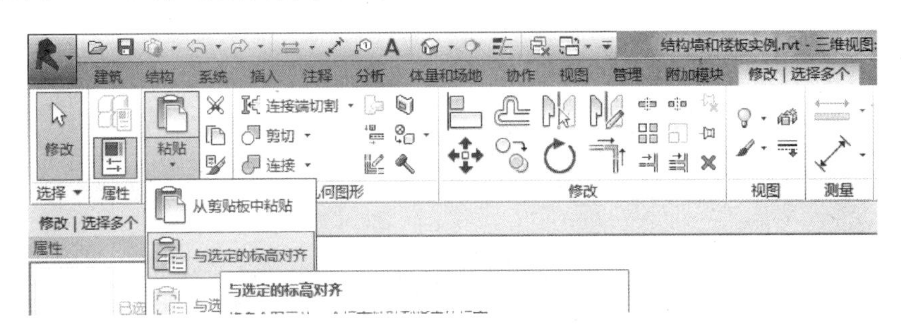

图 5-245

完成后，模型的三维效果见图 5-246。

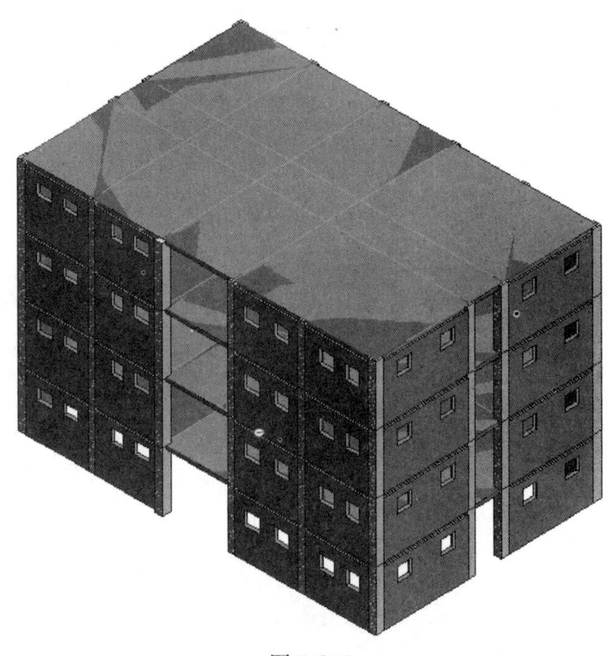

图 5-246

如果各层的层高不同，还需对复制的构件进行调整。选中构件后，在属性面板中对“楼板”的“标高”；“梁”的“参照标高”；“柱”的“底部和顶部标高”，以及洞口位置等进行调整。

5.6　基础

Revit 中的基础包含独立基础、条形基础和基础底板三种类型。

5.6.1　独立基础

点击“结构”选项卡>“基础”面板>“独立”，见图 5-247。

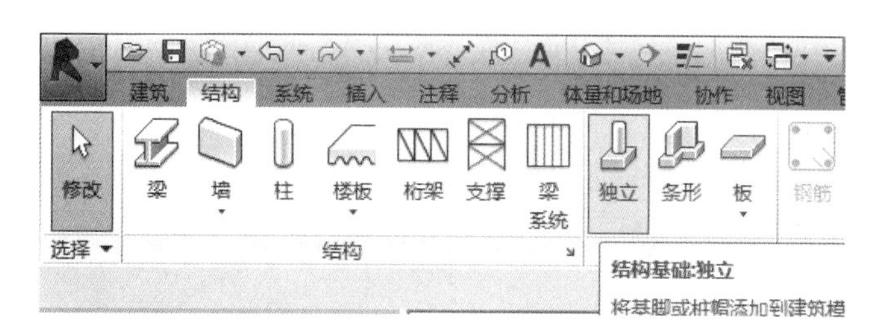

图 5-247

在属性面板类型选择器下拉菜单中选择合适的独立基础，如果没有合适的尺寸类型，可以在属性面板“编辑类型”中通过复制的方法进行创建新类型，见图 5-248。如果没有合适的族，可以载入外部族文件。

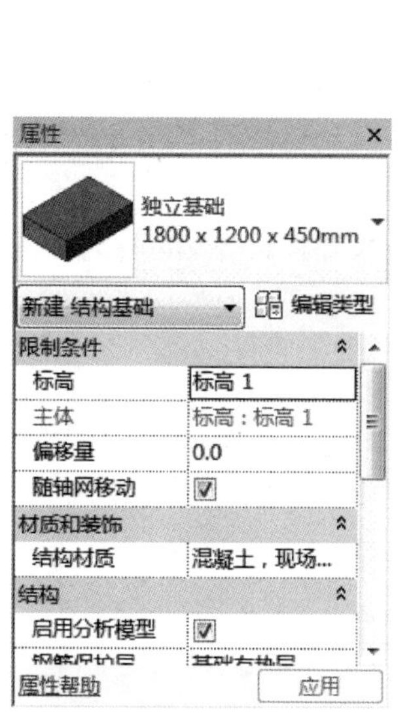

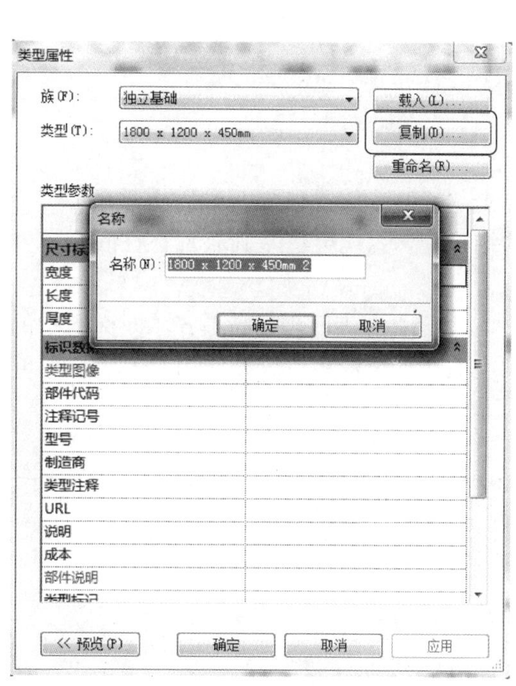

图 5-248

在放置前，可对属性面板中“标高”和“偏移量”两个参数进行修改，调整放置的位置。下面对“属性”面板中的一些参数进行说明。

（1）限制条件

标高：将基础约束到的标高。默认为当前标高平面。

主体：将独立板主体约束到的标高。

偏移量：指定独立基础相对其标高的顶部高程。正值向上，负值向下。

（2）尺寸标注

底部高程：指示用于对基础底部进行标记的高程。只读不可修改，它报告倾斜平面的变化。

顶部高程：指示用于对基础顶部进行标记的高程。只读不可修改，它报告倾斜平面的变化。

类似结构柱的放置，独立基础的放置有三种方式。

（1）在绘图区点击直接放置，如果需要旋转基础，可勾选选项栏中的“放置后旋转”，见图5-249。或者在点击鼠标放置前按“空格”键进行旋转。

修改 | 放置 独立基础　☑放置后旋转

图5-249

（2）点击“修改｜放置独立基础”选项卡>“多个”面板>“在轴网处”，见图5-250，选择需要放置基础的相交轴网，按住“Ctrl”键可以多个选择，也可以通过从右下往左上框选的方式来选中轴网。

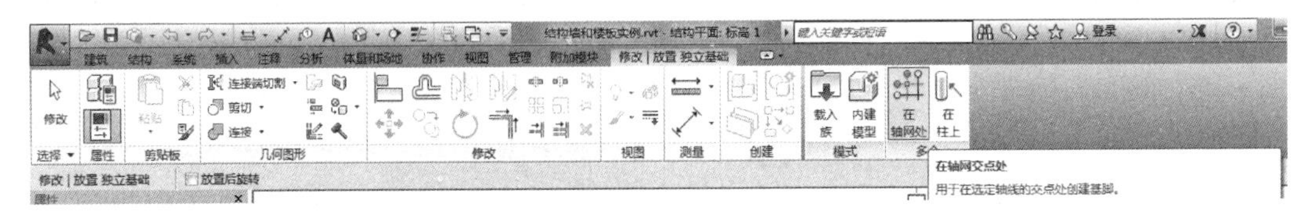

图5-250

（3）点击“修改｜放置独立基础”选项卡>“多个”面板>“在柱处”，选择需要放置基础处的结构柱，系统会将基础放置在柱底端，并且自动生成预览效果，点击“✔”完成放置。

Revit中的基础，上表面与标高平齐，即标高指的是基础构件顶部的标高，见图5-251。如需将基础底面移动至标高位置，使用对齐命令即可。

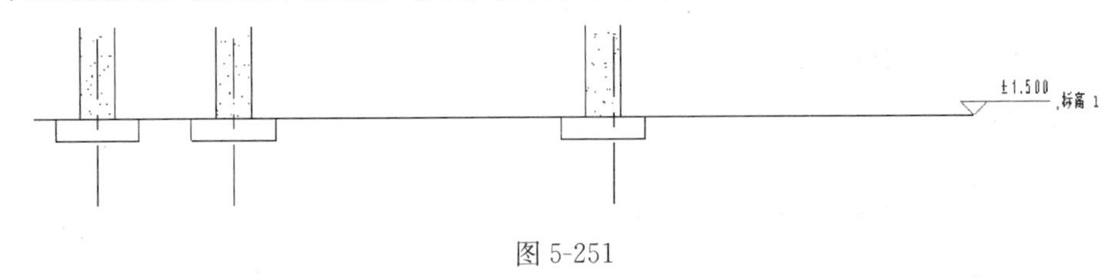

图5-251

5.6.2 条形基础

点击墙命令“结构”选项卡>“基础”面板>“条形”，图5-252。

图 5-252

在“属性”面板类型选择器下拉菜单中选择合适的条形基础类型，主要有“承重基础”和“挡土墙基础”两种，默认结构样板文件中包含“承重基础—900×300”和“挡土墙基础—300×600×300”，见图 5-253。

不同于独立基础，条形基础是系统族，只能在系统自带的条形基础类型下通过复制的方法添加新类型，不能将外部的族文件加载到项目中。

以承重基础—800×400 为例，说明条形基础的创建过程。点击“属性”面板中的“编辑类型”，打开“类型属性”的对话框，见图 5-254。点击“复制”，输入新类型名称“承重基础—800×400”，见图 5-255，点击“确定”完成类型创建。将基础的“宽度”和“基础厚度”的尺寸进行修改，见图 5-256。

属性
条形基础
挡土墙基础 - 300 x 600 x 300
新建 结构基础　编辑类型

结构	
启用分析模型	☑
钢筋保护层 - ...	基础有垫层 ...
钢筋保护层 - ...	基础有垫层 ...
钢筋保护层 - ...	基础有垫层 ...
尺寸标注	
长度	
宽度	1204.8
体积	

属性帮助　应用

图 5-253

类型属性
族(F): 系统族: 条形基础　载入(L)...
类型(T): 挡土墙基础 - 300 x 600 x 300　复制(D)...
重命名(R)...
类型参数

参数	值
材质和装饰	
结构材质	混凝土，现场浇注 - C15
结构	
结构用途	挡土墙
尺寸标注	
坡脚长度	300.0
跟部长度	600.0
基础厚度	300.0
默认端点延伸长度	0.0
不在插入对象处打断	☑
标识数据	
类型图像	
注释记号	
型号	
制造商	

<< 预览(P)　确定　取消　应用

图 5-254

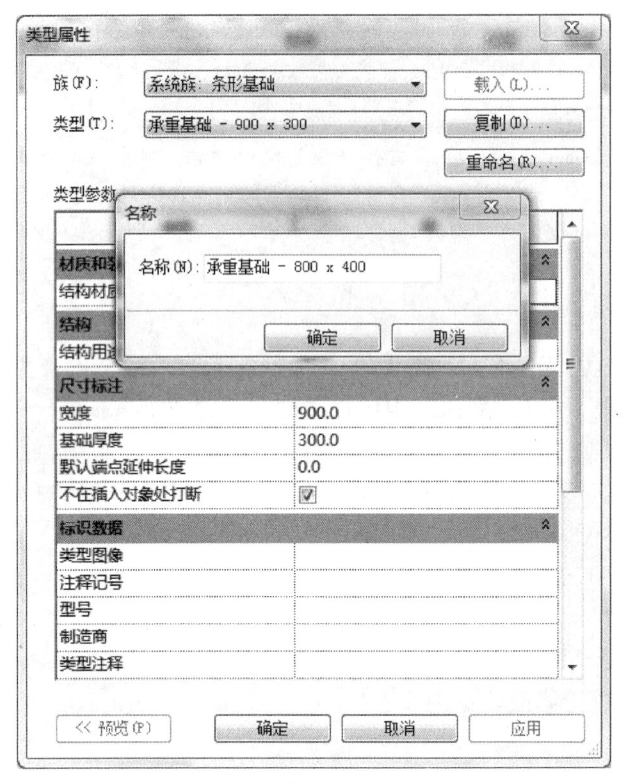
类型属性
族(F): 系统族: 条形基础
载入(L)...
类型(T): 承重基础 - 900 x 300
复制(D)...
重命名(R)...
类型参数
名称
名称(N): 承重基础 - 800 x 400
确定
取消
尺寸标注
宽度
900.0
基础厚度
300.0
默认端点延伸长度
0.0
不在插入对象处打断
标识数据
类型图像
注释记号
型号
制造商
类型注释
<< 预览(P)
确定
取消
应用

图 5-255

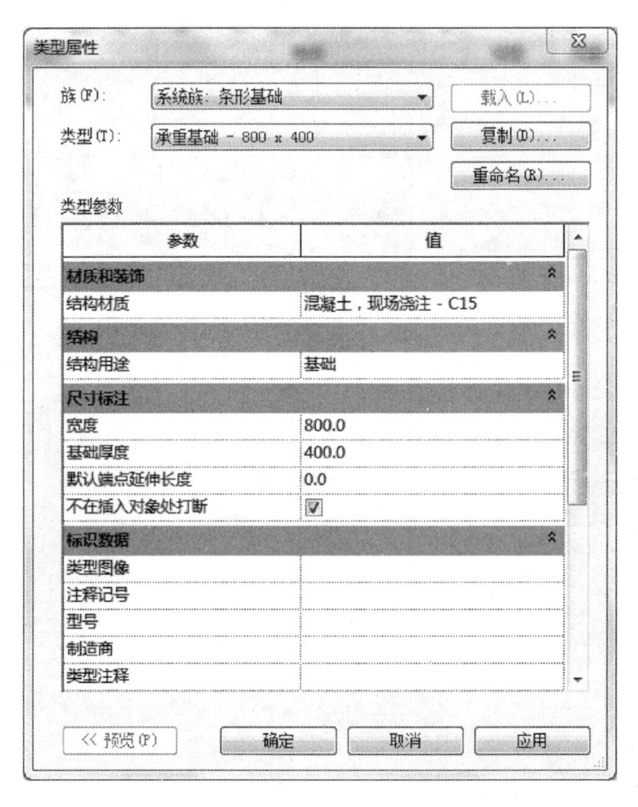
类型属性
族(F): 系统族: 条形基础
载入(L)...
类型(T): 承重基础 - 800 x 400
复制(D)...
重命名(R)...
类型参数
参数
值
材质和装饰
结构材质
混凝土，现场浇注 - C15
结构
结构用途
基础
尺寸标注
宽度
800.0
基础厚度
400.0
默认端点延伸长度
0.0
不在插入对象处打断
标识数据
类型图像
注释记号
型号
制造商
类型注释
<< 预览(P)
确定
取消
应用

图 5-256

条形基础是依附于墙体的，所以只有在有墙体存在的情况下才能添加条形基础，并且条形基础会随着墙体的移动而移动，如果删除条形基础所依附的墙体，则条形基础也会被删除。在平面标高视图中，条形基础的放置有两种方式。

（1）在绘图区直接依次点击需要使用条形基础的墙体，见图5-257。

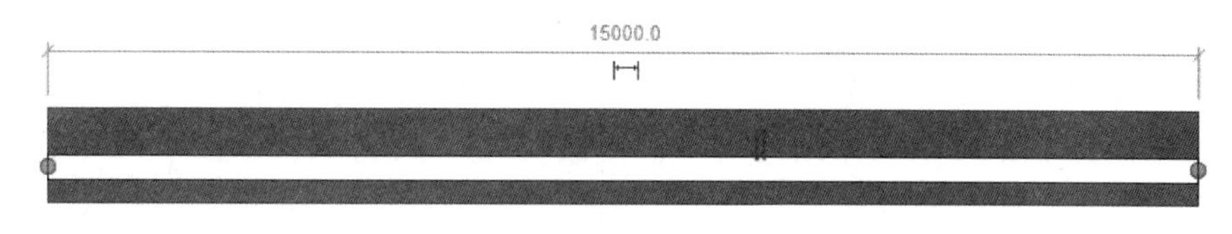

图5-257

（2）点击“修改|放置条形基础”选项卡>“多个”面板>“选择多个”，见图5-258，按“Ctrl”键依次点击需要使用条形基础的墙体，或者直接框选，然后点击“完成”。

在三维视图中的放置方式相同，见图5-259。

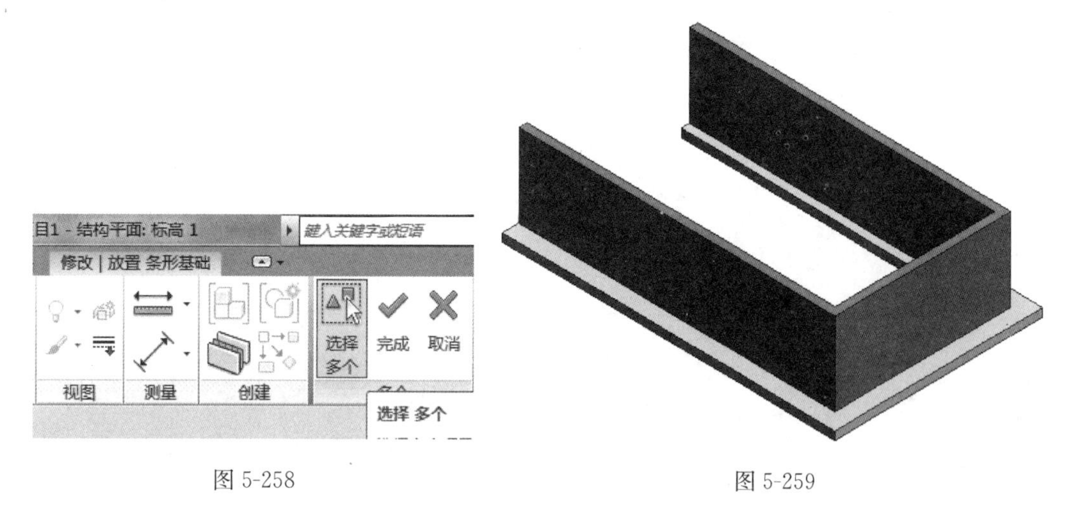

图5-258　　　　　　　　　　　　　　图5-259

完成后，按“Esc”键退出放置模式。

点击选中条形基础，可对放置好的条形基础进行修改。对于承重基础，可在“属性”面板修改“偏心”，即基础相对于墙的偏移距离。

5.6.3　基础板

点击楼板命令“结构”选项卡>“基础”面板>“板”，见图5-260。

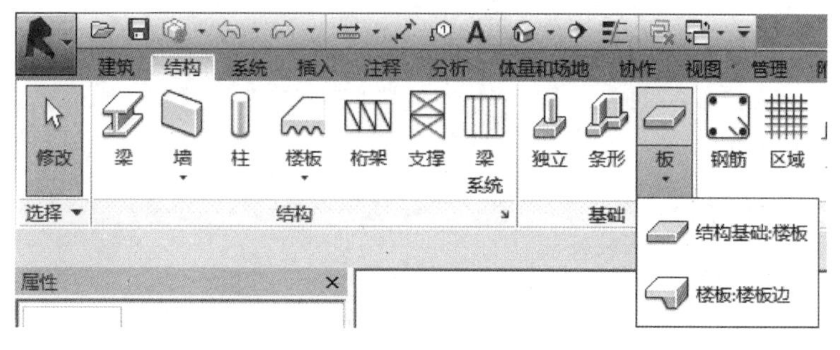

图5-260

和条形基础一样，板基础也是系统族文件，用户只能使用复制的方法添加新的类型，不能从外部加载自己创建的族文件。

“板”下拉菜单包含“楼板”和“楼板边”两个命令，其中“楼板边”命令的用法和“结构楼板”中的“楼板边”相同，此处不再赘述。基础底板可用于建立平整表面上结构板的模型，也可以用于建立复杂基础形状的模型。基础底板与结构楼板最主要的区别是基础底板不需要其他结构图元作为支座。

点击“板”下拉菜单中的“结构基础：楼板”，进入创建楼层边界模式，在“属性”面板类型选择器下拉菜单中选择合适的基础底板类型，默认结构样板文件中包含四种类型的基础底板。

点击“属性”面板中的“编辑类型”，打开“类型属性”对话框，见图 5-261，点击“编辑”，进入“编辑部件”，见图 5-262，对结构进行编辑。在“编辑部件”对话框中，可以修改板基础的厚度和材质，还可以添加其他不同的结构层和非结构层，这些选项和普通结构楼板的设置基本相同。

板基础类型设置完后，可通过“绘制”面板中的绘图工具在绘图区绘制板基础的边界，绘制完成后点击“✔”，板基础添加完毕。

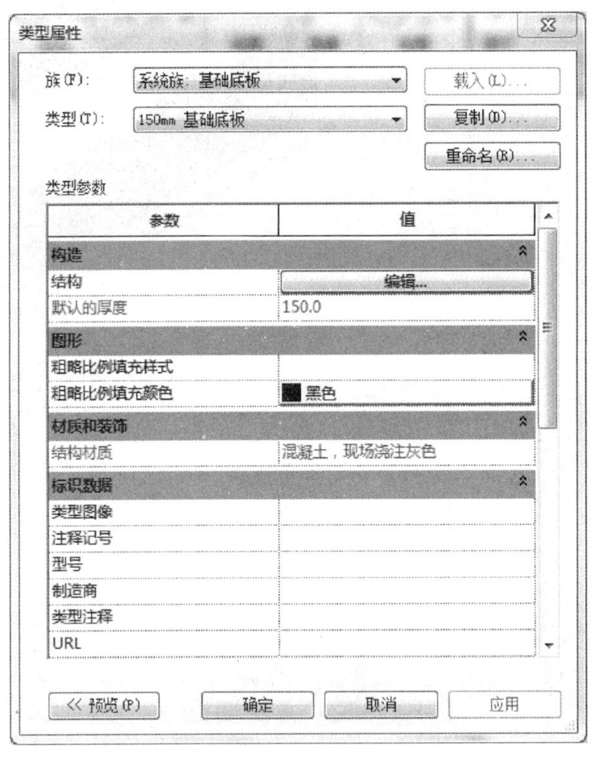

图 5-261

5.6.4 实例详解

以添加柱下独立基础为例。

在平面视图中，点击“结构”选项卡>“基础”面板>“独立”。在“属性”面板中点击“编辑类型”对话框，点击“类型属性”对话框中“载入”，见图 5-263。

编辑部件
族:　基础底板
类型:　150mm 基础底板
厚度总计:　150.0
阻力(R):　0.1434 (m²·K)/W
热质量:　21.06 kJ/K
层
功能　材质　厚度　包络　结构材质
1　核心边界　包络上层　0.0
2　结构 [1]　混凝土，现场　150.0
3　核心边界　包络下层　0.0
插入(I)　删除(D)　向上(U)　向下(O)
<< 预览(P)　确定　取消　帮助(H)

图 5-262

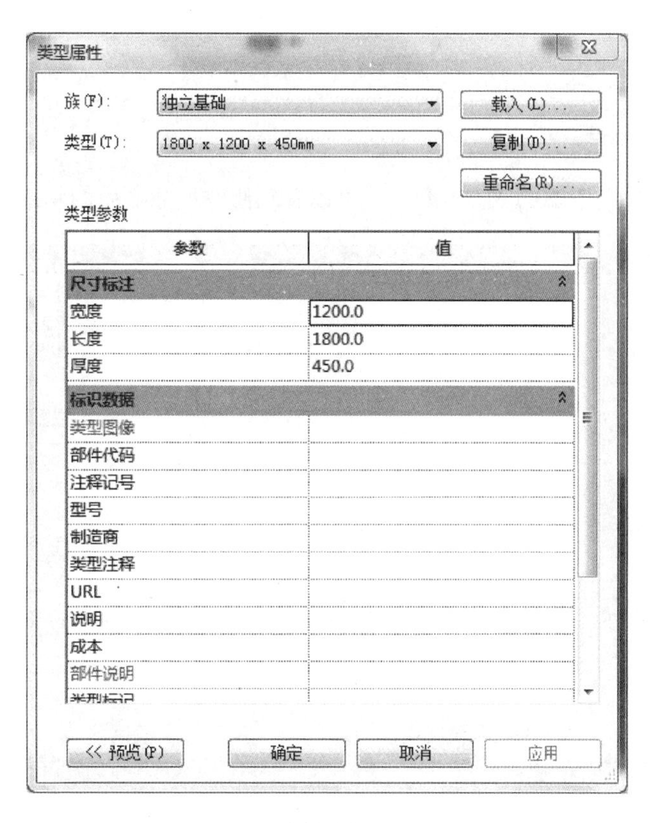
类型属性
族(F):　独立基础　载入(L)...
类型(T):　1800 x 1200 x 450mm　复制(D)...
重命名(R)...
类型参数
参数　值
尺寸标注
宽度　1200.0
长度　1800.0
厚度　450.0
标识数据
类型图像
部件代码
注释记号
型号
制造商
类型注释
URL
说明
成本
部件说明
<< 预览(P)　确定　取消　应用

图 5-263

在弹出的“打开”对话框中，依次打开“结构”>“基础”，打开“独立基础-三阶. rfa”文件。弹出独立基础-三阶“类型属性”对话框，见图 5-264，将尺寸标注修改成所需要的尺寸。

图 5-264

点击“类型属性”下端的“预览 >>(P)”可以看到修改尺寸之后的基础视图，见图 5-265。

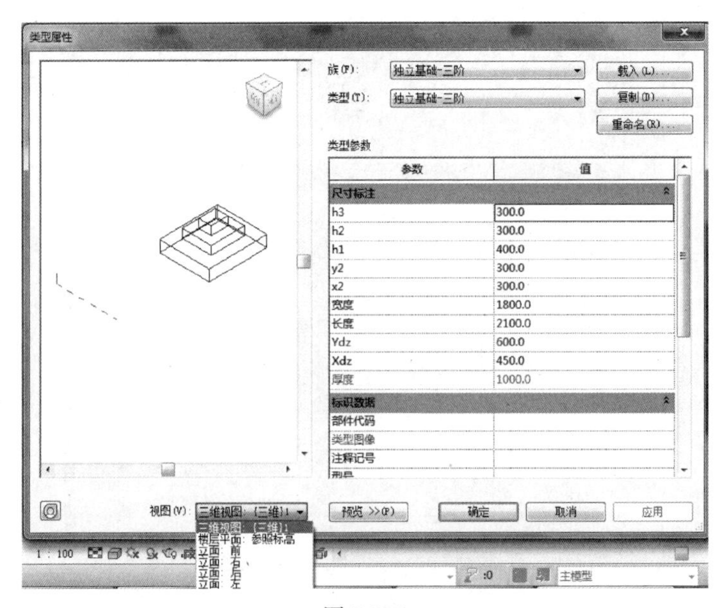

图 5-265

进入“标高 1”平面视图，进行三阶独立基础的布置。布置完成效果，见图 5-266 和图 5-267。

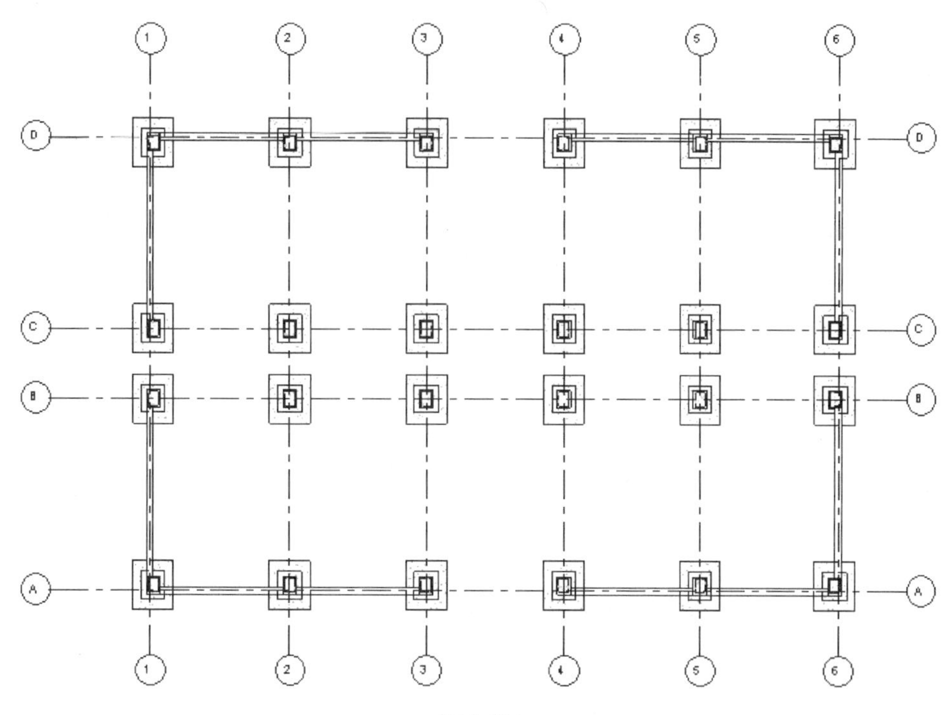

图 5-266

图 5-267

第 6 章　Revit 机电设计应用

6.1　建筑给水排水系统设计

Revit 2015 为我们提供了强大的管道设计功能。利用这些功能，给水排水工程师可以更加方便、迅速地布置管道、调整管道尺寸、控制管道显示、进行管道标注和统计等。

6.1.1　设置管道设计参数

本节将着重介绍如何在 Revit 2015 中设置管道设计参数，做好绘制管道的准备工作。合理设置这些参数，可有效减少后期管道的调整工作。

1. 管道尺寸设置

在 Revit 2015 中，通过“机械设置”中的“尺寸”选项设置当前项目文件中的管道尺寸信息。

打开“机械设置”对话框的方式有以下几种。

单击“管理”选项卡＞“设置”＞“MEP 设置”＞“机械设置”按钮，如图 6-1 所示。

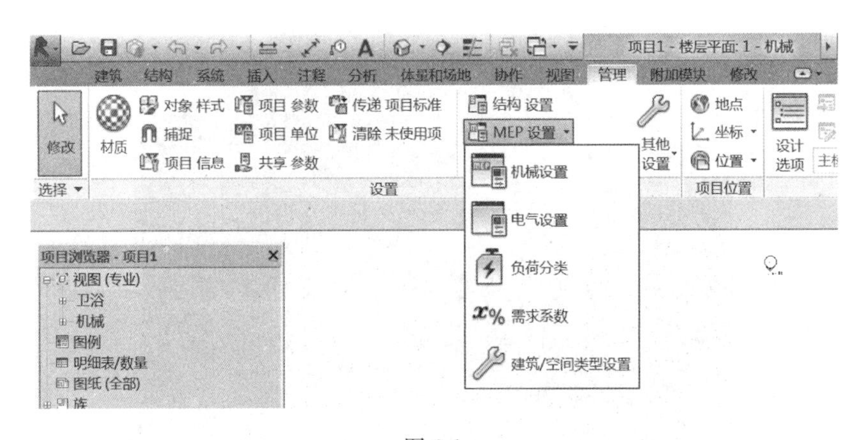

图 6-1

单击“系统”选项卡＞“机械”按钮，如图 6-2 所示。

直接键入 MS（机械设置快捷键）。

（1）添加/删除管道尺寸

打开“机械设置”对话框后，选择“管段和尺寸”选项，右侧面板会显示可在当前项目中使用的管道尺寸列表。在 Revit 2015 中，管道尺寸可以通过“管段”进行设置，“粗糙度”用于管道的水力计算。

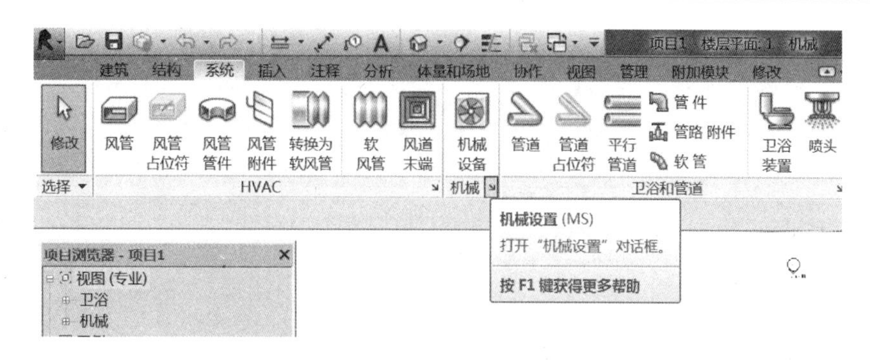

图 6-2

图 6-3 显示了热熔对接的 PE63 塑料管，规范《给水用聚乙烯（PE）管材》GB/T 13663 中压力等级为 0.6MPa 的管道的公称直径、ID（管道内径）和 OD（管道外径）。

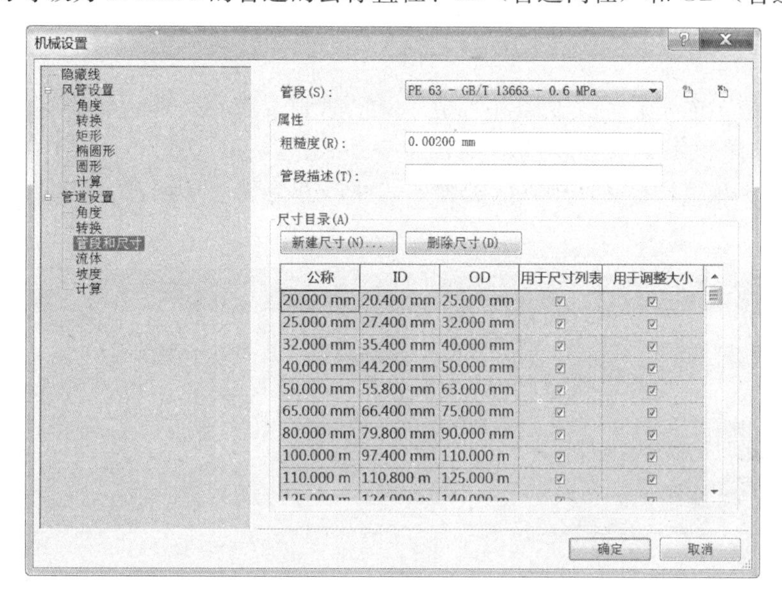

图 6-3

单击“新建尺寸”或“删除尺寸”按钮可以添加或删除管道的尺寸。新建管道的公称直径和现有列表中管道的公称直径不允许重复。如果在绘图区域已绘制了某尺寸的管道，该尺寸在“机械设置”尺寸列表中将不能删除，需要先删除项目中的管道，才能删除“机械设置”尺寸列表中的尺寸。

（2）尺寸应用

通过勾选“用于尺寸列表”和“用于调整大小”复选框来调节管道尺寸在项目中的应用。如果勾选一段管道尺寸的“用于尺寸列表”，该尺寸可以被管道布局编辑器和“修改 | 放置管道”中管道“直径”下拉列表调用，在绘制管道时可以直接在选项栏的“直径”下拉列表中选择尺寸，如图 6-4 所示。如果勾选某一管道的“用于调整大小”，该尺寸可以应用于“调整风管/管道大小”功能。

2. 管道类型设置

这里主要是指管道和软管的族类型。管道和软管都属于系统族，无法自行创建，但可以创建、修改和删除族类型。

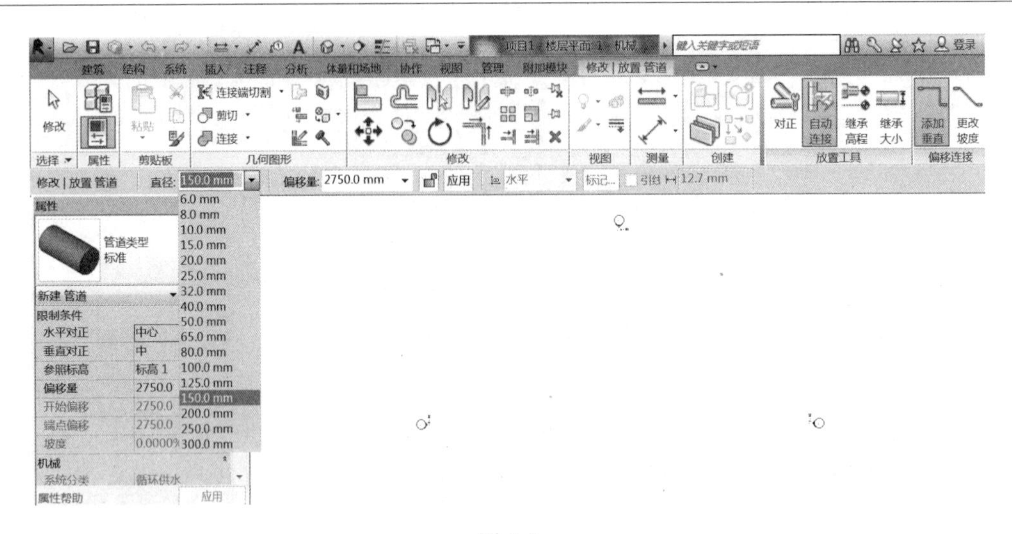

图 6-4

单击“系统”选项卡＞“卫浴和管道”＞“管道”按钮，通过绘图区域左侧的“属性”对话框选择和编辑管道类型，如图 6-5 所示。Revit 2015 提供的“Plumbing-DefaultCHSCHS”项目样板文件中默认配置了一种管道类型：“标准”。“标准”管道类型如图 6-5 所示。

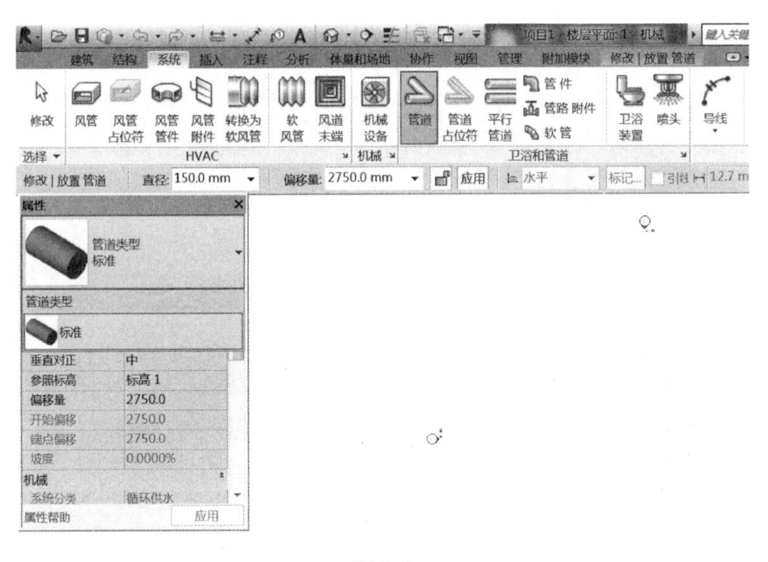

图 6-5

单击“编辑类型”按钮，打开管道“类型属性”对话框，对管道类型进行设置，如图 6-6 所示。在“属性”栏中，“机械”列表下定义的是和管道属性相关的参数，与“机械设置”对话框中“尺寸”中的参数相对应。其中，“连接类型”对应“连接”，“类别”对应“明细表 | 类型”。

通过在“管件”列表中配置各类型管件族，可以指定绘制管道时自动添加到管路中的管件。管件类型可以在绘制管道时自动添加到管道中的有弯头、T 形三通、接头、四通、过渡件、活接头和法兰。如果“管件”不能在列表中选取，则需要手动添加到管道系统中，如 Y 形三通、斜四通等。

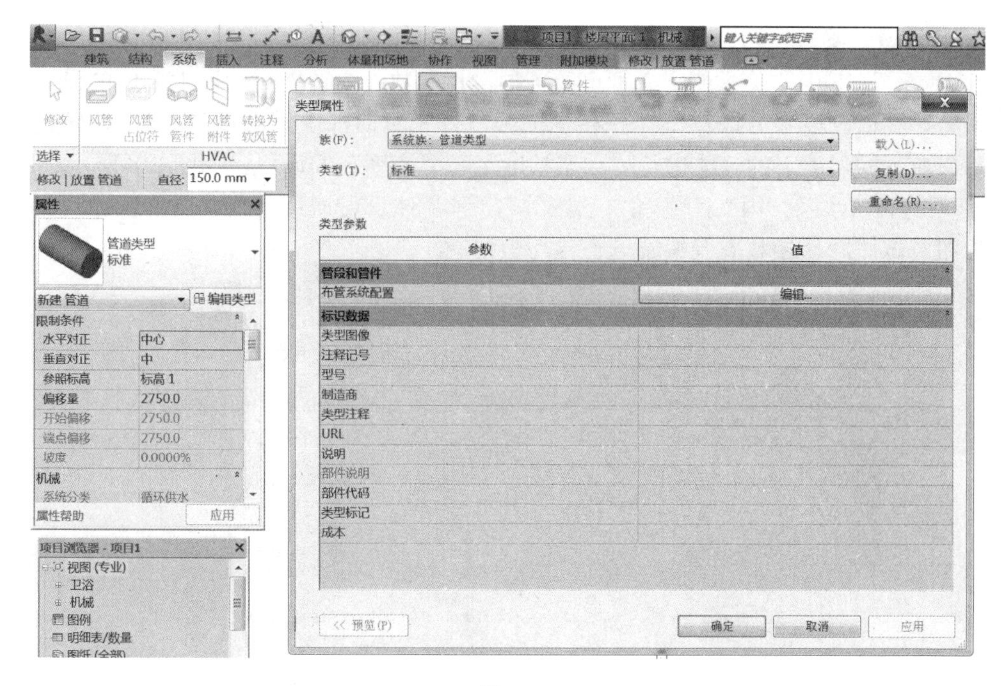

图 6-6

同时，也可用相似方法来定义软管类型。

单击“系统”选项卡>“卫浴和管道”>“软管”按钮，在“属性”对话框中单击“编辑类型”按钮，打开软管“类型属性”对话框，如图 6-7 所示。和管道设置不同的是，在软管的类型属性中可编辑其“粗糙度”。

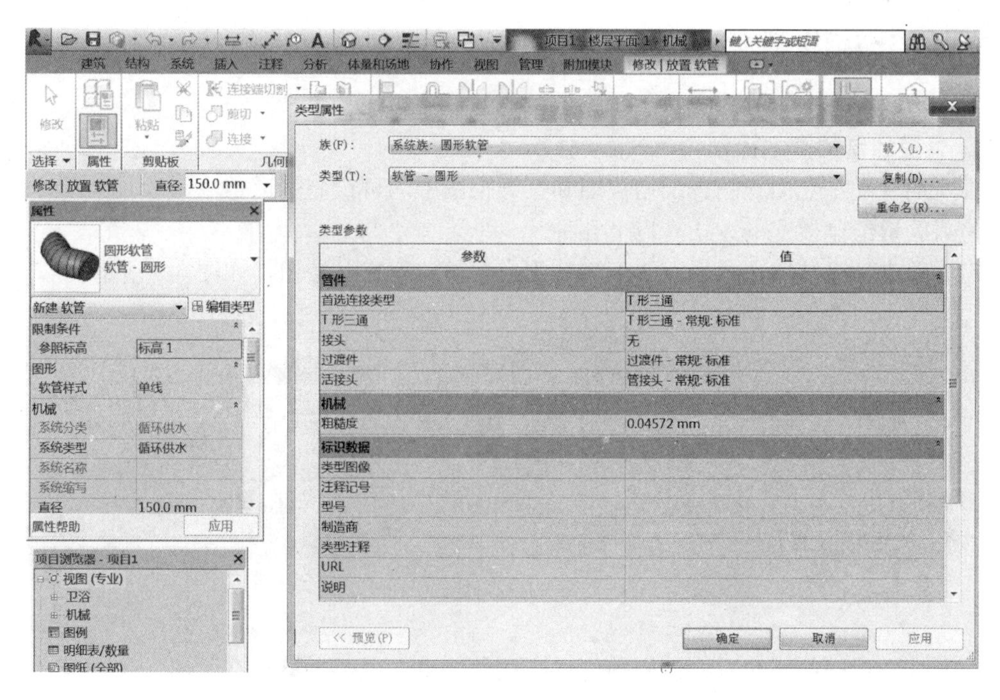

图 6-7

3. 流体设计参数

在 Revit 2015 中，除了能定义管道的各种设计参数外，还能对管道中流体的设计参数进行设置，提供管道水力计算依据。在“机械设置”对话框中，选择“流体”，通过右侧面板可以对不同温度下的流体进行“动态粘度”和“密度”的设置，如图 6-8 所示。Revit 2015 输入的有“水”、“丙二醇”和“乙二醇”3 种流体。可通过“新建温度”和“删除温度”按钮对流体设计参数进行编辑。

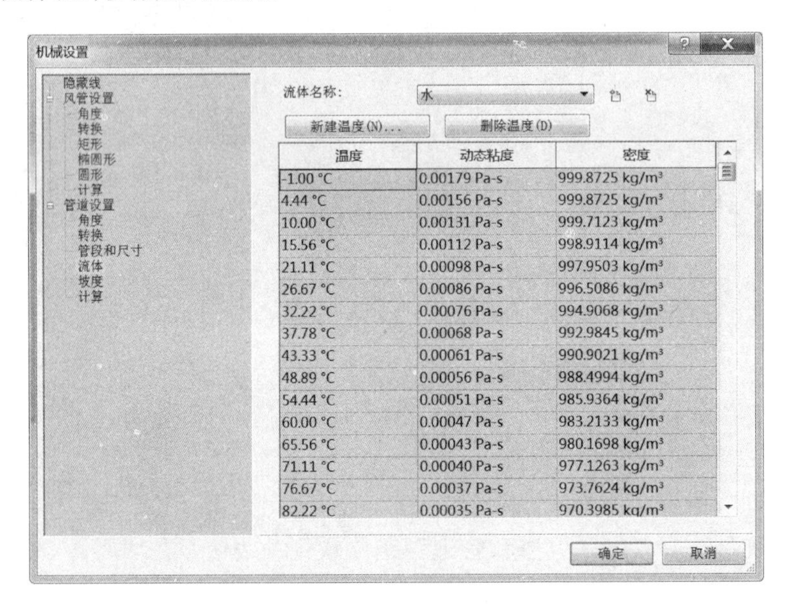

温度	动态粘度	密度
-1.00 °C	0.00179 Pa-s	999.8725 kg/m³
4.44 °C	0.00156 Pa-s	999.8725 kg/m³
10.00 °C	0.00131 Pa-s	999.7123 kg/m³
15.56 °C	0.00112 Pa-s	998.9114 kg/m³
21.11 °C	0.00098 Pa-s	997.9503 kg/m³
26.67 °C	0.00086 Pa-s	996.5086 kg/m³
32.22 °C	0.00076 Pa-s	994.9068 kg/m³
37.78 °C	0.00068 Pa-s	992.9845 kg/m³
43.33 °C	0.00061 Pa-s	990.9021 kg/m³
48.89 °C	0.00056 Pa-s	988.4994 kg/m³
54.44 °C	0.00051 Pa-s	985.9364 kg/m³
60.00 °C	0.00047 Pa-s	983.2133 kg/m³
65.56 °C	0.00043 Pa-s	980.1698 kg/m³
71.11 °C	0.00040 Pa-s	977.1263 kg/m³
76.67 °C	0.00037 Pa-s	973.7624 kg/m³
82.22 °C	0.00035 Pa-s	970.3985 kg/m³

图 6-8

6.1.2　管道绘制

本节将介绍在 Revit 2015 中管道绘制的方法和要点。

1. 管道绘制的基本操作

在平面视图、立面视图、剖面视图和三维视图中均可绘制管道。

进入管道绘制模式的方式有以下几种。

(1) 单击“系统”选项卡>“卫浴和管道”>“管道”按钮，如图 6-9 所示。

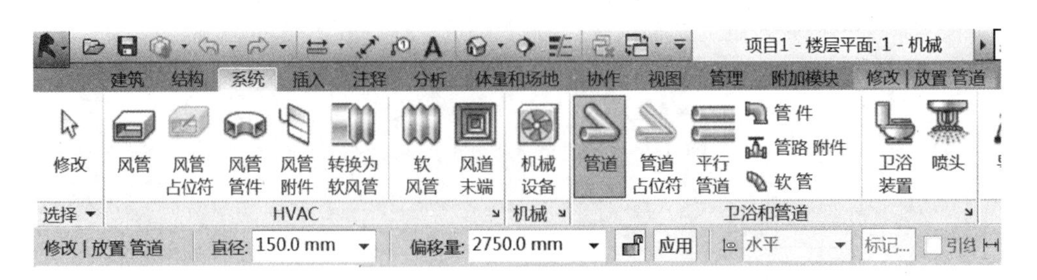

图 6-9

(2) 选中绘图区已布置构件族的管道连接件，单击鼠标右键，在弹出的快捷菜单中选择“绘制管道”命令。

（3）直接键入 PI（管道快捷键）。

进入管道绘制模式，“修改｜放置管道”选项卡和“修改｜放置管道”选项栏被同时激活。按照以下步骤手动绘制管道。

（1）选择管道类型。在“属性”对话框中选择所需要绘制的管道类型，如图 6-10 所示。

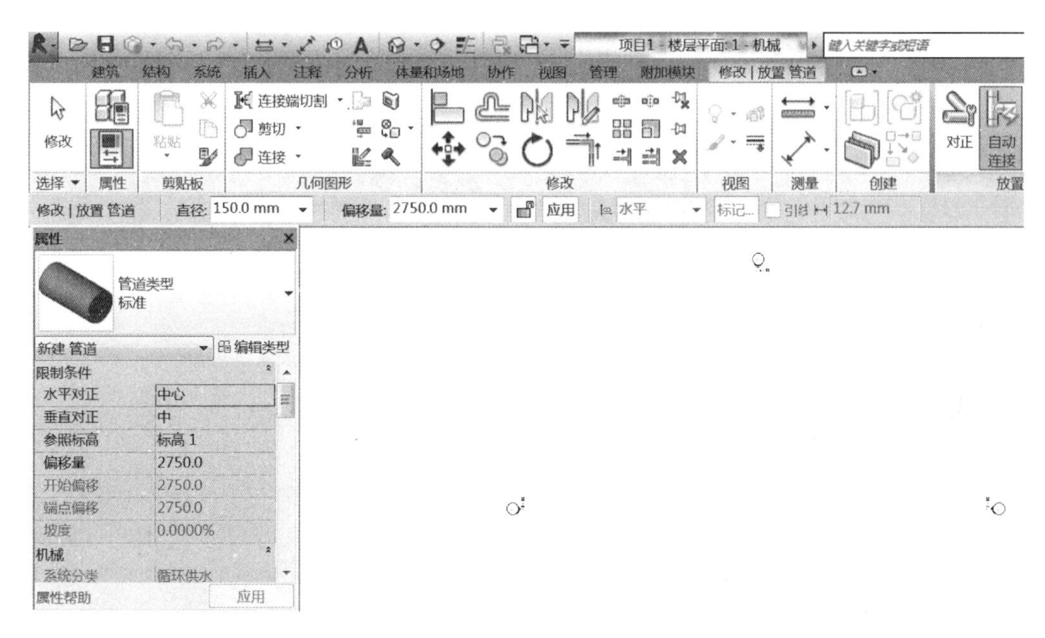

图 6-10

（2）选择管道尺寸。在“修改｜放置管道”选项栏的“直径”下拉列表中，选择在“机械设置”中设定的管道尺寸，也可以直接输入欲绘制的管道尺寸，如果在下拉列表中没有该尺寸，系统将从列表中自动选择和输入最接近的管道尺寸。

（3）指定管道偏移。默认“偏移量”是指管道中心线相对于当前平面标高的距离。重新定义管道“对正”方式后，“偏移量”指定的距离含义将发生变化。在“偏移量”下拉列表中可以选择项目中已经用到的管道偏移量，也可以直接输入自定义的偏移量数值，默认单位为毫米。

（4）指定管道起点和终点。将鼠标指针移至绘图区域，单击一点即可指定管道起点，移动至终点位置再次单击，这样即可完成一段管道的绘制。可以继续移动鼠标指针绘制下一管段，管道将根据管路布局自动添加在“类型属性”对话框中预设好的管件。绘制完成后，按 Esc 键，或者单击鼠标右键，在弹出的快捷菜单中选择“取消”命令，退出管道绘制。

2. 管道对齐

（1）绘制管道

在平面视图和三维视图中绘制管道，可以通过“修改｜放置管道”选项卡下“放置工具”中的“对正”按钮指定管道的对齐方式。打开“对正设置”对话框，如图 6-11 所示。

图 6-11

① 水平对正：用来指定当前视图下相邻两端管道之间的水平对齐方式。“水平对正”方式有“中心”、“左”和“右”3 种形式。“水平对正”后的效果还与绘制管道的方向有关，如果自左向右绘制管道，选择不同“水平对正”方式的绘制效果如图 6-12 所示。

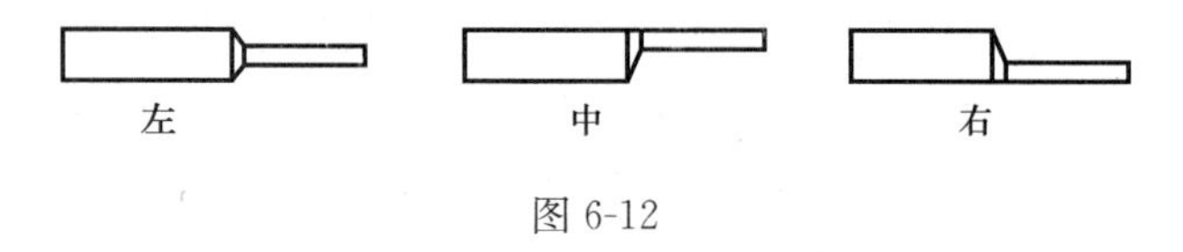

图 6-12

② 水平偏移：用于指定管道绘制起始点位置与实际管道绘制位置之间的偏移距离。该功能多用于指定管道和墙体等参考图元之间的水平偏移距离。比如，设置“水平偏移”值为 500mm 后，捕捉墙体中心线绘制宽度为 100mm 的管段，这样实际绘制位置是按照“水平偏移”值偏移墙体中心线的位置。同时，该距离还与“水平对齐”方式及绘制管道方向有关，如果自左向右绘制管道，3 种不同的水平对正方式下管道中心线到墙中心线的距离标注如图 6-13 所示。

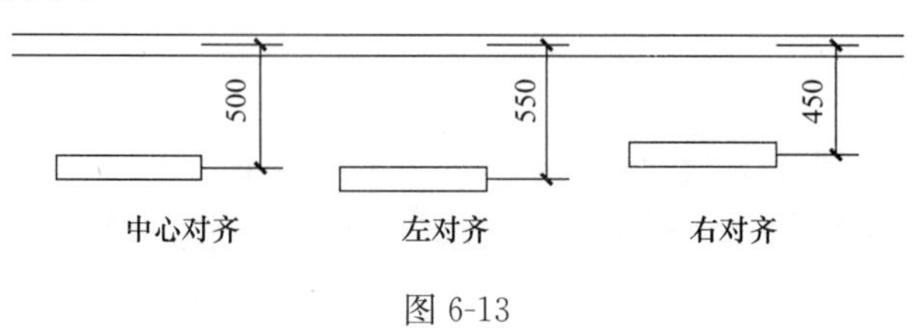

图 6-13

③ 垂直对正：用来指定当前视图下相邻两段管道之间的垂直对齐方式。“垂直对正”方式有“中”、“底”、“顶”3种形式。“垂直对正”的设置会影响“偏移量”，如图6-14所示。当默认偏移量为100mm时，绘制公称管径为100mm的管道，设置不同的“垂直对正”方式，绘制完成后的管道偏移量（即管中心标高）会发生变化。

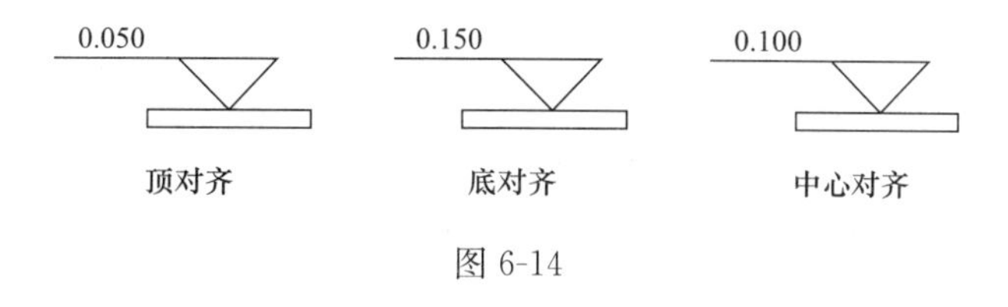

图6-14

（2）编辑管道

管道绘制完成后，每个视图中都可以使用“对正”命令修改管道的对齐方式。选中需要修改的管段，单击功能区中的“对正”按钮，进入“对正编辑器”，根据需要选择相应的对齐方式和对齐方向，单击“完成”按钮，如图6-15所示。

图6-15

3. 自动连接

在“修改｜放置管道”选项卡中的“自动连接”按钮用于某一段管道开始或结束时自动捕捉相交管道，并添加管件完成连接，如图6-16所示。默认情况下，这一选项是激活的。

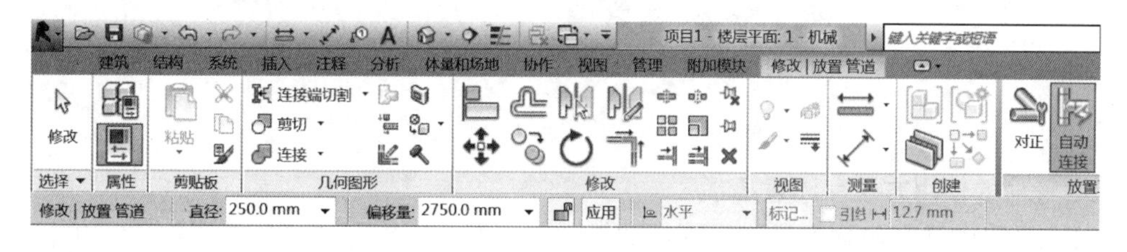

图6-16

当激活“自动连接”时，如图6-17所示，在两管段相交位置自动生成四通；如果不激活，则不生成管件，如图6-18所示。

4. 坡度设置

在Revit 2015中，可以在绘制管道的同时指定坡度，也可以在管道绘制结束后再对管道坡度进行编辑。

（1）直接绘制坡度

在“修改｜放置管道”选项卡>“带坡度管道”面板上可以直接指定管道坡度，如图6-19所示。

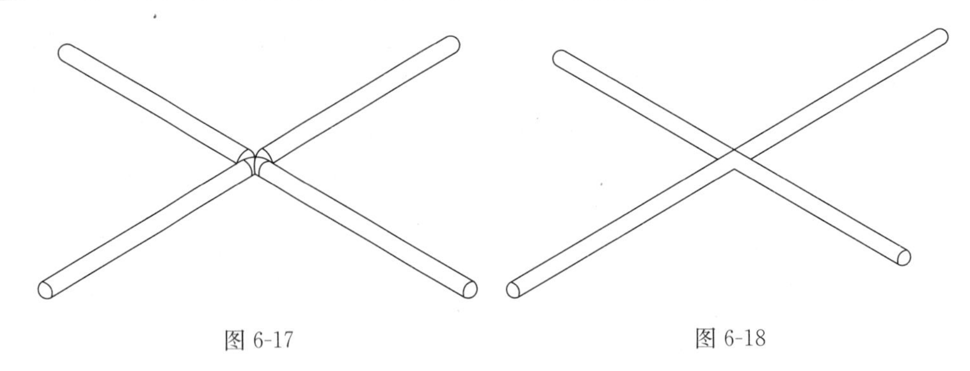

图 6-17　　　　　　　　　　图 6-18

（2）编辑管道坡度

这里介绍两种编辑管道坡度的方法：

① 选中某管段，单击并修改其起点和终点标高来获得管道坡度，如图 6-20 所示。当管段上的坡度符号出现时，也可以单击该符号修改坡度值。

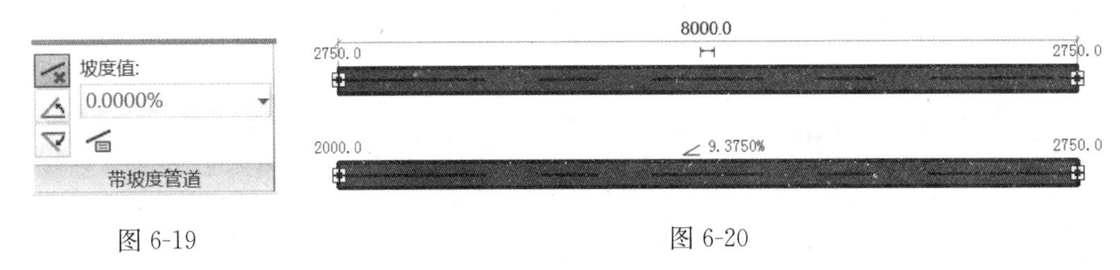

图 6-19　　　　　　　　　　图 6-20

② 选中某管段，单击功能区中“修改 | 管道”选项卡中的“坡度”，激活“坡度编辑器”选项卡，如图 6-21 所示。在“坡度编辑器”选项栏中输入相应的坡度值，如果输入负的坡度值，将反转当前选择的坡度方向。

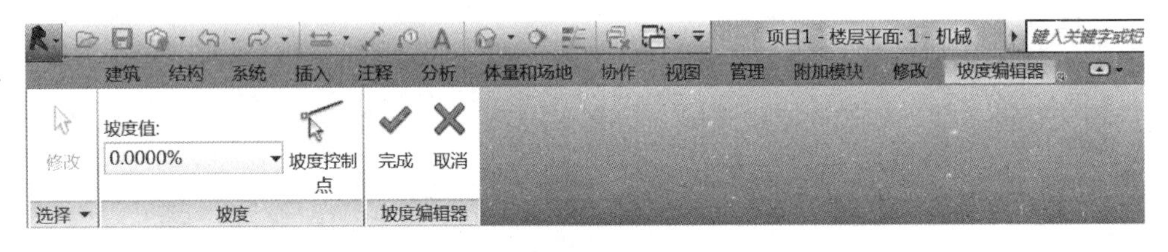

图 6-21

5. 管件的使用方法和注意事项

每个管路中都会包含大量连接管道的管件。这里我们将介绍绘制管道时管件的使用方法和注意事项。

管件在每个视图中都可以放置使用，放置管件有两种方法。

（1）自动添加管件：在绘制管道过程中自动加载的管件需在管道“类型属性”对话框中指定。部件类型是弯头、T 形三通、接管-垂直、接管-可调、四通、过渡件、活头或法兰的管件才能被自动加载。

（2）手动添加管件：进入“修改 | 放置管件”模式的方式有以下几种。

① 单击“系统”选项卡>“卫浴和管道”>“管件”按钮，如图 6-22 所示。

② 在项目浏览器中，展开“族”>“管件”，将“管件”下所需要的族直接拖曳到绘图区域进行绘制。

图 6-22

③ 直接键入 PF（管件快捷键）。

6. 管路附件设置

在平面视图、立面视图、剖面视图和三维视图中均可放置管路附件。

进入“修改 | 放置管路附件”模式的方式有以下几种。

① 单击“系统”选项卡＞“卫浴和管道”＞“管路附件”按钮，如图 6-23 所示。

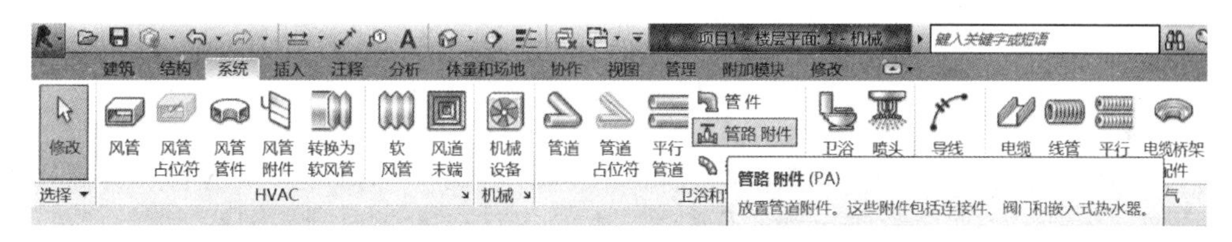

图 6-23

② 在项目浏览器中，展开“族”＞“管路附件”，将“管路附件”下所需的族直接拖曳到绘图区域进行绘制。

③ 直接键入 PA（管路附件快捷键）。

7. 软管绘制

在平面视图和三维视图中可绘制软管。

进入软管绘制模式的方式有以下几种。

(1) 单击“系统”选项卡＞“卫浴和管道”＞“软管”按钮，如图 6-24 所示。

图 6-24

(2) 选中绘图区已布置构件族的管道连接件，单击鼠标右键，在弹出的快捷菜单中选择“绘制软管”命令。

(3) 直接键入 FP（软管快捷键）

按照以下步骤来绘制软管。

(1) 选择软管类型。在软管“属性”对话框中选择需要绘制的软管类型，如图 6-25 所示。

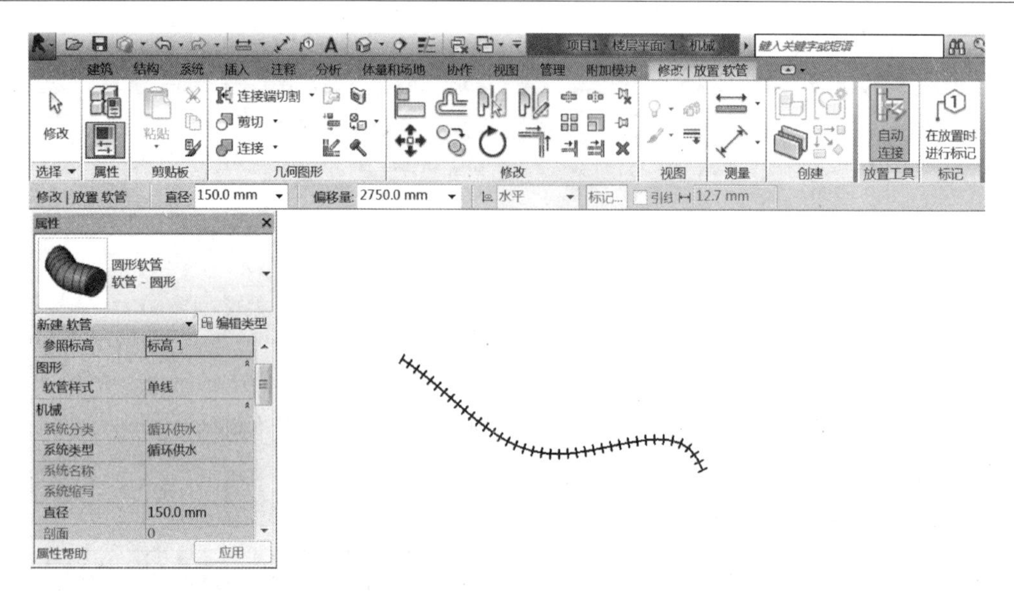

图 6-25

（2）选择软管管径。在“修改｜放置软管”选项栏的“直径”下拉列表中选择软管尺寸，或者直接输入需要的软管尺寸，如果在下拉列表中没有该尺寸，系统将输入与该尺寸最接近的软管尺寸。

（3）指定软管偏移。默认“偏移量”是指软管中心线相对于当前平面标高的距离。在“偏移量”下拉列表中可以选择项目中已经用到的软管偏移量，也可以直接输入自定义的偏移量数值，默认单位为毫米。

（4）指定软管起点和终点。在绘图区域中，单击指定软管的起点，沿着软管的路径在每个拐点处单击鼠标，最后在软管终点按“Esc”键，或者单击鼠标右键，在弹出的快捷菜单中选择“取消”命令。如果软管的终点是连接到某一管道或某一设备的管道连接件，可以直接单击所要连接的连接件，以结束软管的绘制。

8. 修改软管

在软管上拖曳两端连接件、顶点和切点，可以调整软管路径，如图 6-26 所示。

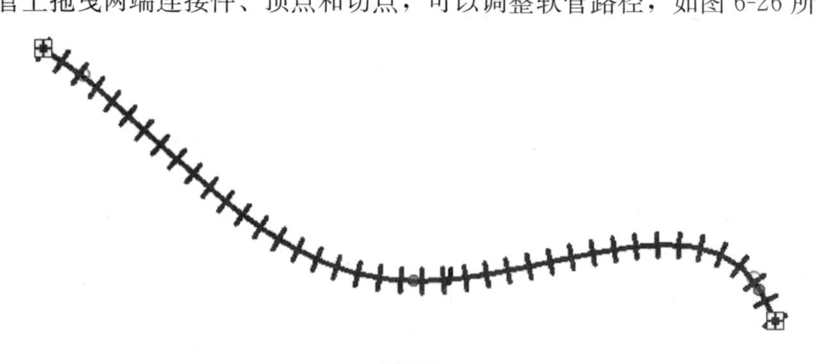

图 6-26

9. 设备接管

设备的管道连接件可以连接管道和软管。连接管道和软管的方法类似，本节将以浴盆管道连接件连接管道为例，介绍设备连管的 3 种方法。

（1）单击浴盆，用鼠标右键单击其冷水管道连接件，在弹出的快捷菜单中选择“绘制管道”命令。在连接件上绘制管道时，按空格键，可自动根据连接件的尺寸和高程调整绘制管道的尺寸和高程，如图6-27所示。

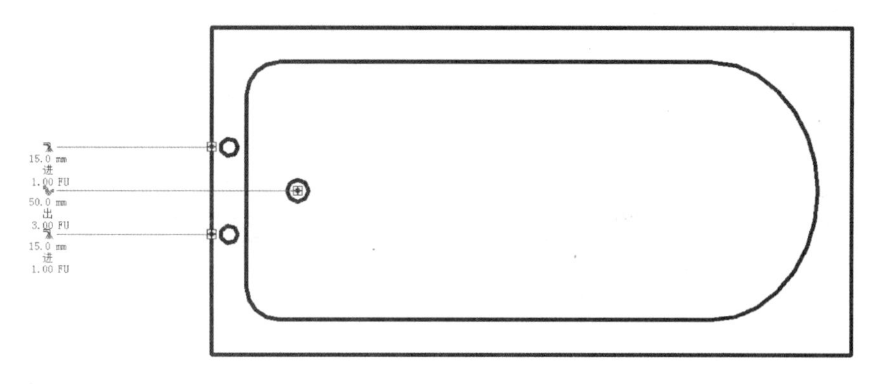

图6-27

（2）直接拖动已绘制的管道到相应的浴盆管道连接件上，管道将自动捕捉浴盆上的管道连接件，完成连接，如图6-28所示。

（3）单击“布局”选项卡＞“连接到”为浴盆连接管道，可以便捷地完成设备连接，如图6-29所示。

将浴盆放置到视图中指定的位置，并绘制欲连接的冷水管。选中浴盆，并单击“布局”选项卡＞“连接到”按钮。选择冷水连接件，单击已绘制的管道。至此，完成连管。

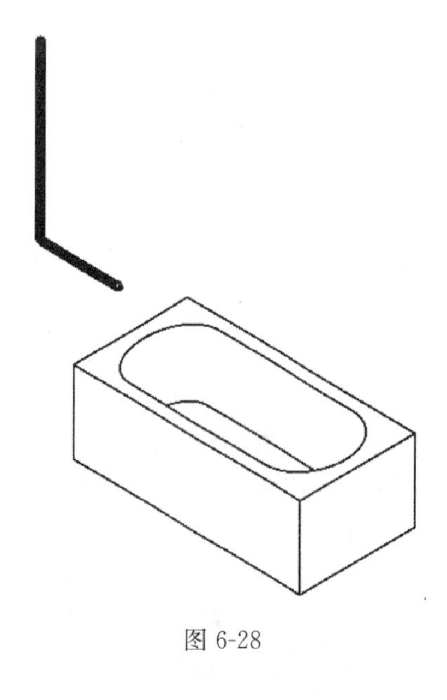

图6-28

10. 管道的隔热层

Revit 2015可以为管道管路添加相应的隔热层。进入绘制管道模式后，单击“修改｜管道”选项卡＞“管道隔热层”＞“添加隔热层”按钮，输入隔热层的类型和所需的厚度，将视觉样式设置为“线框”时，则可清晰地看到隔热层，如图6-30所示。

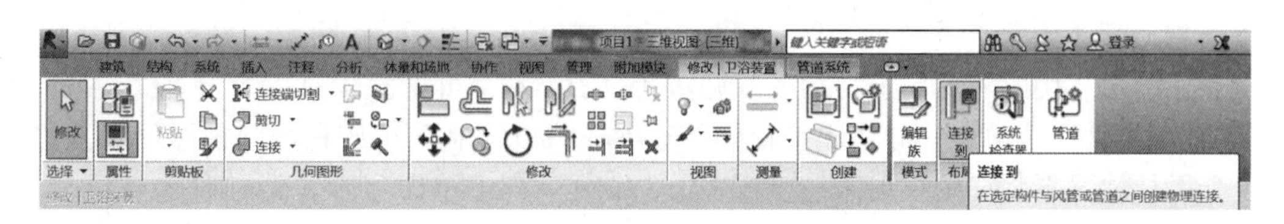

图6-29

6.1.3 管道显示

在Revit 2015中，可以通过一些方式来控制管道的显示，以满足不同的设计和出图的需要。

图 6-30

1. 视图详细程度

Revit 2015 有 3 种视图详细程度：粗略、中等和精细，如图 6-31 所示。

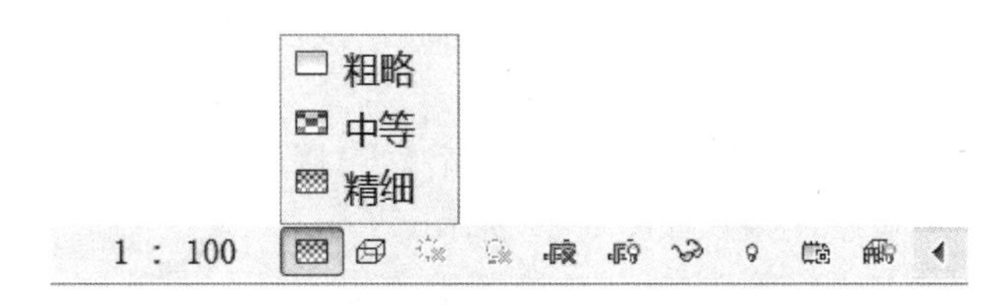

图 6-31

在粗略和中等详细程度下，管道默认为单线显示，在精细视图下，管道默认为双线显示，在创建管件和管路附件等相关族的时候，应注意配合管道显示特性，尽量使管件和管路附件在粗略和中等详细程度下单线显示，精细视图下双线显示，确保管路看起来协调一致。

2. 可见性/图形替换

单击“视图”选项卡>“图形”>“可见性/图形替换”按钮，或者通过 VG 或 W 快捷键打开当前视图的“可见性/图形替换”对话框。

（1）模型类别

在“模型类别”选项卡中可以设置管道可见性。既可以根据整个管道族类别来控制，也可以根据管道族的子类别来控制。可通过勾选来控制它的可见性。如图 6-32 所示，该设置表示管道族中的隔热层子类别不可见，其他子类别都可见。

“模型类别”选项卡中的“详细程度”选项还可以控制管道族在当前视图显示的详细程度。默认情况下为“按视图”，遵守“粗略和中等管道单线显示，精细管道双线显示”的原则。也可以设置为“粗略”、“中等”或“精细”，这时管道的显示将不依据当前视图详细程度的变化而变化，而始终依据所选择的详细程度。

（2）过滤器

在 Revit 2015 的视图中，如需要对于当前视图上的管道、管件和管路附件等依据某些原则进行隐藏或区别显示，可以通过“过滤器”功能来完成，如图 6-33 所示。这一方法在分系统显示管路上用得很多。

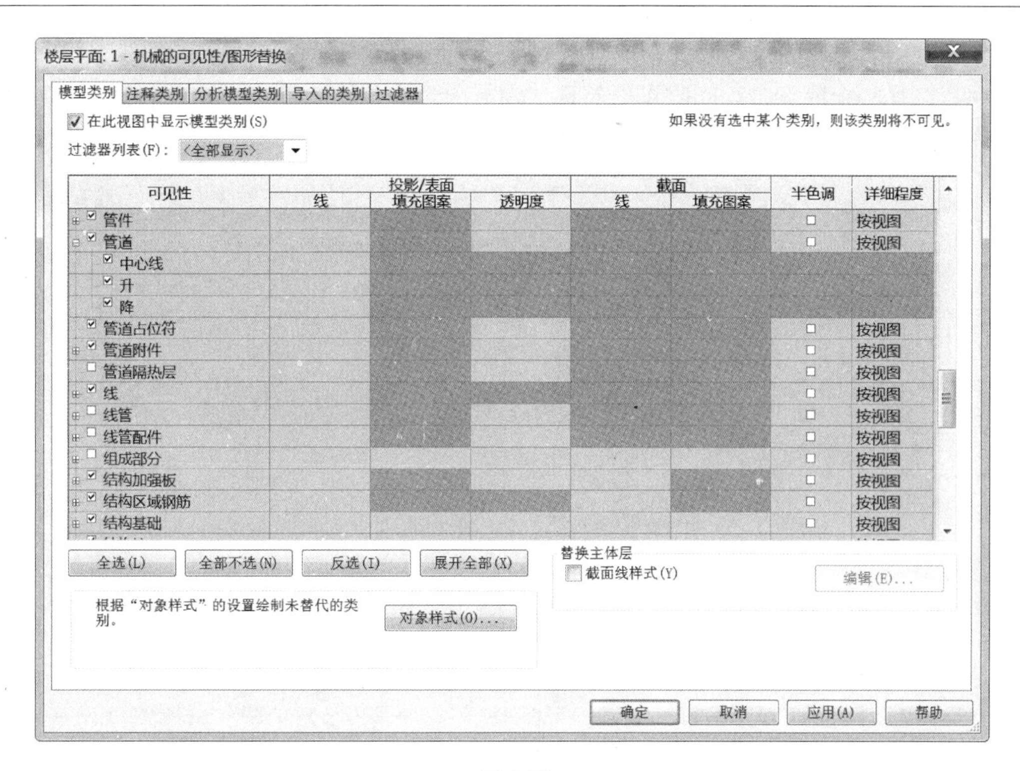
楼层平面: 1 - 机械的可见性/图形替换
模型类别
注释类别
分析模型类别
导入的类别
过滤器
在此视图中显示模型类别(S)
如果没有选中某个类别，则该类别将不可见。
过滤器列表(F)：
<全部显示>
可见性
投影/表面
线
填充图案
透明度
截面
线
填充图案
半色调
详细程度
管件
管道
中心线
升
降
管道占位符
管道附件
管道隔热层
线
线管
线管配件
组成部分
结构加强板
结构区域钢筋
结构基础
按视图
全选(L)
全部不选(N)
反选(I)
展开全部(X)
替换主体层
截面线样式(Y)
编辑(E)...
根据“对象样式”的设置绘制未替代的类别。
对象样式(O)...
确定
取消
应用(A)
帮助

图 6-32

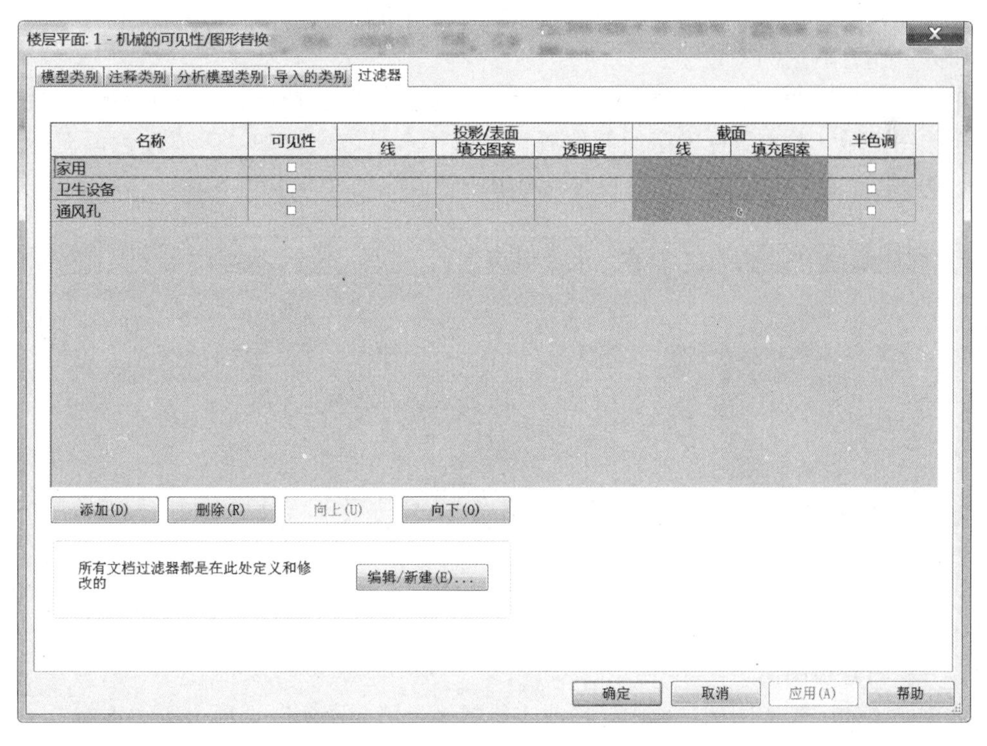
楼层平面: 1 - 机械的可见性/图形替换
模型类别
注释类别
分析模型类别
导入的类别
过滤器
名称
可见性
投影/表面
线
填充图案
透明度
截面
线
填充图案
半色调
家用
卫生设备
通风孔
添加(D)
删除(R)
向上(U)
向下(O)
所有文档过滤器都是在此处定义和修改的
编辑/新建(E)...
确定
取消
应用(A)
帮助

图 6-33

单击“编辑/新建”按钮，打开“过滤器”对话框，如图 6-34 所示，“过滤器”的族类别可以选择一个或多个，同时可以勾选“隐藏未选中类别”复选框，“过滤条件”可以使用系统自带的参数，也可以使用创建项目参数或者共享参数。

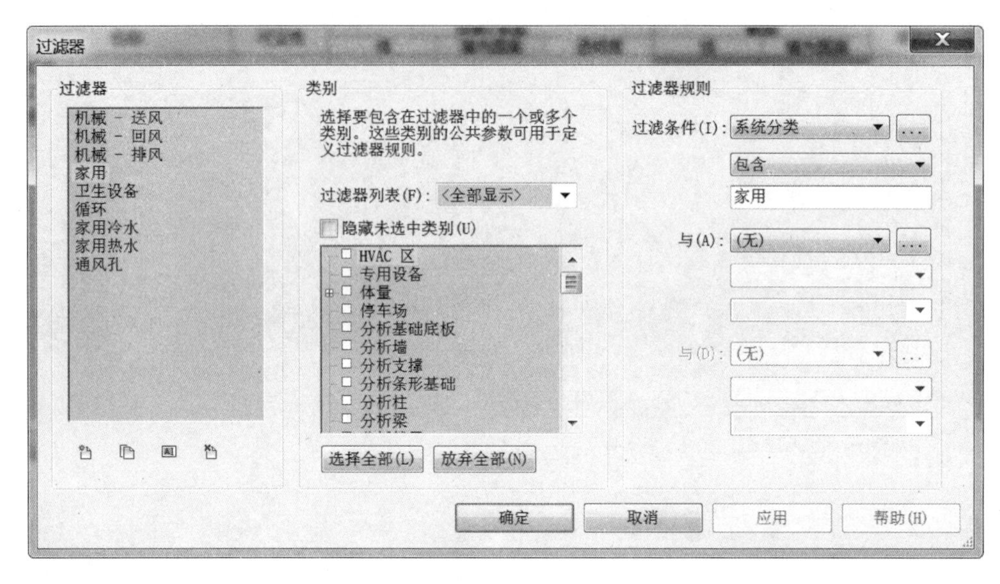

图 6-34

3. 管道图例

在平面视图中，可以根据管道的某一参数对管道进行着色，帮助用户分析系统。

（1）创建管道图例

单击“分析”选项卡>“颜色填充”>“管道图例”按钮，如图 6-35 所示，将图例拖曳至绘图区域，单击鼠标确定绘制位置后，选择颜色方案，如“管道颜色填充-尺寸”，Revit 2015 将根据不同管道尺寸给当前视图中的管道配色。

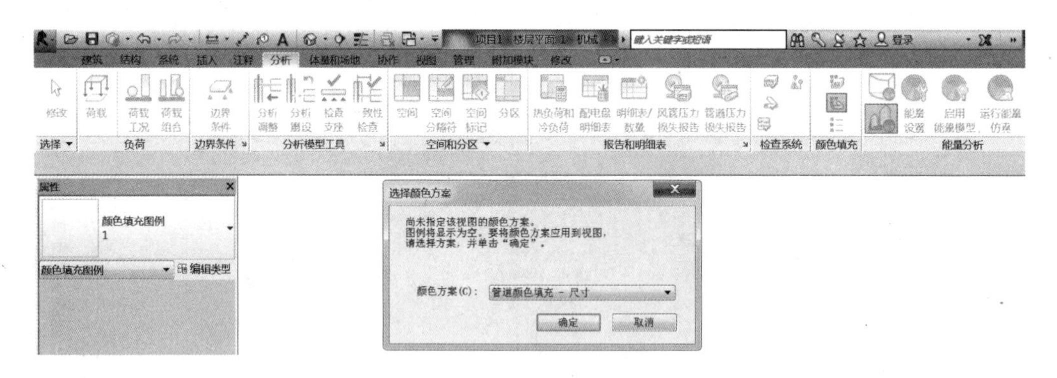

图 6-35

（2）编辑管道图例

选中已添加的管道图例，单击“修改 | 管道颜色填充图例”选项卡>“方案”>“编辑方案”按钮，打开“编辑颜色方案”对话框，如图 6-36 所示。在“颜色”下拉列表中选择相应的参数，这些参数值都可以作为管道配色依据。

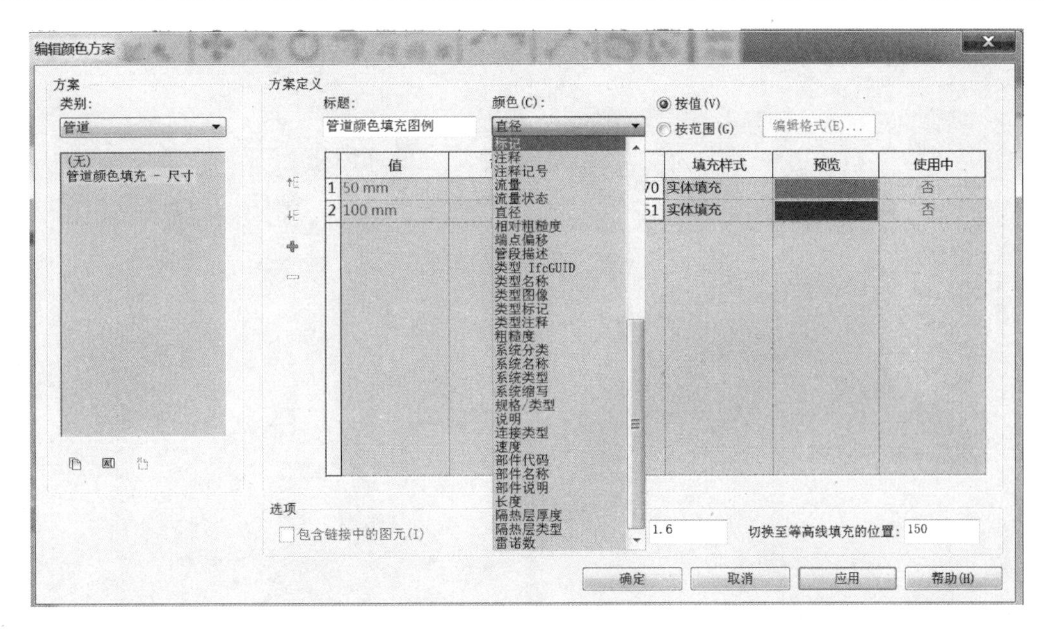

图 6-36

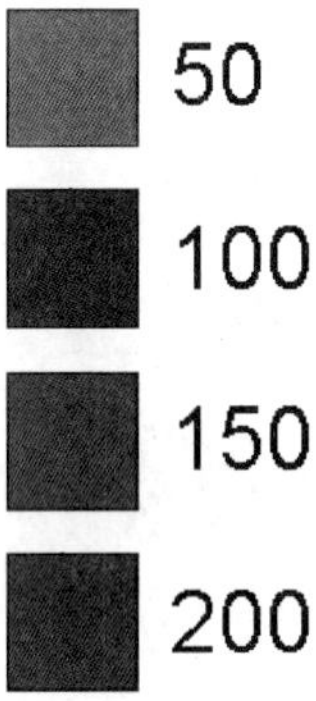

按值：按照所选参数的数值来作为管道颜色方案条目。

按范围：对于所选参数设定一定的范围来作为颜色方案条目。

编辑格式：可以定义范围数值的单位。

图 6-37 所示为添加好的管道图例，可根据图例颜色判断管道系统设计是否符合要求。

50

100

150

200

图 6-37

除了上述控制管道的显示方法，这里介绍一下隐藏线的运用，打开“机械设置”对话框，如图 6-38 所示，左侧“隐藏线”是用于设置图元之间交叉、发生遮挡关系时的显示。

展开“隐藏线”选项，其右侧面板中各参数的意义如下。

绘制 MEP 隐藏线：绘制 MEP 隐藏线是指将按照“隐藏线”选项所指定的线样式和间隙来绘制管道。

内部间隙、外部间隙、单线：这 3 个选项用来控制在非“细线”模式下隐藏线的间隙，允许输入数值的范围为 0.0～19.1。“内部间隙”指定在交叉段内部出现的线的间隙。“外部间隙”指定在交叉段外部出现的线的间隙。“内部间隙”和“外部间隙”控制双线管道/风管的显示。在管道/风管显示为单线的情况下，没有“内部间隙”这个概念，因此“单线”用来设置单线模式下的外部间隙。

4. 注释比例

在管件、管路附件、风管管件、风管附件、电缆桥架配件和线管配件这几类族的类型属性中都有“使用注释比例”这个设置，这一设置用来控制上述几类族在平面视图中的单线显示，如图 6-39 所示。

除此之外，在“机械设置”对话框中也能对项目中的“使用注释比例”进行设置，如图 6-40 所示。默认状态为勾选。如果取消勾选，则后续绘制的相关族将不再使用注释比例，但之前已经出现的相关族不会被更改。

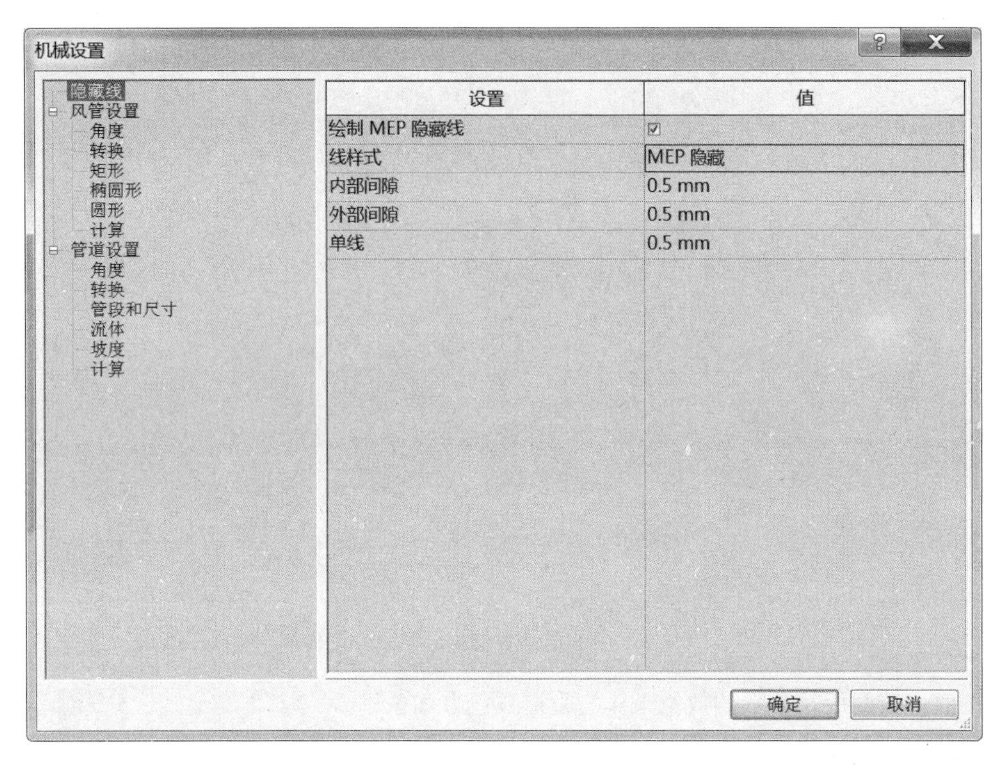

图 6-38

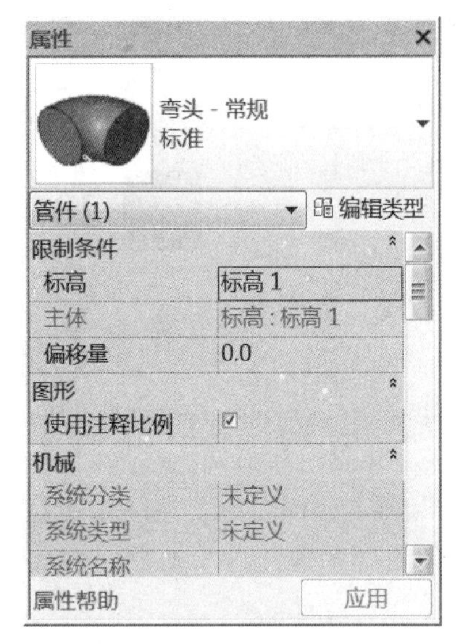

图 6-39

6.1.4 管道标注

管道的标注在设计过程中是不可或缺的。本节将介绍在 Revit 2015 中如何进行管道的各种标注，其中包括尺寸标注、编号标注、标高标注和坡度标注 4 类。

管道尺寸和管道编号是通过注释符号族来标注的，在平、立、剖中均可使用。而管道标高和坡度则是通过尺寸标注系统族来标注的，在平、立、剖和三维视图均可使用。

1. 尺寸标注

（1）基本操作

Revit 2015 中自带的管道注释符号族“M _ 管道尺寸标记”可以用来进行管道尺寸标注，以下介绍两种方式。

管道绘制的同时进行标注。进入绘制管道模式后，单击“修改 I 放置管道”选项卡>“标记”>“在放置时进行标记”按钮，如图 6-41 所示。绘制出的管道将会自动完成管径标注，如图 6-42 所示。

管道绘制后再进行管径标注。单击“注释”选项卡>“标记”面板下拉列表>“载入的标记”按钮，如图 6-43 所示，就能查看到当前项目文件中加载的所有的标记族。某个族类别下排在第一位的标记族为默认的标记族。当单击“按类别标记”按钮后，Revit

2015 将默认使用“M _ 管道尺寸标记”，如图 6-43 所示。

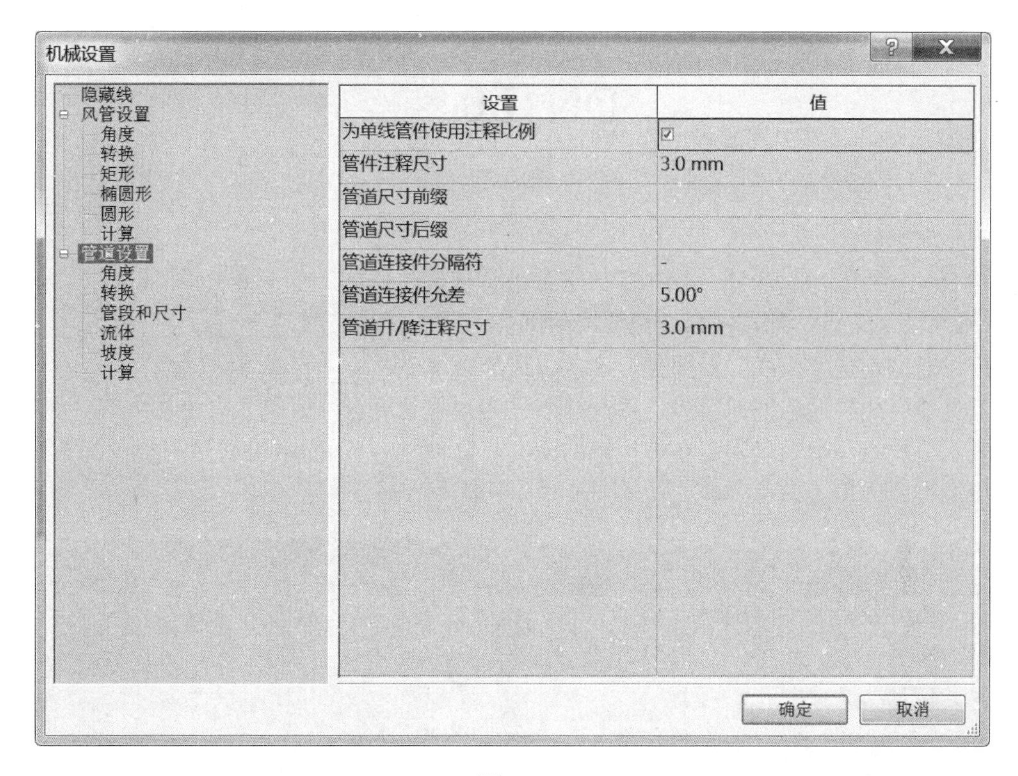

图 6-40

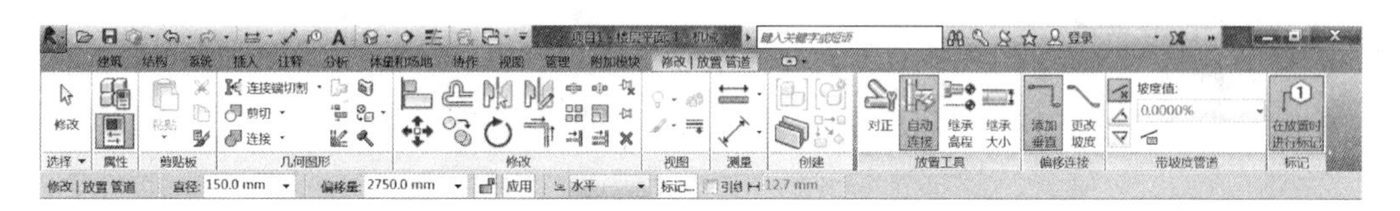

图 6-41

图 6-42

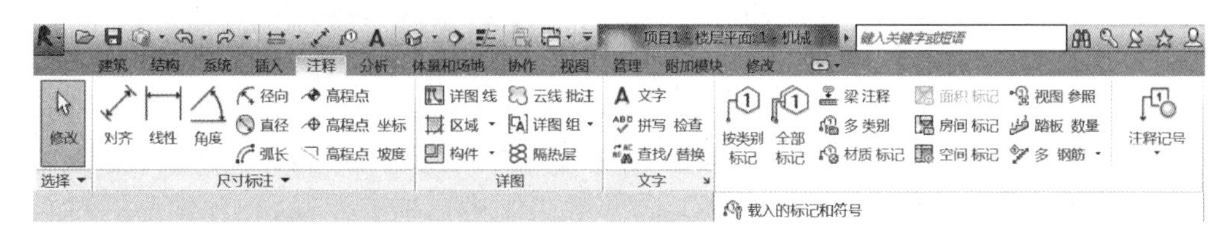

图 6-43

如图 6-44 所示。上下移动鼠标可以选择标注出现在管道上方还是下方，确定注释位置单击完成标注。

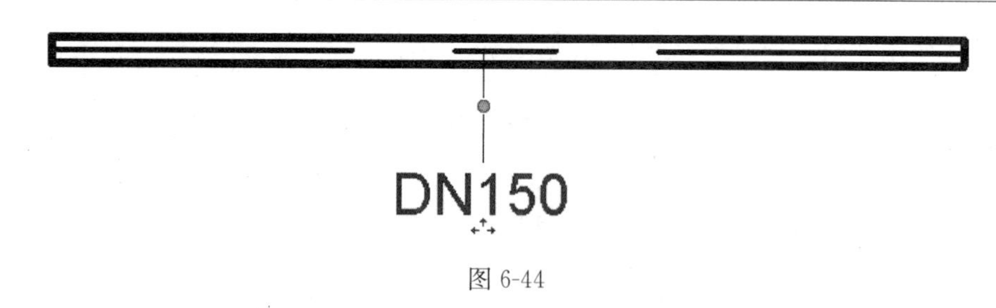

图 6-44

（2）标记修改

在 Revit 2015 中，为用户提供了以下功能方便修改标记，如图 6-45 所示。

“水平”、“竖直”可以控制标记放置的方式。

可以通过勾选“引线”复选框，确认引线是否可见。

勾选“引线”复选框即引线，可选择引线为“附着端点”或是“自由端点”。“附着端点”表示引线的一个端点固定在被标记图元上，“自由端点”表示引线两个端点都不固定，可进行调整。

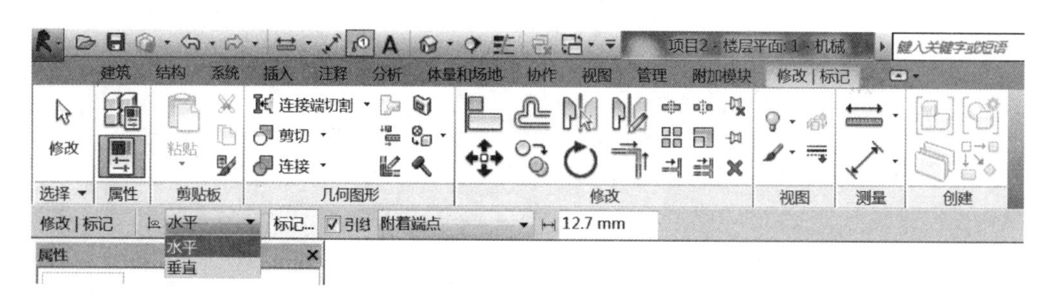

图 6-45

2. 标高标注

单击“注释”选项卡>“尺寸标注”>“高程点”按钮来标注管道标高，如图 6-46 所示。

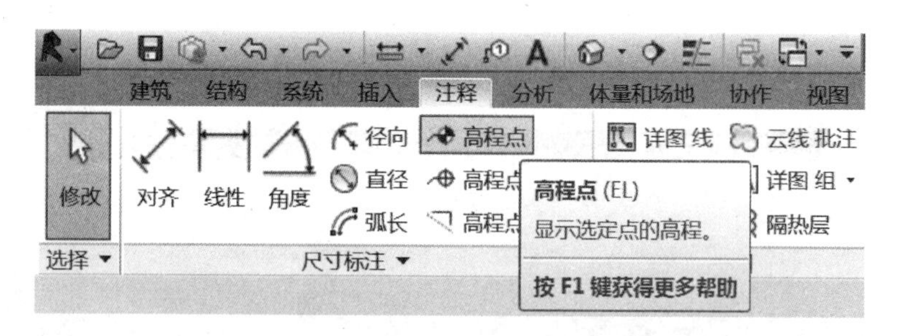

图 6-46

打开高程点族的“类型属性”对话框，在“类型”下拉列表中可以选择相应的高程点符号族，如图 6-47 所示。

引线箭头：可根据需要选择各种引线端点样式。

符号：这里将出现所有高程点符号族，选择刚载入的新建族即可。

文字与符号的偏移量：为默认情况下文字和“符号”左端点之间的距离，正值表明文字在“符号”左端点的左侧；负值则表明文字在“符号”左端点的右侧。

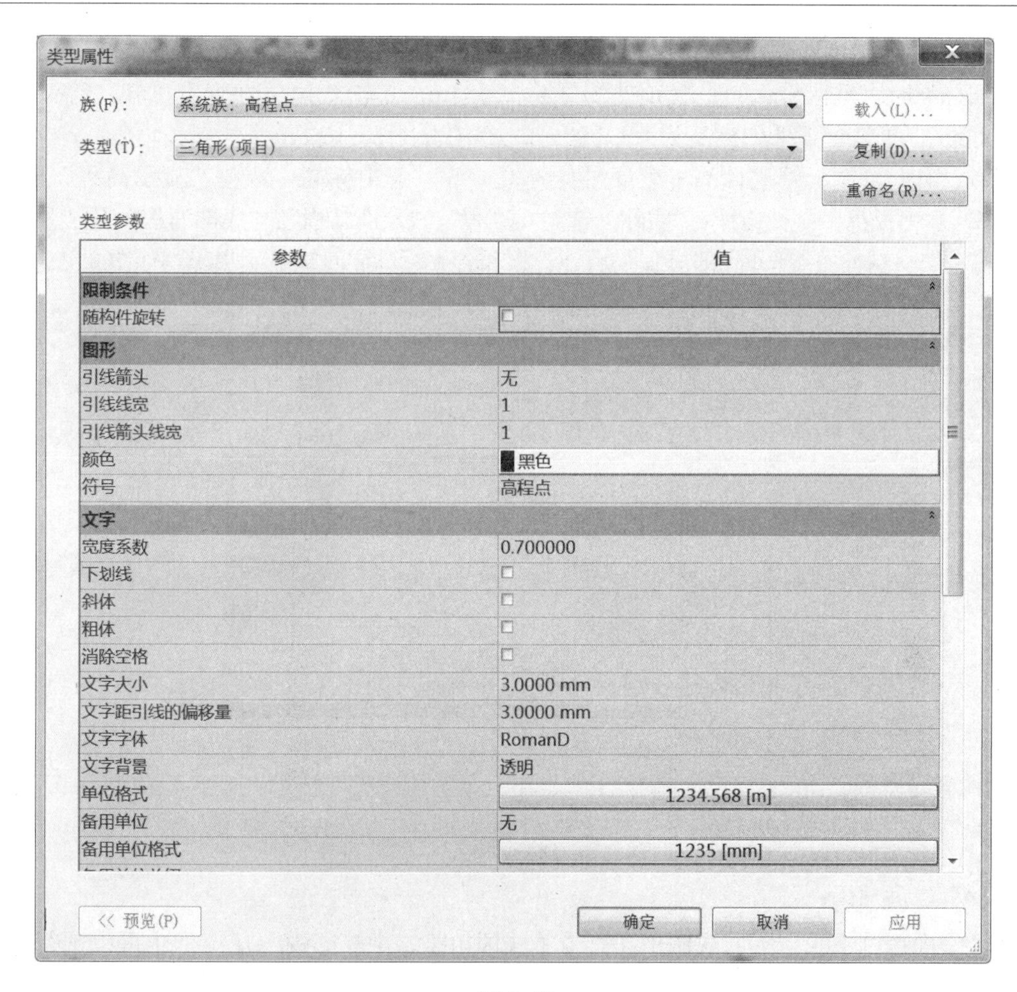

图 6-47

文字位置：控制文字和引线的相对位置。

高程指示器/顶部指示器/底部指示器：允许添加一些文字、字母等，用来提示出现的标高是顶部标高还是底部标高。

作为前缀/后缀的高程指示器：确认添加的文集、字母等在标高中出现的形式是前缀还是后缀。

（1）平面视图中管道标高

平面视图中的管道标高注释需在精细模式下进行（在单线模式下不能进行标高标注）。一根直径为 100mm、偏移量为 1500mm 的管道在平面视图上的标注如图 6-48 所示。

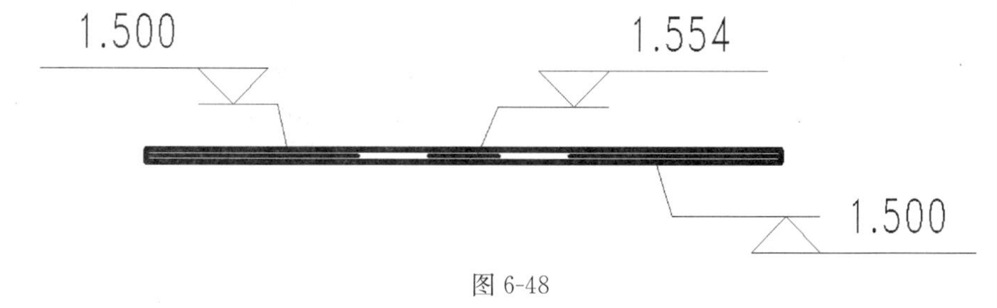

图 6-48

从图 6-48 中可以看出，标注管道两侧标高时，显示的是管中心标高 1.500m。标注管道中线标高时，默认显示的是管顶外侧标高 1.554m。单击管道属性查看可知，管道外径为 108mm，于是管顶外侧标高为（1.500+0.108/2）1.554m。

有没有办法显示管底标高（管底外侧标高）呢？选中标高，调整“显示高程”即可。Revit 2015 中提供了 4 种选择：“实际（选定）高程”、“顶部高程”、“底部高程”及“顶部和底部高程”。选择“顶部和底部高程”后，管顶和管底标高同时被显示出来，如图 6-49 所示。

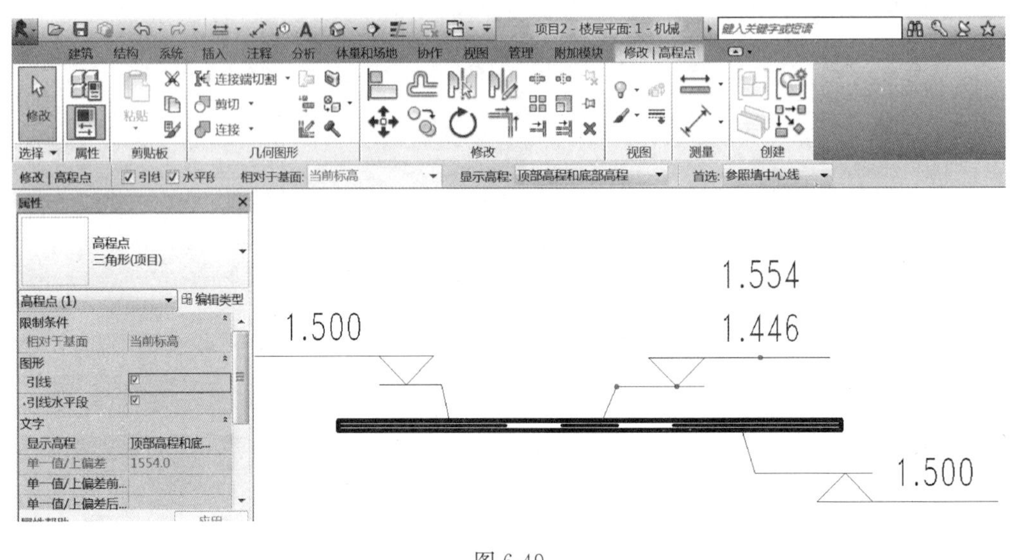

图 6-49

（2）立面视图中管道标高

和平面视图不同，立面视图中在管道单线即粗略、中等的视图情况下也可以进行标高标注，如图 6-50 所示，但此时仅能标注管道中心标高。而对于倾斜管道的管道标高，斜管上的标高值将随着鼠标指针在管道中心线上的移动而实时更新变化。如果在立面视图上标注管顶或者管底标高，则需要将鼠标指针移动到管道端部，捕捉端点，才能标注管顶或管底标高，如图 6-50 所示。

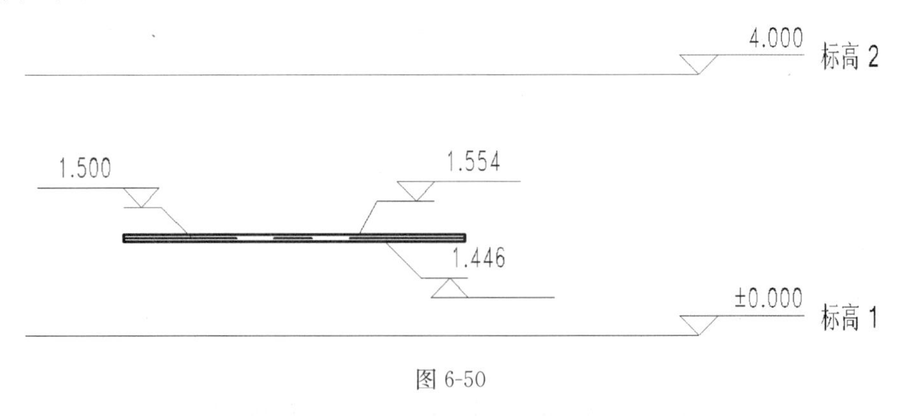

图 6-50

在立面视图上也能对管道截面进行管道中心、管顶和管底标注，如图 6-51 所示。

当对管道截面进行管道标注时，为了方便捕捉，建议关闭“机械的可见性/图形替换”对话框中管道的两个子类别“升”、“降”，如图 6-52 所示。

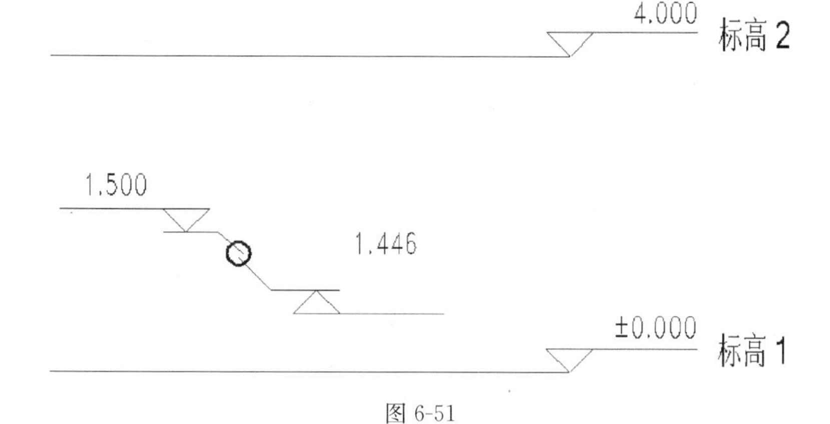

图 6-51

楼层平面: 1 - 机械的可见性/图形替换

模型类别 | 注释类别 | 分析模型类别 | 导入的类别 | 过滤器

☑ 在此视图中显示模型类别 (S)

过滤器列表 (F)：〈全部显示〉

可见性	投影/表面	
	线	填充图案
☐ 电话设备		
⊞ ☑ 空间		
⊞ ☑ 窗		
⊞ ☑ 竖井洞口		
⊞ ☑ 管件		
⊟ ☑ 管道		
☑ 中心线		
☐ 升		
☐ 降		
☑ 管道占位符		
⊞ ☑ 管道附件		
☑ 管道隔热层		

图 6-52

（3）剖面视图中管道标高

与立面视图中管道标高原则一致，这里不再赘述。

（4）三维视图中管道标高

在三维视图中，管道单线显示下，标注的为管道中心标高；双线显示下，标注的则为所捕捉的管道位置的实际标高。

3. 坡度标注

在 Revit 2015 中，单击“注释”选项卡>“尺寸标注”>“高程点坡度”按钮来标注管道坡度，如图 6-53 所示。

进入“系统族：高程点坡度”可以看到控制坡度标注的一系列参数。高程点坡度标注与之前介绍的高程标注非常类似，此处就不再一一赘述。可能需要修改的是“单位格式”，设置成管道标注时习惯的百分比格式，如图 6-54 所示。

选中任一坡度标注，会出现“修改 | 高程点坡度”选项栏。

图 6-55、图 6-56 为实际工程案例展示：

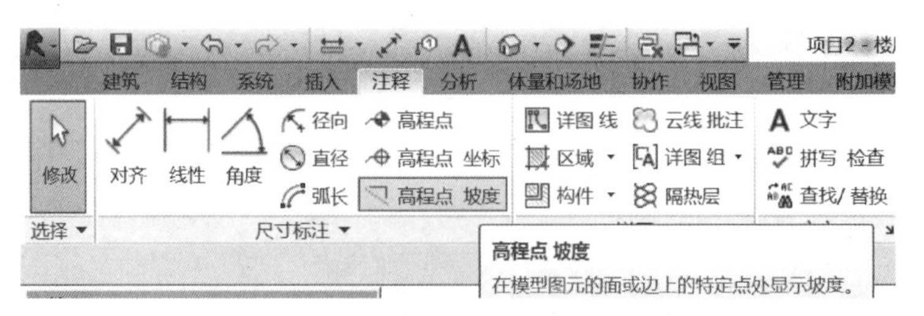

图 6-53

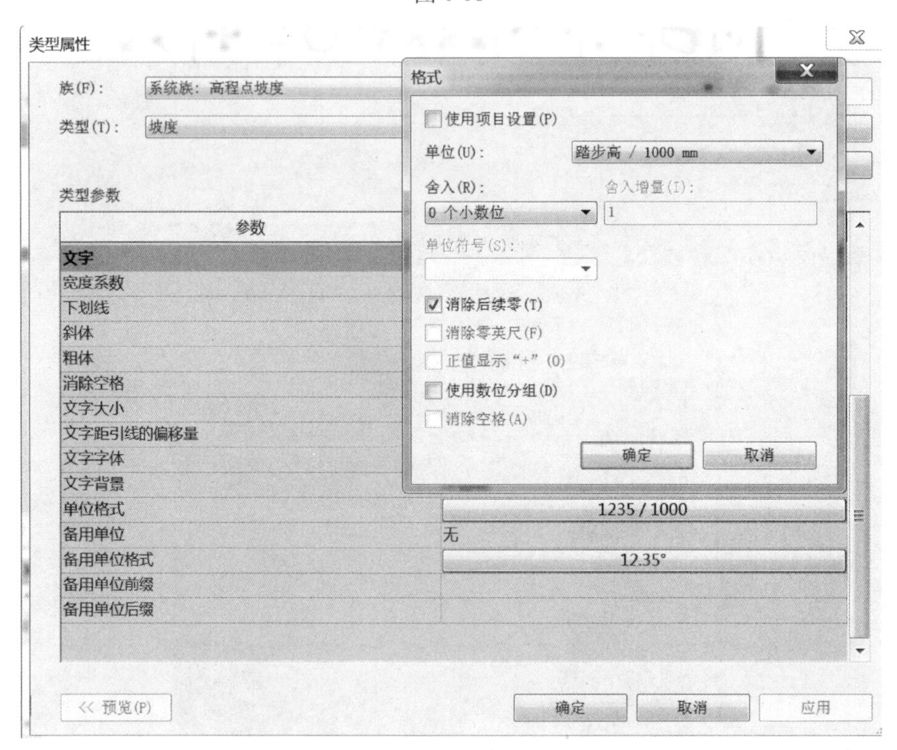

图 6-54

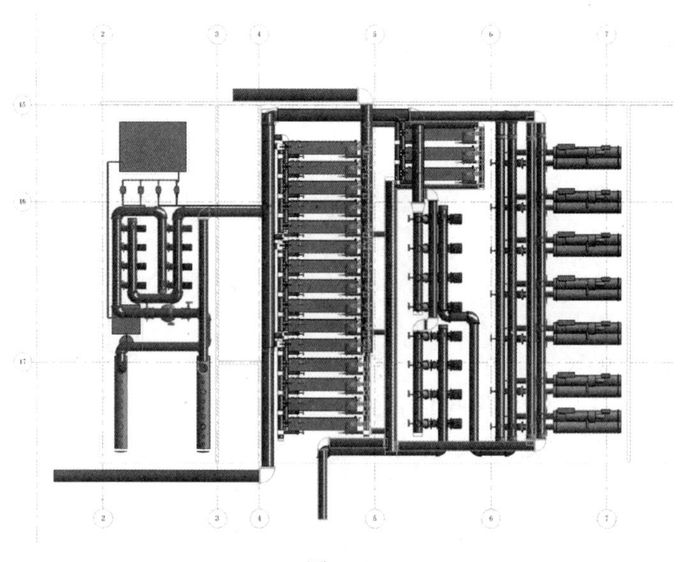

图 6-55

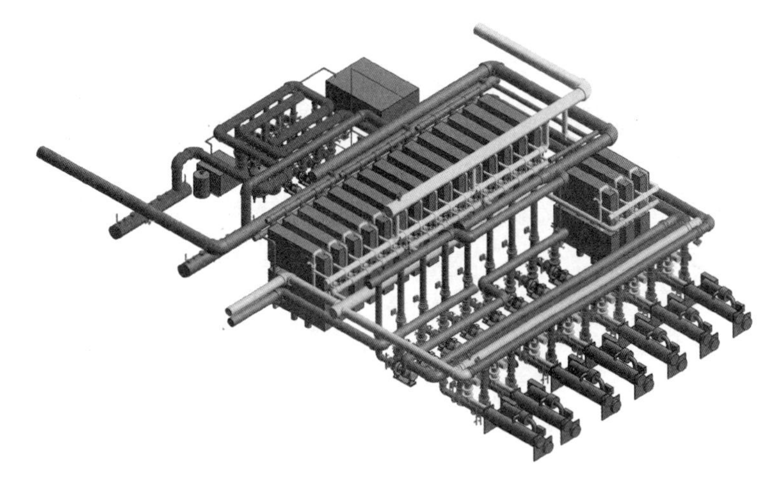

图 6-56

6.2　暖通空调系统设计

Revit具有强大的管路系统三维建模功能，可以直观地反映系统布局，实现所见即所得的效果。如果在设计初期，根据设计要求对风管、管道等进行设置，可以提高设计准确性和效率。本节将介绍Revit的风管功能及其基本设置，使读者了解暖通系统的概念和基础知识，学会在Revit中建模的方法。

6.2.1　风管参数设置

在绘制风管系统前，先设置风管设计参数：风管类型、风管尺寸及设置（添加/删除）风管尺寸、其他设置。

1. 风管类型设置方法

单击功能区中的“系统”选项卡>“风管”按钮，通过绘图区域左侧的“属性”对话框选择和编辑风管类型，如图6-57所示。Revit 2015提供的“Mechanical-Default _ CHSCHS. rte”和“Systems-Default _ CHSCHS. rte”项目样板文件中都默认配置了矩形风管、圆形风管及椭圆形风管，默认的风管类型与风管连接方式有关。

单击“编辑类型”按钮，打开“类型属性”对话框，可对风管类型进行配置，如图6-58所示。

单击“复制”按钮，可以在已有风管类型基础模板上添加新的风管类型。

通过在“管件”列表中配置各类型风管管件族，可以指定绘制风管时自动添加到风管管路中的管件。

通过编辑“标识数据”中的参数为风管添加标识。

2. 风管尺寸设置方法

在Revit中，通过“机械设置”对话框编辑当前项目文

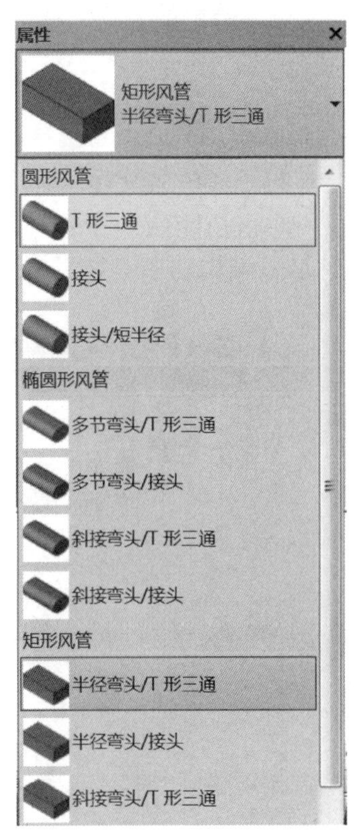

图 6-57

件中的风管尺寸信息。

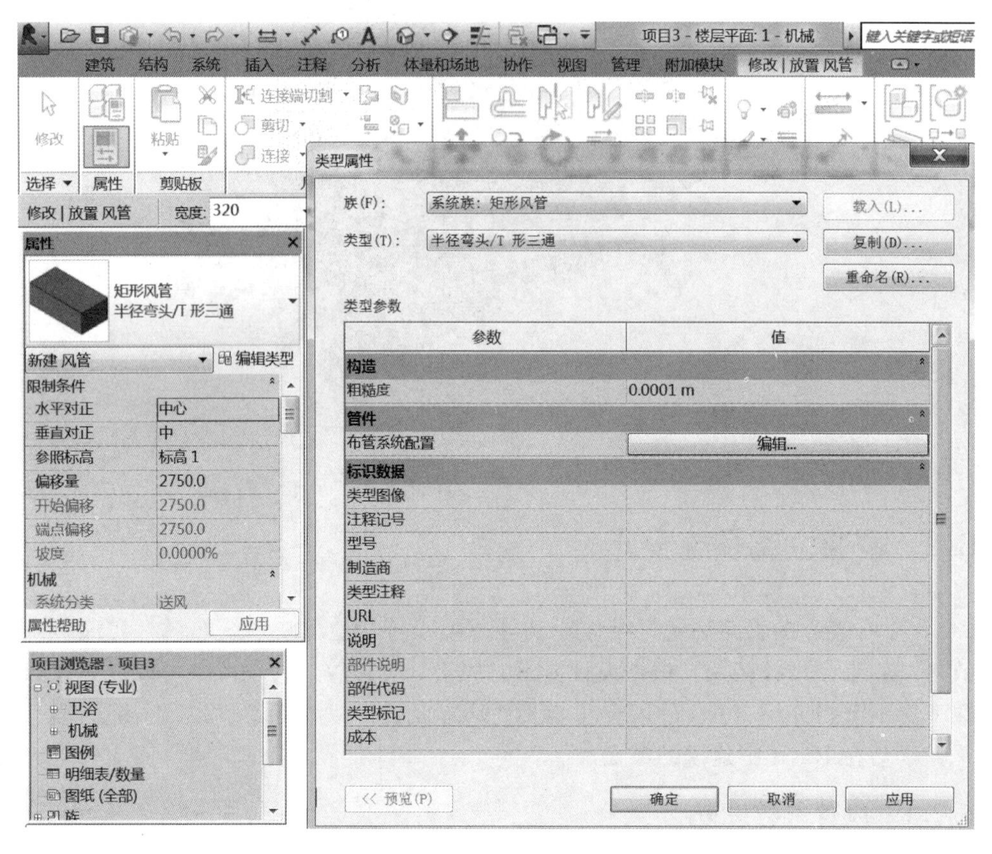

图 6-58

打开“机械设置”对话框的方式有以下几种。

单击功能区中“管理”选项卡>“MEP 设置”下拉列表>“机械设置”按钮，如图 6-59 所示。

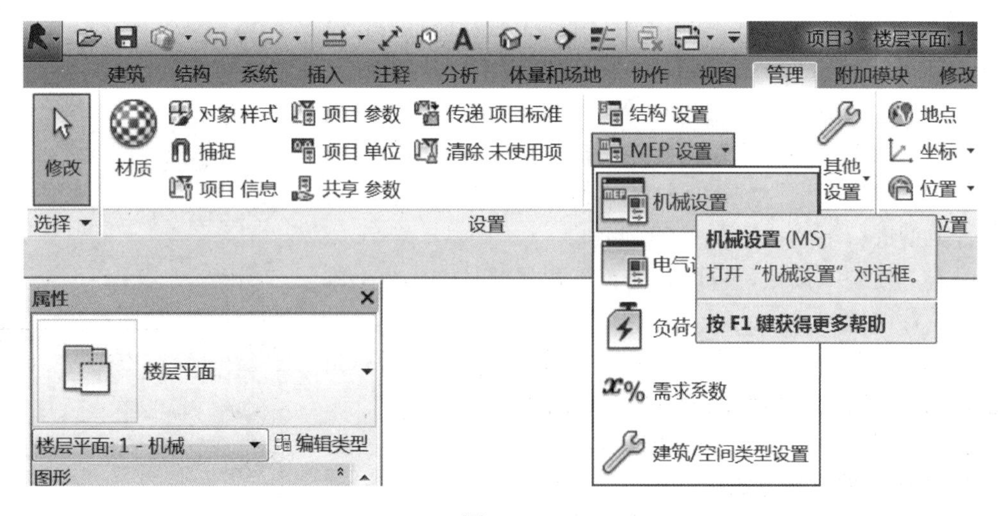

图 6-59

单击功能区中“系统”选项卡＞“机械”按钮，如图 6-60 所示。

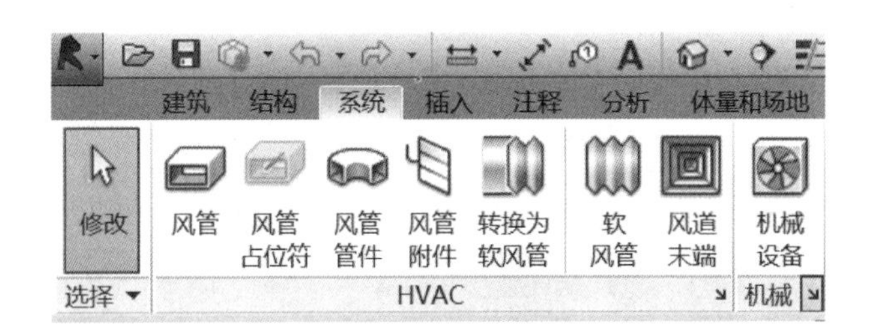

图 6-60

使用快捷键 MS。

3. 设置（添加/删除）风管尺寸

打开“机械设置”对话框后，分别单击“矩形”、“椭圆形”、“圆形”按钮可以定义对应形状的风管尺寸。单击“新建尺寸”或者“删除尺寸”按钮可以添加或删除风管的尺寸。软件不允许重复添加列表中已有的风管尺寸。如果在绘图区域已经绘制了某尺寸的风管，该尺寸在“机械设置”尺寸列表中将不能删除，需要先删除项目中的风管，才能删除“机械设置”尺寸。列表中的尺寸如图 6-61 所示。

机械设置

隐藏线
风管设置
角度
转换
矩形
椭圆形
圆形
计算
管道设置
角度
转换
管段和尺寸
流体
坡度
计算

新建尺寸(N)...　删除尺寸(D)

尺寸	用于尺寸列表	用于调整大小
120.00	☑	☑
160.00	☑	☑
200.00	☑	☑
250.00	☑	☑
320.00	☑	☑
400.00	☑	☑
500.00	☑	☑
630.00	☑	☑
800.00	☑	☑
1000.00	☑	☑
1250.00	☑	☑
1600.00	☑	☑
2000.00	☑	☑
2500.00	☑	☑
3000.00	☑	☑
3500.00	☑	☑
4000.00	☑	☑

确定　取消

图 6-61

4. 其他设置

在“机械设置”对话框的“风管设置”选项中，可以为风管尺寸标注及对风管内流体参数等进行设置，如图 6-62 所示。

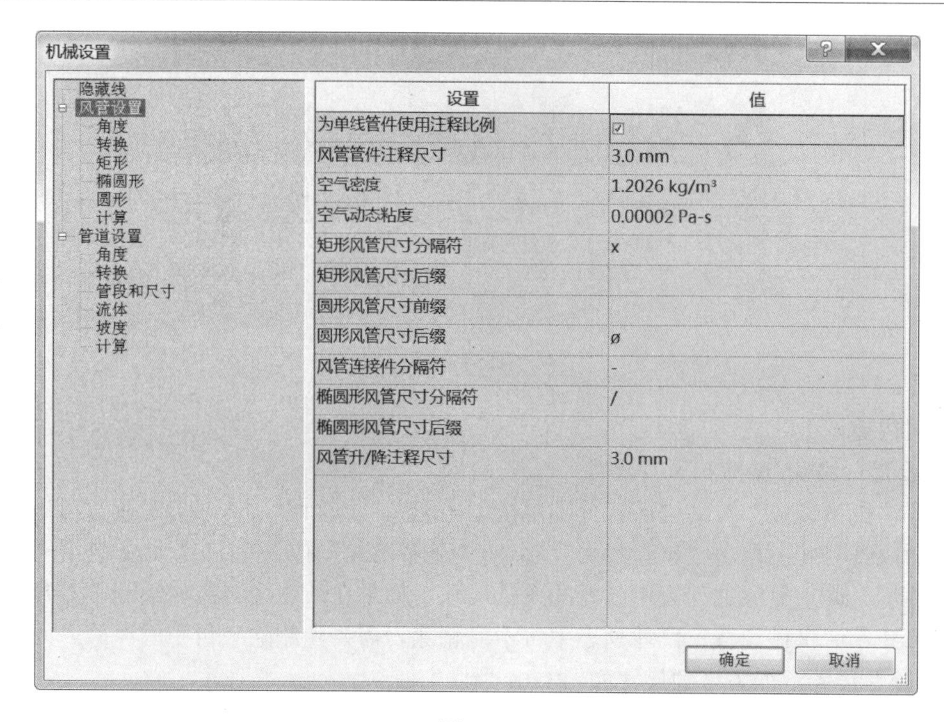

图 6-62

其中几个较为常用的参数意义如下。

为单线管件使用注释比例：如果勾选该复选框，在屏幕视图中，风管管件和风管附件在粗略显示程度下，将会以“风管管件注释尺寸”参数所指定的尺寸显示。默认情况下，这个设置是勾选的。如果取消勾选后绘制的风管管件和风管附件族将不再使用注释比例显示，但之前已经布置到项目中的风管管件和风管附件族不会更改，仍然使用注释比例显示。

风管管件注释尺寸：指定在单线视图中绘制的风管管件和风管附件的出图尺寸。无论图纸比例为多少，该尺寸始终保持不变。

矩形风管尺寸后缀：指定附加到根据“实例属性”参数显示的矩形风管尺寸后面的符号。圆形风管尺寸后缀：指定附加到根据“实例属性”参数显示的圆形风管尺寸后面的符号。

风管连接件分隔符：指定在使用两个不同尺寸的连接件时用来分隔信息的符号。

椭圆形风管尺寸分隔符：显示椭圆形风管尺寸标注的分隔符号。

椭圆形风管尺寸后缀：指定附加到根据“实例属性”参数显示的椭圆形风管尺寸后面的符号。

6.2.2 风管绘制方法

本节以绘制矩形风管为例介绍绘制风管的方法。

1. 基本操作

在平、立、剖视图和三维视图中均可绘制风管，风管绘制模式有以下方式：

① 单击功能区中的“系统”选项卡>“风管”按钮，如图 6-63 所示。

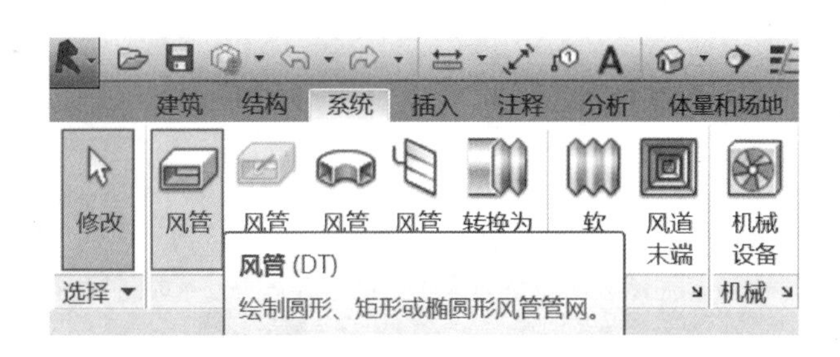

图 6-63

② 使用快捷键 DT。

进入风管绘制模式后，“修改｜放置风管”选项卡和“修改｜放置风管”选项栏被同时激活，如图 6-64 所示。

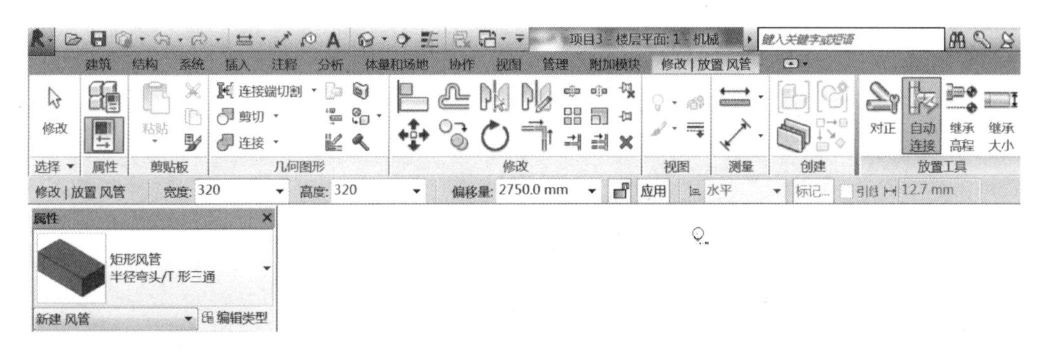

图 6-64

按照以下步骤绘制风管：

（1）选择风管类型。在风管“属性”对话框中选择需要绘制的风管类型。

（2）选择风管尺寸。在风管“修改｜放置风管”选项栏的“宽度”或“高度”下拉列表中选择风管尺寸。如果在下拉列表中没有需要的尺寸，可以直接在“宽度”和“高度”中输入需要绘制的尺寸。

（3）指定风管偏移。默认“偏移量”是指风管中心线相对于当前平面标高的距离。在“偏移量”下拉列表中可以选择项目中已经用到的风管偏移量，也可以直接输入自定义的偏移数值，默认单位为毫米。

（4）指定风管起点和终点。将鼠标指针移至绘图区域，单击鼠标指定风管起点，移动至终点位置再次单击，完成一段风管的绘制。可以继续移动鼠标绘制下一管段，风管将根据管路布局自动添加在“类型属性”对话框中预先设置好的风管管件。绘制完成后，按【Esc】键，或者单击鼠标右键，在弹出的快捷菜单中选择“取消”命令，退出风管绘制命令。

2. 风管对正

（1）绘制风管

在平面视图和三维视图中绘制风管时，可以通过“修改｜放置风管”选项卡中的“对正”工具指定风管的对齐方式。单击“对正”按钮，打开“对正设置”对话框，如图 6-65 所示。

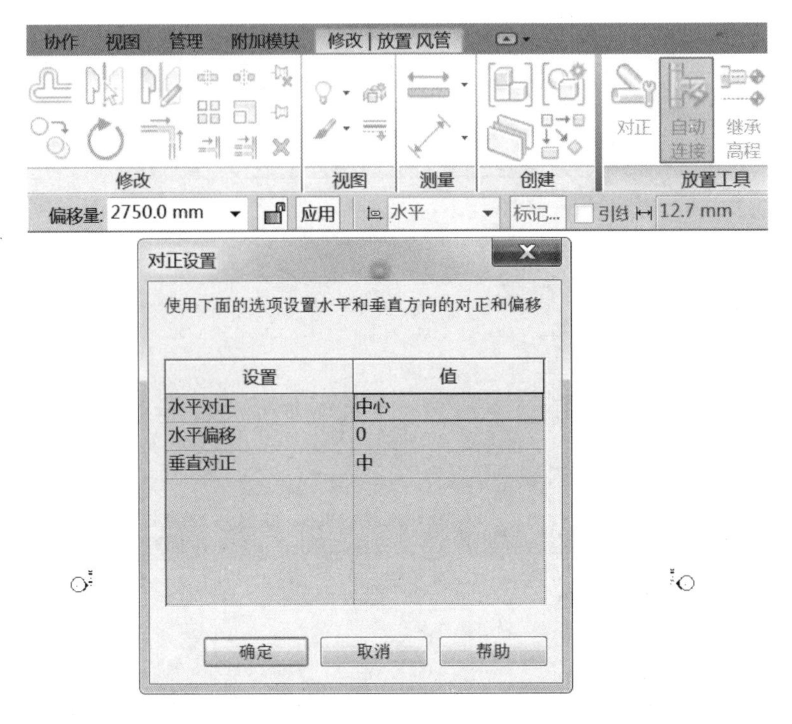

图 6-65

“对正设置”对话框中各参数含义如下。

水平对正：当前视图下，以风管的“中心”、“左”或“右”侧边缘作为参照，将相邻两段风管边缘进行水平对齐。

水平偏移：用于指定风管绘制起始点位置与实际风管和墙体等参考图元之间的水平偏移距离。“水平偏移”的距离和“水平对齐”设置与风管方向有关。

垂直对正：当前视图下，以风管的“中”、“底”或“顶”作为参照，将相邻两段风管边缘进行垂直对齐。“垂直对齐”的设置决定风管“偏移量”指定的距离。

（2）编辑风管

风管绘制完成后，在任意视图中可以使用“对正”命令修改风管的对齐方式。选中需要修改的管段，单击功能区中的“对正”按钮，如图 6-66 所示。进入“对正编辑器”界面，选择需要的对齐方式和对齐方向，单击“完成”按钮。

3. 自动连接

激活“风管”命令后，“修改 | 放置风管”选项卡中的“自动连接”用于某一段风管管路开始或者结束时自动捕捉相交风管，并添加风管管件完成连接。默认情况下，这一选项是激活的。如绘制两段不在同一高程的正交风管，将自动添加风管管件完成连接，如图 6-67 所示。

如果取消激活“自动连接”命令，绘制两段不在同一高程的正交风管，则不会生成配件完成自动连接，如图 6-68 所示。

4. 风管管件的使用

风管管路中包含大量连接风管的管件。下面将介绍绘制风管时管件的使用方法和主要事项。

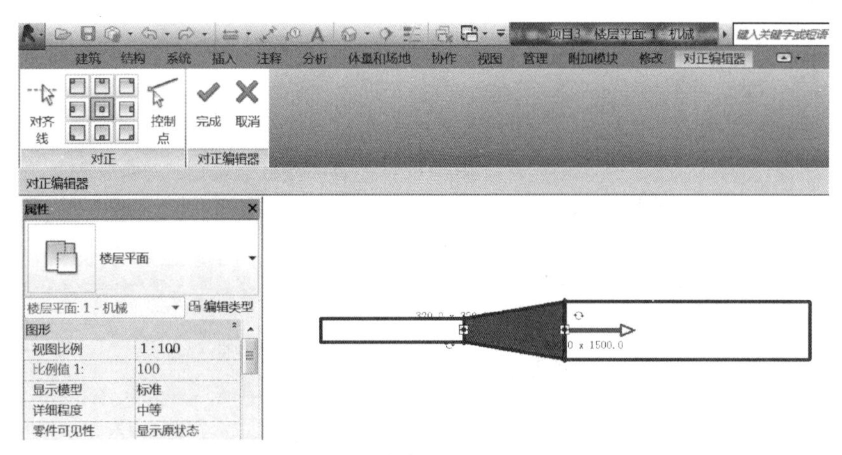

图 6-66

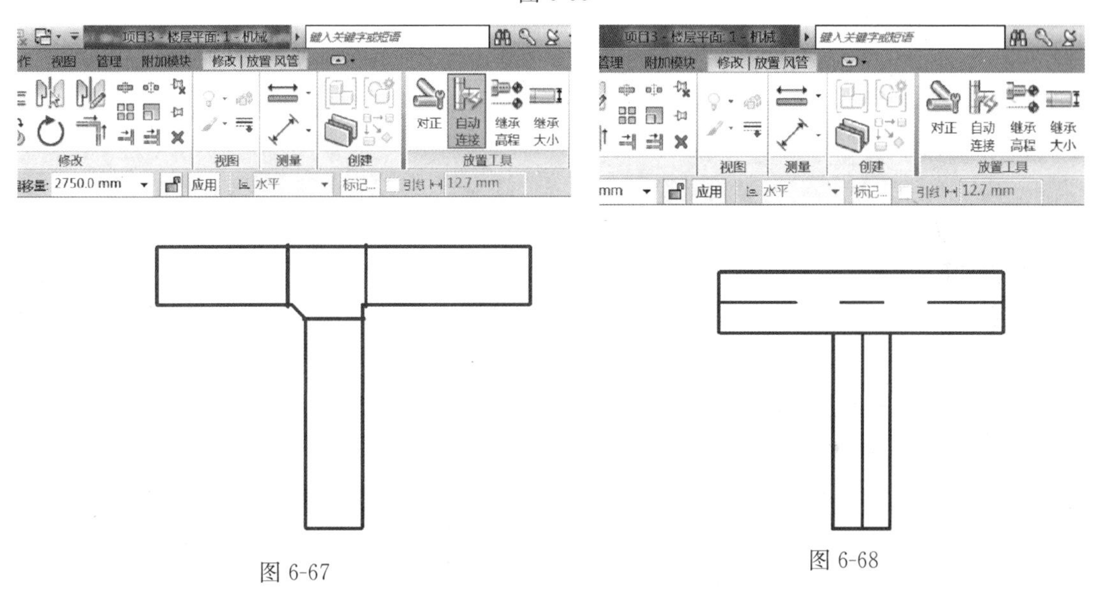

图 6-67

图 6-68

（1）放置风管管件

① 自动添加。绘制某一类型风管时，通过风管“类型属性”对话框中“管件”指定的风管管件，可以根据风管自动布局加载到风管管路中。目前一些类型的管件可以在“类型属性”对话框中指定弯头、T 形三通、接头、四通、过渡件（变径）、多形状过渡件矩形到圆形（天圆地方）、多形状过渡件椭圆形到圆形（天圆地方）、活接头。用户可根据需要选择相应的风管管件族。

② 手动添加。在“类型属性”对话框中的“管件”列表中无法指定的管件类型，如偏移、Y 形三通、斜 T 形三通、斜四通、喘振（对应裤衩三通）、多个端口（对应非规则管件），使用时需要手动插入到风管中或者将管件放置到所需位置后手动绘制风管。

（2）编辑管件

在绘图区域中单击某一管件，管件周围会显示一组管件控制柄，可用于修改管件尺寸、调整管件方向和进行管件升级或降级，如图 6-69 所示。

（3）风管附件放置

单击“系统”选项卡＞“风管附件”按钮，在“属性”对话框中选择需要插入的风管附件到风管中，如图 6-70 所示。

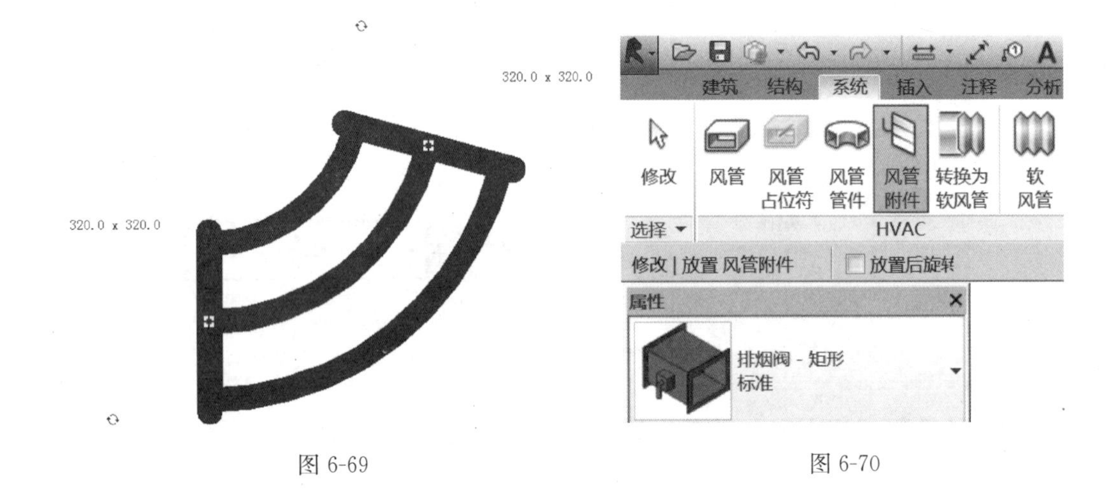

图 6-69　　　　图 6-70

5. 绘制软风管

单击“系统”选项卡>“软风管”按钮，如图 6-71 所示。

(1) 选择软风管类型

在软风管“属性”对话框中选择需要绘制的风管类型。目前，Revit 2015 提供了一种矩形软管和一种圆形软管，如图 6-72 所示。

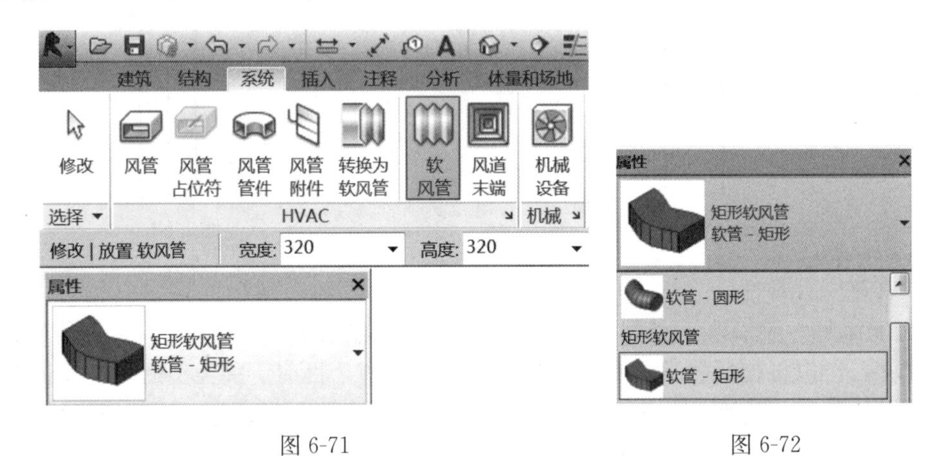

图 6-71　　　　图 6-72

(2) 选择软风管尺寸

矩形风管在“修改 I 放置软风管”选择卡的“宽度”或“高度”下拉列表中选择在“机械设置”中设定的风管尺寸。圆形风管可在“修改 I 放置软风管”选择卡的“直径”下拉菜单中选择直径大小。如果在下拉列表中没有需要的尺寸，可以直接在“高度”、“宽度”、“直径”中输入需要绘制的尺寸。

(3) 指定软风管偏移量

“偏移量”是指软风管中心线相当于当前平面标高的距离。在“偏移量”下拉列表中，可以选择项目中已经用到的软风管/风管偏移量，也可以直接输入自定义的偏移量数值，默认单位为毫米。

（4）指定软风管起点和终点

在绘图区域，单击指定软风管的起点，沿着软风管的路径在每个拐点单击鼠标，最后在软风管终点按【Esc】键，或者单击鼠标右键，在弹出的快捷菜单中选择“取消”命令。

（5）修改软风管

在软风管上拖曳两端连接件、顶点和切点，可以调整软风管路径，如图 6-73 所示。

图 6-73

连接件：出现在软风管的两端，允许重新定位软风管的端点。通过连接件可以将软风管与另一构件的风管连接件连接起来，或断开与该风管连接件的连接。

顶点：沿软风管的走向分布，允许修改软风管的拐点。在软风管上单击鼠标右键，在弹出的快捷菜单中可以“插入顶点”或“删除顶点”。使用顶点可在平面视图中以水平方向修改软风管的形状，在剖面视图或立面视图中以垂直方向修改软风管的形状。

切点：出现在软风管的起点和终点，允许调整软风管的首个和末个拐点处的连接方向。

6. 软风管样式

软风管“属性”对话框中的“软管样式”共提供了 8 种软风管样式，通过选取不同的样式可以改变软风管在平面视图中的显示。

7. 设备连接管

设备的风管连接件可以连接风管和软风管。连接风管和连接软风管的方法类似。下面以连接风管为例，介绍设备连接管的 3 种方法。

单击所选设备，点击蓝色控制按钮进行绘制，如图 6-74 所示。

直接拖动已绘制的风管到相应设备的风管连接件，风管将自动捕捉设备上的风管连接件来完成连接，如图 6-75 所示。

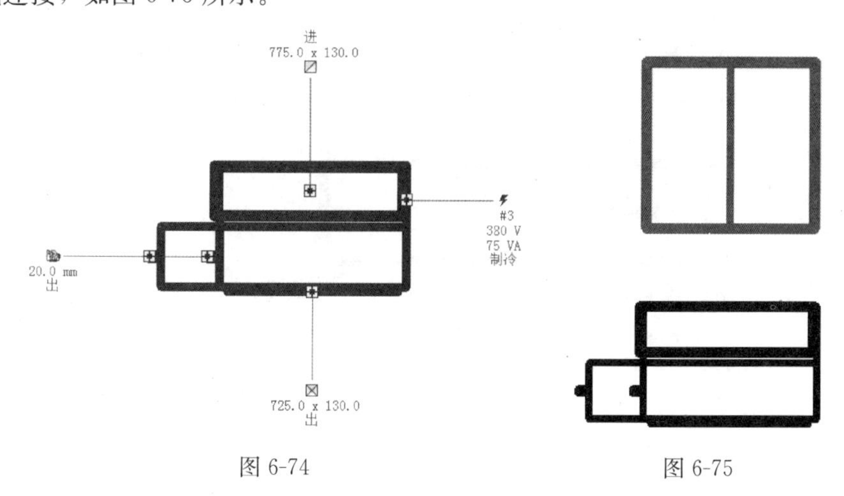

图 6-74　　图 6-75

使用“连接到”功能为设备连接风管。单击需要连接的设备，单击“修改｜机械设备”选项卡>“连接到”按钮，如果设备包含一个以上的连接件，将打开“选择连接件”对话框，选择需要连接风管的连接件，单击“确定”按钮，然后单击该连接件所有连接到的风管，完成设备与风管的自动连接，如图 6-76 所示。

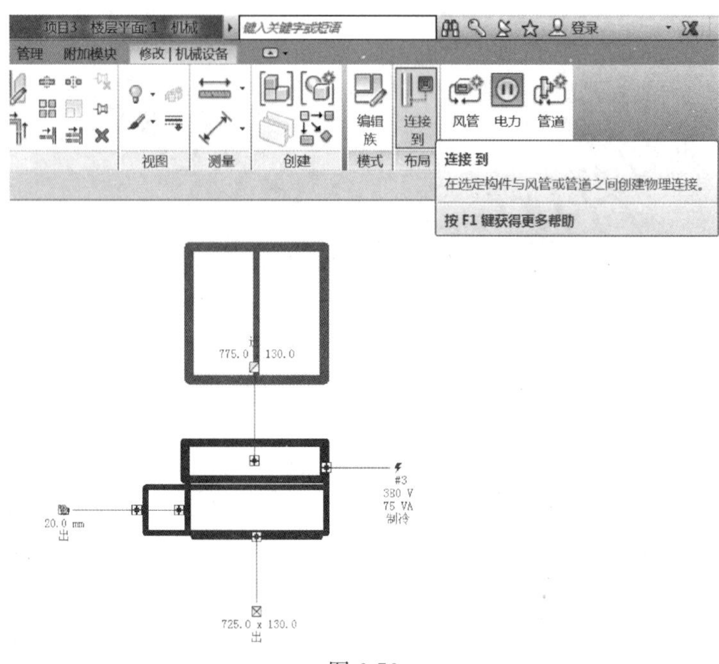

图 6-76

8. 添加风管的隔热层和衬层

Revit 2015 可以为风管管路添加隔热层和衬层。分别编辑风管和风管管件的属性，输入所需要的隔热层和衬层厚度，如图 6-77 所示。当视觉样式设置为“线框”时，可以清晰地看到隔热层和衬层。

图 6-77

6.2.3　风管显示设置

1. 视图详细程度

Revit 2015 的视图可以设置 3 种详细程度：粗略、中等和精细，如图 6-78 所示。

在粗略程度下，风管默认为单线显示；在中等和精细程度下，风管默认为双线显示。

图 6-78

2. 可见性/图形替换

单击功能区中的“视图”选项卡>“可见性/图形替换”按钮，或者通过快捷键 VG 或 W 打开当前视图的“可见性/图形替换”对话框。在“模型类别”选项卡中可以设置风管的可见性。设置“风管”族类别可以整体控制风管的可见性，还可以分别设置风管族的子类别，如衬层、隔热层等分别控制不同子类别的可见性。如图 6-79 所示的设置表示风管族中所有子类别都可见。

3. 隐藏线

单击“机械”按钮右侧的箭头，在打开的“机械设置”对话框中，“隐藏线”用来设置图元之间交叉、发生遮挡关系时的显示，如图 6-80 所示。

图 6-79

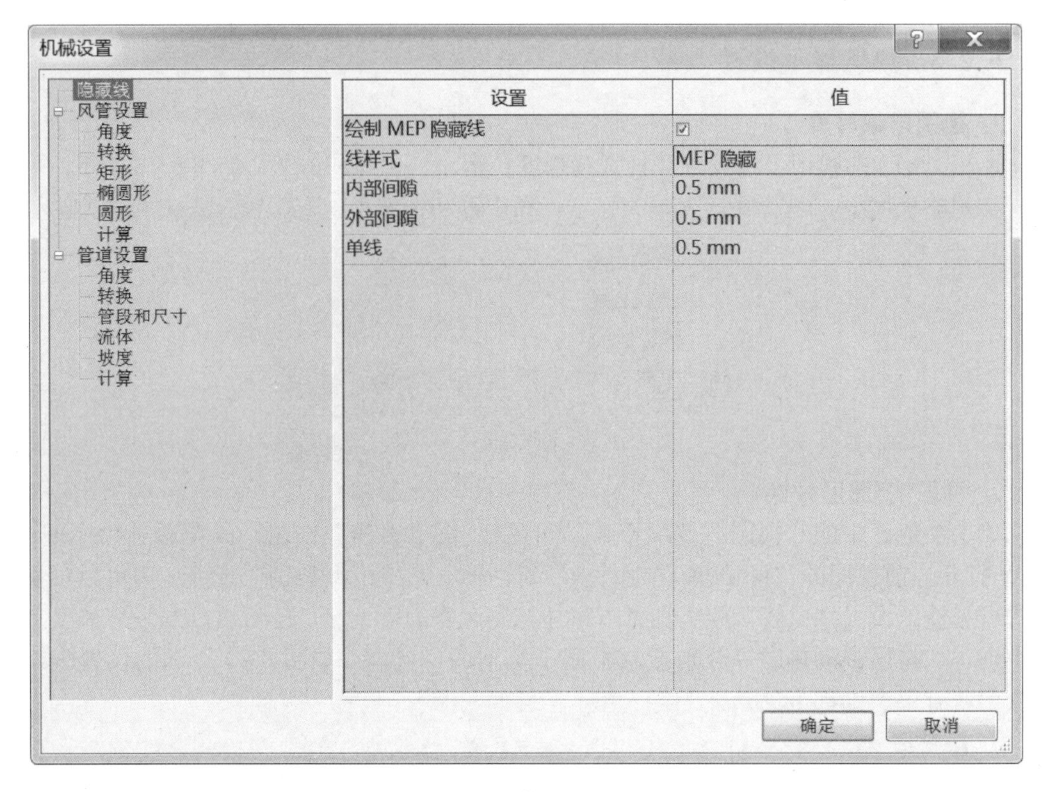

图 6-80

6.2.4 风管标注

风管标注和水管标注的方法基本相同，详见 6.1.4 节“管道标注”中的介绍。图 6-81、图 6-82 为实际案例展示：

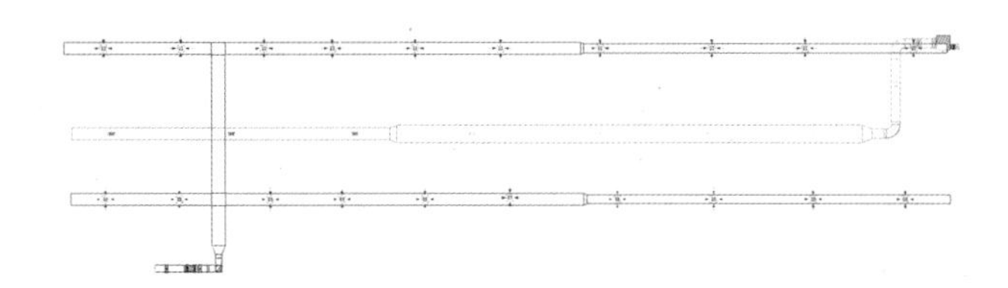

图 6-81

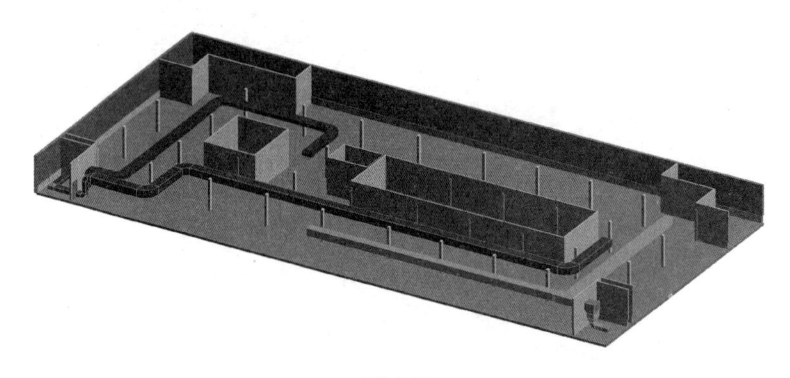

图 6-82

6.3 电气系统设计

电缆桥架和线管的敷设是电气布线的重要部分。Revit 2015 具有电缆桥架和线管功能，进一步强化了管路系统三维建模，完善了电气设计功能，并且有利于全面进行机电各专业和建筑、结构设计间的碰撞检查。本节将具体介绍 Revit 2015 所提供的电缆桥架和线管功能。

6.3.1 电缆桥架

Revit 2015 的电缆桥架功能可以绘制生动的电缆桥架模型。

1. 电缆桥架

Revit 2015 提供了两种不同的电缆桥架形式："带配件的电缆桥架"和"无配件的电缆桥架"。"无配件的电缆桥架"适用于设计中不明显区分配件的情况。"带配件的电缆桥架"和"无配件的电缆桥架"是作为两种不同的系统族来实现的，并在这两个系统族下面添加不同的类型。Revit 2015 提供的"Electrical-Default _ CHSCHS. rte"和"Systems-Default _ CHSCH. rte"项目样板文件中配置了默认类型分别为"带配件的电缆桥架"和"无配件的电缆桥架"，如图 6-83 所示。

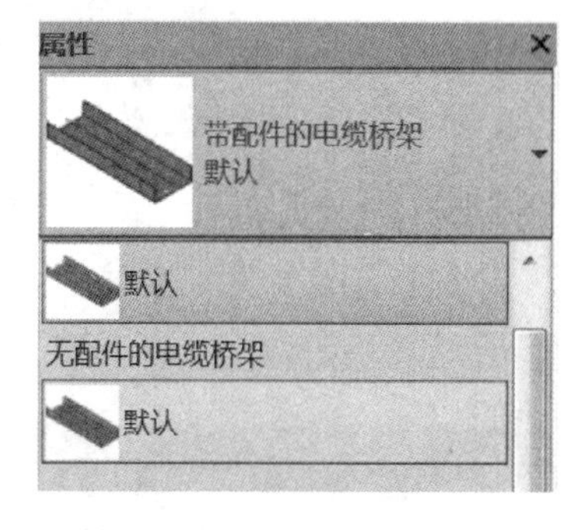

图 6-83

"带配件的电缆桥架"的默认类型有实体底部电缆桥架、梯级式电缆桥架、槽式电缆桥架。

"无配件的电缆桥架"的默认类型有单轨电缆桥架、金属丝网电缆桥架。

其中，"梯级式电缆桥架"的形状为"梯形"，其他类型的截面形状为"槽形"。

和风管、管道一样，项目之前要设置好电缆桥架类型。可以用以下方法查看并编辑电缆桥架类型。

单击"系统"选项卡>"电气">"电缆桥架"按钮，在"属性"对话框中单击"编辑类型"按钮，如图 6-84 所示。

单击"常用"选项卡>"电气">"电缆桥架"按钮，在"修改 | 放置电缆桥架"上下文选项卡（见图 6-85）的"属性"面板中单击"类型属性"按钮。

在项目浏览器中，展开"族">"电缆桥架"选项，双击要编辑的类型就可以打开"类型属性"对话框，如图 6-86 所示。

在电缆桥架的"类型属性"对话框中，"管件"列表下需要定义管件配置参数。通过这些参数指定电缆桥架配件族，可以配置在管路绘制过程中自动生成的管件（或称配件）。软件自带的项目样板 Systems-Default_CHSCHS. rte 和 Electrical-Default_CHSCHS. rte 中预先配置了电缆桥架类型，并分别指定了各种类型下"管件"默认使用的电缆桥架配件族。这样在绘制桥架时，所指定的桥架配件就可以自动放置到绘图区与桥架相连接。

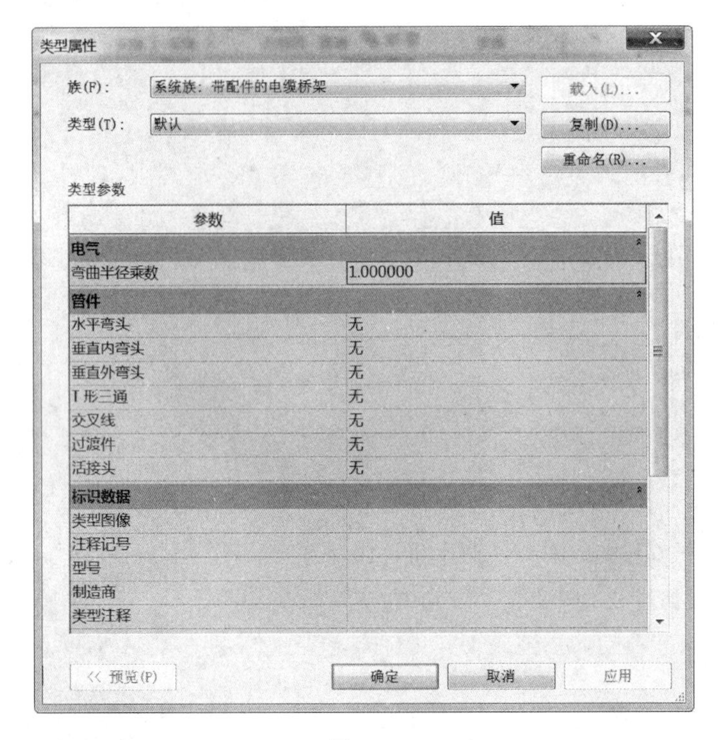

图 6-84

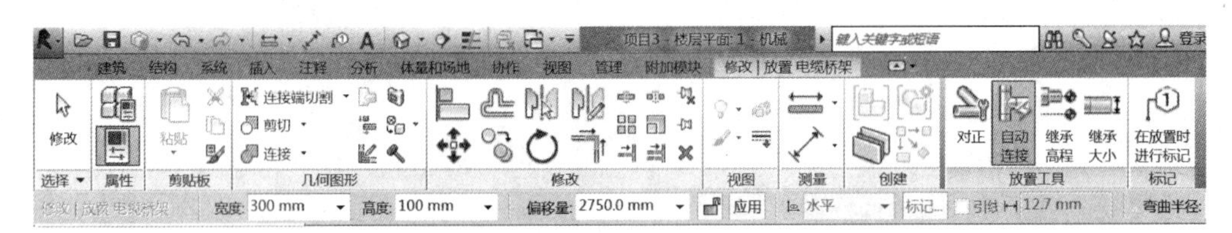

图 6-85

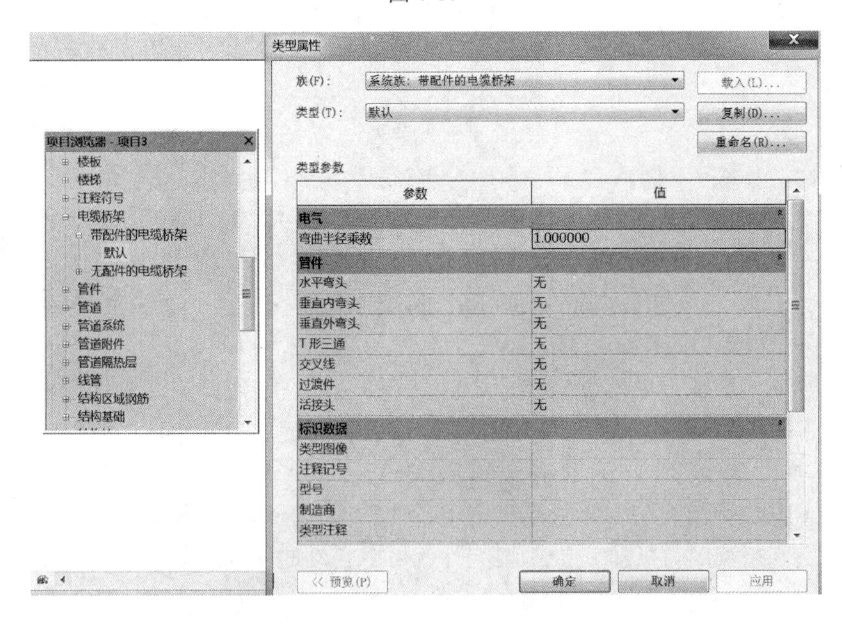

图 6-86

2. 电缆桥架的设置

在布置电缆桥架前，先按照设计要求对桥架进行设置。

在“电气设置”对话框中定义“电缆桥架设置”。单击“管理”选项卡＞“设置”＞“MEP 设置”下拉列表＞“电气设置”按钮（也可单击“系统”选项卡＞“电气”＞“电气设置”按钮），在“电气设置”对话框左侧展开“电缆桥架设置”，如图 6-87 所示。

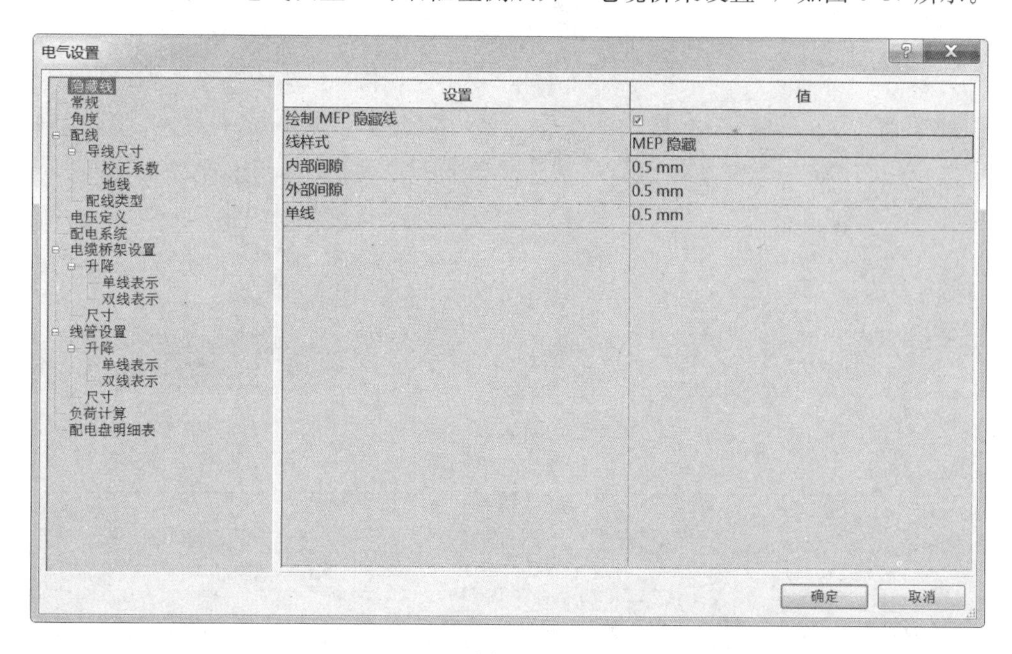

图 6-87

为单线管件使用注释比例：用来控制电缆桥架配件在平面视图中的单线显示。如果勾选该选项，将以“电缆桥架配件注释尺寸”的参数绘制桥架和桥架附件。

电缆桥架配件注释尺寸：指定在单线视图中绘制的电缆桥架配件出图尺寸。该尺寸不以图纸比例变化而变化。

电缆桥架尺寸分隔符：该参数指定用于显示电缆桥架尺寸的符号。例如，如果使用“X”，则宽为 300mm、深度为 100mm 的风管将显示为“300mm×100mm”。

电缆桥架尺寸后缀：指定附加到根据“属性”参数显示的电缆桥架尺寸后面的符号。

电缆桥架连接件分隔符：指定在使用两个不同尺寸的连接件时用来分隔信息的符号。

展开“电缆桥架设置”选项，设置“升降”和“尺寸”。

（1）升降。“升降”选项用来控制电缆桥架标高变化时的显示。

选择“升降”选项，在右侧面板中可指定电缆桥架升/降注释尺寸的值，如图 6-88 所示。该参数用于指定在单线视图中绘制的升/降注释的出图尺寸。该注释尺寸不以图纸比例变化而变化，默认设置为 3.00mm。

在左侧面板中，展开“升降”，选择“单线表示”选项，可以在右侧面板中定义在单线图纸中显示的升符号、降符号，单击相应“值”列并单击“确定”按钮，在弹出的“选择符号”对话框中选择相应符号，如图 6-89 所示。使用同样的方法设置“双线表示”，定义在双线图纸中显示的升符号、降符号，如图 6-90 所示。

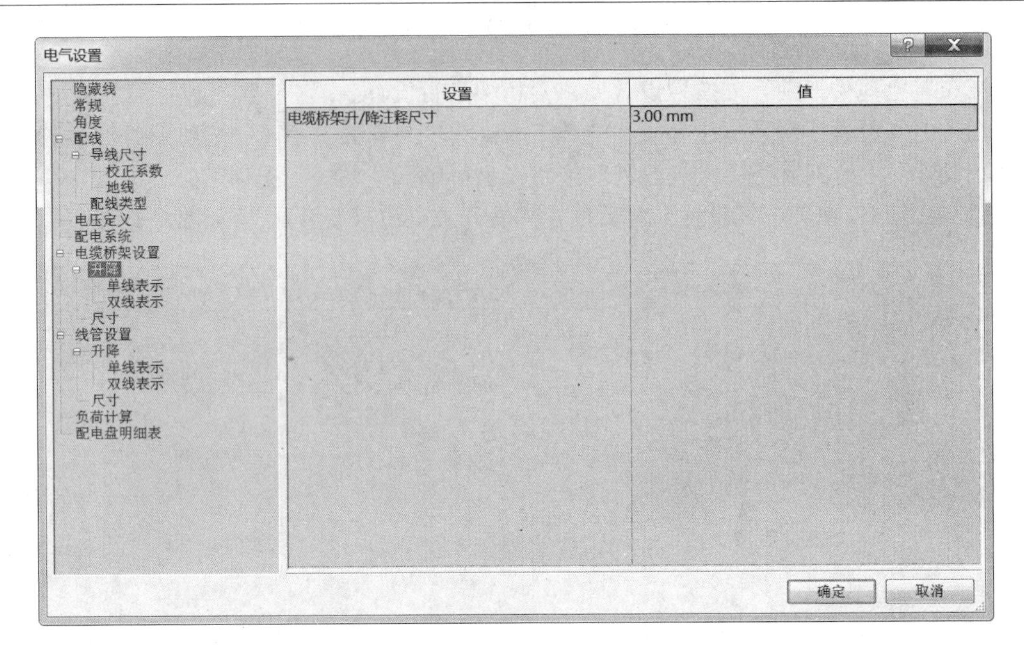

图 6-88

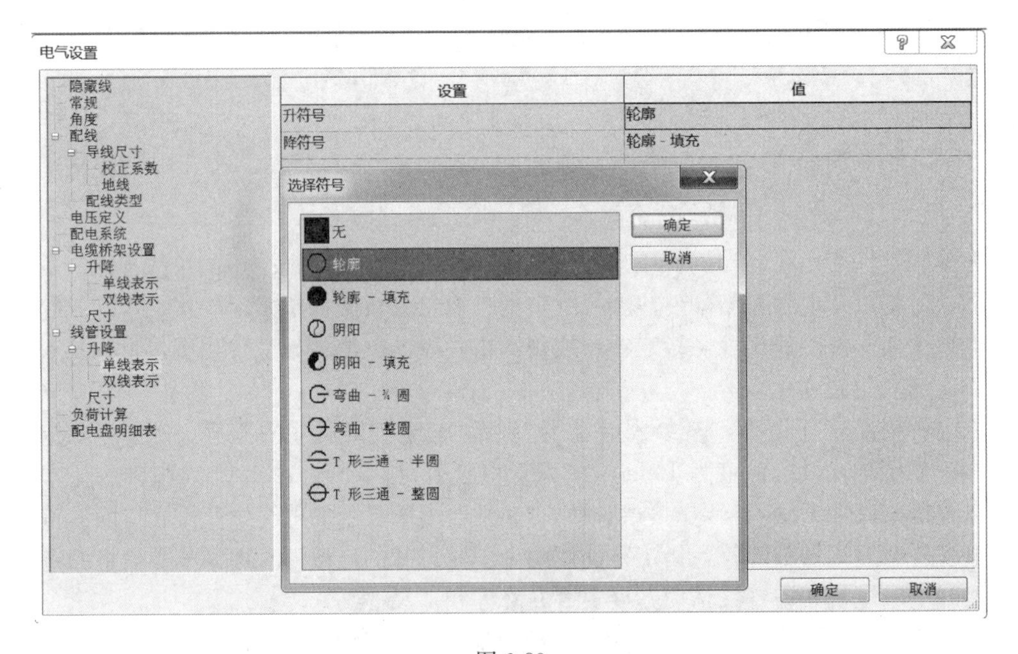

图 6-89

（2）尺寸。选择“尺寸”选项，右侧面板会显示可在项目中使用的电缆桥架尺寸列表，在表中可以编辑当前项目文件中的电缆桥架尺寸，如图 6-91 所示。在尺寸列表中，在某个特定尺寸右侧勾选“用于尺寸列表”，表示在整个 Revit 2015 的电缆桥架尺寸列表中显示所选尺寸，如果不勾选，该尺寸将不会出现在下拉列表中，如图 6-92 所示。

此外，“电气设置”还有一个公用选项“隐藏线”，如图 6-93 所示，用于设置图元间交叉、发生遮挡关系时的显示。它与“机械设置”的“隐藏线”是同一设置。

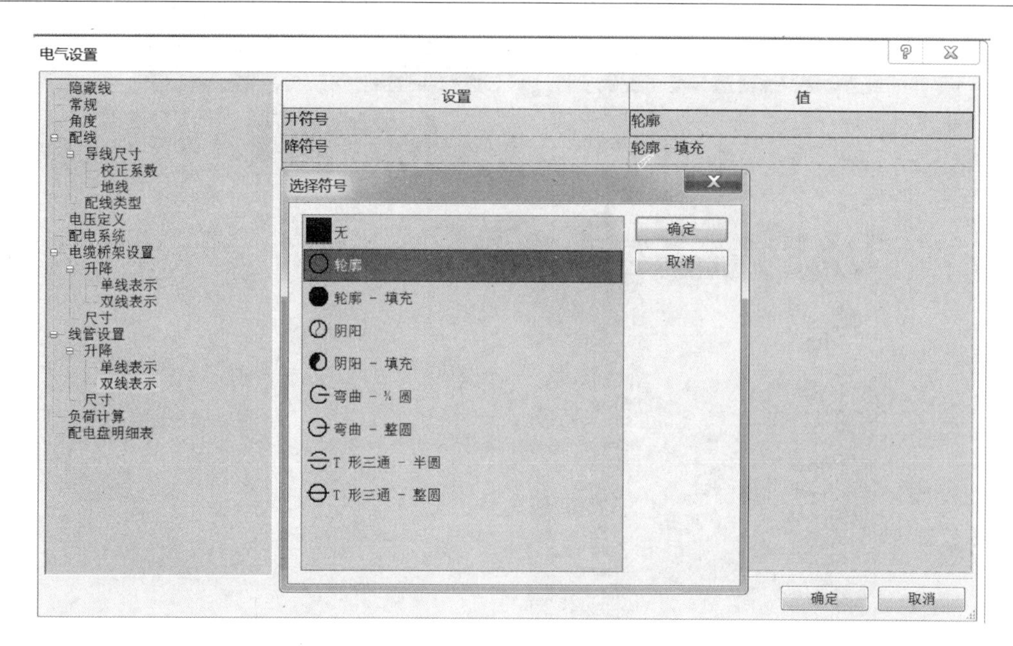

图 6-90

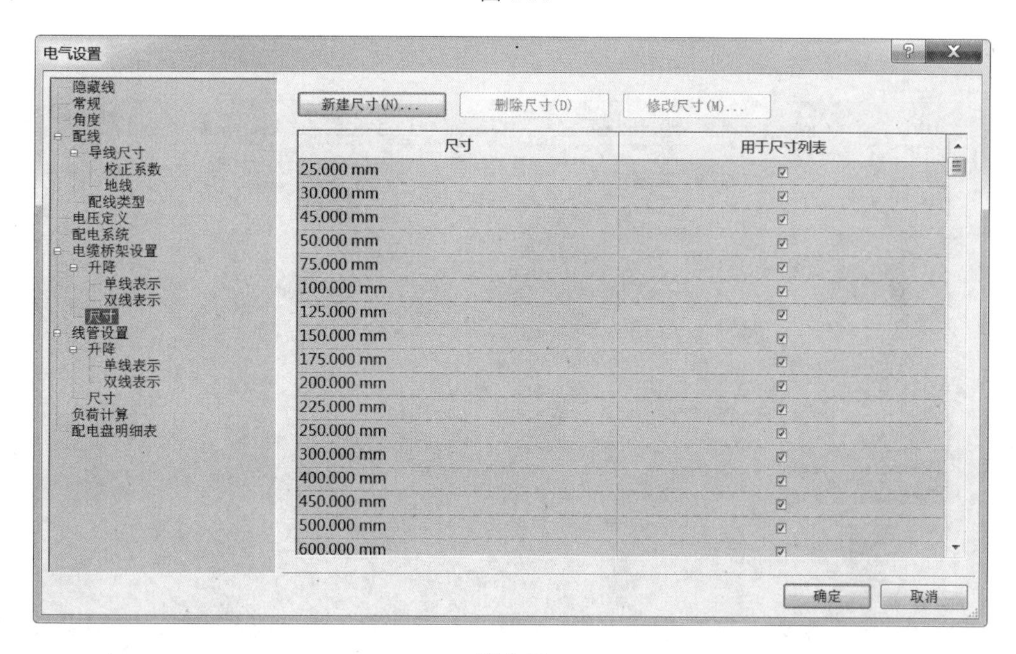

图 6-91

3. 绘制电缆桥架

在平面图、立面图、剖面图和三维视图中均可绘制水平、垂直和倾斜的电缆桥架。

(1) 基本操作

进入电缆桥架绘制模式的方式有以下几种。

单击“系统”选项卡>“电气”>“电缆桥架”按钮，如图 6-94 所示。

选中绘图区已布置构件族的电缆桥架连接件，单击鼠标右键，在弹出的快捷菜单中选择“绘制电缆桥架”命令，或使用快捷键 CT。

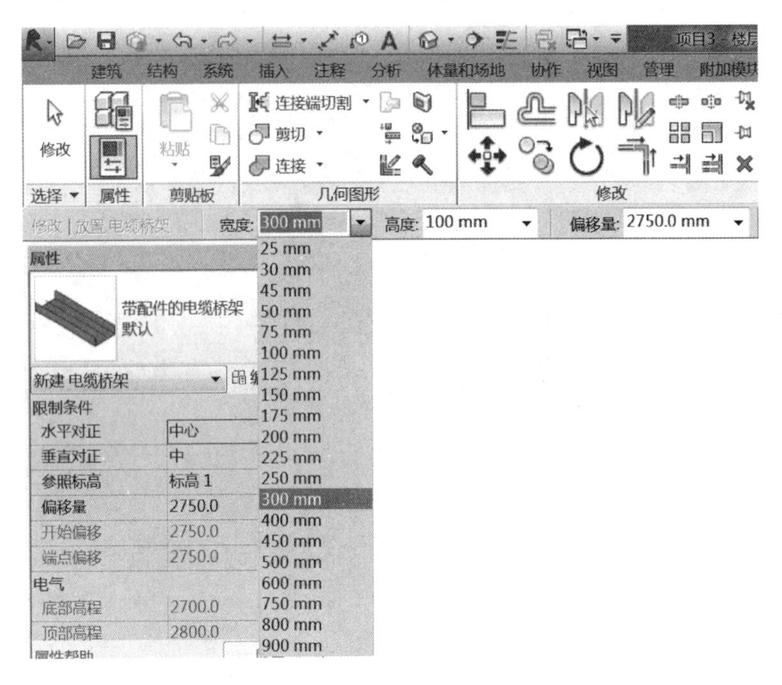

图 6-92

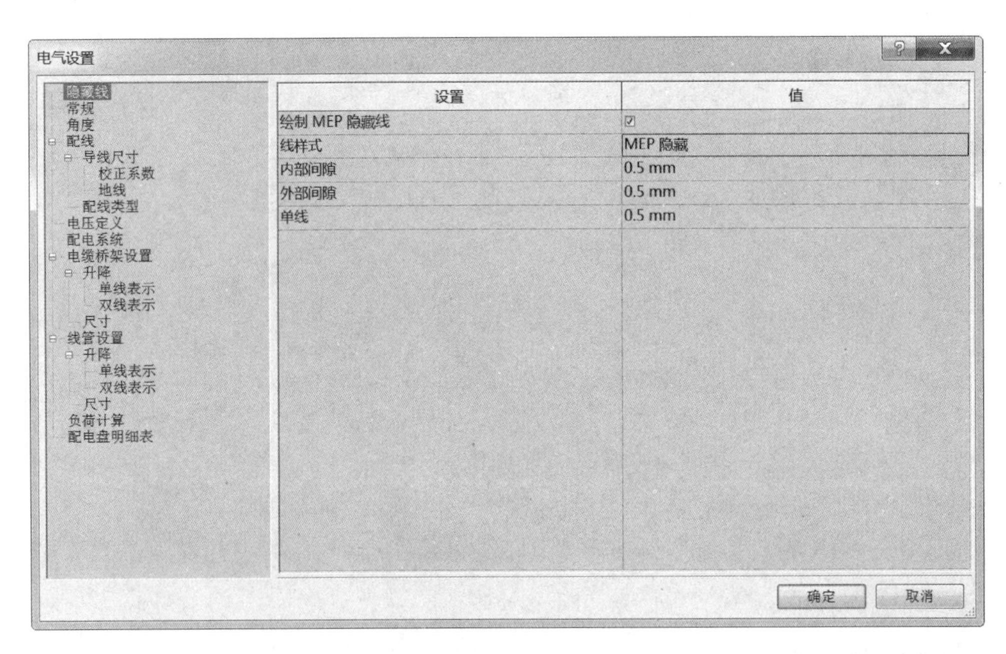

图 6-93

图 6-94

绘制电缆桥架的步骤如下。

① 选中电缆桥架类型。在电缆桥架“属性”对话框中选中所需要绘制的电缆桥架类型。

② 选中电缆桥架尺寸。在“修改｜放

置电缆桥架”选项栏的“宽度”下拉列表中选择电缆桥架尺寸，也可以直接输入欲绘制的尺寸。如果在下拉列表中没有该尺寸，系统将自动选中和输入尺寸最接近的尺寸。使用同样的方法设置“高度”。

③ 指定电缆桥架偏移。默认“偏移量”是指电缆桥架中心线相对于当前平面标高的距离。在“偏移量”下拉列表中，可以选择项目中已经用到的偏移量，也可以直接输入自定义的偏移量数值，默认单位为毫米。

④ 指定电缆桥架起点和终点。在绘图区域中单击即可指定电缆桥架起点，移动至终点位置再次单击，完成一段电缆桥架的绘制。可继续移动鼠标绘制下一段。在绘制过程中，根据绘制路线，在“类型属性”对话框中预设好的电缆桥架管件将自动添加到电缆桥架中。绘制完成后，按“Esc”键，或者单击鼠标右键，在弹出的快捷菜单中选择“取消”命令退出电缆桥架绘制。垂直电缆桥架可在立面视图或剖面视图中直接绘制，也可以在平面视图中绘制，在选项栏上改变将要绘制的下一段水平桥架的“偏移量”，就能自动连接出一段垂直桥架。

（2）电缆桥架对正

在平面视图和三维视图中绘制管道时，可以通过“修改 | 放置电缆桥架”选项卡中放置工具对话框的“对正”按钮指定电缆桥架的对齐方式。单击“对正”按钮，弹出“对正设置”对话框，如图 6-95 所示。

图 6-95

水平对正：用来指定当前视图下相邻两段管道之间水平对齐方式。“水平对正”方式有“中心”、“左”和“右”。

水平偏移：用于指定绘制起始点位置与实际绘制位置之间的偏移距离。该功能多用于指定电缆桥架和前面提及的其他参考图元之间的水平偏移距离。比如，设置“水平偏移”

值为 500mm 后，捕捉墙体中心线绘制宽度为 100mm 的直段，这样实际绘制位置是按照“水平偏移”值偏移墙体中心线的位置。

垂直对正：用来指定当前视图下相邻段之间垂直对齐方式。“垂直对正”方式有“中”、“底”、“顶”。

另外，电缆桥架绘制完成后，可以使用“对正”命令修改对齐方式。选中需要修改的电缆桥架，单击功能区中的“对正”按钮，进入“对正编辑器”，选中需要的对齐方式和对齐方向，单击“完成”按钮，如图 6-96 所示。

图 6-96

(3) 自动连接

在“修改 | 放置电缆桥架”选项卡中有“自动连接”选项，如图 6-97 所示。默认情况下，该选项处于选中状态。

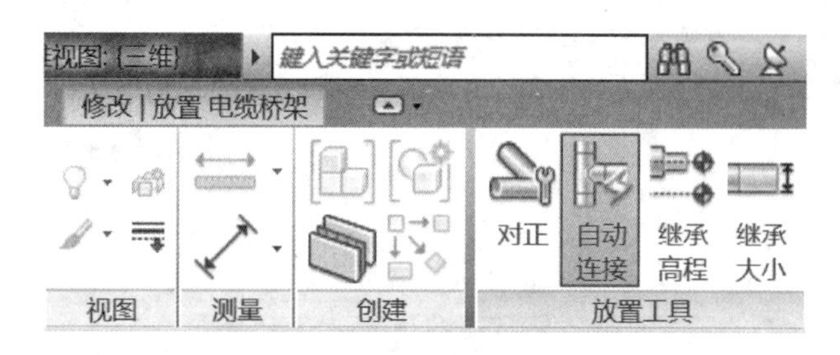

图 6-97

选中与否将决定绘制电缆桥架时是否自动连接到相交电缆桥架上，并生成电缆桥架配件。当选中“自动连接”时，在两直段相交位置自动生成四通；如果不选中，则不生成电缆桥架配件。

(4) 电缆桥架配件放置和编辑

电缆桥架连接中要使用电缆桥架配件。下面将介绍绘制电缆桥架时配件族的使用。

①放置配件。在平面图、立面图、剖面图和三维视图中都可以放置电缆桥架配件。放置电缆桥架配件有两种方法：自动添加和手动添加。

自动添加：在绘制电缆桥架过程中自动加载的配件需在“电缆桥架类型”中的“管件”参数中指定。

手动添加：是在“修改 | 放置电缆桥架配件”模式下进行的。进入“修改 | 放置电缆桥架配件”有以下两种方式：

a 单击“系统”选项卡>“电气”>“电缆桥架配件”按钮，如图 6-98 所示。

b 在项目浏览器中展开“族”>“电缆桥架配件”，将“电缆桥架配件”下的族直接拖到绘图区域，或使用快捷键 TF。

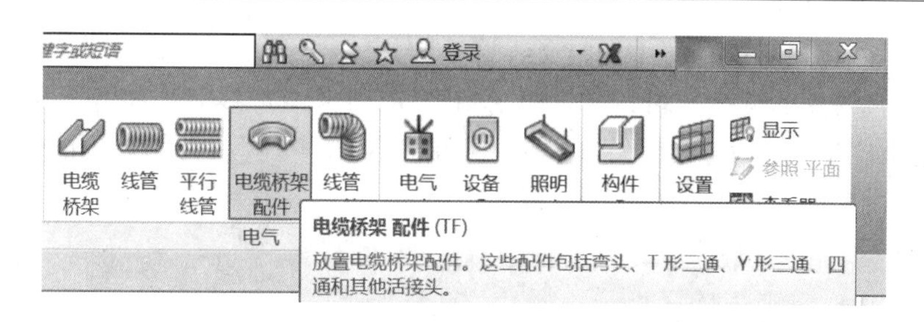

图 6-98

② 编辑电缆桥架配件：在绘图区域中单击某一桥架配件后，周围会显示一组控制柄，可用于修改尺寸、调整方向和进行升级或降级。

在配件的所有连接件都没有连接时，可单击尺寸标注改变宽度和高度，单击符号可以实现配件水平或垂直翻转 180°。

单击符号可以旋转配件。

当配件连接了电缆桥架后，该符号不再出现。

如果配件的旁边出现加号、减号，表示可以升级、降级该配件。例如，带有未使用连接件的四通可以降级为 T 形三通；带有未使用连接件的 T 形三通可以降级为弯头。如果配件上有多个未使用的连接件，则不会显示加、减号。

（5）带配件和无配件的电缆桥架

绘制的“带配件的电缆桥架”和“无配件的电缆桥架”在功能上是不同的。

绘制“带配件的电缆桥架”时，桥架直段和配件间有分隔线分为各自的几段。

绘制“无配件的电缆桥架”时，转弯处和直段之间并没有分隔，桥架交叉时自动被打断，桥架分开时也是直接相连而不插入任何配件。

4. 电缆桥架显示

在视图中，电缆桥架模型根据不同的“详细程度”显示，可通过“视图控制栏”的“详细程度”按钮，切换“粗略”、“中等”、“精细”3 种粗细程度。

精细：默认显示电缆桥架实际模型。

中等：默认显示电缆桥架最外面的方形轮廓（2D 时为双线，3D 时为长方体）。

粗略：默认显示电缆桥架的单线。

在创建电缆桥架配件相关族时，应注意配合电缆桥架显示特性，确保整个电缆桥架管路显示协调一致。

6.3.2 线管

1. 线管的类型

和电缆桥架一样，Revit 2015 的线管也提供了两种线管管路形式：无配件的线管和带配件的线管，如图 6-99 所示。Revit 2015 提供的“Systems-Default _ CHSCHS. rte”和“Electrical-Default _ CHSCHS. rte”项目样板文件中为这两种系统族分别默认配置了两种线管类型：“刚性非金属线管（RNC Sch40）”和“刚性非金属线管（RNC

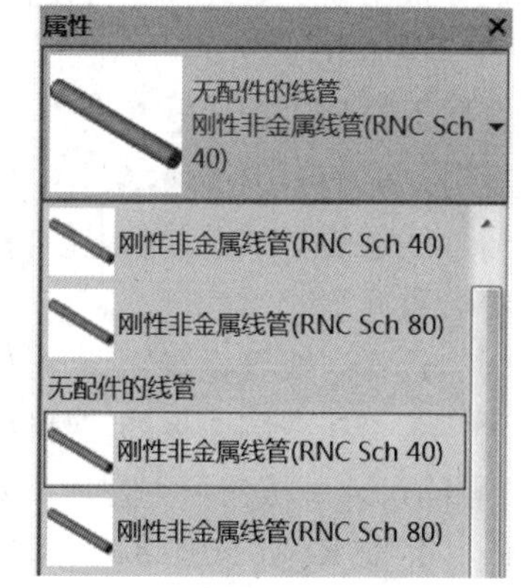

图 6-99

Sch80)”，同时，用户可以自行添加定义线管类型。

添加或编辑线管的类型，可以单击“系统”选项卡>“线管”按钮，在右侧出现的“属性”对话框中单击“编辑类型”按钮，弹出“类型属性”对话框，如图 6-100 所示。对“管件”中需要的各种配件的族进行载入。

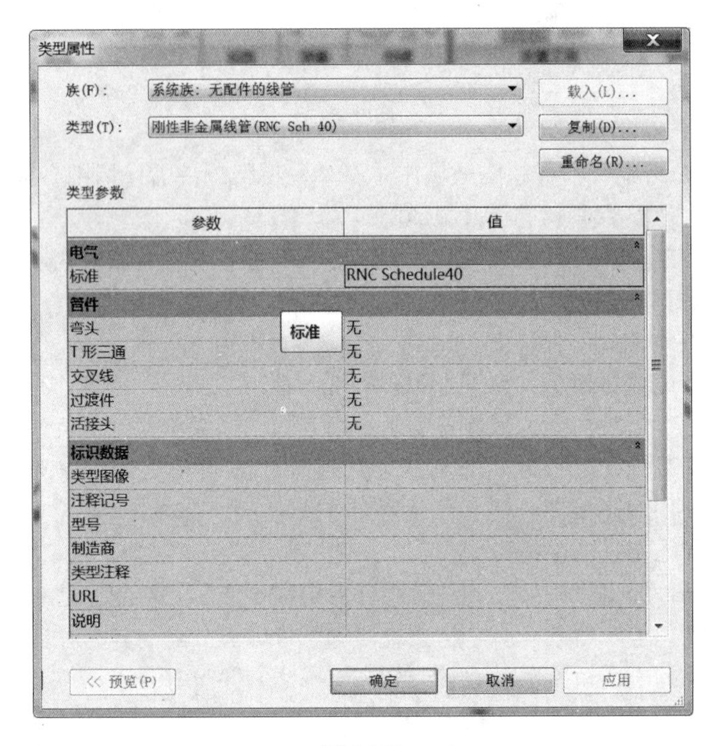

图 6-100

标准：通过选择标准决定线管所采用的尺寸列表，与“电气设置”>“线管设置”>“尺寸”中的“标准”参数相对应。

管件：管件配置参数用于指定与线管类型配套的管件。通过这些参数可以配置在线管绘制过程中自动生成的线管配件。

2. 线管设置

根据项目对线管进行设置。

在“电气设置”对话框中定义“电缆桥架设置”。单击“管理”选项卡>“MEP 设置”下拉列表>“电气设置”按钮，在“电气设置”对话框的左侧面板中展开“线管设置”，如图 6-101 所示。

线管的基本设置和电缆桥架类似，这里不再赘述。但线管的尺寸设置略有不同，下面将着重介绍。

选择“线管设置”>“尺寸”选项，如图 6-102 所示，在右侧面板中就可以设置线管尺寸了。在右侧面板的“标准”下拉列表中，可以选择要编辑的标准；单击“新建尺寸”、“删除尺寸”按钮可创建或删除当前尺寸列表。

目前 Revit 2015 软件自带的项目模板“Systems-Dafault _ CHSCHS. rte”和“Electrical-Default _ CHSCHS. rte”中线管尺寸默认创建了 5 种标准：RNC Schedule40、RNC

Schedule80、EMT、RMC、IMC。其中，RMC（Rigid Nonmetallic Conduit，非金属刚性线管）包括“规格 40”和“规格 80”PVC 两种尺寸。

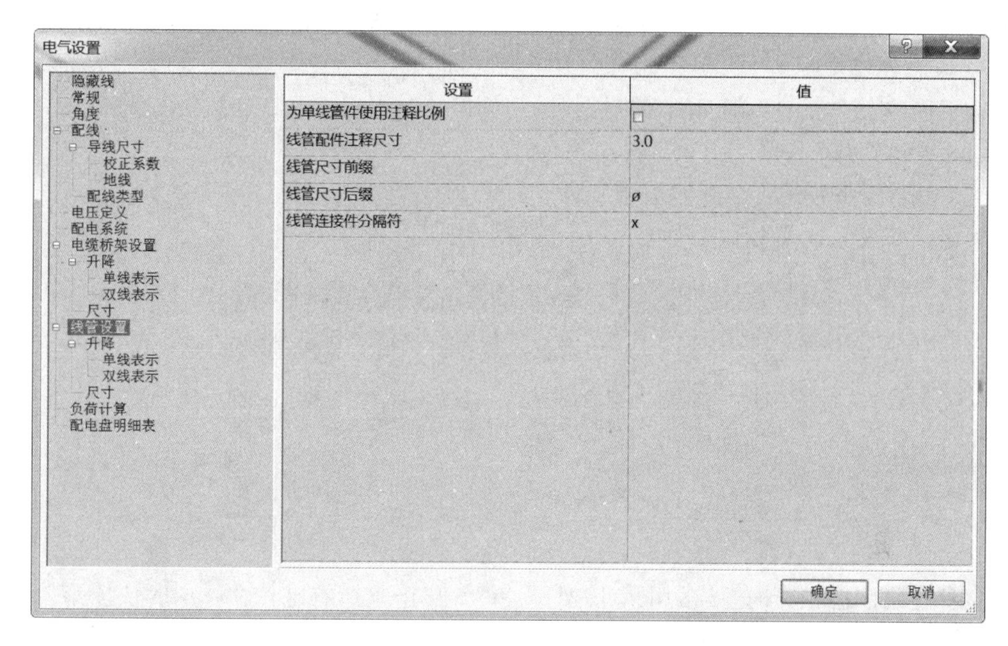

图 6-101

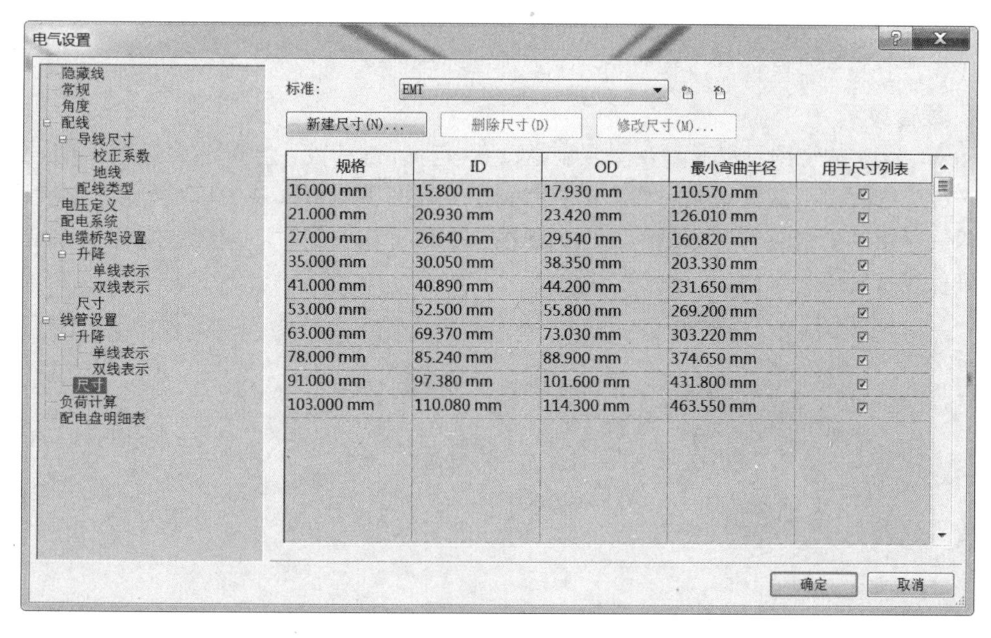

图 6-102

然后，在当前尺寸列表中，可以通过新建尺寸、删除尺寸、修改尺寸来编辑尺寸。

ID 表示线管的内径。

OD 表示线管的外径。

最小弯曲半径是指弯曲线管时所允许的最小弯曲半径（软件中弯曲半径指的是圆心到

线管中心的距离)。

新建的尺寸“规格”和现有列表不允许重复。如果在绘图区域已绘制了某尺寸的线管，该尺寸将不能被删除，需要先删除项目中的管道，然后才能删除尺寸列表中的尺寸。

3. 绘制线管

在平面图、立面图、剖面图和三维视图中均可绘制水平、垂直和倾斜的线管。

(1) 基本操作

进入线管绘制模式的方式有以下几种。

单击“系统”选项卡>“电气”>“线管”按钮，如图 6-103 所示。

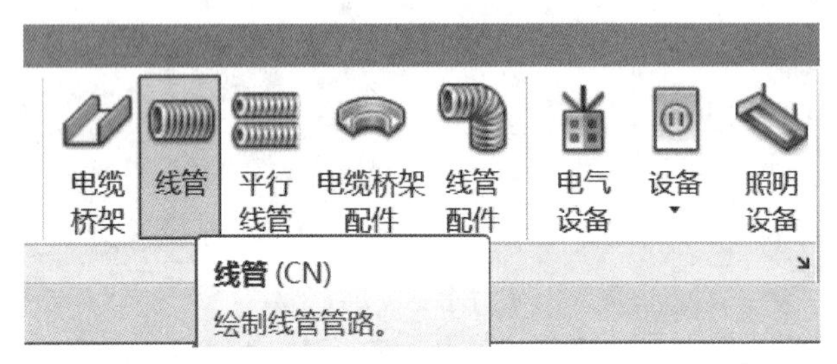

图 6-103

选择绘制区已布置构件族的电缆桥架连接件，单击鼠标右键，在弹出的快捷菜单中选择“绘制线管”命令，或使用快捷键 CN。

绘制线管的具体步骤与电缆桥架、风管、管道均类似，此处不再赘述。

(2) 带配件和无配件的线管

线管也分为“带配件的线管”和“无配件的线管”，绘制时要注意这两者的区别。

4. 线管显示

Revit 2015 的视图可以通过视图控制栏设置 3 种详细程度：粗略、中等和精细，线管在这 3 种详细程度下的默认显示如下：粗略和中等视图下线管默认为单线显示；精细视图下为双线显示，即线管的实际模型。在创建线管配件等相关族时，应注意配合线管显示特性，确保线管管路显示协调一致。

参 考 文 献

[1] 本书编委会. BIM建模应用技术 [M]. 北京：中国建筑工业出版社，2016.
[2] 河南BIM发展联盟. 建筑工程BIM技术应用 [M]. 北京：中国电力出版社，2017.
[3] 刘占省. BIM技术与施工项目管理 [M]. 北京：中国电力出版社，2015.
[4] 王婷. 全国BIM技能培训教程REVIT初级 [M]. 北京：中国电力出版社，2015.
[5] 李清清. 基于BIM的REVIT建筑与结构设计案例实战 [M]. 北京：清华大学出版社，2017.
[6] 王君峰，杨云. Autodesk Revit机电应用之入门篇 [M]. 北京：中国水利水电出版社，2013
[7] Autodesk Asia Pte Ltd. Autodesk Revit 2015机电设计应用宝典 [M]. 上海：同济大学出版社，2015.
[8] 黄亚斌，徐钦，杨容，等. Revit族详解 [M]. 北京：中国水利水电出版社，2013.
[9] 柏慕进业. Autodesk Revit MEP 2016管线综合设计应用 [M]. 北京：电子工业出版社，2016.
[10] 王言磊，等. BIM结构-Autodesk Revit Structure在土木工程中的应用 [M]. 北京：化学工业出版社，2016.
[11] 王茹，等. BIM结构建模创建于设计 [M]. 北京：西安交通大学出版社，2017.
[12] 吴文勇. 结构BIM应用教程 [M]. 北京：化学工业出版社，2016.